万水 ANSYS 技术丛书

ANSYS 结构有限元高级分析方法与范例应用（第三版）

尚晓江　邱　峰　等编著

中国水利水电出版社
www.waterpub.com.cn

内 容 提 要

本书基于结构分析软件 ANSYS 的最新版本 15.0 系统介绍了 ANSYS 结构分析的理论背景及应用方法，内容涉及 ANSYS 结构分析的各个方面，包括结构分析建模思想与方法、结构静/动力计算、非线性分析、稳定性分析、热传导分析、流固耦合分析、子结构分析、子模型分析、结构优化设计等分析专题。各章节都结合典型例题或工程实例进行讲解，所有案例均给出具体分析实现过程，并对计算结果进行了必要的分析和进一步讨论，以帮助读者更深入地理解有关分析方法和力学概念。

本书可以帮助读者打下扎实的有限元分析理论基础，切实提高 ANSYS 软件应用水平，进而具备在有关专业领域中应用 ANSYS 分析实际工程问题的能力。

本书适合作为土木、机械、航空、力学等相关工科专业研究生或高年级本科生学习结构数值分析及 ANSYS 软件应用课程的主要参考书，也适合从事结构分析和设计的工程技术人员自学参考。

图书在版编目（CIP）数据

ANSYS结构有限元高级分析方法与范例应用 / 尚晓江，邱峰等编著. -- 3版. -- 北京 : 中国水利水电出版社，2014.10
（万水ANSYS技术丛书）
ISBN 978-7-5170-2627-3

Ⅰ. ①A… Ⅱ. ①尚… ②邱… Ⅲ. ①有限元分析—应用软件 Ⅳ. ①O241.82-39

中国版本图书馆CIP数据核字(2014)第240332号

策划编辑：杨元泓　　责任编辑：张玉玲　　封面设计：李　佳

书　名	万水 ANSYS 技术丛书 ANSYS 结构有限元高级分析方法与范例应用（第三版）
作　者	尚晓江　邱　峰　等编著
出版发行	中国水利水电出版社 （北京市海淀区玉渊潭南路 1 号 D 座　100038） 网址：www.waterpub.com.cn E-mail：mchannel@263.net（万水） sales@waterpub.com.cn 电话：（010）68367658（发行部）、82562819（万水）
经　售	北京科水图书销售中心（零售） 电话：（010）88383994、63202643、68545874 全国各地新华书店和相关出版物销售网点
排　版	北京万水电子信息有限公司
印　刷	北京蓝空印刷厂
规　格	184mm×260mm　16 开本　19.75 印张　490 千字
版　次	2006 年 1 月第 1 版　2006 年 1 月第 1 次印刷 2015 年 1 月第 3 版　2015 年 1 月第 1 次印刷
印　数	0001—5000 册
定　价	49.00 元

序

我国正处于从中国制造到中国创造的转型期，经济环境充满挑战。由于80%的成本在产品研发阶段确定，如何在产品研发阶段提高产品附加值成为制造企业关注的焦点。

在当今世界，不借助数字建模来优化和测试产品，新产品的设计将无从着手。因此越来越多的企业认识到工程仿真的重要性，并在不断加强应用水平。工程仿真已在航空、汽车、能源、电子、医疗保健、建筑和消费品等行业得到广泛应用。大量研究及工程案例证实，使用工程仿真技术已经成为不可阻挡的趋势。

工程仿真是一件复杂的工作，工程师不但要有工程实践经验，同时要对多种不同的工业软件了解掌握。与发达国家相比，我国仿真应用成熟度还有较大差距。仿真人才缺乏是制约行业发展的重要原因，这也意味着有技能、有经验的仿真工程师在未来将具有广阔的职业前景。

ANSYS 作为世界领先的工程仿真软件供应商，为全球各行业提供能完全集成多物理场仿真软件工具的通用平台。对有意从事仿真行业的读者来说，选择业内领先、应用广泛、前景广阔、覆盖面广的 ANSYS 产品作为仿真工具，无疑将成为您职业发展的重要助力。

为满足读者的仿真学习需求，ANSYS 与中国水利水电出版社合作，联合国内多个领域仿真行业实战专家，出版了本系列丛书，包括 ANSYS 核心产品系列、ANSYS 工程行业应用系列和 ANSYS 高级仿真技术系列，读者可以根据自己的需求选择阅读。

作为工程仿真软件行业的领导者，我们坚信，培养用户走向成功，是仿真驱动产品设计、设计创新驱动行业进步的关键。

ANSYS 大中华区总经理，副总裁

于上海，2013 年 1 月 16 日

第三版前言

本书的第一版、第二版出版以来，受到科研及工程计算领域广大读者的关注和好评，在推进有限元分析技术的深入应用方面发挥了积极作用。一些高校在有限元课程中将本书第二版作为 ANSYS 软件应用的辅助教材。第二版出版五年来，很多读者向作者提出许多关于该书的有价值的改进意见和建议；在此期间，ANSYS 软件也由当初的 11.0 版本发展到目前的 15.0 版本，软件新增了不少新的建模和分析功能，ANSYS Workbench 环境的应用也日益广泛。有鉴于此，在保持前两版理论实践结合、例题及工程案例丰富等特点的基础上，对第二版进行了系统的改编，以满足当前 ANSYS 软件教学和应用的实际需要。

本次改编工作主要体现在如下几个方面：

（1）总体编写思路。

工程技术人员在应用 ANSYS 处理工程问题时，实际上需要经过一个“将工程问题映射为力学问题，再将力学问题映射为 ANSYS 模型，然后进行求解”的“二次映射”过程。第一次映射的背后是工程经验和力学原理，第二次映射的背后则是数值计算方法和软件的操作应用能力。为了帮助读者系统掌握理论基础和实用的建模及分析方法，提高利用分析软件处理实际问题的能力，本次改编紧紧围绕“二次映射”过程有关的问题系统介绍软件应用相关的理论背景、建模方法和分析方法三方面的内容。这是本次改编的一个总体思路。

（2）案例操作环境。

ANSYS 软件结构分析目前的情况可以概括为“一个基础、两座大厦”，即以共同的结构力学求解器 Mechanical Solver 为统一“基础”、经典环境 Mechanical APDL 和 Workbench 中集成的 Mechanical Application 两套前后处理“大厦”。经典环境的 APDL 脚本语言因其参数建模分析自动化程度高、可重复性强、能支持 Mechanical Solver 的全部功能等优势，拥有十分众多的用户；另一方面，Workbench 环境中集成的工具因其工程化的前后处理和操作便捷等特点，工程应用也日益广泛。这次改编兼顾了两类用户的需要，删去原书中一些较简单的例题和部分讲解经典界面交互操作的案例内容，部分例题改用 Workbench 来建模分析，另外还新增了部分 Workbench 环境下的典型例题。

（3）全新的内容编排。

本次改编取消原书的三篇式结构，将原书第一篇的内容加以压缩和改写，对第二篇的结构分析专题作了扩充，第三篇中的精选工程范例经改编后融入前面适当的章节。

改编后的第 1 章为 ANSYS 有限元分析的理论背景，简明扼要地介绍了结构静力有限元计算、温度场及热应力计算、结构动力学分析、流固耦合分析、非线性问题等相关理论。这些内容有助于读者打下良好的有限元分析理论基础。第 2 章为 ANSYS 软件应用要点选讲，是专门为没有软件应用经验的读者准备的，介绍了 Mechanical APDL（经典环境）及 Workbench 环境的一般操作过程和基本操作要点和 APDL 语言的基础知识。第 3 章为 ANSYS 结构建模思想与方法，全面介绍了 ANSYS 的常用单元以及各种结构形式（杆系、板壳、实体、组合结构）的模型构建方法和要点，包含了 Workbench 环境下各种建模工具的综合应用。第 4 章为结构静力计算，介绍了结构分析的载荷及边界条件处理方法、结构对称性的应用、多载荷步（多工况）分析方法及后处理注意事项，并简单介绍了强度工具箱和疲劳工具箱的应用。第5章为模态分析，结合案例介绍了一般模态、预应力模态的分析方法。第6章为谐响应分析，介绍简谐荷载强迫振动下结构稳态响应的计算方法，讨论了激振力分布形式对分析结果的影响。第7章介绍瞬态动力分析的方法和应用，结合简单例题讨论了瞬态分析和谐响应分析的关系，结合例题介绍了结构抗震分析中的瞬态动力问题。第8章为响应谱及PSD分析，结合悬臂结构和海洋平台结构分析实例介绍了响应谱分析和PSD分析方法。第9章为流固耦合分析简介，介绍ANSYS Fluent和Mechanical之间的耦合分析方法，这是本版的新增内容。第10章为温度场及热应力计算，这也是本版的新增内容。第11章介绍了子结构方法及其应用。第12章介绍了子模型方法及其应用，这是本版的新增内容。第13章为结构非线性分析，介绍了各类非线性问题的处理方法和策略，并提供了一系列非线性分析实例。第14章为梁壳结构的屈曲分析，介绍了特征值屈曲以及非线性屈曲分析的方法，在非线性屈曲分析中比较了弧长法和非线性稳定性方法的计算结果。第15章为结构优化设计，介绍了形状优化方法和基于ANSYS Design Exploration的结构参数优化方法。附录中收录了部分常用结构分析单元的形函数。

本版改编工作主要由尚晓江、邱峰等承担，前两版的部分作者也参与了相关章节的改写，并为本次改编工作提供了很好的建议。此外，还要特别感谢中国水利水电出版社杨元泓老师对本书的支持和帮助。

由于本次改编涉及多项ANSYS新技术，加之时间仓促和编者认识水平的局限，书中不当和错误之处在所难免，欢迎广大读者批评指正。作者的联系方式：xiaojiang.shang@139.com。

编 者

2014年11月

第二版前言

本书第一版出版以来，得到科研以及工程计算领域广大读者的认可。一些高校在有限元课程中已将本书用作ANSYS教学的辅助教材。很多读者在阅读了第一版之后，对本书提出了很多有价值的改进意见。有鉴于此，对原书进行了系统修订，具体包括以下方面：

（1）适当增加了ANSYS相关理论背景的介绍，介绍这部分内容时并不追求理论体系的完整性，而是集中力量有针对性地讲解与ANSYS分析技术直接相关的内容。

（2）结合软件更新了部分内容，例如，在ANSYS目前最新版本中已经不再有PLANE2单元，本次修订时对这类问题进行了适当的增删。增加了关于ANSYS产品的统一启动界面和ANSYS Workbench仿真环境方面的一些简单内容。

（3）结合基本的力学概念，对书中例题的计算结果作了必要的分析和评价，有助于读者对相关问题有更深入的了解。例如，读者曾询问关于结构屈曲分析结果的意义等问题，因此本次修订对结构稳定性分析例题的计算结果进行了解释和说明。

（4）对程序操作方面的知识点多采用列表形式，以增加相关内容的系统性和条理性，使相关的章节更具可读性。

（5）重新设计了一些新的例题，例如，动力学专题部分的例题基本上都是重新设计的，这些例题的共同特点是结构形式不复杂，但是通过这些简单问题容易讲清楚动力学的基本概念。在梁分析中也针对各类梁单元列举了例题。

（6）删去了前一版过于简单的一些例题，适当增加了例题的总体复杂程度，每一章都有简单的问题和相对综合一些的问题。

（7）适当增加了一些软件操作技巧等方面的介绍。对于使用程序过程中可能出现的常见问题，在正文中以“注意”强调一些相关的要点。

（8）更正了第一版中的一些文字录入错误。

本次修订在总体上保持了前一版中理论与实践紧密结合、操作过程详细、分析例题丰富等特点，并在组织内容的过程中同时照顾到科研以及工程计算两方面读者的需要。本书在结构上分为三篇，第1篇主要介绍相关背景原理以及各类ANSYS结构单元的使用方法，第2篇介绍ANSYS结构分析方面的一些专题性的内容，第3篇提供了一些有代表性的综合性分析例题。本书附录中收录了一些常用结构单元的形函数以及ANSYS结构分析命令等。

本次改版修订工作主要由尚晓江、邱峰、赵海峰等完成，本次修订工作是集体智慧的结果，第一版的部分原作者参与了相关章节的改写和文字校对工作，他们是李文颖、王化锋、魏久安、苏建宇、潘冠群、张永刚、刘金兴、卢靖、蒋迪、李德聪、袁志达、陈小亮、杨海波、杨伟、石伟兴、聂慧萍、张炯曦、史雪松、张永芳、宋谦、王惠平。参与修订和为本版提供工程算例资料的还有梁兴、王海彦、刘永刚、徐建华、石彬彬、鲁小星等。此外，还要感谢中国水利水电出版社编辑人员为本书出版而付出的辛勤劳动。

由于时间仓促和编者水平的局限，书中不当和错误之处在所难免，欢迎读者朋友批评指正。作者联系方式：shj_cas@sina.com。

编　者

2008年2月

第一版前言

目前，很多高校的理工科专业（土木、机械、航空、力学等）都将有限单元法作为必修的专业课。但在学习有限元课程之后，还必须熟练地掌握相关的有限元分析软件才能将有限元基本理论有效应用到工程问题的分析中。

作为著名的通用有限元分析软件，ANSYS 因其强大的功能而受到越来越多的结构分析及其他相关专业科研与工程计算人员的青睐，可以说，ANSYS 是架设于有限元理论和实际工程结构计算问题之间的桥梁。

本书将结构有限元分析的基本力学概念与 ANSYS 实践紧密结合，通过大量生动的原创性分析实例，向读者系统全面地介绍 ANSYS 结构分析的方法，尽量照顾到科研以及工程计算两方面读者的需要。本书在内容组织上分为三篇：

第 1 篇：ANSYS 有限元分析基础

内容包括桁架结构、梁系结构、弹性平面问题、轴对称问题、空间问题、板壳结构等各种弹性结构的有限元静力分析问题，本篇列举了 7 个典型的工程实例。

第 2 篇：ANSYS 高级结构分析

内容包括结构非线性分析、结构的动力分析、结构的稳定性分析、结构最优化设计以及子结构技术的应用等 5 个结构分析高级专题，本篇列举了 11 个典型的工程实例。

第 3 篇：工程范例精选

内容包括三个精选的很有代表性的工程结构综合分析范例：海洋钢导管架石油平台结构、框架剪力墙高层建筑结构以及施威德勒型球面网壳结构的 ANSYS 分析。每个问题均进行了一系列的相关分析，帮助读者将 ANSYS 结构分析方法融会贯通。

建议读者在学习有限元课程时把 ANSYS 作为一个数值仿真的实验室，通过大量的同步上机实践（用本书的例题即可），亲自体会结构有限元分析的计算机实现过程。我们认为只要基本概念清楚，基本操作熟练，就不难结合自身的专业背景和本书介绍的基本操作方法由浅入深地进行一些有特色的专业问题的分析。相信通过本书的学习，读者定能迅速地提高自身的 ANSYS 操作水平以及利用有限元技术进行结构分析的功底，从而具备在相关专业领域中从事高级结构分析的能力。

本书适合作为土木、机械、航空、力学等相关专业研究生或高年级本科生学习结构数值分析及 ANSYS 软件应用课程的主要学习参考书。对从事结构分析的工程技术人员也是很有价值的参考资料。

本书由中科院力学所尚晓江、邱峰、赵海峰、李文颖等负责编写。参加编写和录入工作的还有魏久安、苏建宇、张骥、潘冠群、谢季佳、左树春、冯丽萍、刘金兴、卢靖、蒋迪、李德聪、袁志达、张自兵、王艺、王化锋、陈小亮、杨海波、宋谦、杨伟、石伟兴、聂慧萍、史雪松、张永芳、王惠平等。同济大学结构工程专业研究生宋谦向作者提供了关于空间结构分析的资料，中科院力学所的邓守春博士、ANSYS-China 北京办事处龙丽平博士等在本书编写过程中帮助作者解决了一些具体的技术问题，一并在此表示感谢。此外，还要感谢中国水利水电出版社编辑人员为本书出版而付出的辛勤劳动。

由于时间仓促和编写者认识水平的局限，书中不当和错误之处在所难免，欢迎读者朋友批评指正。作者联系方式：shj_cas@sina.com，zhf@lnm.imech.ac.cn。

编　者
2005 年 7 月

目　　录

序

第三版前言

第二版前言

第一版前言

第 1 章　ANSYS 结构分析的理论背景及功能概述 1

1.1　有限单元法的基本思想与解题过程 ········· 1

1.1.1　起源于杆系结构分析的有限单元法 ··· 1

1.1.2　有限单元法处理问题的一般过程及算法特点 ······························· 6

1.2　ANSYS Mechanical 的分析能力及一般分析流程 ······························· 9

1.3　ANSYS 结构计算的理论基础 ··············· 11

1.3.1　ANSYS 静力分析的理论基础 ·········· 11

1.3.2　ANSYS 动力分析的理论基础 ·········· 17

1.4　ANSYS 热传导计算的理论基础 ············ 19

1.5　ANSYS 流固耦合分析的理论基础 ········· 21

1.6　ANSYS 结构非线性分析的基本概念与算法 ······························· 22

第 2 章　ANSYS 结构分析软件应用精要 ··········· 27

2.1　ANSYS 结构分析软件架构及两层体系 ··· 28

2.1.1　ANSYS 结构分析软件的架构：一个基础、两座大厦 ························ 28

2.1.2　ANSYS Mechanical 内部工作的两层体系 ······························· 29

2.2　Mechanical APDL 应用要点选讲 ············ 29

2.2.1　Mechanical APDL 的界面、工作机制及操作流程 ······························· 29

2.2.2　Mechanical APDL 的对象操作 ········· 36

2.2.3　APDL 语言简介与应用入门 ············ 39

2.3　Workbench 及 Mechanical Application 应用要点选讲 ······························· 47

2.3.1　ANSYS Workbench 环境简介 ·········· 48

2.3.2　Workbench 结构分析系统与组件 ····· 50

2.3.3　Mechanical Application 组件的操作要点 ······························· 52

第 3 章　ANSYS 结构分析建模思想与方法 ······· 55

3.1　ANSYS 结构分析建模思想与方法概述 ···· 55

3.1.1　ANSYS 结构分析建模的二次映射思想 ······························· 55

3.1.2　工程结构分类与 ANSYS 单元选择 ·· 56

3.1.3　结构分析建模的直接法与间接法 ····· 59

3.2　Mechanical APDL 结构分析的建模方法 ···60

3.2.1　Mechanical APDL 建模过程概述 ······ 60

3.2.2　Mechanical APDL 连续体结构建模要点 ······························· 63

3.2.3　Mechanical APDL 杆系及板壳结构建模要点 ······························· 69

3.3　Workbench 结构分析的建模方法 ············ 77

3.3.1　Workbench 建模过程及相关组件简介 77

3.3.2　Workbench 连续体结构建模要点 ····· 84

3.3.3　Workbench 梁壳结构建模要点 ········· 85

第 4 章　结构静力计算 ······························· 88

4.1　Mechanical APDL 静力分析 ··················· 88

4.1.1　载荷及约束的施加 ························· 88

4.1.2　单/多载荷步静力分析 ···················· 93

4.1.3　静力分析结果后处理 ······················ 94

4.2　Mechanical Application（WB）静力分析 ··98

4.3　静力计算工程案例 ························· 102

4.3.1　网架结构温差作用分析 ················· 102

4.3.2　独立重力坝的静力分析 ················· 106

4.3.3 施工防护结构的静力计算 ………… 120
第 5 章 模态分析 ………………………………… 128
5.1 ANSYS 模态分析方法及注意事项 ……128
5.1.1 一般模态分析方法 ………………… 128
5.1.2 ANSYS 预应力模态分析…………… 131
5.2 模态分析例题：球面网壳结构…………132
5.3 预应力模态例题：拉杆横向振动模态…136
第 6 章 谐响应分析 ……………………………… 140
6.1 谐响应分析的实现过程及注意事项……140
6.2 谐响应例题：不同激振力分布形式的谐响应分析 ………………………………146
第 7 章 瞬态动力分析 ………………………… 157
7.1 瞬态分析的实现过程及注意事项………157
7.2 瞬态结构分析案例………………………160
7.2.1 案例一：简谐载荷作用的单自由度系统 ………………………………… 160
7.2.2 案例二：多自由度结构地震波时程分析 …………………………… 162
第 8 章 响应谱及 PSD 分析 …………………… 166
8.1 响应谱分析的实现过程与案例…………166
8.1.1 响应谱分析的具体实现过程 ……… 166
8.1.2 响应谱分析案例：悬臂结构地震响应谱分析 ……………………… 168
8.2 PSD 分析的实现过程与案例……………174
8.2.1 ANSYS 的 PSD 分析方法………… 174
8.2.2 PSD 分析案例：海洋平台波浪力作用下的 PSD 分析 …………………… 177
第 9 章 流固耦合分析简介 …………………… 199
9.1 ANSYS 流固耦合分析方法与过程 ……199
9.2 流固耦合例题：双立板在水中的摆动模拟 ………………………………200
9.2.1 搭建分析项目流程 ………………… 200
9.2.2 瞬态结构分析前处理 ……………… 201
9.2.3 流体域分析前处理 ………………… 206
9.2.4 系统耦合设置及求解 ……………… 208
9.2.5 结果后处理 ………………………… 209
第 10 章 热传导分析及热应力计算…………… 215
10.1 Workbench 中的热传导及热应力分析方法……………………………………215
10.2 热传导及热应力分析例题 ……………218
第 11 章 子结构分析 …………………………223
11.1 子结构分析的基本概念 ………………223
11.2 子结构分析的一般过程 ………………225
11.2.1 生成部分 …………………………225
11.2.2 使用部分 …………………………227
11.2.3 扩展部分 …………………………229
11.3 子结构分析例题：空腹梁 ……………229
第 12 章 子模型方法的应用 …………………238
12.1 子模型分析方法的概念和实现过程……238
12.2 子模型分析案例：开孔的拱壳局部应力分析 ……………………………239
12.2.1 问题描述 …………………………239
12.2.2 建立几何模型 ……………………240
12.2.3 创建分析流程及项目文件 ………242
12.2.4 全模型分析 ………………………243
12.2.5 子模型分析 ………………………244
第 13 章 结构非线性分析 ……………………248
13.1 ANSYS 非线性分析的求解设置与实施要点 …………………………………248
13.1.1 ANSYS 非线性分析的求解设置…248
13.1.2 非线性分析的实施要点及注意事项……………………………253
13.2 ANSYS 接触问题的建模与分析 ………254
13.2.1 接触分析概述 ……………………254
13.2.2 Mechanical 接触分析方法…………255
13.3 非线性分析例题 ………………………258
13.3.1 油罐底效应的简化分析 …………258
13.3.2 网壳焊接球节点的弹塑性受力分析……………………………………261
13.3.3 插销装配及拨拉接触分析 ………268
第 14 章 梁壳结构的屈曲分析 ………………275
14.1 结构屈曲问题的基本概念 ……………275
14.2 特征值屈曲及非线性屈曲分析的方法‥276
14.3 稳定性分析案例：工字型截面构件的失稳分析 ……………………………277
14.3.1 特征值屈曲分析 …………………277

14.3.2 非线性屈曲分析：弧长法………… 280
14.3.3 非线性屈曲分析：非线性稳定性‥ 282
第 15 章 结构优化设计……………………………… 284
15.1 ANSYS 形状优化技术简介………………284
15.2 基于 Design Exploration 的参数优化技术 ……………………………………285
15.2.1 结构参数优化的数学表述 …………285
15.2.2 目标驱动优化的一般过程 …………286
15.3 Design Exploration 优化分析案例……… 289
附录 ANSYS 常用单元形函数 ……………………297
参考文献………………………………………………304

1

ANSYS 结构分析的理论背景及功能概述

本章导读

有限元分析软件不同于一般的应用软件，它对使用者的知识水平提出了较高要求。有限元软件的使用者应当具备必要的理论基础，这样才能对计算过程中的各种参数作出正确的设置，并对程序的计算结果作出正确的判断和评价。

ANSYS 结构分析软件功能全面，涵盖线性静力分析、特征值屈曲分析、模态分析、谐响应分析、瞬态分析、响应谱分析、随机振动分析、子结构分析、子模型分析、热传导计算等分析类型，可以模拟材料非线性、几何非线性、接触分析等各类非线性力学行为，还提供了复合材料分析、断裂力学分析、热—结构耦合分析、声场以及声—结构耦合分析、优化设计、概率设计以及并行求解计算等技术，形成了完善的高级结构分析解决方案。本章将围绕 ANSYS 计算程序应用的各个方面介绍与之相关的理论背景知识。

本章包括如下主题：

- 有限单元法的基本思想与解题过程
- ANSYS Mechanical 的分析能力及一般分析流程
- ANSYS 结构静、动力分析的理论基础
- ANSYS 热传导分析的理论基础
- ANSYS 流固耦合分析的理论基础
- ANSYS 结构非线性分析的基本概念和算法

1.1 有限单元法的基本思想与解题过程

1.1.1 起源于杆系结构分析的有限单元法

ANSYS 软件的理论基础是有限单元法（Finite Element Method）。有限单元法是结构工程师和应用数学研究人员共同智慧的结晶，其基本概念起源于杆系结构的矩阵分析法。1956 年，

Turner 和 Clough 等人首次将刚架分析的矩阵位移法应用于飞机结构的分析中。之后的 1960 年，Clough 将这种处理问题的思路推广到求解弹性力学的平面应力问题，给出了三角形单元求解弹性平面应力问题的正确解答，并且首次提出“有限单元法”的名称。之后，应用数学家和力学家们则通过研究找到有限元方法的数学基础——变分原理，进而将这一方法推广应用于求解各种数学物理问题，如热传导、流体力学、电磁场以及各种耦合场问题。有限单元法目前已经发展成为一种多物理场通用的数值计算方法。

为了介绍有限单元法的基本概念，首先来回顾一下杆系结构的矩阵分析方法。杆系结构的矩阵分析方法以杆端位移作为基本未知量，因此又被称为矩阵位移法。该方法的计算过程可以概括为以下几个步骤：

（1）结构离散化。

将整个结构离散为若干个杆件单元，通常情况下一个结构杆件被作为一个单元，也可根据杆件截面变化以及支座和加载情况等将一个构件划分为多个单元。

（2）单元特性分析。

单元分析是有限元分析的重要一环，也是结构整体分析的基础。单元分析的任务是得到单元节点力与节点位移之间的关系方程——单元刚度方程，此方程的系数矩阵被称为单元刚度矩阵，单元刚度矩阵中的元素称为刚度系数，刚度系数的数值等于发生单位位移所引起的力。对弹性结构而言，刚度系数的实质为弹簧的刚度系数，即单位变形量引起的弹性回复力。为说明刚度系数的意义，下面给出几个简单的例子。

图 1-1 为只承受轴向力的等截面直杆，长度为 l，截面积为 A，弹性模量为 E。直杆的右端发生单位微小轴向位移时，由材料力学可知所需施加的力为 $F=EA/l$，因此该直杆的轴向抗拉（压）刚度系数为 EA/l，其实质就是一个刚度系数为 EA/l 的轴向弹簧。

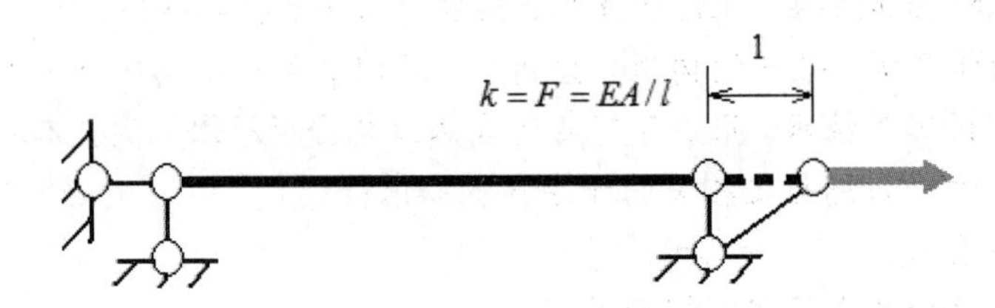

图 1-1　杆的刚度系数

图 1-2 为一等截面的直梁，跨度为 l，材料弹性模量为 E，截面惯性矩为 I，梁左端固定，右端受到竖向支撑的约束。现在如果强迫梁的右端发生单位微小支座位移时，竖向支杆中的约束反力为 $F=3EI/l^3$，因此此梁的右端抗侧向变形刚度为 $3EI/l^3$。

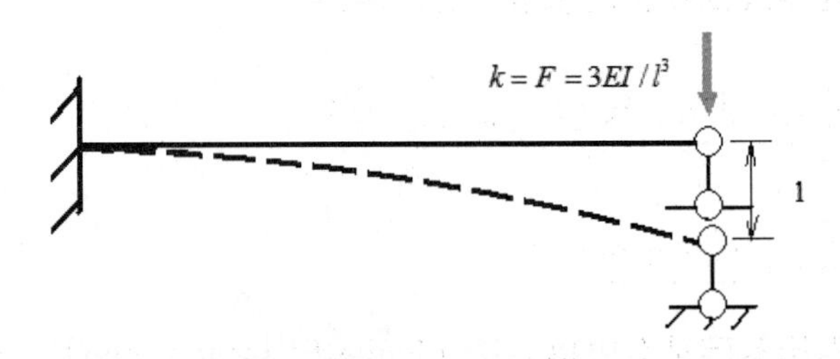

图 1-2　梁端的抗侧移刚度

图 1-3 中，等截面梁的左端发生单位微小的转角时，需要施加的力矩为 $M = 3EI/l$，因此该梁左端的平面内转动刚度为 $3EI/l$。

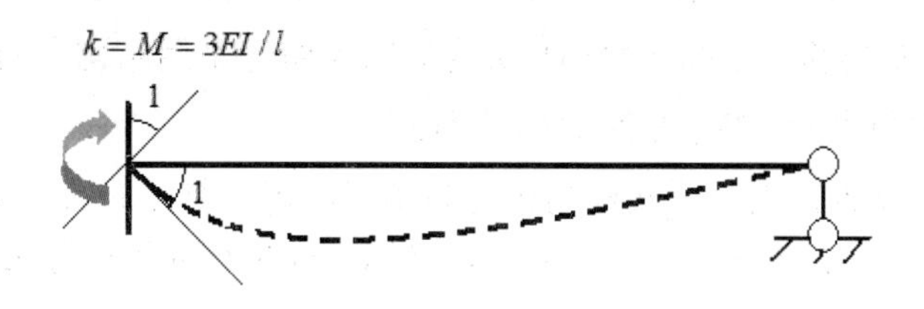

图 1-3　梁端的抗转动刚度

在单元分析时，单元上作用的各种分布载荷需要按照静力等效原则移置到杆件的节点上，形成等效节点载荷。在矩阵位移分析中，由于各杆件放置角度不同，还需将单元刚度方程（即单元刚度矩阵和单元等效节点力）转换至结构整体坐标系中。

（3）结构分析。

结构分析则是通过结构整体的平衡关系和变形协调条件将单元刚度矩阵按照节点位移编号和对号入座的方式组合形成结构的总体刚度矩阵，同时各杆件上作用载荷形成等效节点载荷并转换至整体坐标系下，形成结构的节点载荷向量与节点位移向量之间的关系。

（4）引入边界条件。

未引入边界约束条件的总体刚度矩阵是一个奇异矩阵，通常采用划行划列降阶法、改 0 置 1 法、对角元素充大数法等方法引入边界条件。如结构的约束足够，不论是静定还是超静定系统，引入边界条件后的总体刚度方程均可解。

（5）求解线性方程组得到节点位移。

求解结构总体刚度方程组，即可得到杆端位移（节点位移）。

（6）计算杆端力。

根据节点位移计算等效节点载荷引起的杆端力，叠加固端约束杆端力，得到实际结构各杆件的杆端力。

上述过程中最为核心的两个环节是单元特性分析和结构分析。下面以图 1-4 所示的简单桁架结构的矩阵分析为例，向读者介绍相关的一系列基本概念。

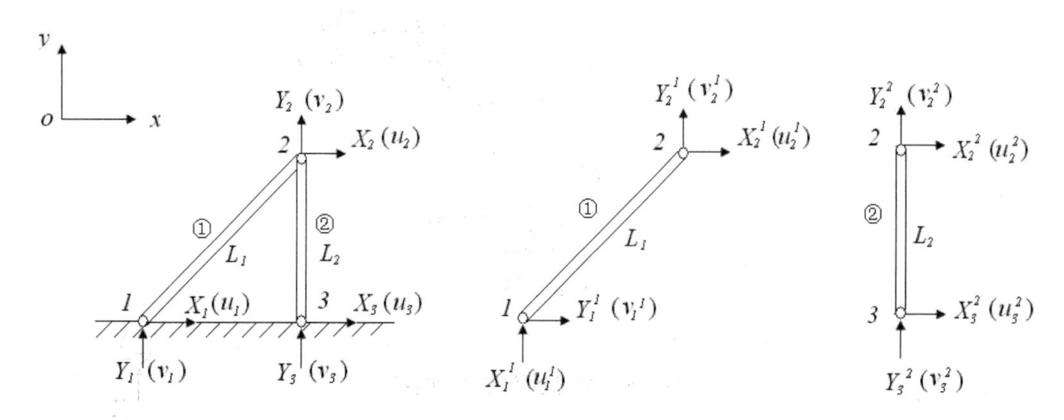

图 1-4　桁架结构有限元分析的原理

如图 1-4 所示是由两根杆件①和②组成的平面桁架，杆件的截面积均为 A，材料的弹性模量都是 E，长度分别为 L_1 和 L_2。图中，X_i 和 Y_i 分别为桁架结构在第 i 个节点处所受到的水平以及竖向外力，u_i 和 v_i 分别为结构中节点 i 的水平和竖向节点位移，u_i^j 和 v_i^j 分别为单元 j 杆端节点 i 的水平和竖向杆端位移（上标 j 表示单元号，节点编号采用结构中的节点编号），X_i^j 和 Y_i^j 分别为单元 j 的杆端节点 i 处的水平和竖向杆端力。

由于杆件在节点处均为铰支，因此杆端无力矩作用，每个节点的力和位移均有两个分量，或者说，一个节点具有 2 个自由度。我们取以上与坐标方向平行的正交分量分析杆端节点力和节点位移之间的关系。

对于杆件①，设其轴线方向（由节点 1 指向节点 2）与 x 轴正向成 α 角，则其杆端力与杆端位移之间的关系可以表示为：

$$\begin{Bmatrix} X_1^1 \\ Y_1^1 \\ X_2^1 \\ Y_2^1 \end{Bmatrix} = \frac{EA}{L_1} \begin{bmatrix} \cos^2\alpha & \cos\alpha\sin\alpha & -\cos^2\alpha & -\cos\alpha\sin\alpha \\ \cos\alpha\sin\alpha & \sin^2\alpha & -\cos\alpha\sin\alpha & -\sin^2\alpha \\ -\cos^2\alpha & -\cos\alpha\sin\alpha & \cos^2\alpha & \cos\alpha\sin\alpha \\ -\cos\alpha\sin\alpha & -\sin^2\alpha & \cos\alpha\sin\alpha & \sin^2\alpha \end{bmatrix} \begin{Bmatrix} u_1^1 \\ v_1^1 \\ u_2^1 \\ v_2^1 \end{Bmatrix}$$

其中，杆端力与杆端位移之间的系数矩阵称为单元刚度矩阵，我们用 k_{ij} 来表示刚度矩阵中位于第 i 行 j 列的元素。下面，我们以位于第 1 列的各元素 k_{i1}（i=1，2，3，4）为例说明刚度矩阵元素的计算方法和力学意义。

首先，令单元①节点力与节点位移关系式中的 $u_1^1=1$，$v_1^1=v_2^1=u_2^1=0$，则得到：$X_1^1=k_{11}$，$Y_1^1=k_{21}$，$X_2^1=k_{31}$，$Y_2^1=k_{41}$，这表明：当单元①的节点 1 发生单位微小水平位移（u_1^1=1）且同时约束单元①的其他所有节点位移（$v_1^1=v_2^1=u_2^1=0$）时，单元①在各节点处受到杆端力，这时的杆端力组成一个平衡力系，它们在数值上（以与坐标轴正向一致为正值）就等于刚度矩阵中的元素，表征单元①抵抗节点 1 水平位移 u_1^1 的刚度。这些力的数值很容易由材料力学求得，如图 1-5 所示。

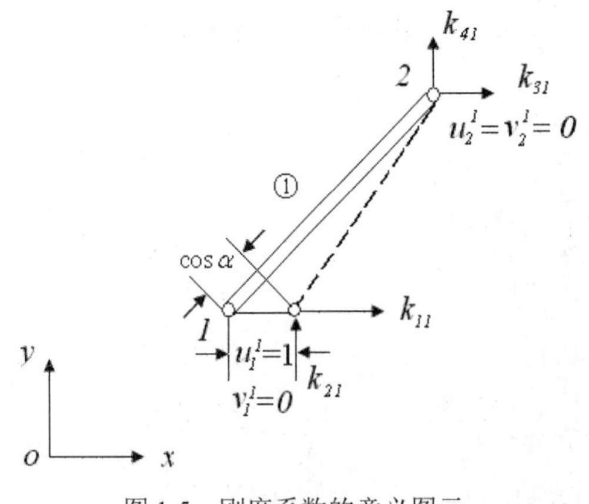

图 1-5　刚度系数的意义图示

当 $u_1^1=1$，其余节点位移分量 $v_1^1=v_2^1=u_2^1=0$ 时，杆单元①的缩短量为 $\Delta l=\cos\alpha$，于是杆

件受到的轴向压力为$EA\cos\alpha/L_1$，这就是杆件①在节点 1 处受到的节点力，其在 x 方向和 y 方向的分量分别为：

$$k_{11}=EA\cos^2\alpha/L_1\text{，}\ k_{21}=EA\cos\alpha\sin\alpha/L_1$$

杆件①在节点 2 处受到的力，其大小等于杆件的轴力，且方向与节点 1 处的节点力相反，其在 x 方向和 y 方向的分量分别为：

$$k_{31}=-EA\cos^2\alpha/L_1\text{，}\ k_{41}=-EA\cos\alpha\sin\alpha/L_1$$

继续对各位移分量做类似的分析，即可得到刚度矩阵的全部元素，完成桁架单元①特性的分析。实际上，通过这一操作，我们已经得到了平面桁架杆单元的一般刚度特性，对于桁架单元②，其相当于倾角为 90 度的特例，我们可直接得到单元刚度方程为：

$$\begin{Bmatrix} X_2^2 \\ Y_2^2 \\ X_3^2 \\ Y_3^2 \end{Bmatrix}=\frac{EA}{L_2}\begin{bmatrix} 0 & 0 & 0 & 0 \\ 0 & 1 & 0 & -1 \\ 0 & 0 & 0 & 0 \\ 0 & -1 & 0 & 1 \end{bmatrix}\begin{Bmatrix} u_2^2 \\ v_2^2 \\ u_3^2 \\ v_3^2 \end{Bmatrix}$$

单元分析结束后，就需要进行结构分析，将单元的刚度特性集成得到结构的刚度方程，根据几何条件——相邻单元公共节点位移的协调关系，即：

$$u_1=u_1^1,\ v_1=v_1^1;\ u_2=u_2^1=u_2^2;\ v_2=v_2^1=v_2^2;\ u_3=u_3^2,\ v_3=v_3^2$$

又根据节点处力的平衡条件，作用于某节点上的外力应等于包含该节点的各单元的杆端节点力的合力，即：

$$X_1=X_1^1,\ Y_1=Y_1^1;\ X_2=X_2^1+X_2^2,\ Y_2=Y_2^1+Y_2^2;\ X_3=X_3^2=0,\ Y_3=Y_3^2$$

以上 3 个节点处沿坐标轴方向的力的平衡条件就是结构的节点力与节点位移的关系，代入单元杆端力与杆端位移的关系（两个单元的刚度方程），即得到总体刚度矩阵的形式。

显然，总体刚度矩阵是一个 6×6 的矩阵。由于节点 2 同时连在杆件①和②上，因此两根杆件将共同抵抗公共节点 2 的变位，这在结构总体刚度矩阵中表现为两个单元对应刚度系数的叠加，即：

$$\begin{Bmatrix} \mathbf{F}_1 \\ \mathbf{F}_2 \\ \mathbf{F}_3 \end{Bmatrix}=\begin{bmatrix} \mathbf{K}_{11}^1 & \mathbf{K}_{12}^1 & \mathbf{0} \\ \mathbf{K}_{21}^1 & \mathbf{K}_{22}^1+\mathbf{K}_{22}^2 & \mathbf{K}_{23}^2 \\ \mathbf{0} & \mathbf{K}_{32}^2 & \mathbf{K}_{33}^2 \end{bmatrix}\begin{Bmatrix} \mathbf{\Delta}_1 \\ \mathbf{\Delta}_2 \\ \mathbf{\Delta}_3 \end{Bmatrix}$$

其中 $\mathbf{F_i}=\{X_i,Y_i\}^T$，$\mathbf{\Delta_i}=\{u_i,v_i\}^T$，$\mathbf{K}_{\mathrm{ij}}^{\mathrm{m}}$ 表示单元 m 的节点 i 和节点 j 之间的刚度关系（单元刚度矩阵的子块），即节点 i 的单位位移引起节点 j 处的杆端力。

这样我们就完成了结构分析，得到总体刚度方程，其系数矩阵就是总体刚度矩阵。在引入边界约束条件之前，总体刚度矩阵是奇异的。通过前述方法在总体刚度方程组中引入约束条件，求解线性方程组即可得到节点位移，进而得到杆端力等结果。具体过程在相关的教程中都有介绍，此处不再展开叙述。

回顾上述杆系结构矩阵分析过程，其基本思路可以概括为：每一个单元的力学特性被看作是构成整体结构的砖瓦，总体结构作为一系列单元组成的集合体，通过单元特性的组合装配即可提供总体结构的力学特性。尽管本节是以平面桁架结构为例介绍杆系结构矩阵分析的基本实现过程，但其中的一些基本概念同样适用于其他杆系结构系统或其他各种弹性结构系统的有限元分析。理解这些概念对读者正确应用 ANSYS 软件进行结构建模和分析是十分必要的。

1.1.2 有限单元法处理问题的一般过程及算法特点

在工程计算中，很多问题的解决都与求解微分方程有关。比如材料力学中梁的弯曲问题可以归结为求解以挠度为未知函数的常微分方程的问题，弹性体的变形问题可以归结为求解以位移为未知场变量的偏微分方程的问题，固体的热传导问题可以归结为求解温度为未知场变量的偏微分方程（热传导方程）的问题。由于各种因素，这些问题中可以通过解析方法来求解的仅仅是其中很少的一部分，大量实际工程问题只能借助数值方法来求解。另一方面，由于连续的求解域包含无限多个微元体，这与数值求解的实现过程发生矛盾。有限元方法通过将连续的求解域离散化的方法来解决这一矛盾，该方法的核心思想可以概括为：首先将系统离散为单元，再将单元特性组合得到系统的特性。通过求解域的离散，待分析的系统成为具有有限个自由度的元素（或单元）的集合体，数学物理微分方程问题便可简化为适合于数值求解的结构型问题。

有限元方法求解一般物理问题的基本实现过程可以概括为以下几个环节：

（1）创建求解域的几何模型。

创建几何模型通常是花费时间较多的环节，该环节的目标是创建一个与求解域形状相一致的几何模型。可以通过 3D 的 CAD 设计软件创建几何模型之后导入有限元分析软件中，也可以直接使用 ANSYS 等有限元软件的前处理（建模）程序，如 DM、SCDM 等来创建。创建几何模型时，可以根据问题特点或划分网格的需要对实际结构进行各种合理的简化，如去除表面突起、去除小孔面或倒角面等。

（2）几何模型离散化（Meshing）。

几何模型离散化是形成有限元分析模型最为关键的一个环节。在这个环节中，将连续的求解域离散化为网格状的分块区域的集合体，因此离散化过程又被形象地称为划分网格（即 Meshing）。网格化后每一个分块所包围的区域称为一个单元（Element），整个离散的结构模型由有限个单元组成，被称为有限元模型（Finite Element Model）。相邻的单元彼此之间只是在一些特定的点处连接在一起，这些点称为节点（Node）。每个节点处的未知的场变量被称为自由度（Degree of Freedom），是有限元方程求解的基本未知量。不同学科类型的单元，其节点具有不同的自由度。对于热分析，节点自由度为温度。对于结构分析，自由度即节点所具有的各种位移自由度，如平移自由度或转动自由度等。对其他物理场的分析也都有相应的场变量作为节点自由度。

ANSYS 软件提供了功能强大的网格划分程序 ANSYS Mesh，基于 ANSYS Mesh 可以对各种线、面、体等几何对象进行网格划分。对于一维问题中线段划分为多个小段的过程也习惯地称为 Meshing。尽管不像二维或三维问题那样形成网格状的单元组合体，但这些划分后的线段仍被称为网格。在 ANSYS 或其他程序中，Meshing 实际上代表的是一个过程，即借助于几何模型形成有限单元组合体的过程。

单元是组成有限元分析模型的基本元件。各种工程结构中的杆、梁、索、板、壳、膜以及三维块体等都可离散化为有限数量单元的组合体，即有限元分析模型。组成结构模型的单元可以各式各样，但是各种单元又有其作为结构分析单元的共性。随着有限元方法的不断发展，结构分析的单元类型日渐丰富，每一类的单元都有很多不同的算法，可用于模拟处于各种不同形态以及不同工作状态下的结构构件。表 1-1 列出了与结构分析相关的常见单元类型及应用场合。

表 1-1　结构分析单元的类型

单元类型	单元形状	单元应用场合
梁、杆、索	直线段、曲线段	用于模拟二维尺度远远小于第三维的结构构件，如梁、桁架杆、拉索、一般弹簧、阻尼器等
板、壳、模	三角形、四边形 可以直边或曲边	用于模拟二维尺度远远大于第三维的结构构件，模只承受面内的力，板只承受面外的力，壳则受到面内外载荷的共同作用
面单元	三角形、四边形 可以直边或曲边	用于模拟平面应力、平面应变、轴对称断面等可简化为二维问题的弹性体变形问题
三维体单元	四面体、六面体 单元的各边可以是直线也可以是曲线	用于模拟一般的不能简化的三维弹性体变形问题
连接单元	线状的单元	用于模拟两点之间的特殊连接，如各种非线性的弹簧、阻尼器等

注：表中的梁、板类型的单元常被称为结构单元，而平面单元、体单元则被称为实体单元。

（3）单元分析。

按照分块近似的思路，选择一个相对简单的函数来近似地描述 Mesh 后每一个单元内部的未知场变量的分布规律。单元内部场变量的插值可以选用线性插值函数，也可以通过二次以上的插值函数，此处的插值函数在有限单元法中一般被称为形函数。形函数的选取将会直接影响到相关计算结果的精度。在图 1-6 中，求解域是一维的，被分成若干个线性单元，每一个单元均采用线性形函数对场变量 $u(x)$在单元的内部进行插值。

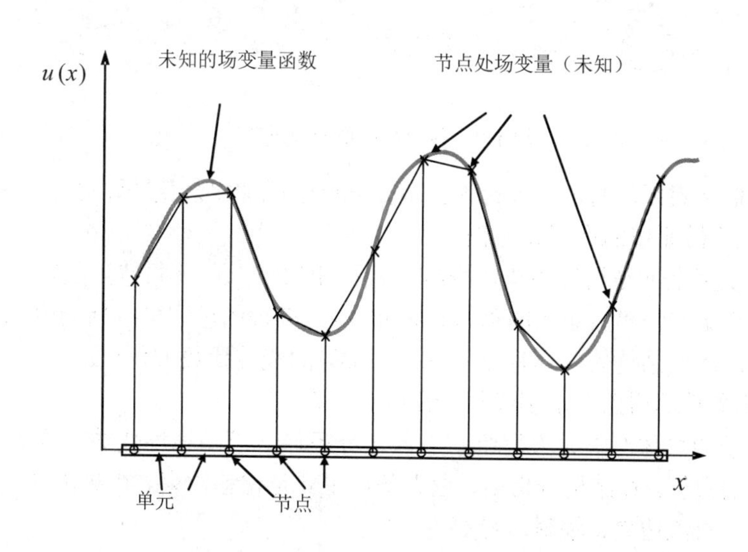

图 1-6　单元内场变量的分段插值

如图 1-7 所示的三角形平面单元，其形函数通常采用线性的面积坐标 L。单元内及单元边界上的位移是线性分布且由节点位移和形函数唯一确定的。由于两个相邻单元公共节点位移相同，因此公共边上的位移也相等，即相邻单元在公共边界上位移是相协调的。

对于在边上包括中间节点的单元，通常采用高次多项式作为插值函数（形函数），如边上有一个中间节点的单元采用二次的形函数。

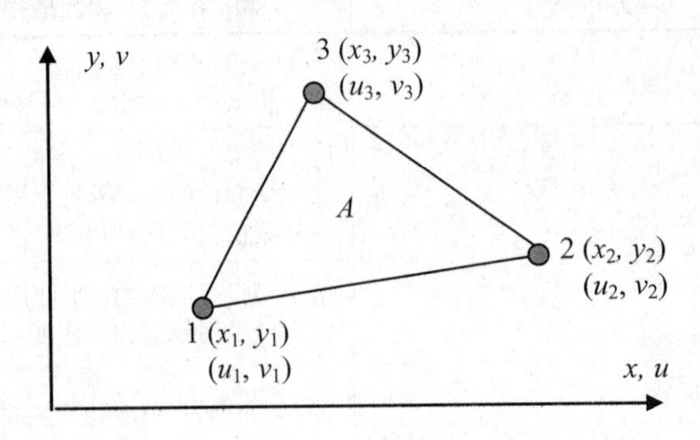

图 1-7　2-D 问题的三角形单元

图 1-8 是一些不同形状和阶次的平面以及实体单元，其中上面一排为一些直边的 2-D 以及 3-D 线性单元，下面一排是对应形状的边上有中间节点的二次单元。单元的阶次由插值函数来确定。

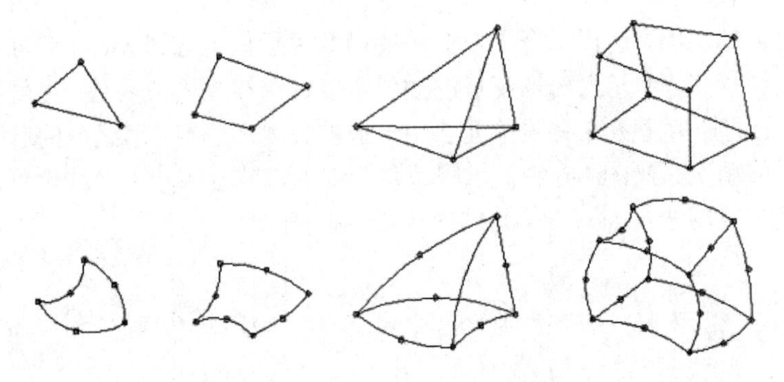

图 1-8　各种线性单元及高阶单元

确定了插值函数后，通过在单元内应用变分原理或加权余量法即可建立单元特性方程。

（4）建立离散系统的有限元方程。

这一环节实际上就是结构的总体分析。根据相邻单元在公共节点处场变量的连续性条件将单元特性方程集合为离散系统的总体有限元方程。集合的过程可概括为根据节点编号顺序对号入座的过程。离散系统的总体有限元方程是奇异的线性代数方程组。

（5）边界条件的引入及求解代数方程组。

向离散系统的总体有限元方程组中引入边界条件，求解线性代数方程组，得到未知的场变量在节点处的数值。在结构分析中，边界条件主要是位移约束。在热传导分析中，边界条件包括恒温边界、对流边界、辐射边界等。

（6）计算导出物理量并进行可视化处理。

根据计算得到的节点处的场变量值及单元内部的插值模式得到场变量在单元内部的分布，并通过基本解导出其他物理量。在结构分析中，可以由位移计算结果导出应变以及应力等导出量；在热分析中，可以通过温度计算结果导出热通量。计算完成后，利用可视化的后处理程序绘制各种变量的等值线图、路径分布图等。ANSYS Mechanical 包含了专门的计算结果后处理程序，可以显示各种物理量的分布图形、变形过程动画，还可用于绘制变量之间的曲线关系图，这些直观的后处理功能可以帮助分析人员对计算结果进行快速有效的检查和评价。

由上述基本处理过程可见，有限单元法具有如下特点：

- 思路直观，便于理解和应用。有限单元法通过单元特性集合形成结构特性的思路很直观，分析人员可以通过直观的物理概念来理解和应用此方法。
- 具备复杂的几何适应性。有限单元法中通过划分单元分片进行自由度的插值，而单元可以是各种不同形状，3D 问题可以是四面体、金字塔、六面体、三棱柱等各种形状，因此该方法对复杂的求解域几何形状具有良好的适应性。
- 具备严格的理论基础。对有限单元法的理解可以建立在不同的层次上，可以通过直观的力学概念，也可以建立在严格的理论基础之上。建立单元特性方程时采用的变分原理或加权余量法在数学上已经被证明是微分方程的等效积分形式。
- 适用范围广泛。有限单元法中场变量分片插值，并未限制场变量所满足的方程形式，因此这一算法的适用范围十分广泛，除了弹性结构力学分析，还可应用于温度场、流场、电磁场等几乎所有物理场问题和耦合场问题的求解。
- 适合计算机处理。有限单元法的基本求解过程采用规范化的矩阵形式表达，最后导出的求解方程可以统一为标准的矩阵代数计算问题，所以此方法特别适合于计算机编程处理和执行。

正是因为上述特点，有限元方法在经历了几十年的研究和发展后，逐步成为解决各学科数值计算问题的一种普遍性方法，被广泛地应用于结构、流体、电磁、热传导、声场等多学科的稳态分析、瞬态分析、特征值分析以及与之相关的耦合场问题和非线性问题的分析中。有限元方法已经成为工程计算中一种不可或缺的重要分析手段，其计算结果被作为各类工程结构设计和工业产品性能评估的重要参考依据。

1.2 ANSYS Mechanical 的分析能力及一般分析流程

本节对 ANSYS Mechanical 的求解能力及一般分析流程进行简要的介绍。

ANSYS Mechanical 是 ANSYS 软件系列中的结构力学分析模块，该模块是基于有限单元法的一个广义的计算力学模块，该模块可以计算的问题类型包括：

- 静力分析：计算结构在静力作用下的位移、应力。
- 特征值屈曲分析：得到结构在给定载荷作用下的失稳模式。
- 模态分析：得到结构在一系列特定频率下的固有振动模式。
- 谐响应分析：得到结构在一系列给定频率谐载荷作用下的最大稳态动力响应。
- 瞬态动力学分析：计算结构在任意动力载荷作用下的时间历程响应。
- 响应谱分析：基于模态组合方式计算结构对动力载荷谱（如地震、风载、波浪力）的响应。
- PSD 分析：基于模态组合方式计算结构对随机载荷的响应。
- 热传导分析：计算系统的稳态以及瞬态温度场，可以处理三种主要的热传递方式：热传导、热对流和热辐射，支持复杂热载荷和边界条件的施加，支持非线性热特性（如考虑与温度相关的导热系数、对流换热系数、接触传热计算等）。

- 声场分析：计算声波在介质中的传播问题。
- 耦合场分析：能处理热－结构耦合分析、声场－结构耦合、流－固耦合以及压电分析、热－电分析、热－电－固分析等耦合问题。
- 转子动力学分析：转子系统的临界转速、不平衡响应及稳定性分析。
- 子模型分析：在关心的区域细化网格得到更加精确的应力解的结构分析技术。
- 子结构分析：一组单元静力凝聚为一个超单元，利用超单元减小计算自由度的结构分析技术。子结构技术还可以应用于动力分析，即部件模态综合技术。
- 结构优化分析：包括参数优化和形状优化技术。
- 断裂力学分析：计算应力强度因子、J 积分、裂纹尖端能量释放率。

上述问题中，静力分析、瞬态分析（完全法）中可以考虑各种非线性因素。ANSYS Mechanical 具有全面的结构非线性分析功能，可以处理下列非线性力学行为：

- 材料非线性：可以分析非线性弹性、率无关金属塑性模型（双线性、多线性以及非线性的等强、随动及混合硬化模型）、D-P 塑性模型、超弹性、粘弹性、粘塑性、蠕变、混凝土材料、铸铁、垫片、层状复合材料及层间失效、形状记忆合金。支持各向异性、与温度相关的材料特性及材料曲线拟合。
- 几何非线性：可以计算任意的大应变、大位移（转动）、应力刚化效应。对于大应变问题，提供网格重划分技术以克服收敛困难问题。
- 接触非线性：ANSYS 具有高效的接触算法，可以分析任意的点－点、点－面、线－线、线－面、面－面接触问题，提供高效快捷的接触自动定义和识别技术，能处理各种自接触、密封流体渗漏等复杂问题。此外，还提供了螺栓预紧、点焊、Joint 等部件间连接方式。
- 单元非线性：施工过程模拟（材料的添加和去除），非线性连接单元（弹簧、阻尼器）、单向受力构件（如索、仅受压的杆件）等问题。
- 混合非线性：以上各种非线性问题的组合，如大变形问题伴随材料塑性问题，大变形问题伴随接触问题，或大变形、塑性和接触同时存在的问题。有几何缺陷以及力学缺陷的受压结构的非线性屈曲分析就是一种典型的混合非线性静力分析，通常是在大变形的同时伴随塑性。

此外，Mechanical 在温度场分析中也可以包含各种非线性因素，如与温度相关的导热系数、对流换热系数、辐射边界条件、接触传热、摩擦生热、相变潜热等问题。

尽管 ANSYS 分析能力十分强大，可以分析的问题类型众多，但是无论进行上述哪种具体问题的分析时，其分析流程都是类似的，即都包含前处理、加载求解、后处理三个分析环节。下面对基于 ANSYS 有限元分析的实现过程进行简要介绍。

1. 前处理：创建分析模型

前处理阶段的目标是建立分析对象的有限元模型。

在开始建模之前，要根据所分析结构的实际情况以及关心的主要问题对建模的过程进行必要的规划，对建模过程的细节和要达到的深度做到心中有数。

建立分析模型通常是首先建立几何模型，然后对其进行 Mesh 得到分析模型。建模时根据结构特点选用适合的单元类型，分析模型宜根据结构受力特点作必要的简化，如可以消除不必要的细节特征、刚硬的局部通过约束方程设置为刚性体、附属子结构简化为弹簧连接等。

2. 加载及计算

在前处理得到有限元模型的基础上，根据问题特点选择合适的分析类型。对于缓慢加载的问题可进行静力计算，对于载荷作用引起的加速度不能忽略的问题则需要进行动力分析，其中简谐载荷作用的问题可进行谐响应分析，一般动态载荷作用的问题可进行瞬态分析，随机载荷作用可选择 PSD 谱分析。对于每一种分析类型，还需要进行相关的选项设置，如载荷步设置、非线性设置、瞬态设置等。

另一方面，所施加的边界条件和载荷要反映结构的实际受力状态，如果简支梁采用了固定约束，肯定无法得到正确的解答。

在选择了分析类型，施加了载荷并正确设置了分析选项后，即可进行求解。

3. 后处理

计算完成后，通过后处理程序对结果进行列表、图形显示、直观动画显示等，对结果进行分析，验证结果的正确性。

1.3　ANSYS 结构计算的理论基础

1.3.1　ANSYS 静力分析的理论基础

本节从虚功原理出发，以一般弹性结构分析的三维 8 节点线性单元（ANSYS 的 SOLID185 单元）为例介绍弹性结构静力有限元分析的理论基础。

进行单元分析。

连续的三维实体结构被离散化为由有限个单元所组成的离散系统后，对其中任意一个单元 e，单元内任意一点的位移、应变、应力分别用向量形式表出：

$$\{u\}=\{u,v,w\}^T$$

$$\{\varepsilon\}=\{\varepsilon_{xx},\varepsilon_{yy},\varepsilon_{zz},\varepsilon_{xy},\varepsilon_{yz},\varepsilon_{zx}\}^T$$

$$\{\sigma\}=\{\sigma_{xx},\sigma_{yy},\sigma_{zz},\sigma_{xy},\sigma_{yz},\sigma_{zx}\}^T$$

由弹性理论可知，单元应变与位移之间应满足几何关系：

$$\{\varepsilon\}=[L]\{u\}$$

其中，$[L]$为三维问题的微分算子阵，其具体形式为：

$$[L]=\begin{bmatrix} \partial/\partial x & 0 & 0 \\ 0 & \partial/\partial y & 0 \\ 0 & 0 & \partial/\partial z \\ \partial/\partial y & \partial/\partial x & 0 \\ 0 & \partial/\partial z & \partial/\partial y \\ \partial/\partial z & 0 & \partial/\partial x \end{bmatrix}$$

单元应力与应变之间应满足下列物理关系：

$$\{\sigma\}=[D]\{\varepsilon\}$$

其中，三维问题的弹性矩阵$[D]$为：

$$[D]=\frac{E(1-\nu)}{(1+\nu)(1-2\nu)}\begin{bmatrix} 1 & \frac{\nu}{1-\nu} & \frac{\nu}{1-\nu} & 0 & 0 & 0 \\ & 1 & \frac{\nu}{1-\nu} & 0 & 0 & 0 \\ & & 1 & 0 & 0 & 0 \\ & \text{sym} & & \frac{1-2\nu}{2(1-\nu)} & 0 & 0 \\ & & & & \frac{1-2\nu}{2(1-\nu)} & 0 \\ & & & & & \frac{1-2\nu}{2(1-\nu)} \end{bmatrix}$$

其中，E、ν 分别为弹性模量和泊松比。

进行单元分析。

在离散系统的任一单元 e 的体积 V_e 上应用虚功原理：

$$\int_{V_e}\{\varepsilon^*\}^T\{\sigma\}\mathrm{d}V=\{u^{e*}\}^T\{F^e\}$$

其中，$\{u^{e*}\}$为虚拟的变形状态下的节点位移向量，$\{\varepsilon^*\}$为相应于$\{u^{e*}\}$的单元内虚应变，$\{F^e\}$为实际状态下的单元 e 的节点载荷向量（在单元分析中视节点力为外力），$\{\sigma\}$为实际状态下的单元应力。

单元内任意点的位移（虚位移）可通过节点位移（节点虚位移）值和插值函数得到，即：

$$\{u\}=\begin{Bmatrix} u \\ v \\ w \end{Bmatrix}=\begin{Bmatrix} \sum_{i=1}^{8}N_i(\xi,\eta,\zeta)u_i \\ \sum_{i=1}^{8}N_i(\xi,\eta,\zeta)v_i \\ \sum_{i=1}^{8}N_i(\xi,\eta,\zeta)w_i \end{Bmatrix}=[N]\{u^e\}$$

其中，N_i（i=1，…，8）为各节点的形函数。形函数是位置坐标的函数，需要满足两个基本条件：一是各节点对应的形函数在本节点值为 1，在其他节点值为 0；二是各节点的形函数之和为 1。前一个条件说明形函数具有很直观的意义，它表示当对应节点发生某个单位位移分量，其余节点都不动时，整个单元内的位移分布情况。后一个条件则表示当整个单元发生刚体位移时，单元内各点位移均相等（等于各节点的位移）。$[N]$为形函数矩阵，对 8 节点单元，其具体形式可写为：

$$[N]=\left[N_1[I]_{3\times3},\cdots,N_8[I]_{3\times3}\right]$$

其中，$[I]_{3\times3}$ 为三阶单位矩阵。

用形函数表示的单元位移代入几何关系，得到应变与节点位移向量之间的关系为：

$$\{\varepsilon\}=[L][N]\{u^e\}=[B]\{u^e\}$$

其中，$[B]$ 为应变矩阵，其形式为：

$$[B]=[[B_1],\cdots,[B_8]]$$

其中各分块为：

$$[B_i]=[L][N_i[I]_{3\times3}]=\begin{bmatrix}\partial N_i/\partial x & 0 & 0\\ 0 & \partial N_i/\partial y & 0\\ 0 & 0 & \partial N_i/\partial z\\ \partial N_i/\partial y & \partial N_i/\partial x & 0\\ 0 & \partial N_i/\partial z & \partial N_i/\partial y\\ \partial N_i/\partial z & 0 & \partial N_i/\partial x\end{bmatrix}$$

虚位移引起的应变也可由应变矩阵和节点虚位移表示：

$$\{\varepsilon^*\}=[B]\{u^{e*}\}$$

上式代回虚功方程，可得到

$$\{u^{e*}\}^T\int_{V_e}[B]^T[D][B]\mathrm{d}V\{u^e\}=\{u^{e*}\}^T\{F^e\}$$

两边消去节点虚位移，得到

$$\int_{V_e}[B]^T[D][B]\mathrm{d}V\{u^e\}=\{F^e\}$$

上式可写为简洁的形式：

$$[K^e]\{u^e\}=\{F^e\}$$

式中给出了单元节点力与节点位移之间的关系，通常被称为单元刚度方程。其中，$[K^e]$ 称为单元刚度矩阵，其表达式为：

$$[K^e]=\int_{V_e}[B]^T[D][B]\mathrm{d}V$$

单元刚度方程右端的节点载荷向量 $\{F^e\}$ 由如下几部分组成：

$$\{F^e\}=\{F^{ef}\}+\{F^{eS}\}+\{F^{eC}\}+\{F^{ei}\}$$

其中，$\{F^{ef}\}$ 为体积力 $\{f\}$ 的等效节点力向量，其表达式为：

$$\{F^{ef}\}=\int_{V_e}[N]^T\{f\}\mathrm{d}V$$

$\{F^{eS}\}$ 为表面力的等效节点载荷向量，其表达式为：

$$\{F^{eS}\}=\int_{S^e}[N]^T\{T\}\mathrm{d}S$$

其中，S^e 表示单元受到表面力 T 作用的表面域。

$\{F^{eC}\}$ 为单元集中节点载荷向量，$\{F^{ei}\}$ 为相邻单元对单元 e 的作用力，在后续的结构分析时 $\{F^{ei}\}$ 作为单元之间的内力相互抵消。

实际计算中，ANSYS 采用等参变换技术，单元刚度矩阵及载荷向量均采用数值积分方法计算。图 1-9 为 8 节点单元的等参变换示意图。

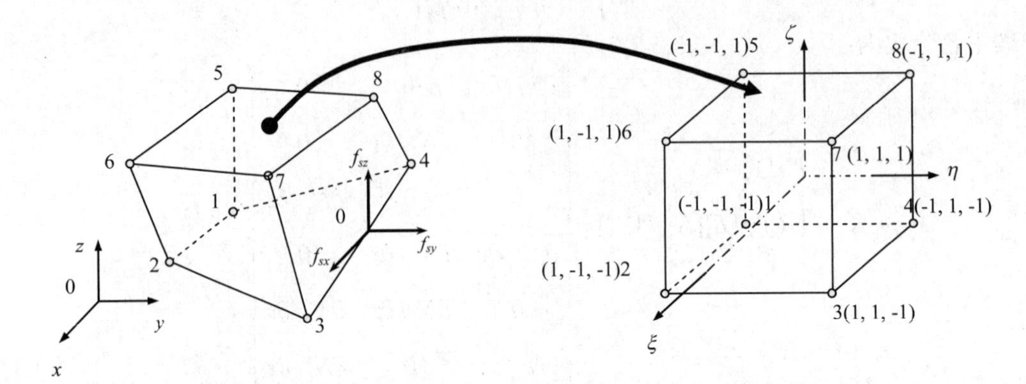

图 1-9　三维单元的等参变换

在自然坐标(ξ,η,ζ)中，可以很方便地给出形函数的表达式：

$$N_i=\frac{1}{8}(1+\xi_i\xi)(1+\eta_i\eta)(1+\zeta_i\zeta)\quad(i=1,\ \ldots,\ 8)$$

所谓等参元，是指单元内各点的坐标通过与位移相同的插值函数（形函数）表示：

$$\begin{Bmatrix} x \\ y \\ z \end{Bmatrix}=\begin{Bmatrix} \sum_{i=1}^{8} N_i(\xi,\eta,\zeta)x_i \\ \sum_{i=1}^{8} N_i(\xi,\eta,\zeta)y_i \\ \sum_{i=1}^{8} N_i(\xi,\eta,\zeta)z_i \end{Bmatrix}$$

对自然坐标的导数，可通过链式微分法则表示为对总体坐标的导数的表达式：

$$\begin{Bmatrix} \dfrac{\partial N_i}{\partial \xi} \\ \dfrac{\partial N_i}{\partial \eta} \\ \dfrac{\partial N_i}{\partial \zeta} \end{Bmatrix}=\begin{bmatrix} \dfrac{\partial x}{\partial \xi} & \dfrac{\partial y}{\partial \xi} & \dfrac{\partial z}{\partial \xi} \\ \dfrac{\partial x}{\partial \eta} & \dfrac{\partial y}{\partial \eta} & \dfrac{\partial z}{\partial \eta} \\ \dfrac{\partial x}{\partial \zeta} & \dfrac{\partial y}{\partial \zeta} & \dfrac{\partial z}{\partial \zeta} \end{bmatrix}\begin{Bmatrix} \dfrac{\partial N_i}{\partial x} \\ \dfrac{\partial N_i}{\partial y} \\ \dfrac{\partial N_i}{\partial z} \end{Bmatrix}=[J]\begin{Bmatrix} \dfrac{\partial N_i}{\partial x} \\ \dfrac{\partial N_i}{\partial y} \\ \dfrac{\partial N_i}{\partial z} \end{Bmatrix}$$

上式的系数矩阵$[J]$被称为雅克比矩阵，用自然坐标的形函数和总体坐标值表示$[J]$如下：

$$[J]=\begin{bmatrix}\sum_{i=1}^{8}x_i\frac{\partial N_i}{\partial \xi} & \sum_{i=1}^{8}y_i\frac{\partial N_i}{\partial \xi} & \sum_{i=1}^{8}z_i\frac{\partial N_i}{\partial \xi}\\ \sum_{i=1}^{8}x_i\frac{\partial N_i}{\partial \eta} & \sum_{i=1}^{8}y_i\frac{\partial N_i}{\partial \eta} & \sum_{i=1}^{8}z_i\frac{\partial N_i}{\partial \eta}\\ \sum_{i=1}^{8}x_i\frac{\partial N_i}{\partial \zeta} & \sum_{i=1}^{8}y_i\frac{\partial N_i}{\partial \zeta} & \sum_{i=1}^{8}z_i\frac{\partial N_i}{\partial \zeta}\end{bmatrix}$$

于是，上节中的应变矩阵$[B]$中各元素对总体坐标的偏导数可以通过对自然坐标的偏导数来表示，即：

$$\begin{Bmatrix}\frac{\partial N_i}{\partial x}\\ \frac{\partial N_i}{\partial y}\\ \frac{\partial N_i}{\partial z}\end{Bmatrix}=[J]^{-1}\begin{Bmatrix}\frac{\partial N_i}{\partial \xi}\\ \frac{\partial N_i}{\partial \eta}\\ \frac{\partial N_i}{\partial \zeta}\end{Bmatrix}$$

积分体积元素按下式也进行等参变换：

$$\mathrm{d}V=|J|\mathrm{d}\xi\mathrm{d}\eta\mathrm{d}\zeta$$

于是，单元刚度矩阵由下式计算：

$$[K^e]=\int_{V_e}[B]^T[D][B]\mathrm{d}V=\int_{-1}^{1}\int_{-1}^{1}\int_{-1}^{1}[B]^T[D][B]|J|\mathrm{d}\xi\mathrm{d}\eta\mathrm{d}\zeta$$

这样，单元刚度矩阵成为关于自然坐标的标准区间内的积分。类似地，各种等效载荷向量也可变换为这一形式的积分。

ANSYS 在实际计算中采用相关的数值积分方法（如高斯积分等）进行计算，这样单元刚度矩阵的元素以及与单元有关的量均可通过标准数值积分来计算如下：

$$I=\int_{-1}^{+1}\int_{-1}^{+1}\int_{-1}^{+1}f(\xi,\eta,\zeta)\mathrm{d}\xi\mathrm{d}\eta\mathrm{d}\zeta=\sum_{i=1}^{l}\sum_{j=1}^{m}\sum_{k=1}^{n}H_iH_jH_kf(\xi_i,\eta_j,\zeta_k)$$

其中，H_i、H_j、H_k为数值积分的权系数，对于 2×2×2 积分点方案，各积分点位置的自然坐标分别取±0.577，各点权重均为 1.000。以刚度矩阵的计算为例，仅需要计算$[B]$和$|J|$等在积分点处的值。

由于等参元的坐标和位移采用相同的插值函数，因此应用等参元还有一个好处，就是对曲线边界问题的处理。在这类问题中，如果单元采用精度较高的二次形函数，则曲线边界也通过节点坐标的二次插值来逼近，可以显著降低线性单元折线代替曲线的误差。

在单元分析的基础上，下面进行结构总体分析。

结构分析需要基于两个基本条件：节点的平衡条件、相邻单元在公共节点上的位移（自由度）协调条件。

如图 1-10 所示为由三个刚度相等的弹簧并联而组成的弹簧系统。左端固定，要使该弹簧系统右端发生一个公共的变形量Δ，所需施加的外力就必须等于系统三个弹簧弹性回复力之和，即：

$$F = (K + K + K)\Delta = 3K\Delta$$

这一并联弹簧的模型实际上已经包含了结构分析的基本思想，即各个弹性元件的刚度系数都作为弹性系统刚度系数的一部分，由各个元件来共同抵抗外力的作用且变形保持协调（即几何条件），各个弹簧元件的内力之和等于作用外力（即平衡条件）。

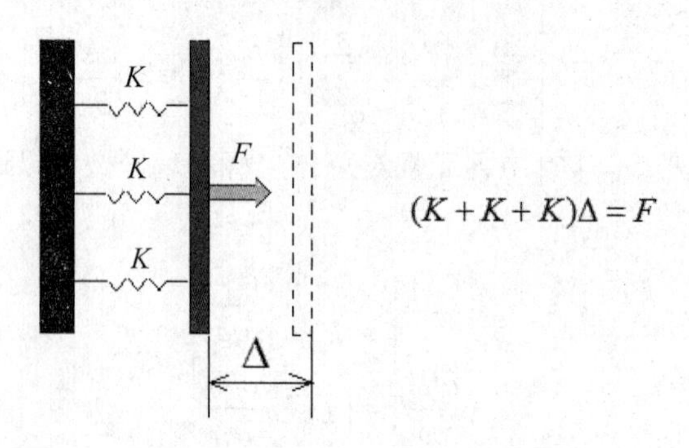

图 1-10　并联弹簧模型刚度系数计算示意图

由于相邻单元在公共节点上的位移是协调的，因此结构分析中，相邻单元在公共节点对应位移上的刚度矩阵元素被叠加到一起，以共同抵抗公共的节点位移。这体现了上述变形协调的原则以及节点的平衡条件。实际计算处理中，结构整体分析的过程可以形象地概括为“对号入座”。如果与一个节点对应的单元刚度矩阵元素在总体刚度矩阵中被作为一个子块，则结构总体刚度矩阵一共包含节点总数个子块。只要按照节点编号的顺序将各子块放到结构总体矩阵的相应位置，即可由单元刚度矩阵组集形成总体刚度矩阵。与之相对应的，所有单元的节点载荷向量也要按照结构中的节点编号次序送入结构载荷向量对应位置，相邻单元在公共节点的相互作用力相互抵消，外力作用的等效载荷及节点集中载荷进行叠加，这样就形成了结构的总体刚度方程。

$$\sum_e [K^e]\{U\} = \sum_e \{F^{ef}\} + \sum_e \{F^{eS}\} + \sum_e \{F^{eC}\}$$

其中，$\{U\}$ 为结构节点位移向量，各求和符号表示矩阵或向量元素在对应自由度上的叠加，右端三项依次为单元等效体力、表面力载荷向量与单元节点集中载荷向量的叠加。令：

$$[K] = \sum_e [K^e]$$

$$\{F\} = \sum_e \{F^{ef}\} + \sum_e \{F^{eS}\} + \sum_e \{F^{eC}\}$$

则结构总体刚度方程可简写为：

$$[K]\{U\} = \{F\}$$

其中，$[K]$ 为总体刚度矩阵，$\{F\}$ 为总体节点载荷向量。

通过结构分析，得到的结构总体刚度方程是奇异的，外在表现为结构的各元件（单元）连接成为一个整体后，虽然元件之间的相对位置不再变化，但仍然存在由于整体约束不足而引起的整体刚性位移（总体平移或者转动）的任意性。

在总体刚度方程中引入位移边界条件是在求解之前必须进行的步骤。通过边界约束条件的施加可以排除结构发生整体刚性位移的任意性，使得在一定载荷作用下的结构位移响应可以唯一地确定。注意，必须给结构加上符合实际情况的正确的约束条件，否则会导致错误的分析结果。

这一步在数值实现过程中表现为对结构总体刚度矩阵的元素进行数值处理，常见处理方式有直接代入法、改 0 置 1 法、对角元素乘大数法等。

- 直接代入法：将已知的节点位移（包括位移约束和强迫支座位移）相对应的自由度消去，形成以其他剩余自由度为未知量的线性方程组。
- 改 0 置 1 法：仅适用于给定的零位移。当支座位移为零时，可以将总体刚度矩阵中对应于零位移自由度相应行列的主对角元素改为 0，而主对角元素置为 1，经过这样的处理后，在不改变原来矩阵阶数的情况下，解方程的时候可以使相应自由度为零。
- 对角元素乘大数法：适用于任意给定的位移数值。对于已知的节点位移，把与已知位移自由度对应的主对角元素乘以一个较大的数 α（可取为 10^{10} 量级），并且在对应的方程右端项用改变后的主对角元素和已知位移的乘积。采用这种处理方法时方程的阶数不变，节点位移顺序不变，编制程序十分方便。

引入了边界约束条件后的离散化结构方程就具有唯一的解，ANSYS Mechanical 提供了一系列直接求解器和迭代求解器计算自由节点的位移，再通过总体刚度方程计算结构的支反力。在得到节点位移向量后，单元内部任意点的位移则可通过解出的节点自由度插值得到。用各单元的应变矩阵乘以节点位移向量即可得到单元各积分点处的应变，根据应力－应变关系（线性分析中就是胡可定律）由积分点的应变计算积分点处的应力。对于线性分析，ANSYS 会将积分点的应力值外插到节点，并对相邻单元公共节点的应力作平均处理后作为节点量输出。

需要指出的是，由于应变是位移的导数，由位移解导出的应变和应力解的精度将低于位移解。对于应力梯度较大的部位（应力集中部位）的求解，需要采用适当的网格密度或采用高阶单元来提高应力解的精度。ANSYS 提供了功能强大的结果可视化处理程序（后处理器），可直观地显示模型中各种物理量的分布情况。显示的量可以是单元解，也可以是节点解。如果显示的单元应力解等值线图有明显的跳跃性间断，则表明需要加密网格以提高应力解的精度，节点解由于是相邻单元平均化的结果，不会出现不连续现象。

以上即为 ANSYS 静力结构分析相关的理论背景。

1.3.2　ANSYS 动力分析的理论基础

对于结构动力学问题，根据达朗贝尔原理，在平衡方程中需要考虑惯性力和阻尼力。惯性力作为体积力，即：

$$\{f_I\} = \{-\rho\{\ddot{u}\}\}$$

式中的 ρ 为单元的密度，各点的加速度用节点加速度值按形函数插值，即：

$$\{\ddot{u}\} = [N]\{\ddot{u}^e\}$$

代入体积力等效节点载荷表达式，得到：

$$\{F^{ef_I}\} = \int_{V_e}[N]^T\{-\rho\{\ddot{u}\}\}\mathrm{d}V = -\int_{V_e}\rho[N]^T[N]\{\ddot{u}^e\}\mathrm{d}V$$

采用类似的处理方式，阻尼力也作为体积力的一部分：

$$\{f_D\} = \{-c\{\dot{u}\}\}$$

式中的 c 为单元阻尼系数，各点速度用节点速度值按形函数插值，即：

$$\{\dot{u}\} = [N]\{\dot{u}^e\}$$

代入体积力等效节点载荷表达式，得到：

$$\{F^{ef_D}\} = \int_{V_e} [N]^T \{-c\{\dot{u}\}\} \mathrm{d}V = -\int_{V_e} c[N]^T [N]\{\dot{u}^e\} \mathrm{d}V$$

上述惯性力、阻尼力作为体积力代入单元刚度方程，可得到如下单元动力学方程：

$$[M^e]\{\ddot{u}^e\} + [C^e]\{\dot{u}^e\} + [K^e]\{u^e\} = \{F^e\}$$

其中，$[M^e]$、$[C^e]$分别称为单元的（一致）质量矩阵和单元阻尼矩阵，其表达式为：

$$[M^e] = \int_{V_e} \rho [N]^T [N] \mathrm{d}V$$

$$[C^e] = \int_{V_e} c[N]^T [N] \mathrm{d}V$$

单元分析之后同样是结构分析，根据节点的平衡条件及相邻单元公共节点的变形协调性，各单元矩阵元素送入总体矩阵对应自由度的位置（对号入座），单元等效节点载荷送入结构载荷向量对应自由度位置，注意到节点载荷与时间相关，于是形成下列结构动力方程：

$$[M]\{\ddot{u}\} + [C]\{\dot{u}\} + [K]\{u\} = \{F(t)\}$$

其中：

$$[M] = \sum_e [M^e]$$

$$[C] = \sum_e [C^e]$$

$$[K] = \sum_e [K^e]$$

$$\{F(t)\} = \sum_e \{F^e(t)\}$$

上式为结构动力有限元分析的一般方程，其中$[M]$、$[C]$和$[K]$分别为结构的总体质量矩阵、总体阻尼矩阵、总体刚度矩阵，$\{\ddot{u}\}$、$\{\dot{u}\}$和$\{u\}$分别为节点的加速度向量、速度向量、位移向量，$\{F(t)\}$为结构节点载荷向量。式中带有下标e的各求和符号的意义为对所有单元进行对应元素的叠加。

对于模态分析，仅考虑结构自身的特性，与外部作用无关，通常也不考虑阻尼，此时结构的动力方程简化为：

$$[M]\{\ddot{u}\} + [K]\{u\} = 0$$

如果令：

$$\{u\} = \{\phi_i\}\cos(\omega_i t)$$

代入结构自由振动有限元方程，简化得到：

$$\{[K] - \omega_i^2 [M]\}\{\phi_i\} = 0$$

上式为一个齐次线性方程组，其有非零解的条件为：

$$\det([K] - \omega_i^2 [M]) = 0$$

上式是结构频率特征值分析的基本方程，通过求解这一特征值问题可得到结构的各阶自振频率和振型。对振型计算结果，ANSYS 程序还提供了两种归一化方法：一种方法是振型向量最大分量归一，其他各分量成比例缩放；另一种是关于质量矩阵归一化，即满足：

$$\{\phi_i\}^T[M]\{\phi_i\}=1$$

对于考虑应力刚化效应的模态分析，只需在以上频率特征值方程的刚度矩阵中增加应力刚度项即可，依然为特征值问题。

作为结构动力分析中一类常见的特殊问题，当结构外载荷为简谐载荷时，ANSYS 提供了谐响应分析来给出系统在简谐载荷作用下的最大稳态响应。假设外载荷的频率为 Ω，外载荷和稳态位移响应的相位分别为 ψ 和 φ，简谐外载荷及稳态位移响应分别为：

$$\{F(t)\}=\left\{F_{\max}e^{i\psi}\right\}e^{i\Omega t}=\left\{F_{\max}\cos\psi+iF_{\max}\sin\psi\right\}e^{i\Omega t}=\left\{F_1+iF_2\right\}e^{i\Omega t}$$

$$\{u(t)\}=\left\{u_{\max}e^{i\phi}\right\}e^{i\Omega t}==\left\{F_{\max}\cos\phi+iF_{\max}\sin\phi\right\}e^{i\Omega t}=\left\{u_1+iu_2\right\}e^{i\Omega t}$$

将上两式代入结构动力有限元方程，可得：

$$(-\Omega^2[M]+i\Omega[C]+[K])\{u_1+iu_2\}=\{F_1+iF_2\}$$

求解此方程组即可求出给定加载频率 Ω 的稳态位移响应幅值和相位角。

对于一般的瞬态结构动力问题，上述结构有限元分析的一般方程实际上是一个常微分方程组，需要引入初始条件和位移边界条件后再进行求解。瞬态问题的求解方法可分为振型叠加法和逐步积分法两大类。振型叠加法的思路是：利用振型矩阵作为变换矩阵，将多自由度系统原本相互耦合的振动方程组转化为等数量解耦的单自由度振动方程并分别求解，以求得的单自由度解作为系数将结构的各阶模态进行叠加并求和，最终得出结构的瞬态响应。逐步积分法的思路是：将原本在任意时刻都需要满足的运动方程的位移代之以只要在离散的时间点满足动力学方程；而在一定时间间隔内，对位移、速度和加速的关系采取某种假设，这样就可由初始条件逐步求出后续各个时间点的响应值。时域数值积分方面，ANSYS 提供了 Newmark 方法、HHT 方法等，此处不再展开讨论。

1.4　ANSYS 热传导计算的理论基础

固体结构的热传导是有限元技术的重要应用方面，本节介绍与热传导问题相关的理论基础。

对于一般的各向异性固体，其瞬态热传导问题的基本提法如下：

瞬态热传导方程：

$$\rho c\frac{\partial T}{\partial t}-\frac{\partial}{\partial x}\left(k_x\frac{\partial T}{\partial x}\right)-\frac{\partial T}{\partial y}\left(k_y\frac{\partial T}{\partial y}\right)-\frac{\partial T}{\partial z}\left(k_z\frac{\partial T}{\partial z}\right)-Q_v=0\qquad\forall(x,y,z)\in\Omega$$

其中，c 为比热，k_x、k_y、k_z 分别为三个方向的导热系数，Q_v 是单位体积的热功率。

三类边界条件（恒温边界 S_1、已知热流量边界 S_2、自然对流边界 S_3）：

$$T=\overline{T}\qquad\forall(x,y,z)\in S_1$$

$$k_x\frac{\partial T}{\partial x}n_x+k_y\frac{\partial T}{\partial y}n_y+k_z\frac{\partial T}{\partial z}n_z+\overline{q}_s=0\qquad\forall(x,y,z)\in S_2$$

$$k_x\frac{\partial T}{\partial x}n_x+k_y\frac{\partial T}{\partial y}n_y+k_z\frac{\partial T}{\partial z}n_z+h(T-T_0)=0\qquad\forall(x,y,z)\in S_3$$

其中，$\bar{q}_s$ 为通过边界 S_2 的热通量，T_0 为环境温度。

温度场初始条件：

$$T\big|_{t=0}=T(x,y,z) \qquad \forall(x,y,z)\in\Omega$$

采用有限元方法分析温度场时，对于某一个特定单元 e，其内部的温度场通过节点温度插值得到：

$$T(x,y,z,t)=\sum_{i=1}^{n}N_i(x,y,z)T_i(t)=[N]\{T^e\}$$

其中，$[N]=[N_1\ \dots\ N_n]$，为形函数矩阵，$\{T^e\}=\{T_1(t)\dots T_n(t)\}^T$，为单元 e 的节点温度向量。

取近似函数 $T(x,y,z,t)$ 在边界 S_1 上强制满足边界条件，在单元 e 上应用 Galekin 方法，其域内的余量为：

$$R_{ei}=\int_{V_e}N_i\left[\rho c\frac{\partial T}{\partial t}-\frac{\partial}{\partial x}\left(k_x\frac{\partial T}{\partial x}\right)-\frac{\partial T}{\partial y}\left(k_y\frac{\partial T}{\partial y}\right)-\frac{\partial T}{\partial z}\left(k_z\frac{\partial T}{\partial z}\right)-Q_v\right]\mathrm{d}V$$

或写为矩阵形式：

$$\{R_e\}=\int_{V_e}[N]^T\left[\rho c\frac{\partial T}{\partial t}-\frac{\partial}{\partial x}\left(k_x\frac{\partial T}{\partial x}\right)-\frac{\partial T}{\partial y}\left(k_y\frac{\partial T}{\partial y}\right)-\frac{\partial T}{\partial z}\left(k_z\frac{\partial T}{\partial z}\right)-Q_v\right]\mathrm{d}V$$

对上式中的中间几项进行分部积分，得到：

$$\{R_e\}=\int_{V_e}[N]^T\rho c\frac{\partial T}{\partial t}\mathrm{d}V-\oint_{S_e}\left([N]^T k_x\frac{\partial T}{\partial x}n_x+[N]^T k_y\frac{\partial T}{\partial y}n_y+[N]^T k_z\frac{\partial T}{\partial z}n_z\right)\mathrm{d}S$$
$$+\int_{V_e}\left(k_x\frac{\partial[N]^T}{\partial x}\frac{\partial T}{\partial x}+k_y\frac{\partial[N]^T}{\partial y}\frac{\partial T}{\partial y}+k_z\frac{\partial[N]^T}{\partial z}\frac{\partial T}{\partial z}\right)\mathrm{d}V-\int_{V_e}[N]^T Q_v\mathrm{d}V$$

令：

$$[C]^e=\int_{V_e}\rho c[N]^T[N]\mathrm{d}V$$

$$[K]^e=\int_{V_e}\left(k_x\frac{\partial[N]^T}{\partial x}\frac{\partial[N]}{\partial x}+k_y\frac{\partial[N]^T}{\partial y}\frac{\partial[N]}{\partial y}+k_z\frac{\partial[N]^T}{\partial z}\frac{\partial[N]}{\partial z}\right)\mathrm{d}V$$

$$\{P_Q\}^e=\int_{V_e}[N]^T Q_v\mathrm{d}V$$

对相关项进行改写得：

$$\{R_e\}=[C]^e\{\dot{T}^e\}+[K]^e\{T^e\}-\{P_Q\}^e-\oint_{S_e}\left([N]^T k_x\frac{\partial T}{\partial x}n_x+[N]^T k_y\frac{\partial T}{\partial y}n_y+[N]^T k_z\frac{\partial T}{\partial z}n_z\right)\mathrm{d}S$$

上式的最后一项，单元 e 的表面积分项应包含各类热边界以及单元交界面，相邻单元交界面积分项在总体求和时相互抵消，强制温度边界上不考虑此项，热流边界及对流边界条件代入边界项中（暂不考虑辐射边界），整理即可得到单元 e 的离散导热方程，如下：

$$[C]^e\{\dot{T}^e\}+([K]^e+[H]^e)\{T^e\}=\{P_Q\}^e+\{P_q^e\}+\{P_h^e\}$$

其中：

$$[H]^e = \int_{S_3} h[N]^T [N] \mathrm{d}S$$

$$\{P_q^e\} = -\int_{S_2} [N]^T \overline{q}_s \mathrm{d}S$$

$$\{P_h^e\} = \int_{S_3} h[N]^T T_0 \mathrm{d}S$$

在各单元上求和：

$$\sum_e [C]^e \{\dot{T}^e\} + \sum_e ([K]^e + [H]^e)\{T^e\} = \sum_e (\{P_Q\}^e + \{P_q^e\} + \{P_h^e\})$$

令：

$$[C] = \sum_e [C]^e$$

$$[K] = \sum_e ([K]^e + [H]^e)$$

$$\{P\} = \sum_e (\{P_Q\}^e + \{P_q^e\} + \{P_h^e\})$$

则有：

$$[C]\{\dot{T}\} + [K]\{T\} = [P]$$

上式就是离散形式的系统热传导方程，如考虑非线性因素，则改写为如下的一般形式：

$$[C(T)]\{\dot{T}\} + [K(T)]\{T\} = \{P(T,t)\}$$

其中，t 是时间，$\{T\}$是节点的温度向量，$[C]$是系统的比热矩阵，$[K]$是系统的热传导矩阵，$\{P\}$是节点热载荷向量。

对于稳态问题，不考虑与时间相关的项，简化为：

$$[K(T)]\{T\} = \{P(T)\}$$

以上就是固体热传导问题的基本方程及有限元方法的基本处理过程。

1.5 ANSYS 流固耦合分析的理论基础

ANSYS Mechanical 可与 ANSYS Fluent 或 ANSYS CFX 专业流体分析模块组合使用，以完成实时双向的流固耦合动力过程分析。该分析的难点在于流场的压力作为流场中工程结构所受的动载荷，而由于结构的振动，作为流场求解域边界的固体壁面是可动的。结构振动引起的流场动边界对流场造成影响，流场中的压力分布的变化反作用于固体结构的表面。这类问题在工程中经常遇到，比如充液容器的晃动、海工结构在波浪作用下的振动、水坝地震响应、桥梁结构的风致振动、管道振动、涡轮叶片的振动等。

在流固耦合计算中，固体域的处理按照标准的位移有限元方法进行域的离散。下面简单介绍一下流体域和流固耦合界面处理相关的基本理论。

由于液体和低速流动的空气等常见工程流体一般可视作不可压缩流体，因此本节仅介绍不可压缩粘性流体域的基本控制方程。

$$\frac{\partial u}{\partial x} + \frac{\partial v}{\partial y} + \frac{\partial w}{\partial z} = 0$$

$$\rho\frac{\mathrm{d}u}{\mathrm{d}t}=-\frac{\partial p}{\partial x}+\mu\left(\frac{\partial^2 u}{\partial x^2}+\frac{\partial^2 u}{\partial y^2}+\frac{\partial^2 u}{\partial z^2}\right)+\rho f_x$$

$$\rho\frac{\mathrm{d}v}{\mathrm{d}t}=-\frac{\partial p}{\partial y}+\mu\left(\frac{\partial^2 v}{\partial x^2}+\frac{\partial^2 v}{\partial y^2}+\frac{\partial^2 v}{\partial z^2}\right)+\rho f_y$$

$$\rho\frac{\mathrm{d}w}{\mathrm{d}t}=-\frac{\partial p}{\partial z}+\mu\left(\frac{\partial^2 w}{\partial x^2}+\frac{\partial^2 w}{\partial y^2}+\frac{\partial^2 w}{\partial z^2}\right)+\rho f_z$$

对于不可压缩的粘性流体，上述以速度作为基本未知量的动量 N-S 方程，结合连续性方程，原则上可以求解三个速度分量以及压力等共计四个未知量，这些方程构成不可压缩纯流动问题的封闭性。

对于湍流问题，在高 Re 数情况下，其最小湍动尺度仍然远远大于分子平均自由程，因此流体依然被视作连续介质。理论上来讲，N-S 方程也是描述湍流流场的基本方程，即湍流场中任意位置的速度、压强、密度等瞬时值都必须满足该方程。但是，由于湍流在空间和时间上的变化很快，基于 N-S 方程的直接数值模拟的计算量十分巨大，因此目前这种方法仅仅用于湍流理论研究领域中。在工程湍流计算中，为减少计算量，发展了一系列实用的湍流计算模型和算法。在数值计算中常用的湍流模型有 k-epsilon、k-omega、Reynolds Stress、DES、LES 等，相关模型的参数请参考流体分析软件的理论手册，这里不再展开。

流固耦合界面需要满足运动学和动力学条件。

运动学条件：

流固耦合界面的流体质点与固体质点的法向速度保持连续，即满足：

$$v_{fn}=\mathbf{v}_f\cdot\mathbf{n}_f=\mathbf{v}_s\cdot\mathbf{n}_f=-\mathbf{v}_s\cdot\mathbf{n}_s=v_{sn}$$

动力学条件：

流固耦合界面上法向应力保持连续，即满足：

$$\sigma_{ij}n_{sj}=\tau_{ij}n_{fj}=-\tau_{ij}n_{sj}$$

其中 σ_{ij} 和 τ_{ij} 分别为固体应力分量和流体应力分量。

1.6 ANSYS 结构非线性分析的基本概念与算法

在以上各节所讨论的全部结构问题中，我们采用了线性分析的基本假定，即：

- 材料的本构关系（应力一应变关系）是线性的，即满足 Hooke 定律。
- 应变与位移关系（几何方程）是线性的。

满足上述假定的问题才被看作线性问题进行分析。

在工程实践中，有很多问题符合或者近似地符合上述假定，因此结构线性分析在工程问题的处理中得到了广泛的应用，但是也有不少问题并不符合上述假定，如果仍作线性分析，就会造成很大的误差甚至得到不能接受的分析结果，这些情况下就涉及到非线性分析。

本节介绍非线性问题的一般概念分类以及非线性问题的一般求解方法。与 ANSYS 非线性分析相关的求解选项及设置方法将在本书第 13 章中进行系统介绍。下面，首先通过一个简单例子向读者说明三类非线性问题的基本概念。

（1）如图 1-11 所示的简单直杆拉伸问题中，若应变与杆端位移之间的关系是非线性的，比如考虑位移平方项的影响：

$$\varepsilon = \frac{d}{L} + \frac{1}{2}\left(\frac{d}{L}\right)^2$$

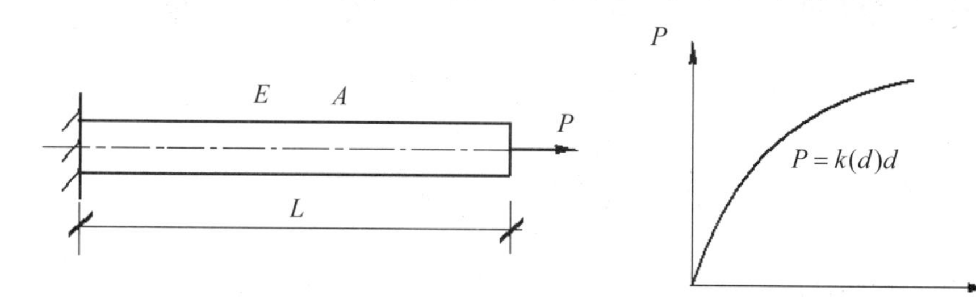

图 1-11 非线性问题概念图示

其中，d 为简单拉伸杆右端的位移，图中 P 为节点载荷，由应力与应变之间的线性关系得到位移与载荷之间的关系：

$$\frac{EA}{L}\left(1 + \frac{d}{2L}\right)d = P$$

令 $k(d) = \frac{EA}{L}\left(1 + \frac{d}{2L}\right)$，于是有：

$$k(d)d = P$$

其中 $k(d)$ 就是刚度系数，并且此刚度系数与位移是相关的。显然这种情况下节点位移与节点载荷之间是非线性关系，图 1-11 右边的曲线就是这一关系的图示。由于应变与位移的这种非线性关系，必然导致有限元分析的整体刚度方程为非线性方程，这种问题为几何非线性问题。

（2）在同一简单直杆拉伸问题中，若应力与应变的关系是非线性的，比如取：

$$\sigma = E(1 - 0.05\varepsilon)\varepsilon$$

于是有：

$$\frac{EA}{L}\left(1 - 0.05\frac{d}{L}\right)d = P$$

令 $k(d) = \frac{EA}{L}\left(1 - 0.05\frac{d}{L}\right)$，则有：

$$k(d)d = P$$

由上式看出，应力以及应变之间的非线性关系将直接导致刚度方程的非线性，这类问题被称为材料非线性问题。

（3）若直杆的右边放置一长为 l 的杆件，且拉伸杆与右边杆件端部之间有微小的间隙 Δ，如图 1-12 所示。

变形几何关系为：

当 $d \leqslant \Delta$ 时：

$$\frac{EA}{L}d = P$$

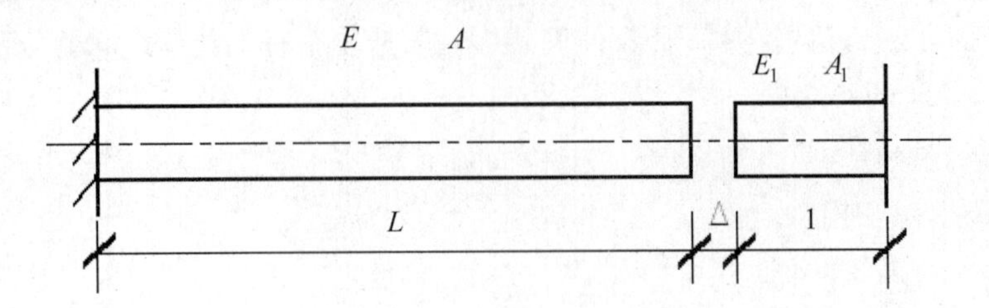

图 1-12　状态非线性问题简例

当 $d > \Delta$ 时：

$$\frac{E_1A_1}{l}d = \frac{EA}{L}d - \frac{E_1A_1}{l}(d - \Delta)$$

可见，作用于拉伸杆右端的载荷与其右端位移 d 相关，如仍取 $k = \dfrac{EA}{L}$，且令：

$$P(d) = \begin{cases} \dfrac{EA}{L}d & d \leqslant \Delta \\ \dfrac{EA}{L}d - \dfrac{E_1A_1}{l}(d - \Delta) & d > \Delta \end{cases}$$

这种情况下，虽然应变与位移之间、应力与应变之间的关系都是线性的，节点力与节点位移之间的关系在分段加载中也是线性的，但是整个过程仍然表现为节点力与节点位移之间的非线性，即 $k(d)d = P$，非线性关系示于图 1-13 中。

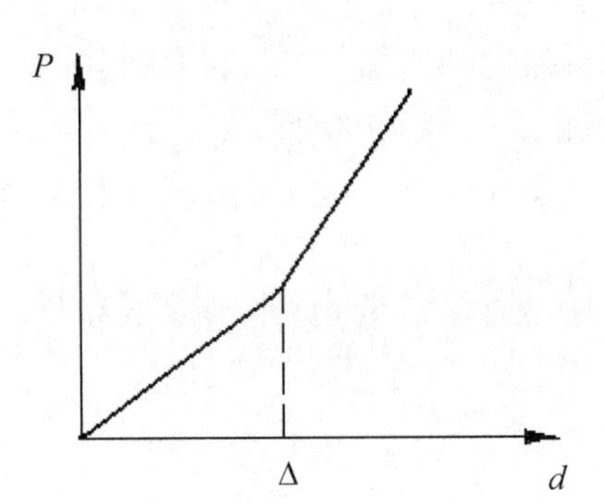

图 1-13　状态非线性载荷－位移关系

这种与结构所处的状态相关的非线性问题被称为状态非线性问题，接触问题是最为常见的一类状态非线性问题。

通过上述简单例子，我们可以总结出各类非线性问题区别于线性问题的基本特点，即刚度是与位移相关的变化量。

由上面的问题可见，结构非线性问题可以分为以下三大类：

- 几何非线性：应变与位移关系的非线性。对于几何非线性问题，多指大位移情况下，尽管位移很大，但结构的应变依然不大，即所谓的大位移小应变问题，只表现为应变与位移之间的非线性关系，材料的应力－应变关系依然为线性的。也有大位移大应变的非线性问题，这一类型的问题往往伴随着材料的非线性，如超弹性材料（橡胶）的大变形问题。

- 材料非线性：材料的本构关系的非线性。对于材料非线性问题，是指材料的本构关系（即应力－应变关系）为非线性。材料非线性问题中较常见的是结构弹塑性分析。最常见的材料非线性问题是塑性分析，如果按线性分析得到的应力明显超过屈服强度，则需要计算塑性响应。
- 状态非线性：状态变化（包括接触）引起的非线性。许多实际结构常常表现出一种与状态相关的非线性行为，例如悬索结构中的索可能处于松散的状态，也可能处于绷紧的状态；轴承套可能是接触的，也可能是不接触的；冻土可能是冻结的，也可能是融化的。这些系统的刚度由于系统状态的改变在不同的值之间突然变化。状态改变可能与载荷直接有关（如在悬索问题中），也可能由某种外部原因引起（如引起冻土状态改变的热力学条件）。此外，结构的施工过程也是一类常见的状态非线性问题，施工过程各阶段的结构受力情况和结构建成之后是完全不同的。

对结构进行非线性有限元分析，实际上就是求解一组非线性结构方程。非线性方程的求解方法很多，这里简单介绍 ANSYS 程序提供的有关算法。

（1）Newton-Raphson 方法。

在 ANSYS 中采用增量形式的结构有限元列式，将整个载荷－变形过程划分为一系列增量段，在每一级增量加载中，为了得到较为精确的载荷－变形过程，对结构的切线刚度矩阵进行多次修正，并通过修正后的刚度进行迭代，以消除不平衡力，达到误差范围允许的相对平衡状态后，将这一状态视作平衡状态，继续作用下一级载荷增量。这就是 Newton-Raphson 方法的基本思路，下面简称为 N-R 方法。图 1-14 是这一方法的示意图，每一次采用当前的切线刚度得到新的位移增量都相当于一次线性方程组的求解。图 1-14 中载荷是在一步中施加的，总的载荷 P 也可以分成多个增量步逐级地施加，如图 1-15（a）所示，对每一级都通过多次迭代以达到收敛容差范围内的平衡。

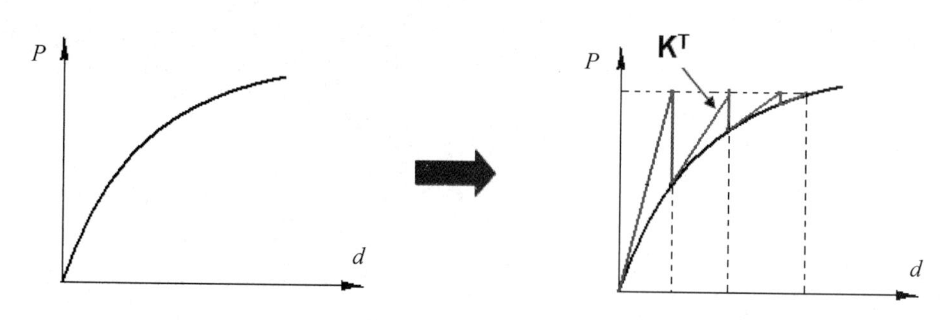

图 1-14　N-R 方法示意图

（2）修正的 N-R 方法。

N-R 方法可以用于几何非线性程度较高的情况，这一方法所得的计算结果可信度较高，当然计算的时间也更长。为了避免在同一载荷增量的多次迭代中反复重新形成切线刚度矩阵，提供了修正的 N-R 方法，即在同一级载荷增量的多次迭代中始终采用本级增量最初的刚度矩阵，其余做法都和一般的 N-R 法相同。这样计算时间可大为缩短。因为对于非线性分析来说，系统刚度矩阵的形成耗费的计算时间是比较多的。

（3）弧长方法。

对某些不稳定系统的非线性静态分析（如结构非线性屈曲问题），在使用 N-R 迭代的过程中，切线刚度矩阵可能变为降秩短阵（奇异阵），导致很严重的收敛问题。对于这种情况，可以使用另外一种非线性迭代方法，即弧长方法，来达到稳定的收敛。弧长方法的基本原理是：N-R 平衡迭代沿着一段弧收敛，从而即使当切线刚度矩阵的斜率为零或负值时，也可以阻止发散。这种迭代方法以图形表示在图 1-15（b）中。

ANSYS 程序通过平衡迭代迫使在每一个载荷增量结束时，在某个容差范围内的解答能够达到相对的平衡。如果不满足收敛准则，重新估算非平衡载荷，持续这种迭代过程直到问题收敛。ANSYS 程序提供了一系列选项来增强问题的收敛性，如自动时间步、二分法、线性搜索、预测器、弧长法选项、非线性稳定性技术等，这些控制选项可以在计算过程中根据问题的特点加以应用，以提高求解的收敛性。

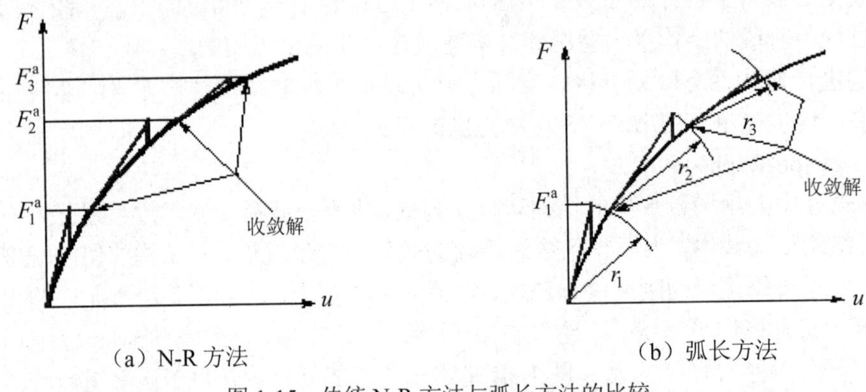

（a）N-R 方法

（b）弧长方法

图 1-15　传统 N-R 方法与弧长方法的比较

2

ANSYS 结构分析软件应用精要

本章导读

结构分析的一般流程包含前处理、求解、后处理三个阶段。目前，ANSYS 结构分析软件提供 Mechanical APDL 和集成于 Workbench 中的 Mechanical Application 两个前后处理界面，而这两个前后处理界面的共同基础则是 ANSYS Mechanical 结构力学求解器。

本章第一节围绕 ANSYS 结构分析的一般流程，首先介绍 ANSYS 结构分析基本流程及其三个阶段的基本任务，之后系统介绍 ANSYS 结构分析软件的基本架构——“一个基础、两座大厦”，即基于统一的结构力学求解器基础上的两套前后处理体系；随后结合 ANSYS 软件的这一架构详细介绍 ANSYS 结构分析程序的内部工作原理，阐述 Mechanical APDL 和 Mechanical Application “两座大厦”之间的内在联系。本章的后面两节有选择地介绍 Mechanical APDL 以及 Workbench、Mechanical Application 两种前后处理环境的部分应用要点，旨在帮助读者快速掌握基本的 ANSYS 程序使用方法，打好应用 ANSYS 结构分析软件的基础。

本章包括如下主题：

- ANSYS 结构分析的一般流程
- ANSYS 结构分析软件架构：一个基础与两座大厦
- ANSYS Mechanical 内部工作的两层体系
- Mechanical APDL 环境简介
- Mechanical APDL 操作要点
- APDL 语言应用入门
- ANSYS Workbench 简介
- Workbench 结构分析系统与组件
- Mechanical Application 操作要点

2.1 ANSYS 结构分析软件架构及两层体系

2.1.1 ANSYS 结构分析软件的架构：一个基础、两座大厦

目前，ANSYS 结构分析软件的基本架构可以形象地概括为“一个基础、两座大厦”。“一个基础”是指 ANSYS 结构力学求解器，“两座大厦”则是指 Mechanical APDL 和 Workbench 中的 Mechanical Application 两个分析环境。

根据结构分析分析过程的阶段划分，ANSYS 结构分析软件的架构可以用图 2-1 来概括描述。图中两个虚线框分别为 Mechanical APDL 和 Mechanical Application 两个操作环境下结构分析的流程。ANSYS 的两种操作环境下均集成了各自的结构分析前后处理程序，且共同使用统一的 Mechanical 核心求解器。在 Mechanical APDL 环境中，几何建模、网格划分、加载、后处理均在同一个 Mechanical APDL 的图形界面下完成，求解可以在此环境下进行，也可以用独立提交模型文件的方式进行；在 Workbench 环境中，几何建模采用 DesignModeler 模块，网格划分、加载、递交求解及后处理均在 Workbench Mechanical Application 模块下进行，递交求解也可通过独立提交模型文件的方式进行。

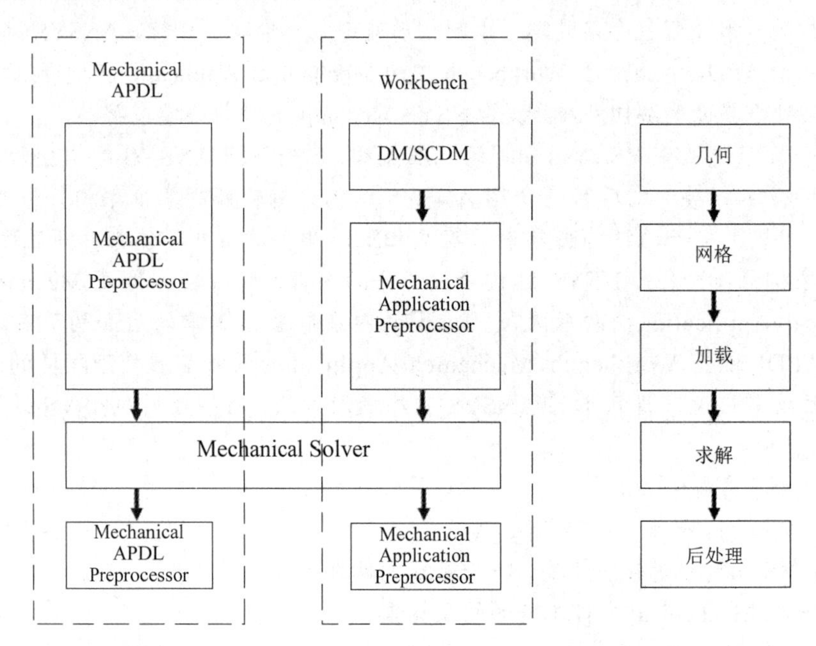

图 2-1　ANSYS 软件架构与分析流程

由于求解器的内在统一性，因此无论用户采用 Mechanical APDL 还是 Mechanical Application 进行结构建模和分析，其实质是完全相同的。在前处理环节，都是在给同一个求解器提供输入数据。在求解计算阶段，求解程序接受来自两个不同分析界面中形成的数据结构和项目都一致的模型文件，执行结构及热传导问题的求解。在后处理阶段，不同的后处理环境读取同一个求解器的计算结果文件进行结果的分析和查看。

2.1.2 ANSYS Mechanical 内部工作的两层体系

无论是 Mechanical APDL 还是 Mechanical Application，在内部工作时都有一个两层体系的概念，即起始层（Begin Level）和处理器层（Processor Level），ANSYS Mechanical 程序这种内部的两层体系可通过图 2-2 来加以形象地表示。

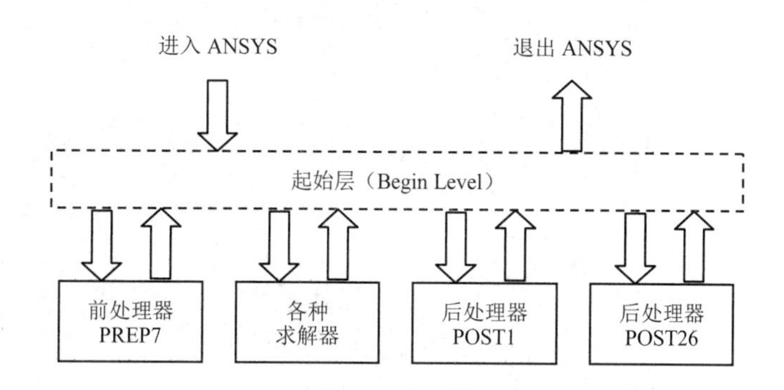

图 2-2　ANSYS 的内部工作原理

在 Mechanical 的两层次体系中，起始层是用户进入和离开 ANSYS 分析环境时所处的层，可进行如下操作：

（1）由此进入到处理器层的相关处理器，以及用于各处理器的中间切换。

（2）清除当前工作的全部数据以开始一个新的工作。

（3）改变当前工作的名称。

用户在起始层中并不开展实质性的操作，真正的操作是在处理器层次中完成的。处理器层由一系列处理器程序和求解器程序组成，包括前处理器 PREP7、求解器、通用后处理器 POST1 和时间历程后处理器 POST26 等。

用户在特定处理器中只能完成特定类型的操作。比如前处理器中只能提供模型数据，如节点、单元、材料数据，而不能进行求解设置以及结果提取操作；在求解器中可以进行加载、分析设置及求解操作，但无法指定节点、单元等模型数据；在后处理器中主要进行计算结果的提取查看，不能进行建模和求解操作。由于求解器的内在统一性，Mechanical APDL 和 Mechanical Application 的模型数据文件的形式和内容项目都是完全一致的，这一点用户可以在后面两节的介绍中加以体会。

2.2 Mechanical APDL 应用要点选讲

2.2.1 Mechanical APDL 的界面、工作机制及操作流程

1. Mechanical APDL 的操作界面

应用 Mechanical APDL 之前，建议在 Mechanical APDL Product Launcher15.0 中指定分析的工作目录和作业文件名称，然后单击 Run 按钮，即进入 ANSYS Mechanical APDL 的图形用户界面（GUI），如图 2-3 所示。

图 2-3 ANSYS 经典分析环境的 GUI

Mechanical APDL 的 GUI 布局很简单，由应用程序菜单（Utility Menu）、主菜单（Main Menu）、工具栏（Toolbar）、操作命令输入栏（Input Window）、图形显示窗口（Graphic Window）、操作命令提示及系统状态栏、输出信息窗口（Output Window）等部分组成。

（1）应用程序菜单（Utility Menu）。

位于 GUI 界面上方，包含了一些常用的功能性操作，例如文件管理（File）、对象的选择（Select）、数据资料列表（List）、图形绘制（Plot）、绘图控制（PlotCtrls）、工作平面设置（Workplane）、标量及数组参数定义与提取（Parameter）、宏管理（Macro）、菜单控制（MenuCtrls）和帮助（Help）。

（2）主菜单（Main Menu）。

包含了分析过程中各个环节中用到的主要操作命令的菜单，如建立模型、划分网格、施加约束及载荷、求解选项设置及递交求解、结果的图形化显示等。这些建模分析功能对应的命令分属于前处理器、求解器、后处理器等不同的程序模块。

（3）工具栏（Toolbar）。

工具栏包含了程序执行过程中最为常用的命令和操作的按钮。GUI 有三个工具栏，分别是 Utility Menu 下带图标的常用功能按钮（其功能如表 2-1 所示）、不带图标的 ANSYS ToolBar（可以通过定义命令缩写，可以增加 ANSYS ToolBar 工具栏中的按钮，这将在后面介绍）和 GUI 右侧的视图控制系列按钮。

（4）操作命令输入栏（Input Window）。

直接键入命令的区域，命令输入过程中程序可自动显示提示信息，用户可以单击窗口右端的▼按钮，在下拉命令列表中浏览以前输入的命令。

表 2-1　带图标的常用功能按钮

按钮	功能
	开始新的分析，可选择旧的分析结果是否保存
	打开数据库文件
	保存数据库文件
	打开 ANSYS 报告生成器
	打开 Pan Zoom Rotate 视图控制面板
	打开帮助文档
	恢复前一次选择的对象集合
	显示一些被自动隐藏的对话框或窗口
	打开接触分析管理器

（5）图形显示窗口（Graphic Window）。

即时显示用户建模和后处理操作结果的图形窗口。可以通过菜单项 Utility Menu>PlotCtrls> Multi-Window Layout 定义图形显示窗口的个数及其布局，以便在多个视图显示窗口中采用不同的视图角度进行模型观察。图 2-4 中，显示窗口 window1、window2、window3、window4 通过菜单项 Utility Menu>PlotCtrls> Window Controls>Window-Layout 分别被放置于 TopLeft（左上）、TopRight（右上）、BottomLeft（左下）、BottomRight（右下）位置，然后通过 Pan Zoom Rotate 控制面板选择每一个窗口号，设置其视图的方向依次为 Front、Right、Top 和 Obliq。

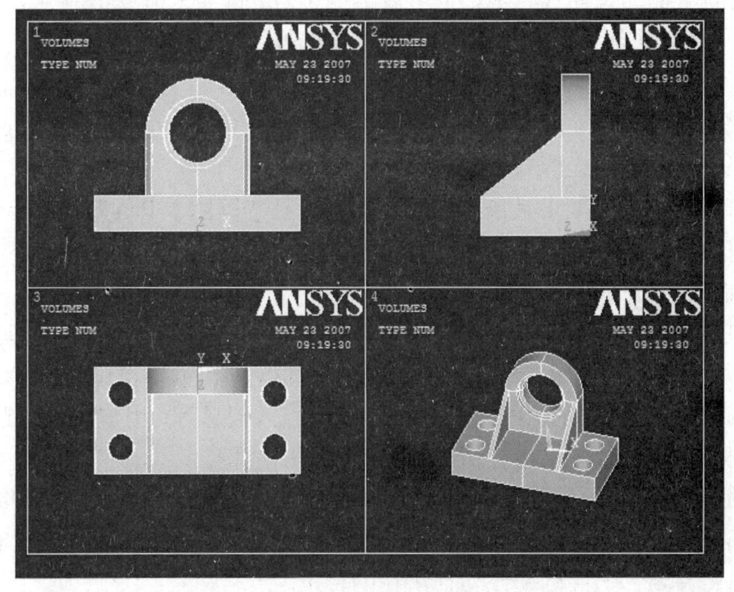

图 2-4　一个新的显示窗口布局

通过菜单 Utility Menu> PlotCtrls>Pan Zoom Rotate 可以打开 Pan Zoom Rotate 控制面板，该面板是一个使用频率很高的面板，如图 2-5 所示。此面板的选项及按钮包括：

- Window：在下拉列表中选择当前的视图窗口号，下面的任何设置都仅在当前视窗中起作用。
- Top：设置当前窗口视图方向是从+Y 轴方向。
- Bot：设置当前窗口视图方向是从-Y 轴方向。
- Right：设置当前窗口视图方向是从+X 轴方向。
- Left：设置当前窗口视图方向是从-X 轴方向。
- Front：设置当前窗口视图方向是从+Z 轴方向。
- Back：设置视图方向是从-Z 轴方向。
- Iso：从(x = 1,y = 1,z = 1)方向观察当前窗口。
- Obliq：从(x = 1, y = 2, z = 3)方向观察当前窗口。
- WP：从工作平面法向观察当前窗口。
- Zoom：在当前窗口缩放图形，选择一个矩形的中心。
- Back Up：回到前一次的缩放大小。
- Box Zoom：放大显示矩形区域。
- Win Zoom：放大显示与窗口长宽比例相同的矩形区域。
- Fit：缩放图形以适合窗口大小。
- Reset：恢复图形显示的默认设置。

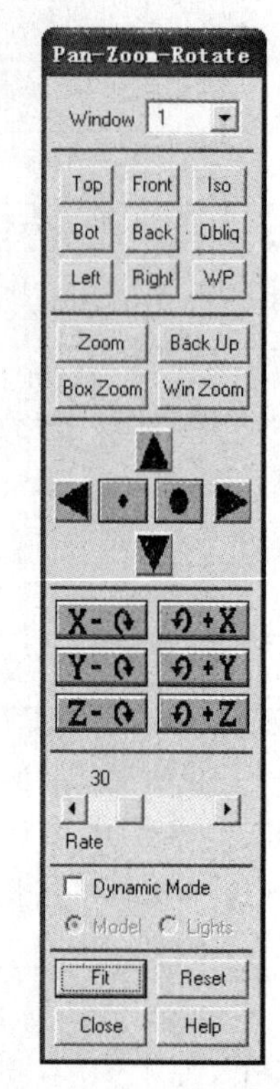

图 2-5　显示控制面板

用户可以选中 Dynamic Mode 复选框，进入动态视图观察，在动态模式按下鼠标左键可以用来平移模型；按下中键上下拖动可以实现模型缩放，左右移动可以绕 Z 轴方向旋转模型；按下鼠标右键上下拖动可以绕 X 轴方向旋转模型，左右拖动可以绕 Y 轴方向旋转模型。在一般模式（非动态模式）下，以上鼠标操作需要配合 Ctrl 键来使用，即按下 Ctrl 键，同时拖动相应的鼠标键即可完成与动态模式下同样的操作。与视图控制相关的命令有/VIEW、/ANG 等，这里不再展开叙述。

此外，如果在 Product Launcher 中选择的显示设备为 3D 时，可以通过 Lights 单选按钮来控制光源，产生不同角度的光照效果。

程序界面右侧的视图控制工具条上的按钮的功能基本等同于 Pan Zoom Rotate 视图控制面板，用户也可以通过该工具条对视图显示进行控制。

（6）信息输出窗口（Output Window）。

程序执行过程的输出信息集中在输出窗口显示，程序输出窗口独立于图形界面。刚启动程序时该窗口将显示所使用的程序的授权信息和版本信息。在输出窗口中，还将显示所有后续操作中的程序输出信息，如载荷步信息、非线性求解收敛信息等，用户可以通过观察该窗口显示的内容以更深入地了解程序的运行情况和当前工作的进程。

如果用户希望所有输出信息都写入到一个文件，而不是打印到屏幕，可以选择应用程序菜单 Utility Menu>File>Switch Output to> file，然后在弹出的 Switch Output to file 对话框中指定要写入的输出文件名、扩展名和该文件所在的目录。

（7）操作提示及系统状态栏。

这是初学者经常忽略的一个地方，如图 2-6 所示。界面的左下角位置为程序操作的提示信息栏，对菜单操作给予必要的提示。其右边为程序系统的当前设置，如当前的坐标系统和当前的单元属性（单元类型号、单元截面参数组编号、材料类型号、单元截面类型号）。

Pick a menu item or enter an ANSYS Command (PREP7) | mat=1 | type=1 | real=1 | csys=0 | secn=1

图 2-6　操作提示及状态栏

2. Mechanical APDL 的内在工作机制

在 Mechanical APDL 分析环境中，用户可通过 GUI 交互方式和批处理方式两种方式来完成分析操作，这两种操作方式的内在工作机制是完全相同的。

（1）GUI 界面操作方式。

Mechanical APDL 的 GUI 界面提供了功能强大的菜单选项，用鼠标选择相应的按钮或者菜单项即可调用各种相关的操作指令，完成大部分的结构建模和分析操作。

（2）命令或批处理操作方式。

Mechanical APDL 实质上是由命令所驱动的程序，每一个菜单项都对应着相应的操作命令，因此用户也可以直接键入与菜单相对应的命令，以实现与 GUI 界面操作相同的效果。用户可以将一个分析中用到的命令按照操作的先后顺序编辑成一个文本文件，由于这一文本包含了分析过程中的一系列命令，因此被形象地称为命令流文件。启动 GUI 后，通过菜单项 Utility Menu>File>Read Input From 导入命令流文件，程序将会自动逐条执行该文件中所记录的全部命令。

上述两种不同操作方式的内在工作机制是相同的。GUI 中每一个菜单选项都对应一条 ANSYS 命令。通过菜单交互操作向程序输入各种参数，完全等同于直接输入的命令及相应参数。对 GUI 中的每一个操作，ANSYS 都将写一个记录到后缀名为 log 的日志文件中，该日志记录了 GUI 操作所调用的所有命令及使用的参数。由于批处理方式效率更高，因此推荐 Mechanical APDL 应用中尽量采用批处理方式。

菜单操作与命令输入的对应关系体现在 GUI 界面中。GUI 操作弹出的对话框中，方括号[]之间的字段就是对话框操作所对应的 ANSYS 命令。当用户单击对话框中的 Help 按钮后，将弹出以对应命令参数说明为主题的 ANSYS 帮助页面。

在操作过程中，屏幕左下方会显示操作提示信息，提示信息开头的方括号中也是当前操作所对应的 ANSYS 命令。比如通过菜单 Main Menu>Preprocessor>Modeling>Create> Keypoints > On Working Plane 绘制关键点时，弹出 Create KPs on WP 位置拾取对话框，进入屏幕位置选择状态，鼠标形状变化为向上的箭头。在窗口左下角的提示栏中显示如下提示信息：

[K] Pick WP location or enter coordinates for the keypoints

其中方括号内的 K 就是定义关键点的命令。

3. Mechanical APDL 的基本分析流程

Mechanical APDL 的基本分析流程包括前处理、求解、后处理三个阶段。

前处理阶段的核心任务是建立有限元模型，Mechanical APDL 建模的关键环节及要点在下一章中介绍。模型创建完成后，通过 CDWRITE 命令（或选择菜单项 Main Menu> Preprocessor> Archive Model>Write）可以写出标准格式的模型信息文件 CDB 文件，此文件中包含了全部的有限元模型信息（节点、单元）、载荷及约束信息、分析类型及求解选项设置信息等。导出的CDB 文件可以在 Workbench 中通过 External Model 或 FE Modeler 等组件导入并在其基础上开展后续工作。

在求解器中的主要任务是设置分析类型选项并执行求解。

在 Mechanical APDL 中，通过 ANTYPE 命令或菜单项 Main Menu>Solution>Analysis Type>选择结构分析类型，ANSYS 提供了如表 2-2 所示的结构分析类型。默认分析类型为结构静力分析 STATIC。

表 2-2　ANSYS 结构分析类型

数字代号	分析类型	中文名称
0	STATIC	静力学分析
1	BUCKLE	特征值屈曲分析
2	MODAL	模态分析
3	HARMIC	谐载荷响应分析
4	TRANS	瞬态动力分析
7	SUBSTR	子结构分析
8	SPECTR	谱分析

选择了分析类型后，还需要为各种分析设置相应的选项，比如模态分析和特征值屈曲分析需要设置特征值提取方法、提取阶数、提取特征值范围等。对于非线性静力或瞬态分析，要设置时间步选项、收敛准则、收敛容差、输出设置等选项。

载荷及约束可以在前处理器中施加，也可以在求解器中施加，加载相关的问题及注意事项详见后面有关章节。

在施加了载荷并设置了相关的分析选项之后，即可交给计算机进行求解。在求解过程中，输出窗口显示计算过程输出的实时信息，同时按照用户指定的输出设置将结果项目写入结果文件中。

计算完成后，通过 ANSYS 的后处理程序可以读取结果文件中的数据，并进行图形可视化处理。Mechanical APDL 的后处理程序包括通用后处理器（POST1）和时间历程后处理器（POST26）。

通用后处理器 POST1 可以用来实现以下结果处理功能：

- 显示结构在特定载荷步的变形形状
- 等值线分布图形的绘制（包括梁、杆单元的内力图）
- 矢量图的绘制
- 显示结构的反作用力
- 混凝土材料的开裂压碎图的绘制
- 变量路径分布图的绘制
- 结果切片显示
- 动画显示结构变形情况、振动模态等
- 不同工况计算结果的组合

- 显示各种数据信息的列表
- 分析计算误差

时间历程后处理器则用于绘制结构中某些特定点的变量随时间或频率变化的曲线，或者绘制一个变量相对于另一个变量的变化曲线，如节点的位移时间历程曲线、结构的载荷－位移曲线、结构频响曲线等。

以上就是 Mechanical APDL 的一般操作过程。

在分析的不同阶段，需要用户进入不同的处理器或求解器并进行相应的操作，从而完成整个分析过程。这是因为，不同的操作命令分别属于不同的处理器程序，比如几何建模命令属于前处理器 PREP7，绘制变量历程曲线的命令则属于时间历程后处理器 POST26，如果用户当前处在前处理器中，就不能进行绘制变量曲线的操作，即便是在命令输入栏输入了时间历程处理器中的命令，程序也会提示你当前处在前处理器中，而你输入的命令是 POST26 中的命令，这条命令将被程序忽略。进入和退出处理器或者由一个处理器向另一个处理器切换，在 GUI 中可直接点选菜单项实现。在批处理模式中则需要相应的命令来完成，这些命令在表 2-3 中列出。

表 2-3　进入或退出处理器程序菜单项及命令

菜单项	操作命令	实现的功能
Main Menu>Preprocessor	/PREP7	进入前处理器 PREP7 程序
Main Menu>Solution	/SOLU	进入求解器程序
Main Menu>General Postproc	/POST1	进入通用后处理器 POST1
Main Menu>TimeHist Postpro	/POST26	进入时间历程后处理器 POST26
Main Menu>Finish	FINISH（或简写为 FINI）	由任何一个处理器退回到起始层，以便经由起始层切换到另一个处理器

由一个处理器向另一个处理器切换，必须要经由 Begin Level 才能完成，在编写批处理操作的命令流文件时需要发出一个 FINISH 命令。下面给出一个结束建模操作开始求解操作的命令举例。

```
/PREP7          !进入前处理器
…               !建模操作的命令流
FINISH          !建模结束退出前处理器，回到起始层
/SOLU           !由起始层进入求解器
…               !进入求解器，进行加载和求解
FINI            !求解结束退出求解器
```

在 GUI 环境中，起始层和处理器层的界限显得不是那么分明，用户只需单击相应的菜单项即可完成一系列不同处理器中的操作，程序会经由起始层在各处理器之间自动切换。细心的读者在查看 ANSYS 日志文件后可以发现，当程序在不同处理器之间自动切换时同样发出了一条 FINI 命令，这条命令已经记录在日志文件中。

在上述的操作过程中，Mechanical APDL 会形成一系列文件，所有这些文件构成了 Mechanical APDL 的文件系统。Mechanical APDL 形成的所有文件都以作业名称作为文件名（默认为 file），扩展名由 ANSYS 程序来指定，但用户也可以通过/ASSIGN 命令来指定文件扩展名。需要注意的一点是，当有多个不同名称的作业需要运行时，注意在不同路径下运行不同名

称的分析，避免文件读写冲突。对于结构分析和热分析而言，常见文件类型如表 2-4 所示。

表 2-4 Mechanical APDL 中的常见文件类型

文件扩展名	文件类型说明
log	ASCII 文本，记录了程序运行过程中执行的全部命令及其参数
err	ASCII 文本，该文件包括了程序运行过程中的所有错误和警告信息
db/dbb	二进制文件，其中包括了模型和结果信息，通过执行 SAVE 命令形成。已存在 db 文件再次保存时，原来的数据库文件存为后缀名为 dbb 的备份文件
rst	二进制文件，结构分析的结果文件
rth	二进制文件，热分析的结果文件
mac	ASCII 文本，宏命令文件
inp	ASCII 文本，输入文件
cdb	ASCII 文本，模型信息文件

2.2.2 Mechanical APDL 的对象操作

Mechanical APDL 的命令（GUI 操作方式等同于命令）包含的选项实际上可分为参数和对象两类。对象包括几何对象、节点、单元等，几乎所有的命令都包含各种模型对象，如划分网格的对象、加载的目标对象、查看结果的对象等。本节介绍 Mechanical APDL 中与各种对象相关的操作，包括对象的编号、选择、拾取、绘图、列表等。这些对象操作是 Mechanical APDL 应用过程中很重要的方面。

1. 对象的编号

在 Mechanical APDL 环境中，所有对象不论什么类型都有其唯一的编号。有限元模型的单元和节点，几何模型的 Keypoint（关键点）、Line（线）、Area（面）、Volume（体）都有编号。所有类型的对象编号，可通过菜单项 Utility Menu>PlotCtrls>Numbering，在弹出的 Plot Numbering Controls 对话框中选择显示或者隐藏（/PNUM 命令）。例如图 2-7 中选择打开了 KP（KeyPoint，即关键点）的编号。

对于线、面、体、单元对象，还可以分颜色加以显示，只需在 Plot Numbering Controls 对话框[/PNUM]命令 Numbering shown with 后面的下拉列表中选择所要的选项即可（或直接采用/PNUM 命令）。

2. 对象的选择

对象选择是非常重要的操作，在建模过程中，经常需要选择各种对象进行相关的操作，比如选择一些图形对象进行布尔操作或者划分网格等。

在 ANSYS 图形界面中，通过菜单项 Utility Menu>Select>Entities，在弹出的 Select Entities 对象选择面板中进行对象选择操作（如图 2-8 所示），最上面的两个下拉列表选项分别列出了可供选择对象的类型和对象选择方式，如图 2-9 和图 2-10 所示。

可以通过该选择面板实现节点、单元等有限元模型对象以及体积、面积、线和关键点等几何图形对象的选取（如图 2-9 所示）。选择的方式可以是通过鼠标在屏幕上点选（By Num/Pick）、通过所属关系（Attached to，比如要选择包含有当前选择节点的单元就是选择

Elements Attached to Nodes 等)、通过坐标位置(By Location)、通过对象属性(By Attributes，比如选择材料类型号为 1 的所有单元)等，如图 2-10 所示。常用的选择类型如表 2-5 所示。

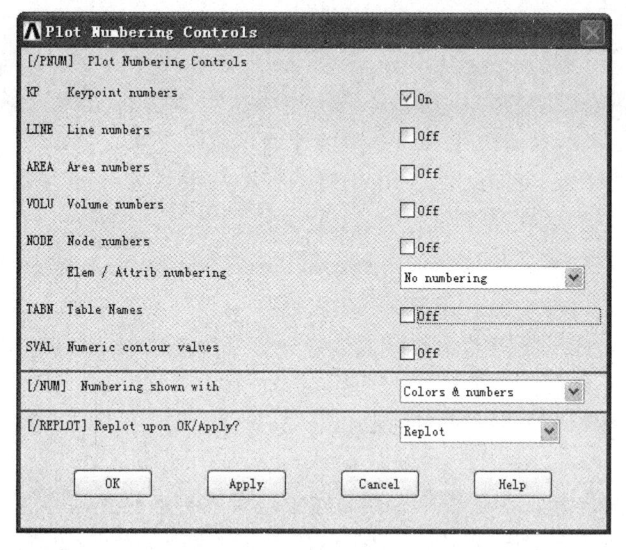

图 2-7　图形对象编号显示开关

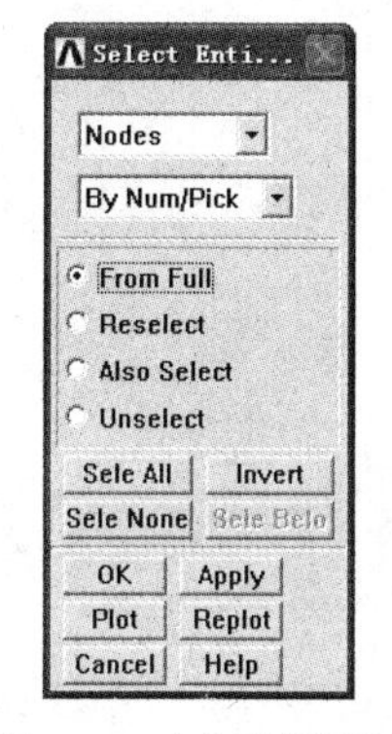

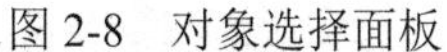

图 2-8　对象选择面板

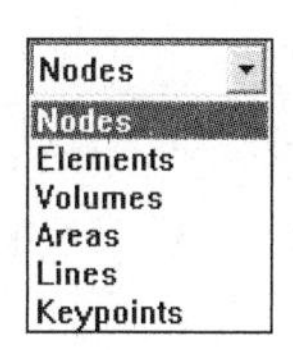

图 2-9　对象选择的类型

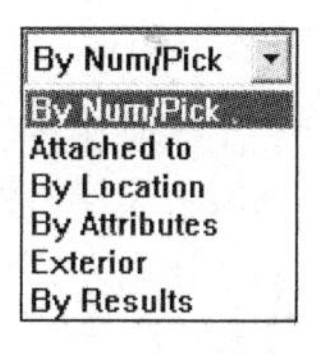

图 2-10　对象选择的方式

表 2-5　对象选择类型

选择的类型	选择的功能	命令中的简写
Select	从对象的全集中选择子集	S
Reselect	从选择的对象子集中再选择子集	R
Also Select	增加一个对象子集到选择的子集中	A
Unselect	去掉已选择子集的一部分	U
Select All	恢复选择全集	ALL
Select None	选择空集	NONE
Invert	选择当前子集的补集	INVE

与对象选择相关的基本命令为 XSEL，X 可以为 K(关键点)、L(线)、A(面)、V(体)、

N（节点）、E（单元）、CM（组元）、ALL（全部对象）等，下面是一些选择命令的例子。

```
NSEL,S,NODE,1,5                 !选择节点号 1～5 之间的所有节点
NSEL,S,LOC,X,0.0,0.5            !选择 X 坐标介于 0.0 和 0.5 之间的所有节点
LSEL,S,LOC,Y,1,1.5              !选择中心位置在 Y=1 和 Y=1.5 之间的线
ALLSEL,ALL                      !选择所有的对象和实体
```

另外，如果是通过 Attached to 方式选择，则命令为 XSLY，表示选择与 Y 类对象相联系的 X 类对象，比如 ESLA 表示选择与当前所选择面相连的单元。

有一点需要强调的是，对象选择操作使得当前激活的对象只是一个模型的子集。选择的目的是为了对这部分选出来的对象进行操作，比如选择一部分体对象进行网格划分、选择一些表面施加压力等，但是在相关操作完成之后，需要通过 Utility Menu>Select>Everything 或者是 ALLSEL 命令恢复选择全集。如果在递交求解之前没有选择全部的单元和节点，程序将报错误或警告，导致无法正确求解。在批处理模式运行时为了避免出错，可以按照以下格式来编写命令流文件：

```
选择一部分对象→进行相关的操作→用 ALLSEL 恢复选择全集
```

3. 对象的拾取

如果采用 GUI 操作方式，则经常遇到对象或位置的拾取操作。位置拾取时可以在屏幕上点选具体的位置，也可以在对话框中直接输入所需的数值。而对象拾取过程中，有很多图形对象而且彼此看起来重叠在一起的情况下很可能误拾取不需要的对象，此时可以在图形显示区域按下鼠标左键不放，然后在屏幕上移动鼠标指针，直到要选择的对象被高亮显示，然后松开鼠标左键，按鼠标中键或单击拾取对话框中的 Apply 按钮实现对象拾取。如果选错了对象，可单击鼠标右键，鼠标形状变成向下的箭头，此时单击鼠标左键即可取消对象的拾取。

4. 选择对象形成组件或装配

在 Mechanical APDL 中，还可以将选定的某种类型的对象定义为一个组元（Component）。有些操作是针对预先定义的组元进行的，比如向模型的一部分节点施加载荷时，首先选择所有需要加载的节点，将其定义为一个节点组元，然后将载荷施加到这一组元上。

定义组元的菜单项为 Utility Menu>Select>Comp/Assembly> Create Component，必须牢记一点，就是定义的组元中仅包含当前选择的对象类型。通过 Utility Menu>Select> Comp/Assembly>Create Assembly 可以将组元进行组合（即形成 Assembly）。通过 Utility Menu>Select> Comp/Assembly 下的菜单项来选择组元及其组合，也可以通过 Utility Menu> Select> Component Manager（组元管理器）来新建、列表、显示、选择组元及其组合。

注意：选择了一个组元（或组合），就选择了该组元（或组合）中包含的所有对象。

5. 对象的绘制与列表

在建模以及后处理过程中，对象的绘图显示和信息列表是经常用到的操作。

结合使用 Utility Menu>Plot 和 Utility Menu>PlotCtrls 下的菜单项可以实现绘图显示及其控制。命令族 XPLOT（X=K、L、A、V、N、E）可用来显示当前选择的各种类型的对象，包括关键点、线、面、体、节点、单元等。

使用/REPLOT命令（Utility Menu>Plot>Replot）可以快速重新绘图来刷新屏幕显示。

欲显示当前选择的所有实体，使用命令GPLOT或通过菜单 Utility>Menu>PlotCtrls>Multi-Plots 实现。

对于梁单元或壳单元，可以将其按实际形状实体显示。通过 Utility Menu>Plot Ctrls>Style>

Size and Shape，设置/ESHAPE 命令的 SCALE 域为 1 即可。

Utility Menu>List 下的菜单提供几乎所有类型的信息列表功能，可以列表显示模型信息、载荷信息、结果信息等。

2.2.3 APDL 语言简介与应用入门

ANSYS 提供了用于实现参数化有限元分析的设计语言 ANSYS Parametric Design Language，即通常所讲的 APDL 语言。这种语言可与 ANSYS 操作命令相结合，形成参数化的批处理文件（命令流文件）。此外，该语言还包括如下一些功能：

- 可变标量参数的使用。
- 各种数组参数的使用。
- 变量表达式和变量函数（包含了丰富的内部函数库）。
- 向量以及矩阵的运算，求解联立方程。
- 程序流程控制，循环、分支。
- 宏（可以看作命令的组合）以及用户程序。

在 GUI 界面下，ANSYS 程序通过菜单项对应的命令来驱动。以批处理方式运行 ANSYS 时，用户可以利用 APDL 语言将 ANSYS 命令组织起来，编写出参数化的批处理命令流文件，命令的参数可赋予一个确定的值，也可通过变量表达式的结果或参数进行赋值。通过 APDL 的标量参数与数组参数可以方便地实现有限元分析全过程的参数化，即建立参数化的几何模型、进行参数化的网格设置及剖分、参数化的边界及载荷定义、参数化的分析控制和求解、参数化的后处理。由此可见，编写参数化的命令流文件最大的好处在于，对于一些参数有变化的情况，只需简单修改输入文件即可快速得到新的模型并进行分析，避免了重新建立模型。

本节对 APDL 语言应用的一些要点进行简单介绍。

1．命令流文件的编辑和导入

ANSYS 的批处理文件由变量参数赋值、变量表达式、APDL 编程命令和 ANSYS 操作命令组成。一般情况下，一个语句或一条命令占一行。以“!”开头的行为注释行，程序在执行过程中将自动跳过。多个命令可以放到同一行写，其间以“$”隔开。

在 GUI 中，通过菜单项 Utility Menu>File>Read Input from 或者/INPUT 命令将编写好的批处理文件读入程序。比如将一个文件名为 FILE.TXT 的批处理文本文件读入程序的命令为：

```
/INPUT,FILE,EXT
```

由于所有的 GUI 界面操作都将以命令的形式记录到一个日志文件（Jobname.log）中，因此对于初学者，可以通过查看 GUI 操作的日志文件（Utility Menu>File >List >log File）来了解菜单项与 ANSYS 操作命令之间的对应关系。

ANSYS 操作命令虽然种类繁多，但是常用的并不很多，我们提供一种分类熟记命令的方法，即按群组命令的形式，同一群组的命令一般都具有相同或类似的功能，只是作用的针对的对象类型不同。

表 2-6 和表 2-7 中给出了 ANSYS 中命令作用对象 X 的种类和名称，以及一些 X 对象的群组命令系列。

表 2-6　ANSYS 中对象的类型名称

对象种类（X）	节点	元素	点	线	面积	体积
对象名称	X=N	X=E	X=K	X=L	X=A	X=V

表 2-7　ANSYS 中 X 对象的群组命令

群组命令	意义	例子
XDELE	删除 X 对象	LDELE 删除线
XLIST	在窗口中列出 X 对象	VLIST 在窗口中列出体积资料
XGEN	复制 X 对象	VGEN 复制体积
XSEL	选择 X 对象	NSEL 选择节点
XSUM	计算 X 对象的几何资料	ASUM 计算面积的几何资料，如面积、边长、重心等
XMESH	网格化 X 对象	AMESH 面积网格化 LMESH 线的网格化
XCLEAR	清除 X 对象网格	ACLEAR 清除面积网格 VCLEAR 清除体积网格
XPLOT	在窗口中显示 X 对象	KPLOT 在窗口中显示关键点 APLOT 在窗口中显示面积

比如划分网格的命令群组为 XMESH，因此对面进行网格划分的命令为 AMESH：

```
AMESH,1,3,1                 !对编号为 1～3 的面进行网格划分
AMESH,SURFACE               !对一个名为 SURFACE 的面组元进行网格划分
AMESH,ALL                   !对所有的面进行网格划分
```

如果对以上命令中参数的含义不很清楚，可以查询帮助系统，在 HELP 文档中也会给出相对应的菜单。相信通过一段时间的熟悉之后，读者将能很容易地编写 ANSYS 的命令流文件。

2. APDL 语言的参数化功能

APDL 语言提供了强大的参数化设计功能，定义的参数可以被 ANSYS 的操作命令引用，以实现参数化分析。APDL 语言的参数化功能概括为如下几个方面：

（1）标量参数的定义。

在批处理文件中，通过*SET 命令定义参数变量，其一般格式为*SET,Par,Value，其意义为定义一个取值为 Value 的变量参数 Par，例如：

```
*SET,pi,3.14159
```

即定义一个取值为 3.14159 的参数 pi。

也可以采用赋值号"="来调用*SET 命令，其一般格式为 Par=Value，其意义完全等同于*SET,Par,Value 命令，即也可用下面的形式定义上面的参数 pi：

```
pi=3.14159
```

此外，ANSYS 程序还提供了用于从系统中提取参数值的*GET 命令，其一般格式为：

```
*GET, Par, Entity, ENTNUM, Item1, IT1NUM, Item2, IT2NUM
```

各参数的意义如下：

- Par：提取参数被赋给的变量名称。
- Entity：提取参数信息的实体项目类型，可为 NODE、ELEM、KP、LINE、VOLU 等。

- ENTNUM：实体的编号。
- Item1, IT1NUM：要提取的信息类型及其编号。
- Item2, IT2NUM：要提取的信息类型及其编号（第 2 组）。

为了向读者介绍*GET 的使用，下面提供一些例题。

- 变量 MAT100 等于 100 号单元的材料类型号：

*GET,MAT100,ELEM,100,ATTR,MAT

- 节点 10 的 Y 坐标赋给变量 Y10：

*GET,Y10,NODE,10,LOC,Y

- NMAX 为当前选择节点的最大 ID 号：

*GET,NMAX,NODE,NUM,NMAX

- V101 为 101 号单元的体积：

*GET,V101,ELEM,101,VOLU

- 在通用后处理中将节点 25 的 x 方向应力分量赋予变量 sx25：

/POST1

*GET,sx25,node,25,s,x

注意：ANSYS 不区分变量名称的大小写。

（2）参数表达式和函数。

参数表达式由参数、数字以及加、减、乘、除、乘方等运算符组成，下面列举了一些常见的参数表达式：

c=a+b

r0=(r1+r2)/2

m=SQRT((x2-x1)**2+(y2-y1)**2)

第 3 个表达式中的 SQRT 为引用的参数函数，SQRT(X)表示变量 X 的开平方值。ANSYS 程序提供了大量的参数函数形式，下面列举了一些参数函数的具体应用。

```
Pi=ACOS(-1)              !计算圆周率的值
Y=RAND(-1,1)             !Y 是-1 到 1 之间的随机变量
Z=LOG10(A)               !计算 A 的常用对数（10 为底）
```

通过菜单项 Utility Menu>Parameters>Angular Units 或者*AFUN 命令可以设置角度的单位，默认情况下为弧度，可以根据需要设置为角度，如图 2-11 所示。

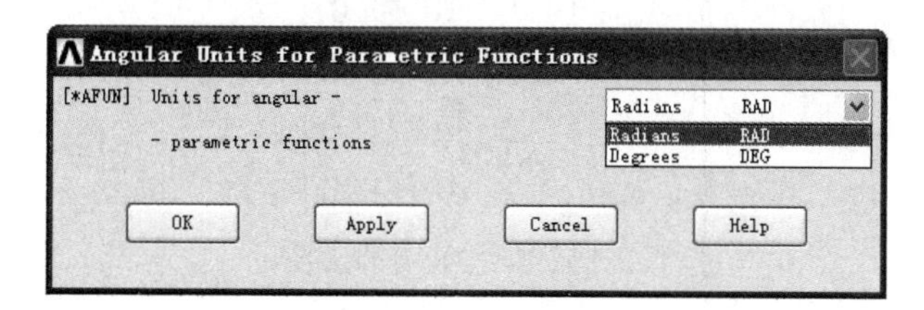

图 2-11 设置角度的单位

（3）参数化数组的定义。

除了上述标量参数之外，ANSYS 系统还允许定义数组参数，定义参数化数组命令的基本格式如下：

*DIM, Par, Type, IMAX, JMAX, KMAX, Var1, Var2, Var3

各参数的意义如下：

- Par：要定义的数组参数名。
- Type：要定义的数组类型，可以是 ARRAY（数值数组，一般意义上的数组）、TABLE（数值表，需要定义 0 行 0 列 0 页的数表，数据范围在表外可插值）、CHAR（字符型数组，每个元素包含至多 8 个字符）、STRING（字符串数组，每个元素仅能包含 1 个字符）。
- IMAX,JMAX,KMAX：三维数组各维的维数，即行、列、页数。
- Var1,Var2,Var3：对 TABLE 类型，与行、列、页对应的变量名的默认值。

定义了参数化数组之后，可以通过*SET 命令为数组的各元素进行赋值，也可以采用直接赋值语句。

例如，*DIM 定义一个 4×3 的 ARRAY 数组 C 并赋值：

```
*DIM,C,ARRAY,4,3
C(1,1)=1,2,3,4
C(1,2)=5,6,7,8
C(1,3)=9,10,11,12
```

可以通过菜单项 Utility Menu>Parameters>Array Parameters>Define/ Edit 来查看 ARRAY 型数组 C，如图 2-12 所示。

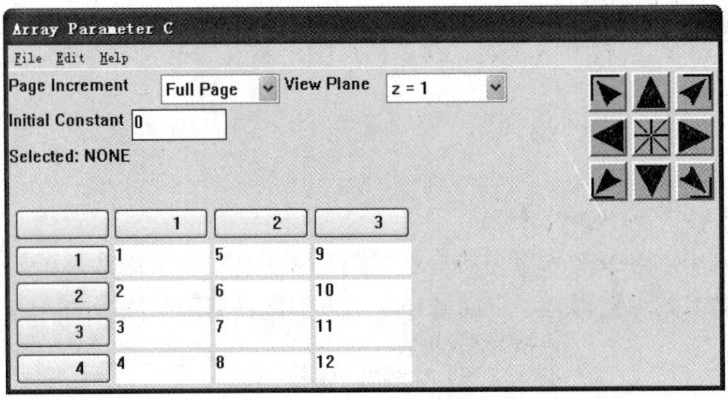

图 2-12　数组 C

于是得到数组 C 为：

$$C=\begin{bmatrix}1.0 & 5.0 & 9.0\\ 2.0 & 6.0 & 10.0\\ 3.0 & 7.0 & 11.0\\ 4.0 & 8.0 & 12.0\end{bmatrix}$$

例如，*DIM 定义一个 6×1 的 TABLE 数组 F 并赋值：

```
*DIM,F,TABLE,6,1,1
F(1,0)=0.0,1.0,2.2,3.0,4.0,5.5
F(1,1)=0.0,1.6,1.8,3.6,3.9,5.6
```

定义的数表 F 可以通过菜单项 Utility Menu>Parameters>Array Parameters>Define/ Edit 来查看，如图 2-13（a）所示。对于 TABLE 型数组，定义数据点以外的数值可以通过插值得到，比如我们定义当 F 第 0 列取 0.5 和 3.6 时的 F 值分别作为参数 F1 和 F2：

```
*SET,F1,F(0.5)
*SET,F2,F(3.6)
```

则有 F1=0.8，F2=3.78，这可以通过菜单项 Utility Menu>Parameters>Scalar Parameters 查看，如图 2-13（b）所示。

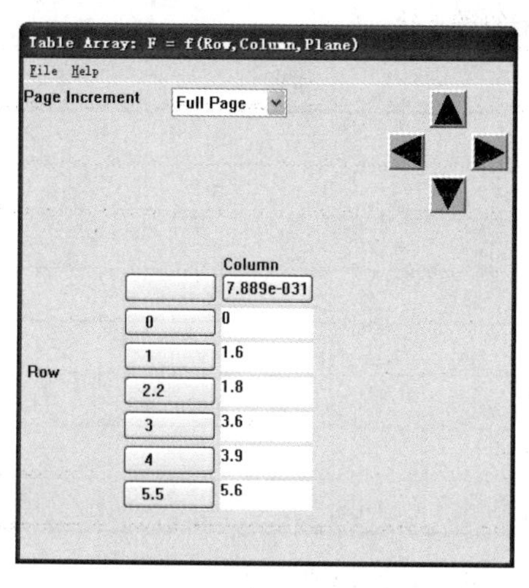

（a）

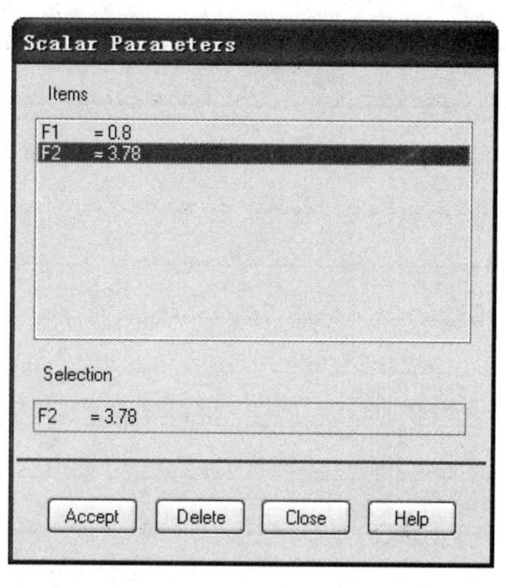

（b）

图 2-13　TABLE 型数组的定义及插值计算

字符型和字符串型的数组元素则可以直接通过赋值语句来定义。各种方式定义的参数可以被各种 ANSYS 操作命令所引用，即命令的选项可以引用变化的参数，以实现参数化的建模与分析。

3. APDL 语言的循环和分支功能

APDL 提供了强大的编程功能，主要体现在循环和分支控制功能上。

（1）循环。

对于大量重复性的操作，在程序执行过程中可以通过循环的方式实现。APDL 语言允许在参数化建模和分析的批处理文件中采用如下形式的循环体：

```
*DO,Par,IVAL,FVAL,INC
...（循环操作指令，要引用循环变量）
*ENDDO
```

Par 为循环指针的变量，IVAL、FVAL、INC 为决定循环次数的参量，分别表示循环指针变量的初值、终值和增量，增量 INC 可正可负也可为小数（分数）。

如果 IVAL 比 FVAL 的值大，且 INC 为正，则程序会终止循环语句的执行。

循环体中可以嵌入循环形成多重循环，这在一些空间桁架体系的建模中是很有用处的。

（2）分支控制。

APDL 允许在参数化建模文件中采用如下形式的分支控制块：

```
*IF,VAL1,Oper,VAL2,THEN
...（需要执行的命令）
*ELSEIF,VAL1,Oper,VAL2,
...（需要执行的命令）
*ELSEIF,VAL1,Oper,VAL2,
...（需要执行的命令）
```

```
*ELSE
…（需要执行的命令）
*ENDIF
```

其中 Oper 为操作符，常见的操作符如表 2-8 所示。

表 2-8 *IF 条件语句的操作符

操作符	说明
EQ	等于
NE	不等于
LT	小于
GT	大于
LE	小于等于
GE	大于等于
ABLT	绝对值小于
ABGT	绝对值大于

一般形式的*IF 语句可以由两组操作符判断连接在一起的形式，即：

*IF, VAL1, Oper1, VAL2, Base1, VAL3, Oper2, VAL4, Base2

Base1 可以用来连接操作符 Oper1 和 Oper2，可以用下面的选项：

- AND：表示两个操作符 Oper1 和 Oper2 同时为真。
- OR：表示两个操作符 Oper1 和 Oper2 中间任何一个为真。
- XOR：表示两个操作符 Oper1 和 Oper2 中间有一个为真。

4. 内部获取函数的使用

作为*GET 命令的替代做法，可以使用内部函数快速获取模型信息，比如用表 2-9 中的几个函数可以获取位置坐标。

表 2-9 位置坐标获取函数

函数	说明
CENTRX(E)	单元 E 的质心在总体笛卡儿坐标系中的 x 坐标
CENTRY(E)	单元 E 的质心在总体笛卡儿坐标系中的 y 坐标
CENTRZ(E)	单元 E 的质心在总体笛卡儿坐标系中的 z 坐标
NX(N)	节点 N 在当前激活坐标系中的 x 坐标
NY(N)	节点 N 在当前激活坐标系中的 y 坐标
NZ(N)	节点 N 在当前激活坐标系中的 z 坐标
KX(K)	关键点 K 在当前激活坐标系中的 x 坐标
KY(K)	关键点 K 在当前激活坐标系中的 y 坐标
KZ(K)	关键点 K 在当前激活坐标系中的 z 坐标
NODE(X,Y,Z)	获取距点(X,Y,Z)最近的被选择的节点的编号（在当前激活坐标系中）
KP(X,Y,Z)	获取距点(X,Y,Z)最近的被选择的关键点的编号（在当前激活坐标系中）

可以用表 2-10 所列的函数计算距离、面积、面的法向等一些几何量。

表 2-10 计算几何量的内部函数

函数	说明
DISTND(N1,N2)	节点 N1 和节点 N2 之间的距离
DISTKP(K1,K2)	关键点 K1 和关键点 K2 之间的距离
DISTEN(E,N)	单元 E 的质心和节点 N 之间的距离
ANGLEN(N1,N2,N3)	以 N1 为顶点的夹角，单位默认为弧度
ANGLEK(K1,K2,K3)	以 K1 为顶点的夹角，单位默认为弧度
AREAND(N1,N2,N3)	节点 N1、N2、N3 围成的三角形的面积
AREAKP(K1,K2,K3)	关键点 K1、K2、K3 围成的三角形的面积
NORMNX(N1,N2,N3)	节点 N1、N2、N3 所确定平面的法线与 X 轴夹角的余弦
NORMNY(N1,N2,N3)	节点 N1、N2、N3 所确定平面的法线与 Y 轴夹角的余弦
NORMNZ(N1,N2,N3)	节点 N1、N2、N3 所确定平面的法线与 Z 轴夹角的余弦
NORMKX(K1,K2,K3)	关键点 K1、K2、K3 确定平面的法线与 X 轴夹角的余弦
NORMKY(K1,K2,K3)	关键点 K1、K2、K3 确定平面的法线与 Y 轴夹角的余弦
NORMKZ(K1,K2,K3)	关键点 K1、K2、K3 确定平面的法线与 Z 轴夹角的余弦

还可以在通用后处理器中通过表 2-11 所列的函数获取当前结果集中基本的节点自由度解，如结构分析的位移、热分析的温度等。

表 2-11 用于获取自由度解的内部函数

函数	说明
UX(N)	节点 N 在 X 向的结构位移
UY(N)	节点 N 在 Y 向的结构位移
UZ(N)	节点 N 在 Z 向的结构位移
ROTX(N)	节点 N 绕 X 向的结构转角
ROTY(N)	节点 N 绕 Y 向的结构转角
ROTZ(N)	节点 N 绕 Z 向的结构转角
TEMP(N)	节点 N 上的温度

对于字符型变量，可以通过表 2-12 所示的操作函数进行字符编辑。

表 2-12 字符串操作内部函数

函数	说明
StrOut = STRSUB(Str1, nLoc,nChar)	获取 nChar 子字符串，起始于 Str1 的 nLoc 位置
StrOut = STRCAT(Str1,Str2)	添加 Str2 到 Str1 的末尾
StrOut = STRFILL(Str1,Str2,nLoc)	添加 Str2 到 Str1 的 nLoc 字符位置
StrOut = STRCOMP(Str1)	删除 Str1 字符串中的全部空格

续表

函数	说明
StrOut = STRLEFT(Str1)	左对齐 Str1
nLoc = STRPOS(Str1,Str2)	获取 Str1 中 Str2 的起始字符位置
nLoc = STRLENG(Str1)	Str1 中最后一个非空格字符的位置
StrOut = UPCASE(Str1)	转化 Str1 为大写
StrOut = LWCASE(Str1)	转化 Str1 为小写

以上各表中的内部获取函数可以在 APDL 编程过程中结合使用，对解决一些复杂问题很有帮助。

5. 定制工具条

通过菜单项 Utility Menu>Macro>Edit Abbreviations 或者 Utility Menu>MenuCtrls>Edit Toolbar 可以将分析中常用的 ANSYS 菜单项（对应的指令）定制成按钮添加到工具条中，这样可以提高工作效率。

例如在建模过程中要频繁地用到重新绘图的命令/REPLOT（对应菜单项为 Utility Menu>Plot>Replot），为了在使用过程中快速调用这一功能，只需选择 Utility Menu>Macro>Edit Abbreviations 菜单，弹出 Edit Toolbar/Abbreviations 对话框，如图 2-14 所示，在其中输入*ABBR, REPLOT, /REPLOT，单击 Accept 按钮，这一功能的快速调用按钮就出现在 ANSYS 的工具条中，如图 2-15 所示。

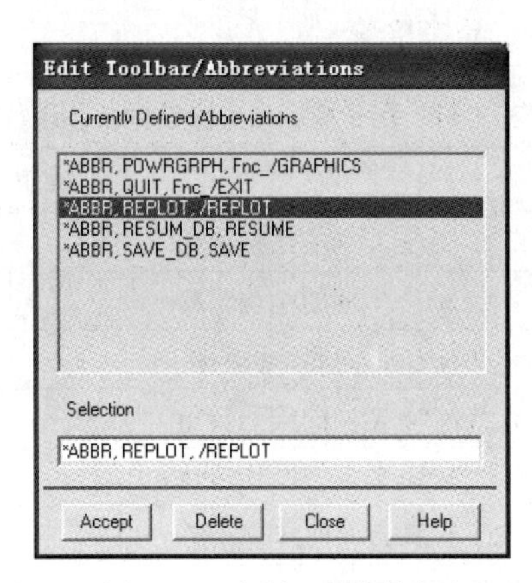

图 2-14　定制工具条按钮

图 2-15　工具条增加 REPLOT

其中，REPLOT 为新建的工具条按钮名称，/REPLOT 为这一按钮所调用的 ANSYS 命令。读者可以根据需要添加各种常用命令的快速调用按钮到工具条中。

6. 对单元或节点统计排序列表

可以通过 POST1 中的 NSORT 和 ESORT 命令来建立当前所选择节点或单元关于某一量

（如应力）的排序和列表。比如下面的命令：

```
NSEL,...                          !选择进行排序统计的节点
NSORT,S,X                         !节点按照应力 SX 数值进行排序
PRNSOL,S,COMP                     !列出排序后的应力分量
```

可以选择按升序或降序，也可以选择按绝对值还是原始值参加排序。排序后列表显示单元或节点量时，第一列的节点号或单元号是按统计后的排序。相应的菜单路径为：

```
Main Menu>General Postproc>List Results>Sorted Listing>Sort Nodes
Main Menu>General Postproc>List Results>Sorted Listing>Sort Elems
```

使用命令 NUSORT 或 EUSORT 可取消排序，恢复到原来的节点或单元顺序（默认为编号由小到大的顺序），对应的菜单路径为：

```
Main Menu>General Postproc>List Results>Sorted Listing>Unsort Nodes
Main Menu>General Postproc>List Results>Sorted Listing>Unsort Elems
```

7. 宏

宏是一系列 ANSYS 命令集合形成的文件，通常宏的扩展名取为 mac，如 Macro_1.mac 就是一个名为 Macro_1 的宏文件。在搜索路径中的宏可以通过*USE 命令来执行，例如：

```
*use,Macro_1
```

或直接在命令输入窗口中输入宏的文件名 Macro_1。程序在执行宏的时候自动地执行宏中的每一条 ANSYS 命令。

宏的搜索路径是指 ANSYS 搜索宏所在的位置，通常在/ansys_inc/v150/ansys/apdl 目录、由环境变量 ANSYS_MACROLIB 所指定的路径、由$HOME 环境变量指定的路径和工作路径中搜索宏文件。宏中可以包含参数，宏还可以嵌套其他的宏。

8. *ASK 参数输入提示及对话框提示

用户可以通过*ASK 命令提示参数的输入，当在命令行中输入如下指令时，将弹出关于参数 length 的提示框，如图 2-16 所示，其默认值为 1。

```
*ask,a,length,1
```

图 2-16 *ASK 提示举例

对于带参数的宏命令，其多个参数还可以通过 multipro 命令创建对话框来提示输入，详细操作方法请参考 ANSYS Help 文档 ANSYS Parametric Design Language Guide 中的 Prompting Users With a Dialog Box 一节。

2.3 Workbench 及 Mechanical Application 应用要点选讲

本节介绍 ANSYS Workbench 环境中的结构分析流程、工程数据组件 Engineering Data 的使用和 Mechanical Application 界面的使用要点，与结构分析建模相关的几何组件和 Mechanical Application 中的网格划分方法将在第 3 章中结合建模方法进行介绍。

2.3.1 ANSYS Workbench 环境简介

ANSYS Workbench 是 ANSYS 公司开发的新一代集成仿真平台，Project Schematic 视图是最鲜明的技术特色。在 Project Schematic 中清晰地显示了整个仿真分析的流程及数据的传递和共享情况，如图 2-17 所示。

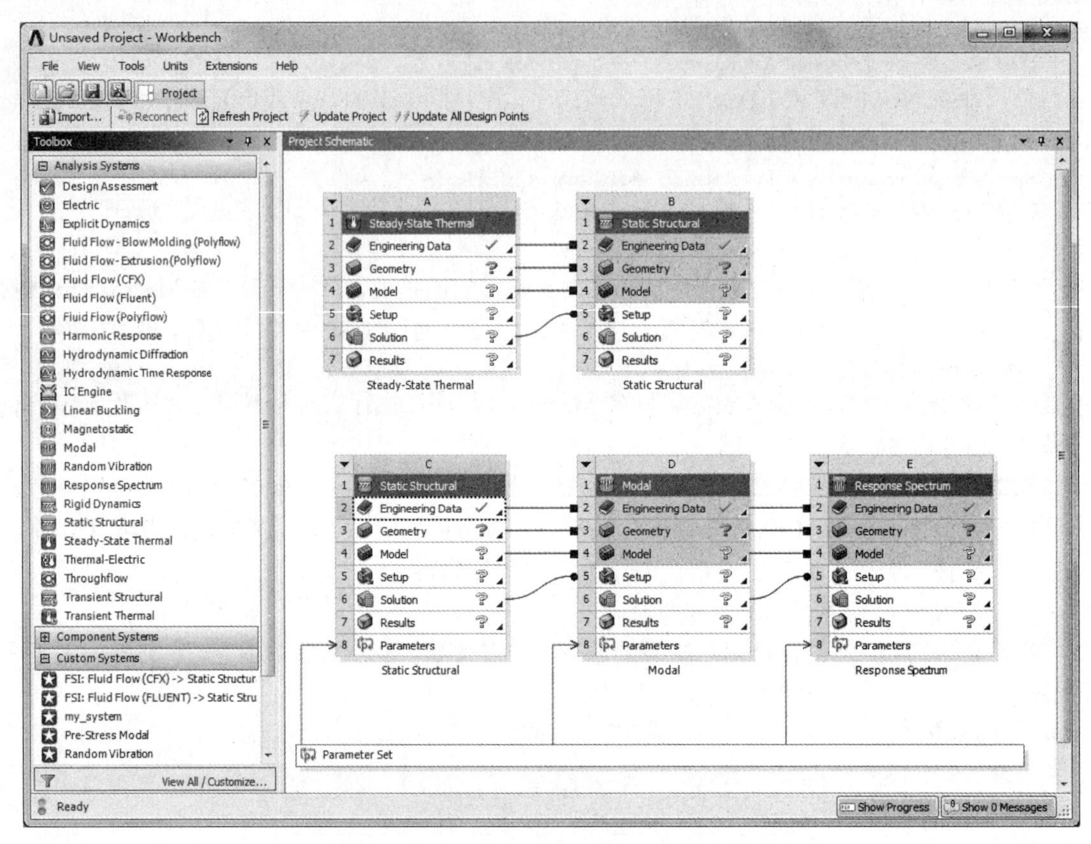

图 2-17 ANSYS Workbench 的仿真环境界面

Workbench 的仿真分析流程是基于界面左侧的 Toolbox 提供的分析系统、组件系统、用户系统等搭建而成的。在使用中只需要在 Toolbox 中选择所需的系统或组件的，用鼠标拖动至 Project Schematic 的相应位置即可。对此没有基础的读者，可参考 ANSYS Help 文档中的 Workbench User's Guide。Workbench 中的系统是能完成特定分析的组件所组成的，通常一个结构分析系统会包含工程数据（Engineering Data）、几何模型（Geometry）、有限元模型（Model）、载荷及分析类型选项定义（Setup）、求解计算（Solution）、结果后处理（Results）等组件。

用户可以通过 Workbench 的 View>Files 菜单打开当前项目的文件列表，此列表中包含了与分析项目相关的全部文件信息，如文件名称、所属分析组件、大小、类型、修改时间、存放路径等，如图 2-18 所示。

Workbench 的另一技术特色是对参数和设计点的管理。在分析的各个组件中均可设置或提取参数，如尺寸参数、载荷参数、计算结果参数等。Workbench 能有效地管理这些参数。用户只需双击 Project Schematic 中的 Parameter Set 即可进入参数管理界面，如图 2-19 所示。在此界面下显示了设计参数列表，用户还可以插入设计变量之间的函数关系图和某一设计参数在不同设计点中的变化曲线图，这些曲线图的名称将出现在 Parameter 列表下方的 Charts 列表中，同时在界面右下角绘制列表中选择的 Chart 图，所谓设计点，其实就是设计参数的一组特定取值所形成的一个结构设计方案。与参数及设计点管理相关的详细问题可参考 ANSYS Help 文档 Workbench User's Guide 中的 Working with Parameters and Design Points 一节。

Files

	A	B	C	D	E	
1	Name	Cell ID	Size	Type	Date Modified	
2	Frame.wbpj		144 KB	Workbench Project File	2013/10/17 19:49:05	D:\working_dir
3	Geom.agdb	A2,B3	2 MB	Geometry File	2013/10/17 19:49:02	D:\working_dir\Frame_files\dp0\Geom\DM
4	material.engd	B2	18 KB	Engineering Data File	2013/10/17 14:02:51	D:\working_dir\Frame_files\dp0\SYS\ENGD
5	SYS.mechdb	B4	32 KB	Mechanical Database File	2013/10/17 19:49:02	D:\working_dir\Frame_files\dp0\global\MECH
6	EngineeringData.xml	B2	17 KB	Engineering Data File	2013/10/17 19:49:04	D:\working_dir\Frame_files\dp0\SYS\ENGD
7	SYS.engd	B4	18 KB	Engineering Data File	2013/10/17 14:02:51	D:\working_dir\Frame_files\dp0\global\MECH
8	CAERep.xml	B1	19 KB	.xml	2013/10/17 19:30:17	D:\working_dir\Frame_files\dp0\SYS\MECH
9	CAERepOutput.xml	B1	849 B	.xml	2013/10/17 19:30:40	D:\working_dir\Frame_files\dp0\SYS\MECH
10	ds.dat	B1	64 KB	.dat	2013/10/17 19:30:20	D:\working_dir\Frame_files\dp0\SYS\MECH
11	file.BCS	B1	1 KB	.bcs	2013/10/17 19:30:38	D:\working_dir\Frame_files\dp0\SYS\MECH
12	file.rst	B1	960 KB	.rst	2013/10/17 19:30:39	D:\working_dir\Frame_files\dp0\SYS\MECH
13	MatML.xml	B1	18 KB	.xml	2013/10/17 19:30:17	D:\working_dir\Frame_files\dp0\SYS\MECH
14	solve.out	B1	29 KB	.out	2013/10/17 19:30:40	D:\working_dir\Frame_files\dp0\SYS\MECH
15	designPoint.wbdp		74 KB	Workbench Design Point File	2013/10/17 19:49:05	D:\working_dir\Frame_files\dp0

图 2-18　Workbench 文件视图

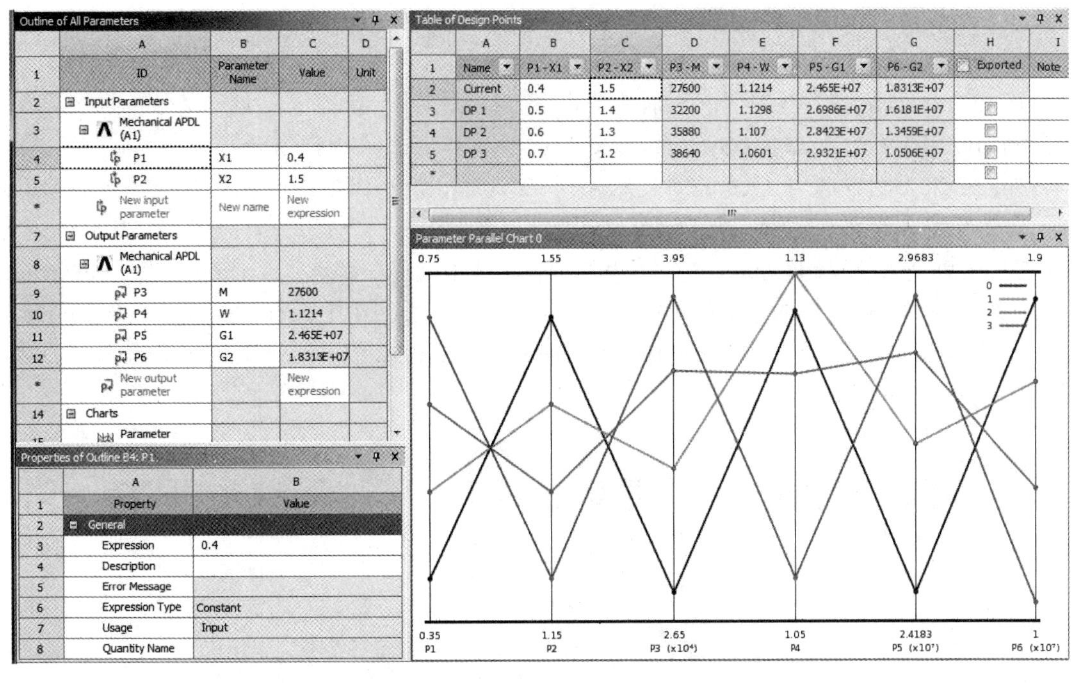

Outline of All Parameters

	A	B	C	D
1	ID	Parameter Name	Value	Unit
2	Input Parameters			
3	Mechanical APDL (A1)			
4	P1	X1	0.4	
5	P2	X2	1.5	
*	New input parameter	New name	New expression	
7	Output Parameters			
8	Mechanical APDL (A1)			
9	P3	M	27600	
10	P4	W	1.1214	
11	P5	G1	2.465E+07	
12	P6	G2	1.8313E+07	
*	New output parameter		New expression	
14	Charts			
15	Parameter			

Properties of Outline B4: P1

	A	B
1	Property	Value
2	General	
3	Expression	0.4
4	Description	
5	Error Message	
6	Expression Type	Constant
7	Usage	Input
8	Quantity Name	

Table of Design Points

	A	B	C	D	E	F	G	H	I
1	Name	P1 - X1	P2 - X2	P3 - M	P4 - W	P5 - G1	P6 - G2	Exported	Note
2	Current	0.4	1.5	27600	1.1214	2.465E+07	1.8313E+07		
3	DP 1	0.5	1.4	32200	1.1298	2.6986E+07	1.6181E+07		
4	DP 2	0.6	1.3	35880	1.107	2.8423E+07	1.3459E+07		
5	DP 3	0.7	1.2	38640	1.0601	2.9321E+07	1.0506E+07		
*									

图 2-19　Parameter Set 中的变量列表

2.3.2 Workbench 结构分析系统与组件

本节介绍 ANSYS Workbench 中与结构分析相关的系统与组件。

1. Workbench 中的常用结构分析系统

在 Workbench 界面左侧的 Toolbox 中已经预置了一系列结构分析系统（Analysis System），这些分析系统的名称及功能的简要说明如表 2-13 所示。

表 2-13 Workbench 中预置的结构分析系统及其功能

Workbench 中预置的结构分析系统	实现的分析功能
Static Structural	静力结构分析
Linear Buckling	特征值屈曲分析
Modal	模态分析
Harmonic Response	谐响应分析
Transient Structural	瞬态结构分析
Response Spectrum	响应谱分析
Random Vibration	随机振动分析
Steady-State Thermal	稳态热传导分析
Transient Thermal	瞬态热传导分析

用户可以用双击或左键拖动的方式将上述系统添加到 Project Schematic 中。

2. Workbench 中的用户自定义分析系统（流程）

在 Workbench 中，有的情况下需要自定义分析系统或分析流程。自定义分析系统可以基于左侧 ToolBox 中的 Analysis Systems 或 Component Systems（组件系统）。

如图 2-20 所示为基于 Geometry、Mesh 和 Mechanical APDL 三个组件系统搭建的分析流程。首先在流程图解中创建一个 Geometry 组件，然后用鼠标左键选择 Toolbox 中的 Mesh 组件，将其拖放至刚创建的 Geometry 组件单元格上，再用鼠标左键选择 Toolbox 中的 Mechanical APDL 组件，将其拖放至 Mesh 组件系统的 Mesh 单元格上。图中 Geometry 组件之间的连线右端为方块标志，表示数据的共享；Mesh 与 Mechanical APDL 组件之间的连线右端为实心圆点标志，表示数据的传递。

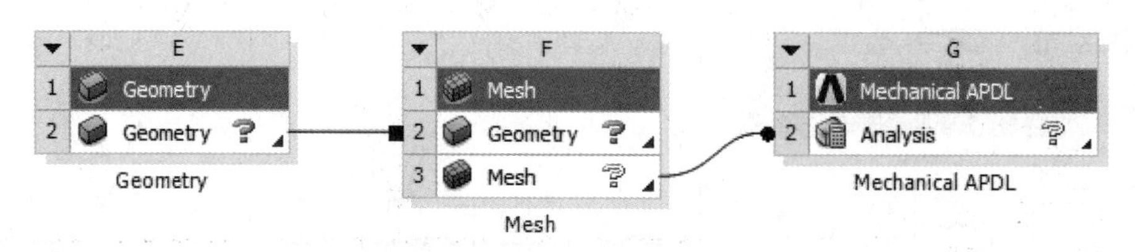

图 2-20 通过组件搭建的流程

用户还可以将已经建立好的复杂分析流程添加到 Custom Systems 中，如图 2-21 所示为一个基于预应力模态分析结果进行响应谱分析的流程。

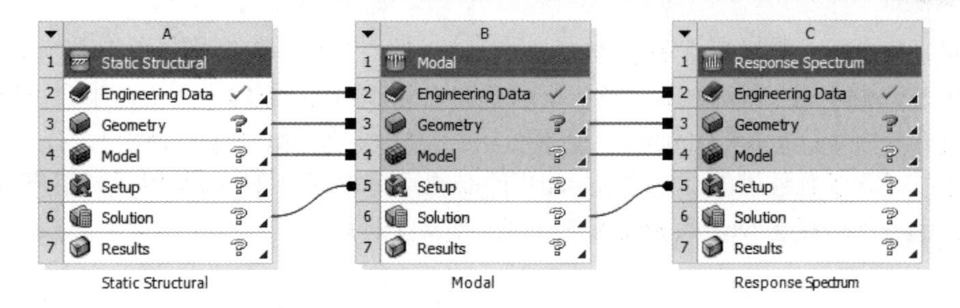

图 2-21　预应力模态响应谱分析流程

用户可以把这个定义好的流程添加到用户定义系统列表中，后续的分析中可以直接调用。操作过程如图 2-22 所示，具体方法是：在 Workbench 界面的任意空白位置单击鼠标右键，在右键菜单中选择 Add to Custom，在弹出的 Add Project Template 中输入此模板的名称，在图中为 My_system，单击 OK 按钮，在 Workbench 左侧 Toolbox 的 Custom Systems 中即出现一个 My_system 系统。

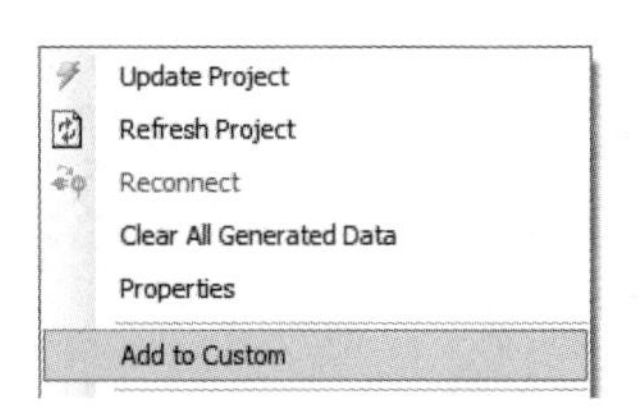

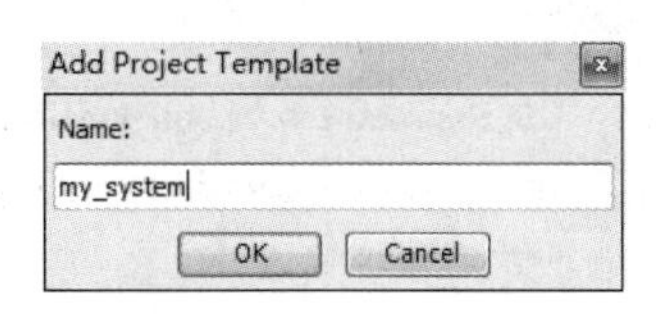

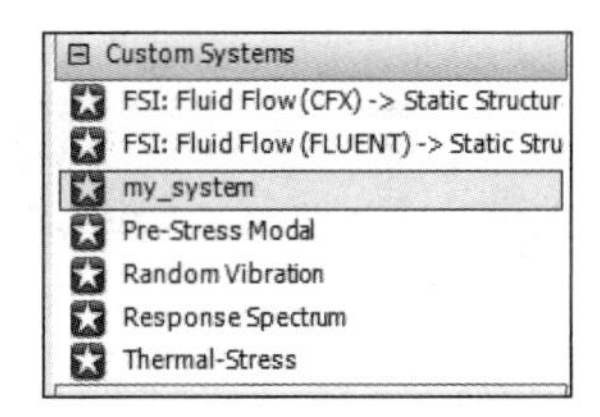

图 2-22　自定义分析流程

3. 结构分析的常用组件

在 Workbench 中，与结构分析相关的组件包括 Engineering Data、Geometry、ANSYS Mesh、Mechanical Model 等。常用的组件及其功能说明如表 2-14 所示。

表 2-14　结构分析常用的组件

组件	功能
Engineering Data	工程数据组件
Geometry	几何模型处理，可选择 DesignModeler（简称 DM）或 SpaceClaim Direct Modeler（简称 SCDM）
Mesh	网格划分组件
Mechanical Model	Mechanical Application 中的结构分析前后处理
External Model	导入外部模型
Mechanical APDL	调用 Mechanical APDL
FE Modeler	导入结构有限元分析模型
System Coupling	流固耦合分析组件
External Data	为 System Coupling 和 Mechanical Application 提供外部文件数据

Engineering Data 组件的作用是定义与分析系统相关的材料类型及材料参数，相关的操作将在第 3 章中介绍。

所有的分析系统一般情况下都包含 Geometry 组件（直接导入网格的分析系统除外），在分析系统流程中选择 Geometry 单元格，鼠标右键菜单如图 2-23（a）所示。用户可以选择直接导入已有的几何（Import Geometry）或者选择在 DM 或 SCDM 中创建新的几何。

如果已经导入了几何模型，则 Geometry 的右键菜单如图 2-23（b）所示，用户可以替换几何模型，也可以选择在 DM 或 SCDM 中对几何进行编辑。

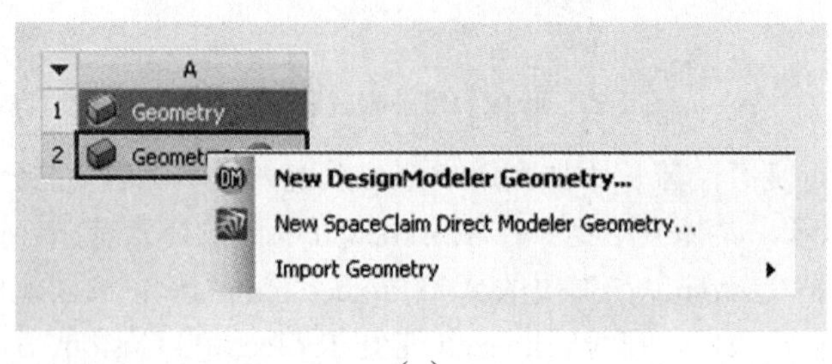

（a）

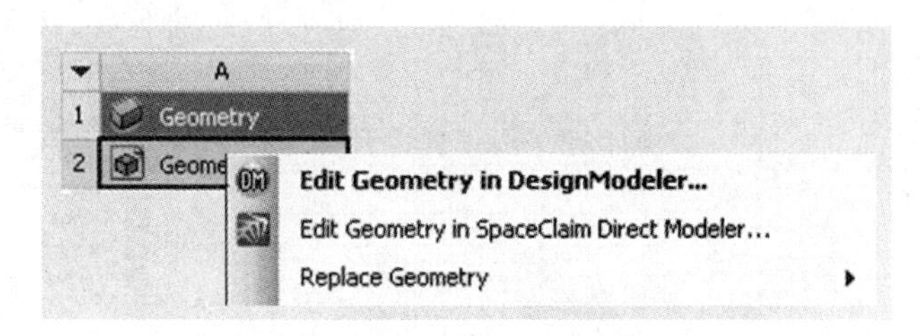

（b）

图 2-23　几何处理工具选择

关于几何组件 DM 和 SCDM 的应用要点和注意事项将在第 3 章中进行简单介绍。

Mesh 是网格划分组件，可以单独应用，在 Mechanical Application 中也包含了 Mesh 组件的相应功能。

Mechanical Application 为 Workbench 中的结构分析前后处理组件，此组件包含了与结构分析相关的除材料定义和几何建模之外的全部操作，下面一个小节将详细介绍此组件的操作要点。

有时用户可能需要导入 Mechanical APDL 所创建的有限元模型，这时可以向 Project Schematic 中添加 Component Systems 工具箱中的 External Model 组件，然后选择导入 CDB 文件，导入的 CDB 模型可以由 Mechanical Application 打开，并可以进行后续相关操作。

2.3.3　Mechanical Application 组件的操作要点

Mechanical Application 是 Workbench 中的各种类型结构分析的前后处理组件，双击任一结构分析流程的 Model 单元格或其下方各单元格，即进入 Mechanical Application 界面。

Mechanical Application 界面包括菜单栏、工具按钮栏、项目树、细节属性栏、图形显示区等组成部分，在界面的左下角为操作提示信息栏，在图形窗口下方。

Mechanical Application 界面的核心概念是项目树（Project Tree），与整个分析相关的全部信息都反映在项目树的各个分支中，如 Geometry、Connection、Mesh、Environment 等。因此可以说，如果项目树的全部分支都完整定义了，整个分析项目也就完成了。

项目树的每一个分支前面均包含一个直观的状态图标，比如说，当某分支的信息定义不完整时会出现一个“?”号图标，某分支的操作已经完成后则会出现一个绿色的“√”号图标等。相关图标的具体意义可参考 ANSYS Help 文档 ANSYS Mechanical User's Guide 中的 Status Symbols 一节，此处不再一一介绍。

在前后处理及分析过程中，一些基本的分支在打开 Mechanical Application 界面时即出现在屏幕上。用户可以在这些常用的分支下插入子分支，如在 Mesh 分支下插入 Sizing 分支和 Method 分支来控制网格尺寸和划分方法、在 Connection 分支下可以插入手动定义接触的分支 Manual Contact Region、在 Solution 分支下插入各种分析结果分支等。Mechanical Application 项目树中主要的分支、对应功能及其子分支作用如表 2-15 所示。

表 2-15　Mechanical Application 项目树的主要分支

分支名称	对应的功能描述	子分支
Model	模型总分支，可利用其右键菜单插入 Named Selection、Construction Geometry、symmetry、Virtual Topology、Solution Combination、Mesh Numbering 等功能	与模型相关的全部分支及功能描述中插入的分支
Geometry	几何分支	体和部件、质量点
Coordinate Systems	坐标系分支，其中默认包含一个总体直角坐标系，可根据需要加入新的直角坐标系或柱坐标系	各种坐标系
Symmetry	对称条件分支，可指定镜面对称、周期对称、循环对称	Symmetry Region、Periodic Region、Cyclic Region
Connections	连接分支，用于定义模型中的各种连接关系，如接触、运动付、弹簧、梁、自由度释放、轴承、点焊等	Contacts、Joint、Spring、Beam、End Release、Bearing、Spot Weld
Mesh	网格分支，用于控制网格划分尺寸、方法、划分网格并进行网格统计评估等	Method、Sizing、Contact Sizing、Mapped face Meshing、Refinement 等
Mesh Numbering	网格编号控制分支，用于控制整体模型或部件的节点和单元编号、压缩编号等	Numbering Control
Named Selections	对象命名选择几何，用于将选择的对象形成命名几何，类似于 APDL 中的 Component 概念	Named Selection
Environment	分支环境分支，如 Static Structural，在其中插入所需的约束及载荷条件	Analysis Settings、各种载荷及约束条件分支、Solution 分支
Solution	求解信息输出及各种计算结果	Solution information、各种结果及 Prob

在应用 Mechanical Application 的过程中需要注意各分支之间的逻辑关联，不同分支之间的关联有时用于自动形成一些相关的分支。比如说，用户选中 Environment 下的某个位移约束分支，将其拖放到 Solution 分支上，则在 Solution 分支下出现此支座约束的支反力结果分支；用户如果选择某个接触区域分支，将其拖放到 Mesh 分支上，则在 Mesh 分支下出现一个 Contact Sizing 的子分支；如果将接触区域分支拖放至 Solution 分支上，则在 Solution 分支下出现此接触区域传递的支反力分支。

Mechanical Application 在计算之前会形成模型信息文本文件，默认为 ds.dat 文件，此文件采用 Mechanical APDL 命令的方式记录了全部模型信息，与 Mechanical APDL 中写出的 CDB

文件格式大体相同，这说明 Mechanical Application 与 Mechanical APDL 具有统一的求解器 Mechanical Solver。在 Mechanical Application 中，用户还可以根据需要在项目树的某些分支下插入 Command Object 分支，在其中插入 Mechanical Application 目前不支持的 APDL 命令流，以实现功能的扩展。Mechanical Application 插入命令流有关的操作说明请读者参考 ANSYS Help 文档 ANSYS Mechanical User's Guide 中的 Command Object 章节。

3

ANSYS 结构分析建模思想与方法

本章导读

建模作为结构分析的重要一环，往往是在分析过程中花费时间精力最多的一个阶段。本章从建模的二次映射思想出发，介绍工程结构分类、ANSYS 单元库、基于 Mechanical APDL 和 Workbench 环境的建模方法及不同类型结构的建模要点。

本章包括如下主题：

- ANSYS 结构分析建模的二次映射思想
- 工程结构分析与 ANSYS 单元选择
- 结构分析建模的直接法和间接法
- Mechanical APDL 建模过程概述
- Mechanical APDL 连续体结构建模要点
- Mechanical APDL 杆系及板壳结构建模要点
- Workbench 建模过程与组件
- Workbench 连续体结构建模要点
- Workbench 梁壳结构建模要点

3.1 ANSYS 结构分析建模思想与方法概述

3.1.1 ANSYS 结构分析建模的二次映射思想

基于 ANSYS 等分析软件进行结构计算的过程中，分析人员通常需要经历一个“二次映射”的过程，即首先将工程问题映射成为力学问题，再将力学问题映射成为分析的数学模型。

第一次映射，是把工程问题映射为物理或力学问题，这一映射过程与分析人员的力学知识和专业背景有关。通过这一映射过程，可以明确待分析的问题类型、确定求解域的范围和定解条件。至此，工程问题划归为力学问题。第二次映射，是把力学问题映射为可通过 ANSYS 等软件计算的数学模型，这一映射过程与分析人员的程序应用知识和建模分析经验有关。这一映射过程的任务是在 ANSYS 软件中建立数学模型，加载并指定模型的边界条件和初始条件。

下面以一个半敞开式步行桥上弦平面外稳定问题为例来说明二次映射思想在有限元分析建模中的应用。如图 3-1 所示为一个半敞开式的步行桥及其典型剖面。其支撑桁架上下弦及腹杆均为方钢管，桥面横梁为 H 型钢。如果支撑桁架设置刚度较大的竖腹杆，并与桥面横梁刚性连接形成横向框架，则桁架的竖腹杆可对上弦形成有效的面外约束，上弦杆的受力状态类同于弹性支撑上的梁，其在支撑桁架平面外的稳定问题可以映射为一系列弹性支撑上的压杆稳定问题，其计算简图如图 3-2 所示。

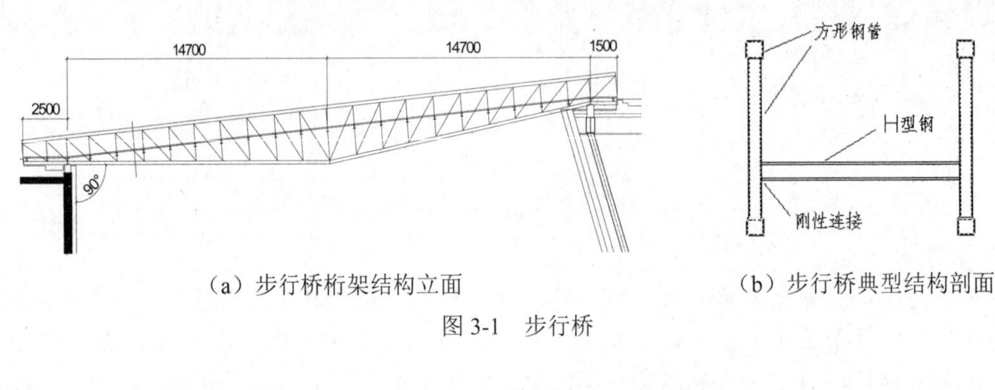

（a）步行桥桁架结构立面　　（b）步行桥典型结构剖面

图 3-1　步行桥

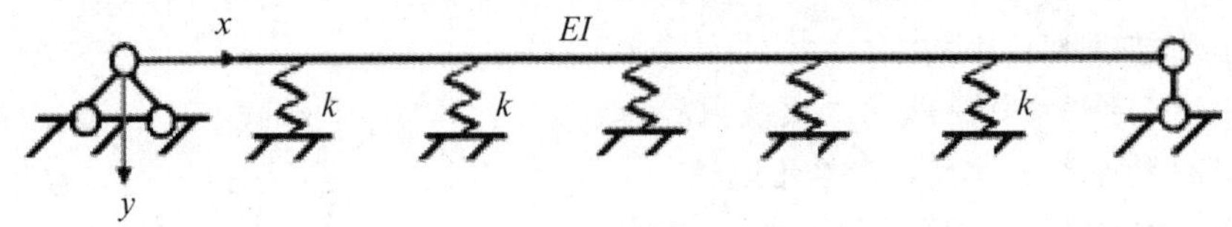

图 3-2　弹性地基梁模型

计算简图确定之后，接着就是在 ANSYS 中选择合适的单元类型构建分析的有限元模型。这个问题可以选择 ANSYS 的弹簧单元和梁单元加以构建，最后得到的 ANSYS 计算模型如图 3-3 所示。

有限元仿真的最终目的是要还原一个实际工程系统的物理力学行为特征，因此分析必须是基于一个物理原型的准确的数学模型。上述二次映射的过程就是一个有效把握待分析问题的力学特征，并准确地创建结构分析数学模型的过程。

由于 ANSYS 软件是一个通用有限元分析平台，在很多情况下经常会出现一个有趣的现象，不同行业的工程问题可能被映射为同一种类型的力学问题，进而可以采用相同的 ANSYS 单元类型和相似的步骤来构建分析的数学模型。

3.1.2　工程结构分类与 ANSYS 单元选择

工程结构按照其几何特点和受力特点可以划分为桁架结构、梁结构、板壳结构、连续体结构、组合结构等类型。表 3-1 列出了各种常见的工程结构类型及其几何特点和受力特点。

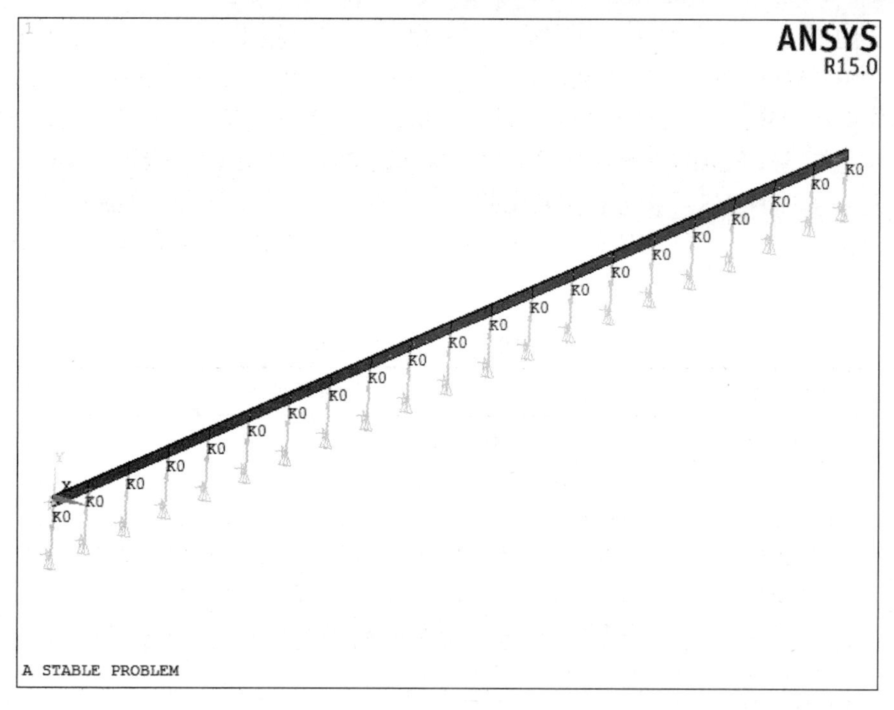

图 3-3　桁架上弦杆的平面外稳定分析模型

表 3-1　常见工程结构类型及其特点

结构类型	几何特点	受力特点及工程应用
桁架结构	线状结构构件，构件轴线长度>>横截面尺寸	杆件仅承受轴向力，所有载荷集中作用于节点上，常见于各种屋架、空间网架、塔架等
索结构	线状结构构件，构件轴线长度>>横截面尺寸	仅能承受拉力，常用于各种索网结构、大型桥梁结构
梁结构	线状结构构件，构件轴线长度>>横截面尺寸	杆件可承受弯矩、扭矩、轴向力、横向力的共同作用，常用于各种框架建筑结构、空间网壳、轻钢厂房等
板壳结构	面状结构，面内尺度>>厚度尺度，通常平面的称为板，曲面的称为壳	可承受面内作用和面外作用，在横向载荷作用下发生弯曲变形，常见于各种平台结构的平台板、建筑楼（屋）盖、各类曲面壳体穹顶
薄膜结构	面状结构，面内尺度>>厚度尺度	不能受弯，以厚度方向的均布张力与外载相平衡，常见于各种充气结构、张拉薄膜结构等
连续结构	三个方向尺寸在同一数量级	可处于一般的三向应力状态下，各种工程领域通用结构形式
连续结构（2D）	平面应力为薄板状结构 平面应变为长条状结构	平面应力结构是在面外的应力为零，平面应变结构是在面外的应变为零，简化结构形式应用较为局限
连续结构（轴对称）	具有对称轴的柱状旋转体	圆周方向任意断面的受力状态相同，仅需分析一个断面，常用于各类压力容器、散热结构的分析中
组合结构	各种形式结构的组合	组合的受力特点

ANSYS Mechanical 提供了丰富的结构力学分析单元库，可用于模拟各种类型的工程结构。

在这个庞大的单元库中，每种单元都有唯一的名称。单元的名称由单元类型和单元编号两部分组成，比如 BEAM189 单元，其中 BEAM 为单元类型，即梁单元，189 为这种梁单元在 ANSYS 程序单元库中的编号。ANSYS 结构分析常用的单元类型有 LINK（杆或索）、BEAM（梁）、SHELL（板壳单元）、PLANE（平面问题或轴对称问题单元）、SOLID（三维体单元）、COMBIN（连接单元）等。ANSYS 结构分析中常用的单元类型、代表单元及其简单描述如表 3-2 所示。关于各种 ANSYS 单元的详细信息可阅读 ANSYS 单元参考手册 Mechanical APDL Element Reference。

表 3-2 ANSYS 结构分析常用的单元类型

单元类型	典型代表单元	简单描述
LINK	LINK180	模拟空间桁架的杆单元
BEAM	BEAM188 BEAM189 PIPE288 PIPE289 ELBOW290	Timoshinco 梁单元，轴线方向两个节点，可定义实际截面形状 Timoshinco 梁单元，轴线方向三个节点，可定义实际截面形状 轴线方向两个节点的管单元，可指定截面及液体压力载荷 轴线方向三个节点的管单元，可指定截面及液体压力载荷 轴线方向三个节点的弯管单元，可指定截面及液体压力载荷
SHELL	SHELL181 SHELL281	4 节点的有限应变壳元 8 节点的有限应变壳元
PLANE	PLANE182 PLANE183	平面应力、平面应变、轴对称的线性单元 平面应力、平面应变、轴对称的二次单元
SOLID	SOLID65 SOLID185 SOLID186 SOLID187 SOLID285	3-D 连续体单元，用于混凝土分析 3-D 连续体单元，8 节点线性单元 20 节点的 3-D 连续体单元，支持六面体、四面体、金字塔、三棱柱形状 10 节点的 3-D 四面体连续体单元 4 节点的 3-D 连续体单元，节点具有静水压力自由度
SOLSH	SOLSH190	8 节点的 3-D 实体壳单元
COMBIN	COMBIN14 COMBIN39	非线性连接单元，可用于模拟各种弹簧、阻尼器 非线性弹簧单元，可定义位移－载荷关系
MASS	MASS21	质量和集中惯性单元

注：表中常用单元的位移形函数请参照本书的附录部分。

除表 3-2 中的基本结构分析单元类型外，ANSYS 还提供了很多具有特殊功能的单元类型，比如用于接触分析的接触单元（CONTA171-178）和目标单元（TARGE169-170）、用于划分辅助网格且不参与求解的 MESH200 单元、用于辅助加载的表面效应单元（SURF15X）、用于施加螺栓预紧力的单元（PRETS179）、用于建立多点约束方程的多点约束单元（MPC184）、用户定义单元（USER300）、子结构分析的超单元（MATRIX50）等。部分特殊用途单元及其使用方法将在后面的相关章节结合分析例题加以介绍。

在建模过程中，用户可以根据结构类型选择相对应的单元类型。在 Mechanical APDL 建模中，用户根据工程结构特点和分析侧重点来选择适当的单元类型。在 Mechanical Application（Workbench）中，程序根据导入的几何体类型和分析类型自动选用相应的单元类型，对于 Line body 自动选择 BEAM188 单元，对于 2-D 连续体结构自动选择 PLANE183 单元，对于 3-D 连续体结构自动选择 SOLID186 单元（六面体及过渡填充部分）和 SOLID187 单元（四面体部分），对于 Surface body 自动选择 SHELL181 单元，对于采用 thin 方式扫略划分的实体自动选择实体壳 SOLSH190 单元。用户可以在 Mechanical Application 的几何分支下加入 Command 对象，显性定义单元类型。

需要注意的是，单元类型的选择并不绝对。对于同一个问题，也可以采用不同类型的单元来模拟，如一个油罐可以采用实体单元、轴对称单元或壳元（如果是薄壁的）来模拟，具体采用何种建模方案取决于加载情况、分析的精度要求、硬件性能和用户的经验。

3.1.3 结构分析建模的直接法与间接法

针对上节所述的不同工程结构类型，ANSYS 软件提供了两种结构建模方法：直接法和间接法。

1. 直接法

如图 3-4 所示的框架和空间网格结构都属于杆件结构系统，这类体系由于其本身存在有自然的节点连接关系，因此是一种自然离散系统。这类结构系统多见于各类建筑结构、大跨空间钢结构、工业塔架等结构体系中。对于规模不大的自然离散系统或是单元排列很有规律的连续体结构，如杆系结构、简单形状的实体结构等，可以采用直接创建节点，然后通过节点来创建单元。这种直接定义有限元模型的节点和单元的建模方法称为 ANSYS 结构建模的直接法。

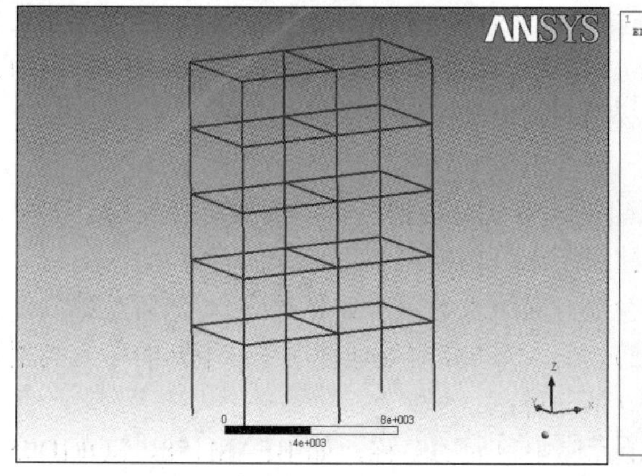

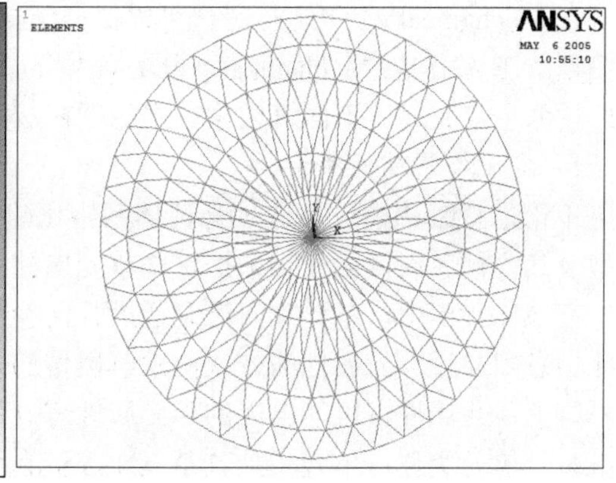

图 3-4　自然离散的杆件结构系统

2. 间接法

对于各种不同形状的实体结构来说，需要经过人工离散的网格化（Meshing）的过程才能形成分析所需的有限单元模型。由于这种建模过程需要借助于一个几何模型，因此称为间接法。ANSYS 软件提供了功能强大的网格划分功能。

有限单元法的一个优势在于对任意复杂几何形状的适应性，这就意味着，对几何模型进行单元剖分的间接法是更为通用的建模方法。图 3-5 是一些实体结构经网格划分后得到的离散化有限元模型，左图为轴承座的分析模型，右图为销轴连接部件的有限单元模型。

上述两种方法中，直接法一般多用于在 Mechanical APDL 环境下的杆系结构建模，间接法则在 Mechanical APDL 和 Workbench 环境中均可应用。在本章的后面两节中，将介绍在

Mechanical APDL 和 Workbench 中针对各种类型结构的建模方法及要点。

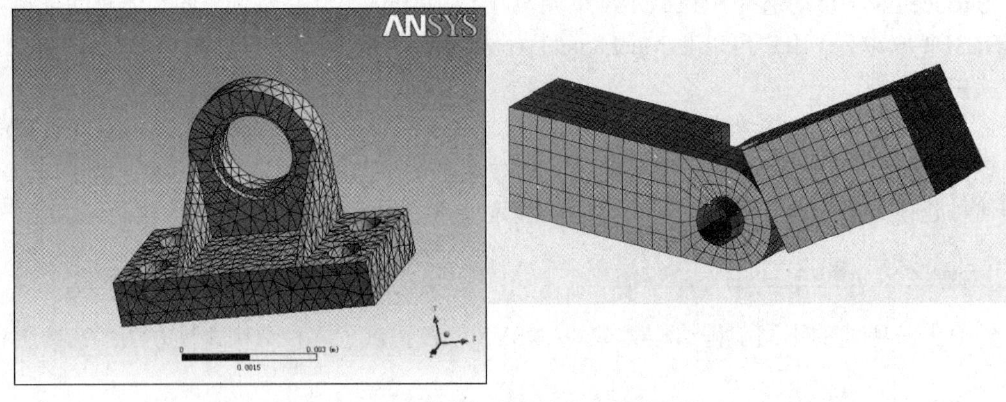

图 3-5　实体结构及壳体结构离散化的例子

3.2　Mechanical APDL 结构分析的建模方法

3.2.1　Mechanical APDL 建模过程概述

在 Mechanical APDL 中，用户可以根据结构情况选择直接法和间接法两种方法之一建立分析模型。在 ANSYS Mechanical APDL 环境下，建模操作主要通过前处理器（PREP7）中的各种建模命令来完成。下面以应用较多的间接法为例列出其中较为关键的步骤。

1. 定义单元属性

不论是直接建模还是通过几何体网格化建模，首先要根据分析的需要定义要用到的单元类型及其各种属性，以便将来把这些单元属性应用在分析模型中。

在 ANSYS 中，单元几何信息通过几何参数传递给求解器（计算程序），几何参数以外的单元信息则通过单元属性的方式向求解器传递。在 ANSYS 前处理程序中，不同的单元类型具有不同的单元属性，可能出现的单元属性有以下 6 种：

- 单元类型：单元类型就是 ANSYS 单元库中单元的名称，如 BEAM188、SOLID95、MESH200 等。单元类型向程序说明计算所采用的单元算法，它将直接决定单元的自由度设置、场变量插值函数阶次、单元刚度矩阵元素的计算。在 ANSYS 前处理程序中，单元类型属性通过预先从单元库中选择的单元类型号 TYPE 向计算程序声明。
- 实参数组：前面已经提到，有些单元需要实参数来给出一些单元几何信息或物理信息。这些信息同样与单元分析及刚度系数计算直接相关。因此单元实参数也是单元的一种固有属性。在 ANSYS 前处理程序中，通过预先定义的实参数组的组号 REAL 向计算程序传递这些参数。实参数多见于梁、板单元，如梁单元的横截面积、惯性矩、板壳单元的厚度。
- 材料模型：材料号则是用来指定单元由何种材料构成，可以定义多种不同的材料模型和相应的材料参数（如线性弹性材料的弹性模量、泊松比、密度等），每一种材料模型都有一个唯一的编号，即构成单元的材料号。通过这些基本属性，可以告诉程序你将建立一个由什么样的单元所组成的有限单元模型。材料的力学参数与单元矩阵的计算直接相关，必须向计算程序声明单元的材料属性。在 ANSYS 前处理程序中，通过预先定义的材料模型号 MAT 向计算程序传递材料的各种物理特性参数。

- 单元坐标系：单元坐标系是单元的一种属性，体单元默认情况下为总体直角坐标系。各向异性材料材料属性，其取向是由单元坐标系的方向所决定的。各种结构单元（梁、板单元）的默认单元坐标系可以参照单元手册。输出的单元应力、应变等计算结果，其各分量也是在单元坐标系中的值。
- 截面特征：对于梁单元（Beam188、Beam189）、壳单元（Shell181），需要定义截面属性。定义了截面（Section）的单元不再需要实参数的定义，截面特征通过定义的截面向计算程序传递，以截面编号 SECT 区别不同的截面类型。
- 截面定位关键点：对于线段，在网格划分之前通常需要指定横截面的主轴定位关键点，在后续杆系结构建模中详细介绍。

综上所述，ANSYS 中的单元具有很多属性，这些属性将直接决定单元的自由度性质和单元矩阵的计算。但是要指出的是，一种单元类型并不一定具有全部的上述 6 种属性。比如桁架杆单元的截面积通过实参数定义，就不支持截面属性；Beam18X 单元定义了截面后，截面参数自动计算，无需再指定实参数；除 3-D 梁单元之外，其他单元都不会涉及定位点属性。

2. 建立或导入几何模型

对于借助于几何模型网格化的间接建模方式，首先建立一个几何模型。所谓几何模型，就是一个与实际结构外形大致相同（可根据所关注的问题进行合理简化）的几何图元的组合体。

在 Mechanical APDL 中，所有几何模型都是由关键点、线、面、体等各种图形元素（简称图元）所构成的，图元层次由高到低依次为体、面积、线、关键点。

可以通过自底向上（Bottom-up Method）或者自顶向下（Top-down Method）两种途径来建立几何模型。

- 自底向上的建模方式：首先定义关键点，再由这些点连成线，由线组成面，由面围合形成体积。即由低级图元向高级图元的建模顺序。
- 自顶向下的建模方式：直接建立较高层次的图元对象（体素），其对应的较低层的图元对象随之自动产生。比如直接定义一个矩形（面），则这个矩形的各条边（线）以及它的顶点（关键点）将自动被创建。这种方式建模有时需要结合一些布尔运算或其他操作来完成，即通过各种类型对象的相互加、减、交、粘接、搭接、拷贝、拖拉与旋转、镜像等操作把一系列简单的几何对象组合形成任意复杂的几何模型。

基于 Mechanical APDL 几何建模时，几何对象或节点单元等的建立必须在某个确定的坐标系下进行，因此坐标系是很重要的。用户可通过应用工作平面以及整体、局部坐标系来进行位置确定，同时需要注意坐标系类型对所创建几何对象曲率的影响。

在 ANSYS 中，坐标系分为总体坐标系和局部坐标系两类，其中总体坐标系包括总体直角坐标系（编号 0）、总体柱坐标系（以 Z 为轴的编号为 1，以 Y 为轴的编号为 5）、总体球坐标系（编号 2）。Mechanical APDL 默认的坐标系是 0。用户可以通过 CSYS 命令将当前坐标系设置为其他总体坐标系。当前坐标系的编号显示在 ANSYS 界面最下面状态条的 CSYS 处。用户可通过 LOCAL 命令定义局部坐标系（可以是直角坐标系、柱坐标系、球坐标系），局部坐标系的编号为大于 10 的整数。

工作平面是 ANSYS 程序提供的一个辅助建模工具，它是一个无限大的参考平面，其功能类似于绘图板，可依照用户要求移动或旋转，显示或不显示。在一些布尔运算中工作平面也是常用到的辅助工具，比如利用工作平面将一个体切分为两部分。工作平面坐标系也是 ANSYS 坐标系的一种，它是依附于工作平面的坐标系，其原点位于工作平面的原点，X、Y 坐标轴与工作平面的 WX 和 WY 重合。工作平面坐标系作为一个坐标系统，在 ANSYS 中的代号为 4 或 WP。

限于篇幅，本书中不再详细介绍基于 Mechanical APDL 的几何建模方法。

除了应用前处理器建立几何模型外，用户也可以通过接口导入其他 3D 的 CAD 系统中建立的几何模型。

3. 网格划分形成有限元模型

完成几何模型的创建，接下来的任务就是进行网格的划分形成分析的有限元模型，求解所需要的不是几何模型而是有限元模型。在 Mechanical APDL 中的 Mesh 过程一般分为以下 3 个步骤：

（1）定义几何对象的单元属性。

选择几何对象，为其指定单元属性。需要指定的单元属性包括前面定义的单元类型号、实参数号、材料号、截面号、单元坐标系号、定位关键点号等。通过这一步骤告诉程序将由什么样的单元来剖分（Mesh）所选择的几何对象。

（2）定义网格划分控制选项及参数。

指定网格划分的单元尺寸、网格划分方式、网格的形状等控制选项及参数。单元尺寸有很多种控制方法，网格划分方法是指自由网格、映射网格、扫略网格等，网格划分形状是指面剖分成三角形还是四边形，体剖分为四面体还是六面体等。

（3）进行网格划分。

基于前两步指定的属性、方法及参数对几何模型执行网格的划分，通过这一网格化的过程（Meshing）得到分析所需要的有限单元模型。

上述各步的具体操作及要点将在后面进行详细介绍。

如果用户采用直接法建模，其基本过程为：首先逐个定义模型的节点，然后向程序声明要建立单元的属性（单元类型号、实参数号、材料号、截面号），再通过连接节点直接形成具有指定属性的单元。对于直接创建梁单元模型，需要预先定义截面的定位节点。

在 Mechanical APDL 中，对于一些复杂的结构模型，建模过程中可由不同的人分别创建不同的部分，然后将这些独立创建的部分模型合并为整个模型。可以通过 CDWRITE 和 CDREAD 命令来实现合并。通过 CDWRITE 命令（或选择菜单项 Main Menu>Preprocessor>Archive Model>Write）写出模型信息文件（通常为 CDB 文件），然后用 CDREAD（Main Menu> Preprocessor>Archive Model>Read）命令逐个读入不同的模型。当读入这些文件时，用户可以通过 NUMOFF 命令（Main Menu>Preprocessor>Numbering Ctrls>Add Num Offset）防止数据编号冲突，具体做法是对已有对象的编号加上一个偏差值，要读入的新数据保持其编号不变。合并完成后，可以执行 NUMMRG 和 NUMCMP 命令进行节点合并及空号码压缩。

3.2.2 Mechanical APDL 连续体结构建模要点

本节介绍在 Mechanical APDL 中 2-D 和 3-D 连续结构有限元分析模型的创建方法及注意事项。

1. 自由网格、映射网格与混合网格

对于 2-D 和 3-D 的实体，ANSYS 前处理程序提供了自由网格划分（Free Mesh）和映射网格划分（Mapped Mesh）得到分析的有限元模型。默认设置是采用自由网格划分，用户可以根据几何特点选择不同的网格划分形式。

图 3-6 为 2-D 自由网格和映射网格的对比。可以看出，映射网格一般要比自由网格规整一些，因此又被称为结构化网格。然而并不是所有的几何图形都可以划分为映射网格，只有几何对象满足了下面所述的条件才可以划分为映射网格。

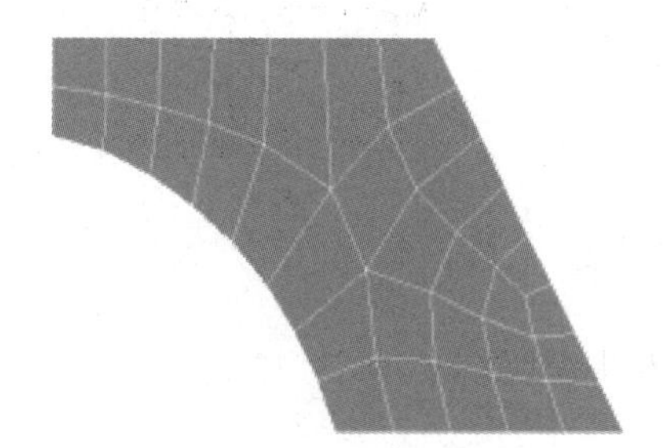
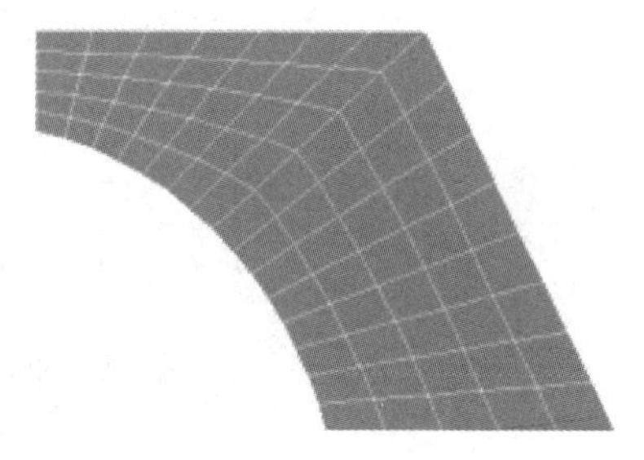

图 3-6　2-D 自由网格和映射网格对比

给面划分映射网格时必须满足如下条件：

- 此面必须由 3 或 4 条线围成。
- 在对边上必须有相等的单元划分数。
- 如果此面由 3 条线围成，则 3 条边上的单元划分数必须相等，即必须是偶数。

给体划分映射网格时必须满足如下条件：

- 它必须是砖形（六面体）、楔形体（五面体）或四面体形。
- 在对面和侧边上所定义的单元划分数必须相等。
- 如果体是棱柱形或四面体，在三角形面上的单元划分数必须是偶数；相对棱边上划分的单元数必须相等。

上述条件不能满足时，如一个面的边界（或体的边界）多于 4 条线（或体多于 6 个面），必须将多余的线或面连接起来以实现映射网格划分。

用户还可以采用映射和自由网格混用的方式，比如对 3-D 实体的规则部分采用映射网格划分，而对其不规则部分采用自由网格划分。采用这种混合网格时，建议使用 SOLID186 单元，因为此单元包含五面体金字塔退化形式，能够连接映射网格部分的六面体单元和自由网格部分的四面体单元。在网格划分完成后，还需要通过 TCHG 命令将 SOLID186 退化的四面体单元（仍然是 20 节点）转化为真实的 10 节点四面体单元 SOLID187。SOLID186 及其退化单元以及 SOLID187 单元形状如图 3-7 和图 3-8 所示。

对于 2-D 连续体，用户还需要通过 PLANE 单元的 KEYOPTION 选项设置 Element behavior 为 Plane stress（平面应力）、Plane strain（平面应变）或 Axisymmetric（轴对称）。进行轴对称

问题的分析时，还需要注意整个模型必须建立在 X 坐标大于零的一侧。

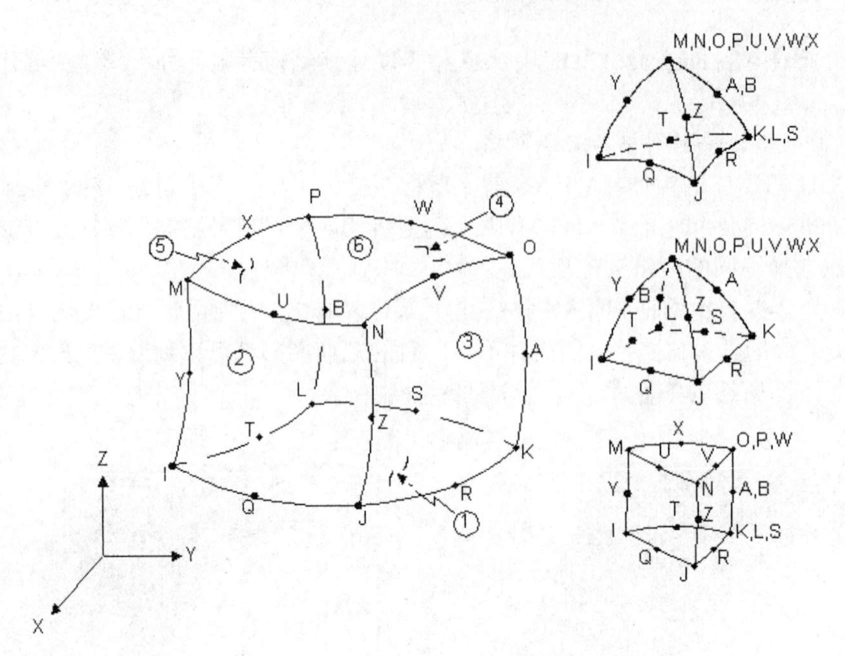

图 3-7　SOLID186 单元及其退化单元

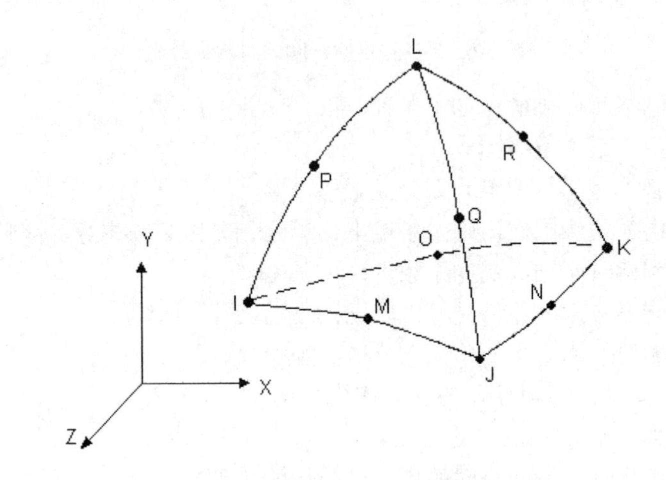

图 3-8　SOLID187 单元的形状

2．网格划分的具体方法

在 Mechanical APDL 中，不论采用何种具体的网格划分方法，其基本操作过程都是分为 3 个步骤，即给几何对象指定单元属性、指定网格密度控制、执行网格划分。在 Mechanical APDL 的 GUI 界面操作中，网格划分工具面板 MeshTool（如图 3-9 所示）几乎集成了全部的网格划分功能，通过菜单项 Main Menu>Preprocessor> Meshing> MeshTool 调用此工具箱即可完成上述网格划分的 3 个步骤。

（1）指定对象属性。

在 MeshTool 面板的最上面，Element Attributes 栏下拉列表中选择对象的类型 Volumes、

Areas、Lines 或 Keypoints（如果只需要一种对象属性，可选择 Global），然后单击旁边的 Set 按钮，将弹出相应的对象拾取对话框进入屏幕选择状态，用鼠标拾取待指定属性的几何对象，单击拾取对话框中的 OK 按钮，最后在弹出的各种对象类型的单元属性设置对话框中选择相应的单元属性，单击 OK 按钮即可完成相应对象的网格属性设置。

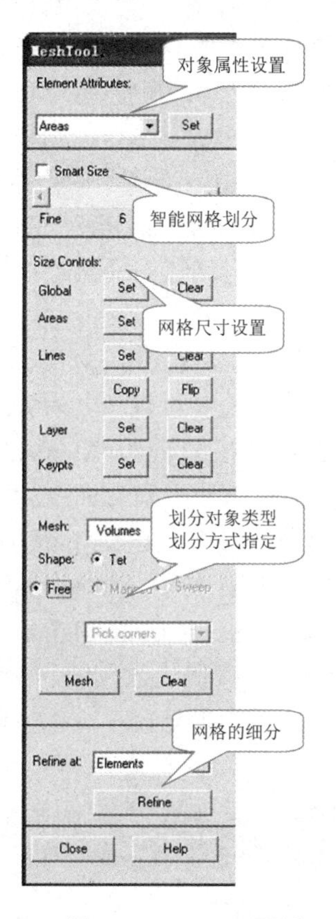

图3-9　MeshTool面板

指定对象网格属性的命令为 KATT、LATT、AATT、VATT，分别对应于给选中的关键点、线、面、体设置属性。XATT 命令后的参数即各种属性的编号（如单元类型号、材料号、实参数组号、单元坐标系号、梁壳截面号、定位关键点号等）。当选择 Global 设置时，直接来指定模型总体的各属性，各种属性参数通过 TYPE、MAT、REAL、ESYS 和 SECNUM 等命令来指定，分别对应于单元类型号、材料号、实参数组号、单元坐标系号和截面号。当前的总体设置可以在界面最下面的状态栏中看到。

注意：如果不进行对象网格属性的指定，程序将会自动将最小的单元类型号、最小的实参数组号、最小的材料模型号、最小的截面号等作为默认设置指定给所有的几何实体对象。

（2）网格尺寸控制。

网格尺寸控制包括智能控制和人工控制。

在 MeshTool 面板中，勾选 Smart Size 复选框将激活智能网格划分。这种情况下 Smart Size 一栏中的 Fine-Coarse 滑块将成为可滑动的，如图 3-10 所示。滑动 Fine-Coarse 滑块，选择智能网格划分的粗细级别。

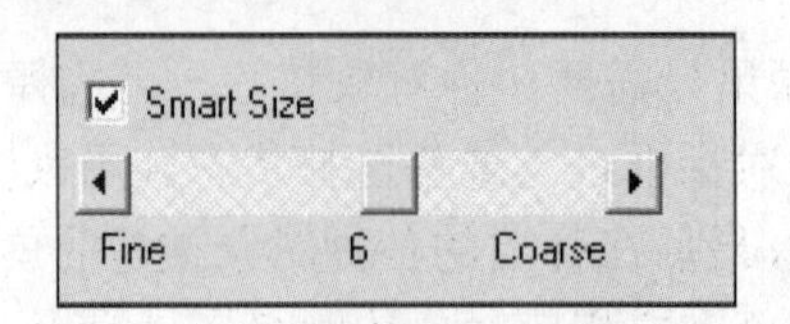

图 3-10　智能网格划分的级别

滑到左端和右端时将会分别得到最细的和最粗的网格。该操作对应的命令为 SMRTSIZE，简写为 SMRT，比如智能网格划分级别为 6，可输入 SMRT,6；如果要关闭智能网格划分，则输入 SMRT,OFF。智能网格划分得到的网格都是自由网格。

对于人工网格划分，不论是采用自由网格还是映射网格，都需要指定网格划分的密度。可以通过 Main Menu>Preprocessor>Meshing>Size Cntrls>SmartSize>菜单项或相应的 SMRTSIZE 命令进行智能网格控制，或者通过下面的菜单项的功能实现网格密度的人工控制：

- 设置总体单元尺寸（单元的边长或线段分段数，对应命令为 ESIZE）：

Main Menu>Preprocessor>Meshing>Size Cntrls>ManualSize>Global>Size

- 设置离关键点最近的单元的边长（对应命令为 KESIZE）：

Main Menu>Preprocessor>Meshing>Size Cntrls>ManualSize>Keypoints

- 设置要划分网格的线段的单元大小（对应命令为 LESIZE）：

Main Menu>Preprocessor>Meshing>Size Cntrls>ManualSize>Lines

- 设置要划分网格的面的单元大小（对应命令为 AESIZE）：

Main Menu>Preprocessor>Meshing>Size Cntrls>ManualSize>Areas>

需要注意的是，网格划分控制是存在优先级别的。上述网格控制的优先级顺序从高到低依次为：对线划分的指定→关键点附近的单元尺寸→总体单元尺寸→默认单元尺寸

（3）网格划分。

在设定了单元属性和单元划分尺寸之后，即可实施网格的划分。整个网格划分的过程都可以通过 MeshTool 工具面板的 Mesh 功能区来完成，如图 3-11 所示。

图 3-11　Mesh 功能区

其中的相关设置选项包括如下几个：

- 选择划分对象类型：在最上部 Mesh 对象下拉列表中选择要进行网格划分的几何对象类型，如 Lines、Areas、Volumes 等。
- 选择划分网格的形状：对于面的划分可选择 Tri（三角形）或 Quad（四边形），对于体的划分可以选择 Tet（四面体）或 Hex（六面体）。相应的 ANSYS 命令为：
  MSHAPE,KEY,Dimension

这条命令的选项用于指定划分单元的形状，其参数意义为：

KEY=0 时，Dimension=2D，划分四边形单元；Dimension=3D，划分六面体单元。

KEY=1 时，Dimension=2D，划分三角形单元；Dimension=3D，划分四面体单元。

- 选择网格划分的形式：可以选择 Free（自由网格）或 Mapped（映射网格），相应的 ANSYS 命令为：

  MSHKEY,KEY

  这一命令的选项用于选择网格划分的类型，KEY 取 0 表示进行自由网格划分，1 表示采用映射网格划分，2 表示如果可能就采用映射划分，否则采用自由网格。
- Free 网格的划分：对于 Free 网格，点选 Free 项，然后单击 Mesh 按钮，弹出相应的对象拾取框，在屏幕上选择需要划分的对象，或在拾取对话框中直接输入对象的编号，单击 OK 按钮，即可实现对象的剖分。
- Mapped 网格的划分：首先对不满足映射条件的对象进行线面连接（LCCAT 和 ACCAT 命令）或体切分（布尔操作）等操作使之满足映射网格划分的条件，然后选择 Mapped 项，单击 Mesh 按钮，在屏幕上选择满足映射网格划分条件的对象进行映射网格划分。

注意：执行 LCCAT、ACCAT 等连接操作后，以前的线、面依然存在。创建的新线（面）仅仅是为了划分映射网格的需要，连接后形成的线（面）对任何实体建模操作都是无效的。

对面对象划分映射网格时，网格划分选项 Mapped 正下方的下拉列表处于可编辑状态，可以选择 3 or 4 sided 或 Pick corners，对于不满足映射划分条件的面，也可以直接选择 Pick corners，实现映射网格划分。这种情况下，不需要对边进行连接操作，程序根据所选角点自动在内部连接一些线段，使图形成为满足映射划分的以所选角点为顶点的多边形。然后单击 Mesh 按钮，即可完成映射网格划分。下面给出一个需要连接线段或选择角点才能进行映射划分的简单例子。

图 3-12 为两个面积在相邻边界进行粘接的实例，其操作命令为 AGLUE。读者从图中可以看出执行粘接操作前后两块面积的公共边线段的编号情况。

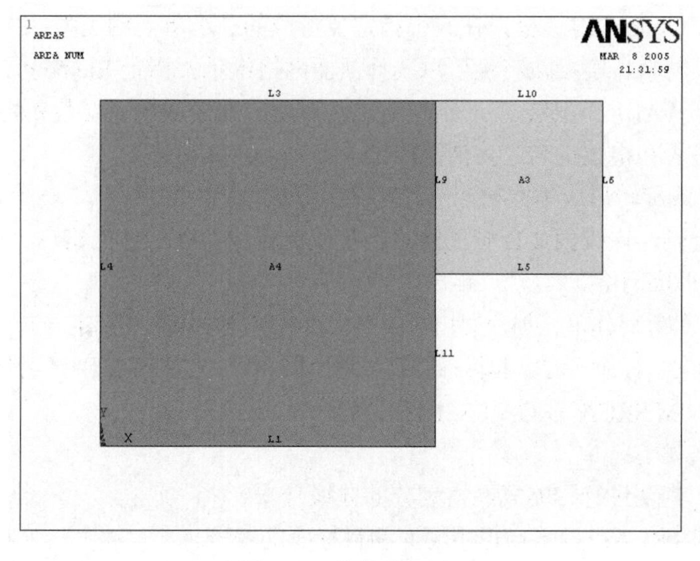

图 3-12 粘接后的图形

在操作执行前，对左边的矩形而言，其右边界为线段 L2，对右边的矩形而言，其左边界为线段 L8；在操作执行后，对左边的矩形而言，其右边界是由线段 L9 和 L11 共同组成，对右边的矩形而言，其左边界为线段 L9。

显然，左边的矩形在搭接操作后成为具有 5 个关键点和 5 条线段组成的面积。此时如果要对这个面积进行映射网格划分，应如何进行呢？

解决的办法有两种：一种解决方法是用 LCCAT 将其右边的两条线段连接成一条线段，然后通过菜单项 Main Menu> Preprocessor> Meshing>Mesh>Areas>Mapped>3 or 4 sided 对这个面进行映射网格的划分；另一种解决方法是不进行线段的连接操作，用拾取这个面的 4 个角点来进行面映射网格划分，这种简化的映射网格划分方法将两个关键点之间的多条线内部连接起来，其菜单项为 Main Menu>Preprocessor>Meshing>Mesh>Areas>Mapped>By Corners。或者在 Mesh Tool 面板中选择 Mapped 划分方式，然后在其下方的下拉列表中选择 Pick Corners，再单击 Mesh 按钮，选择面以及各角点实现映射划分。

3. *形成网格的其他方法*

除了直接进行 Mesh 之外，Mechanical APDL 还提供了一些形成网格的快捷方法，下面进行简单介绍。

（1）拖拉或旋转面网格形成体网格。

前面介绍的实体建模过程中的拖拉与旋转操作也可以用来实现将 2-D 网格经过拖拉或旋转形成体网格，前提是面对象在被拖拉之前已经划分了 2-D 辅助网格。具体操作步骤如下：

步骤 1：划分 2-D 辅助网格。

对要拖拉或旋转的对象划分辅助网格。辅助网格可以采用 MESH200 或其他面单元来划分。如使用 MESH200，则其 K1 选项可以设为 QUAD 或 TRIA。还可以为要划分 2-D 辅助网格的面指定材料属性。最后对面划分辅助网格。

步骤 2：指定要形成的 3-D 单元属性和拖拉旋转选项。

选择菜单项 Main Menu>Preprocessor>Modeling>Operate>Extrude>Elem Ext Opts，弹出 Element Extrusion Options 对话框，在其中指定要形成的高维单元的类型；指定材料、实参数等属性的默认值，材料、实参数特性可以选择从面网格继承；指定 Element Sizing Option for Extrusion 中的参数 VAL1 和 VAL2，即拖拉或旋转厚度方向形成单元层数和相邻两层单元的厚度比；还要设置是否在拖拉旋转之后清除面。

步骤 3：拖拉或旋转形成体网格。

执行拖拉或旋转，完成由 2-D 辅助网格拖拉或旋转成 3-D 的体网格。

（2）体扫略形成网格。

程序提供了一种针对体单元划分的扫略操作，其原理是对那些在特定方向上具有一致拓扑性质的体进行由源面向目标面（源面和目标面都是单个的面积）的扫略式网格剖分，相应命令为：

VSWEEP,VNUM,SRCA,TRGA,LSMO

各参数的意义如下：

- VNUM：为要进行扫略式网格划分的体编号。
- SRCA 和 TRGA：扫略操作中源面和目标面的编号。
- LSMO：扫略过程中是否沿扫略方向进行光滑化处理的选项：LSMO=0，表示不进行光滑化处理；LSMO=1，进行光滑化处理。

该命令可以通过菜单项 Main Menu>Preprocessor>Meshing>Mesh>Volume Sweep>Sweep 来调用，调用时只需选择符合扫略网格划分条件的体积，单击对象拾取框中的 OK 按钮即可形成体积网格。图 3-13 为通过扫略操作形成网格的例子。

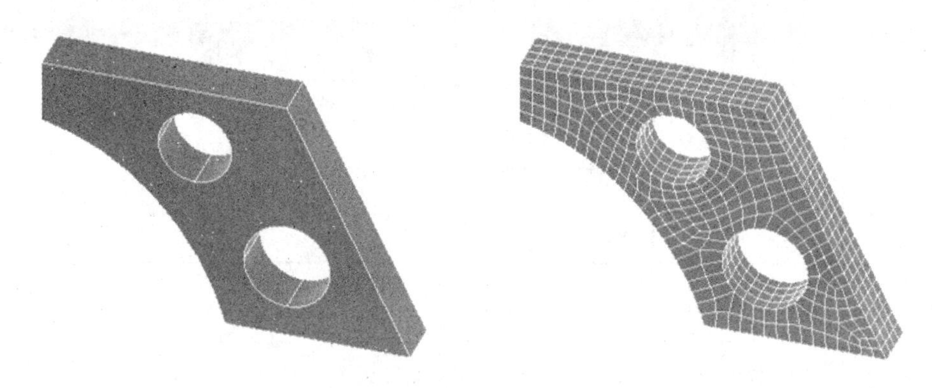

图 3-13 扫略形成的网格

3.2.3 Mechanical APDL 杆系及板壳结构建模要点

杆系及板壳结构是特定类型连续结构的抽象概念模型，因此其建模方法与连续结构有一定的区别。本节结合例题介绍在 Mechanical APDL 中杆件单元（以梁单元为主）、板壳单元的使用方法及建模要点。

ANSYS 中目前用于杆系结构及板壳结构分析的单元类型主要包括 LINK180、BEAM188、BEAM189、SHELL181、SHELL281 等。

BEAM188 和 BEAM189 两种梁单元都是基于 Timoshenko 梁理论的结构计算单元，能够考虑剪切变形效应和大变形效应。BEAM188 单元轴线方向两个节点，默认算法为该单元沿轴线方向为线性形函数（K3=0），轴线方向只有一个积分点位于梁长度的中点；后来又增加了轴线方向二次（K3=2）形函数和三次形函数（K3=3）选项。BEAM189 轴线方向有 3 个节点，该单元沿轴线方向为二次插值，两个沿着梁轴线方向的积分点分别位于梁的局部坐标（梁中点为原点，两端坐标归一化为-1 到 1 的坐标）的±0.5773503 位置，即轴线方向的 Gauss 点位置。

BEAM188 和 BEAM189 尽管还是保持了“梁”的主要特征，即近似描述三维实体结构的一维构件的特点，但是 ANSYS 赋予 BEAM188 和 BEAM189 梁单元强大的横截面定义功能，改进了梁构件另外两维（横截面形状）的可视化特性。因此，在定义梁单元之前要先定义梁的横截面。图 3-14 为可供选用的 BEAM18X 标准截面类型，ASEC 类型是用户自定义的任意形状的横截面。BEAM18X 单元的截面信息已经可以形成单元刚度矩阵，因此无需定义实参数。

通过表 3-3 所列的一系列命令，可以实现建模以及后处理过程中空间梁单元 BEAM188 和 BEAM189 横截面及其上各种参数分布情况的图形显示。

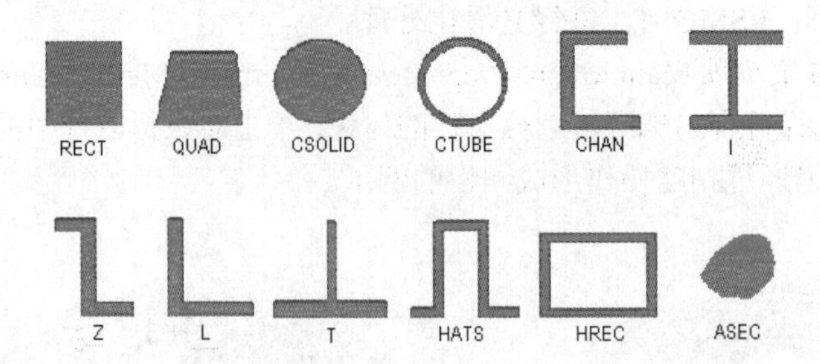

图 3-14　可供使用的标准梁截面形状

表 3-3　与截面操作有关的命令

命令	用以实现的功能
SECTYPE	定义梁截面的 ID 号、截面形状和截面网格加密水平
SECDATA	指定横截面的类型和参数（ANSYS 提供了 11 种标准截面）
SECOFFSET	指定梁横截面的偏置量
SECPLOT	显示梁单元的截面几何形状
PRSSOL	输出梁单元横截面的计算结果

与以上各条命令相应的菜单操作路径很容易从 ANSYS 帮助中查得，这里不再逐个介绍。对于 SECDATA 命令，其对应的菜单项为 Main Menu>Preprocessor>Sections>Beam>Common Sections，在弹出的 Beam Tool 工具面板中，可以选择 ANSYS 程序提供的各种标准截面形状，然后为其定义相关的几何参数、截面偏置量等，程序将会自动计算截面的各种参数值（面积、惯性矩、形心位置等）。

图 3-15 为通过 Beam Tool 定义的工字型截面（截面类型用 I 表示）和槽钢截面（截面类型用 L 表示），其截面的各种特性都显示在右侧。图中的 Centroid 和 Shear Center 分别表示截面的重心和剪切中心，其在截面坐标系中的坐标已经自动计算。

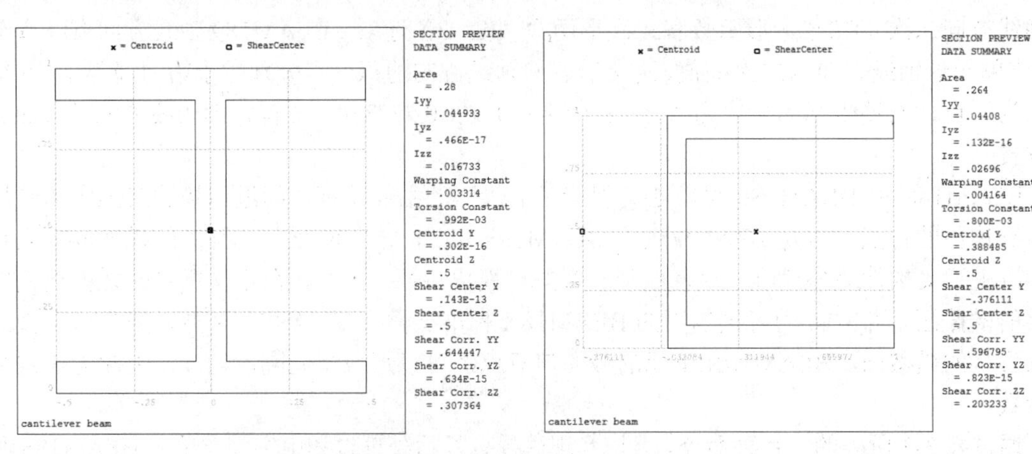

（a）定义的工字型截面　　　　（b）定义的槽钢截面

图 3-15　定义的工字型截面和槽钢截面

图 3-16 所示为通过 Beam Tool 中的 Coarse-Fine 水平滚动条得到的不同网格加密水平的横截面图形，这一滚动条的作用等价于 SECTYPE 命令中的 REFINEKEY 参数。ANSYS 将通过对横截面中的每一个小格的求和来计算横截面积和惯性矩等量。

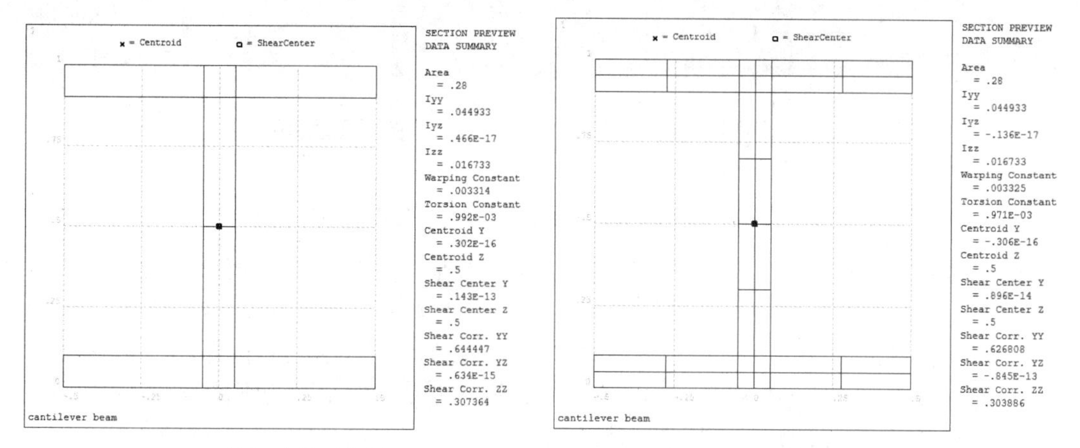

（a）较粗的截面分割　　（b）较细的截面分割

图 3-16　不同网格加密水平的横截面图形

从图中列出的截面几何特性统计来看，粗、细两种分割其实差别很小。

除了使用程序提供的标准截面库之外，用户可以根据实际情况来定义任意形状的横截面（即 ASCE 类型截面）。操作步骤大体如下：

（1）在 PREP7 中绘制需要的截面几何图形。

（2）用 MESH200 单元来划分截面网格。

（3）通过菜单项 Main Menu>Preprocessor>Sections>Custom Sectns>Write From Areas 将自定义的形状保存为截面文件（后缀名为 SECT）。

（4）清除横截面的网格及几何形状。

（5）通过菜单项 Main Menu>Preprocessor>Sections>Beam>Custom Sections>Read Sect Mesh 将截面文件读入数据库。

（6）创建梁模型，中间可以调用自定义的截面和标准截面库中的截面。

具体的不规则横截面定义过程和操作细节可参考静力计算一章中的施工防护结构例题。

下面来谈一下梁截面的定位或放置问题。用户打开 ANSYS 帮助中 SECDATA 命令的说明，可以看到各种形式截面都有一个截面坐标系，如图 3-17 所示，就是其中的两种截面类型，即 C 字型截面与 Z 字型截面，图中标示了截面的截面坐标系 Z 轴和 Y 轴的指向。

如果是直接法建模，定义 BEAM188 和 BEAM189 单元，分别需要 3 个和 4 个节点，最后一个是定位节点，该节点在单元以外，与梁上的节点位于同一个平面内，该平面包含梁的截面主轴 Z 的方向。

如果是通过对线段划分的间接法形成 BEAM188 和 BEAM189 单元，则指定线段属性时，除了单元类型、材料号、截面号之外，可以选择一个定位关键点，这个关键点用于梁单元横截面的主轴定位。如果不选择定位关键点，则程序会按默认设置，指定形成单元的横截面 Y 轴平行于总体直角坐标系的 X-Y 平面，对于梁的轴线正好或接近于总体直角坐标系的 Z 轴时，单元横截面的 Y 轴默认被定位到与总体直角坐标系的 Y 轴平行。

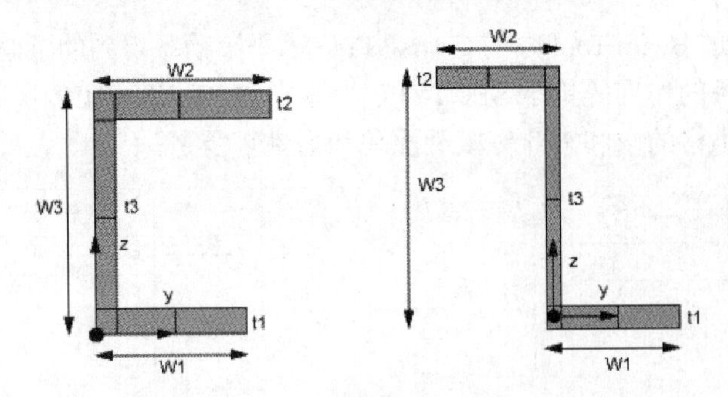

图 3-17　两种截面类型及其截面坐标系

ANSYS 梁系结构建模时还需要注意一个问题，就是关于铰接节点的处理。梁柱结构中的节点有两种类型：铰接节点和刚性连接节点。铰接节点两侧的单元只有线位移（即平移自由度）相等，转角则不相等；而刚性连接节点两侧则具有相同的线位移和转角位移。在 ANSYS 程序中，LINK 单元之间的连接是铰接，梁单元之间的连接默认情况下则为刚性连接。如梁单元需要彼此铰接，则需要通过如下步骤来实现：

步骤 1：在相连接的位置定义两个重合的节点。

步骤 2：将重合节点的平动自由度耦合在一起以实现铰接。

所谓自由度的耦合，就是迫使结构中两个或多个自由度取相同的值（未知数）。这些取相同值的自由度构成一个耦合的自由度集，这个集中包含一个主自由度和一个或多个其他自由度。定义耦合后，ANSYS 只将主自由度保存在分析的矩阵里，而将耦合集内的其他自由度删除。计算得到的主自由度值将分配到耦合集内的所有其他自由度上去。

通过 CP 命令可以定义耦合的自由度集，其对应的菜单项为 Main Menu>Preprocessor>Coupling / Ceqn>Couple DOFs。

对于梁壳结构，常见的一种情况是梁偏置于板的一侧，用户可以采用 SECOFFSET 命令来定义梁节点的偏置量。以工字型截面为例，用户定义的偏置量是指梁的节点在截面坐标系中的位置坐标，如图 3-18 所示。

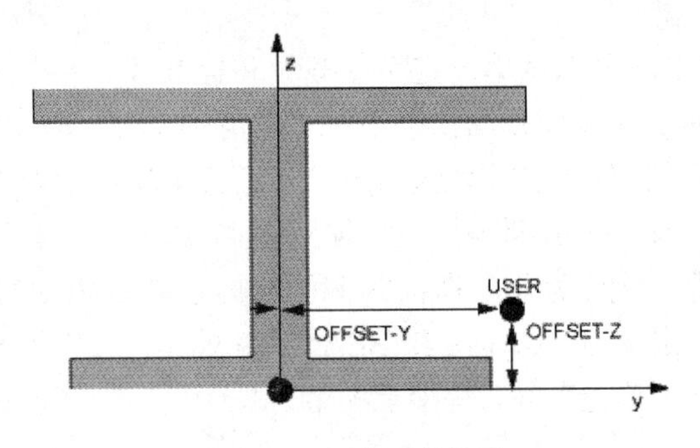

图 3-18　梁截面的偏置

对于壳单元，其厚度信息需要通过截面来指定，通过与指定梁截面相同的命令。对于变厚度的壳体，建议采用实体壳单元 SOLSH190 来划分。SHELL181、SHELL281、SOLSH190 单元均支持多层复合材料截面的定义。

SHELL 单元的横截面也支持通过 SECOFFSET 命令偏置，即指定壳单元的节点位于

SHELL 单元的顶面（TOP）、厚度中点（MID，是默认选项）、底部（BOT）、用户定义的位置（USER 选项及 OFFSET 数值）。

此外，在使用壳单元时还需要注意：壳单元的面积不能为零；不允许单元厚度为零或者在单元的角点减小为零的情况；在线性的壳单元组合中，只要每个单元不超过 15 度，可以很好地产生一个曲边壳面。壳单元的外法向不一致的时候，采用 ENORM 命令加以统一。

在本节的最后，给出两个在 Mechanical APDL 中进行梁壳结构建模的典型例题。

例题 1　直接法建立有限元模型。

某三层单跨平面刚架，基本条件为：各层柱高 5.0m，梁跨度 6.0m，梁柱截面积均为 $0.01m^2$，惯性矩均为 $2.083m^4$。每米长度定义为一个单元。

本例题采用命令流完成，对命令的使用技巧和一些前面没有提到的命令都用“!”号引出注释行。建模采用了目前新版本界面中已经隐藏的平面梁单元 BEAM3，这不影响在批处理方式中的运行。下面是直接法建模的命令流。

```
/PREP7                          !进入前处理
!定义单元属性
ET,1, BEAM3                     !定义单元类型 1：BEAM3
R,1,1,1/12                      !定义截面积和惯性矩
MP,EX,1,2.07e11                 !材料参数
MP,PRXY,1,0.2
MP,DENS,1,7800
!定义节点
N,                              !采用 N 命令的默认值，定义位于(0,0,0)的节点
                                !节点号默认为最小可用，即 1 号
N,6,0,5                         !定义 6 号节点，坐标(0,5)底层左柱的顶点
FILL,                           !1 号节点和 6 号节点中间等距填充节点
N,12,6,5                        !定义 12 号节点，坐标(6,12)
FILL,6,12                       !在 6 号节点和 12 号节点中间等距填充节点
N,17,6,0                        !定义 17 号节点，坐标(6,0)
FILL,12,17                      !在 12 号节点和 17 号节点中间等距填充节点
!指定单元属性
TYPE,1                          !声明单元类型
MAT,1                           !声明材料属性
REAL,1                          !声明单元实参数号
!形成第一个单元
E,1,2                           !通过 1 号、2 号节点建立具有上述属性的单元
!单元复制快速建立模型
EGEN,16,1,1                     !复制形成第 1 层的其他所有梁、柱单元
/PNUM,ELEM,1                    !打开单元编号
/REPLOT                         !重新画图
EGEN,3,17,ALL, , , , , , , , ,5, ,  !复制形成二层、三层
/ PNUM,NODE,1                   !打开节点的编号显示
/REPLOT                         !重新画图
NUMMRG,NODE                     !合并节点
EPLOT                           !画单元
NUMCMP,NODE                     !压缩节点编号
/REPLOT                         !重新画图
FINISH                          !建模完成，退出前处理器
```

输入上述命令流之后，将得到如图 3-19 所示的模型建立过程：图（a）为快速填充建立底层的全部节点，图（b）为建立一个单元后复制 16 份（包括被复制的单元本身）形成底层框架结构，图（c）为复制底层形成二、三层，但在两层的连接处节点是分开的两个，图（d）为节点合并以及节点编号进行压缩之后的模型和节点编号。

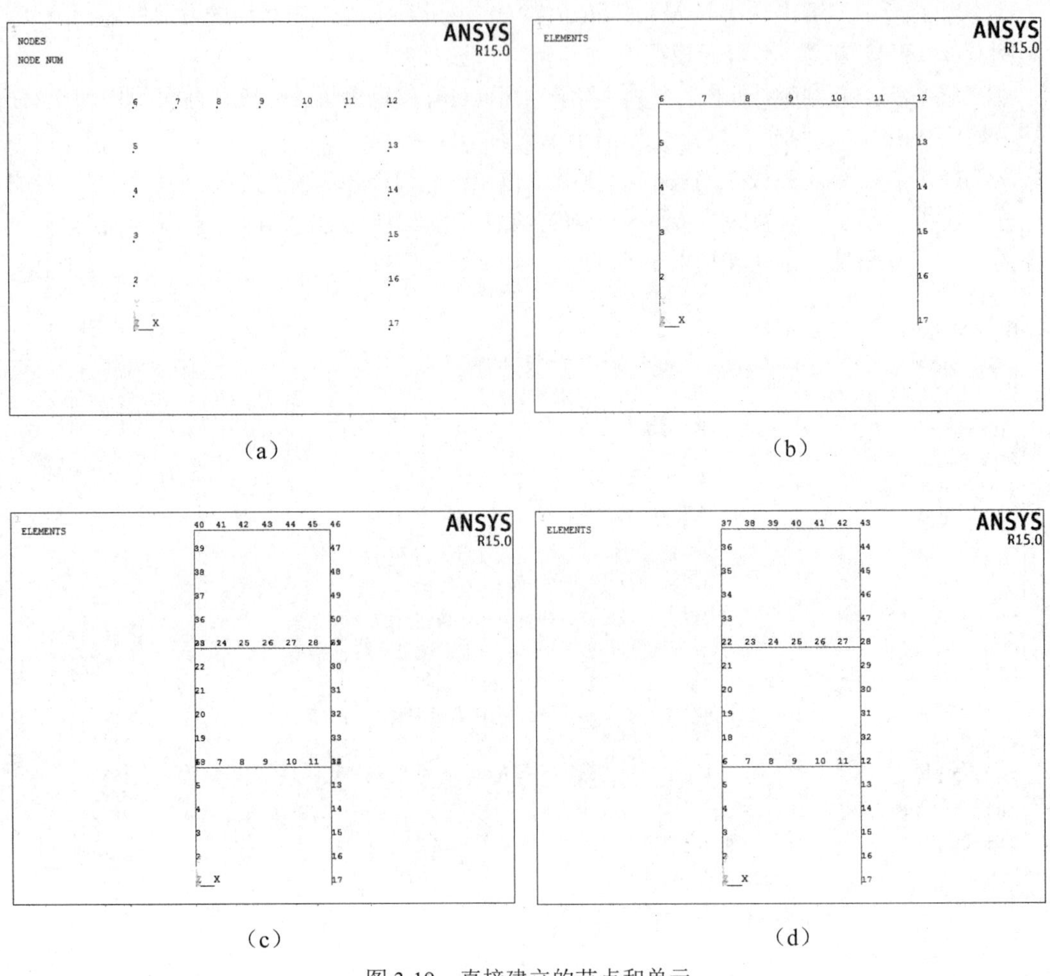

图 3-19　直接建立的节点和单元

上述建模过程中，如果需要采用界面交互的操作方式，此处只给出复制底层得到上面两层那一步的具体操作过程。

在底层单元创建完成后，如图 3-19（b）所示，选择菜单项 Main Menu>Preprocessor>Modeling>Copy>Elements>Auto Numbered，弹出 Copy Element Auto-Num 对象拾取框，单击 ALL 按钮表示选择当前所有的单元（即底层单元），弹出如图 3-20 所示的 Copy Elements 对话框，复制份数 ITIME 填 3 份，每次复制单元对应的节点号增量数 NINC 填 17，要注意这个数不能小于最大的节点号，否则会引起节点编号冲突，复制时的坐标增量为 DY=5，即层高，如图 3-20 所示，单击 OK 按钮完成单元的复制，如图 3-19（c）所示。

Copy Elements (Automatically-Numbered)

[EGEN] Copy Elements (Automatically Numbered)

ITIME	Total number of copies - - including original	3
NINC	Node number increment	17
MINC	Material no. increment	
TINC	Elem type no. increment	
RINC	Real constant no. incr	
SINC	Section ID no. incr	
CINC	Elem coord sys no. incr	
DX	(opt) X-offset in active	
DY	(opt) Y-offset in active	5
DZ	(opt) Z-offset in active	

OK　Apply　Cancel　Help

图 3-20　整层复制时的参数设置

例题 2　板梁结构及梁截面偏置。

如图 3-21 所示，在 4 根工字钢柱支撑的井字梁格上铺设钢板构成钢结构平台，工字钢梁顶和钢板底相重合。

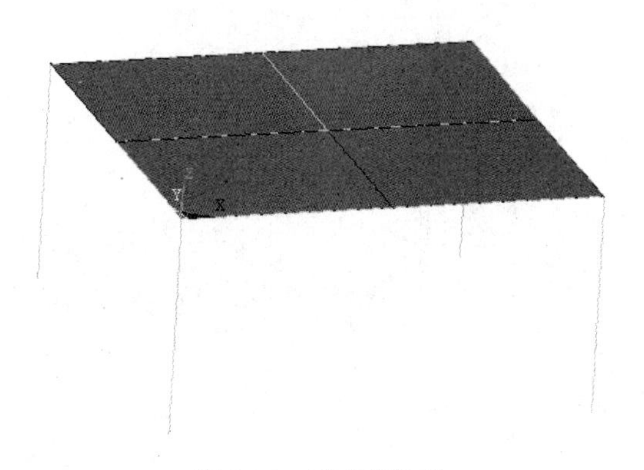

图 3-21　平台钢结构

该平台的分析参数如下：

- 板：板厚 0.02m。
- 梁：工字钢 0.2m×0.1m，翼缘和腹板厚均为 0.01m。
- 柱：工字钢 0.25m×0.25m，翼缘和腹板厚均为 0.02m。

通过命令流来实现此钢结构平台板梁结构的建模。

```
/FILNAME,Platform
/TITLE,Steel Platform
/prep7
!单位制 N,m,s
!定义单元类型
ET,1,beam188
ET,2,shell181
!定义材料
```

```
MP,EX, 1,0.2000000E+12
MP,PRXY, 1,0.3000000E+00
MP,DENS, 1,0.7800000E+04
!定义梁单元截面
SECTYPE, 1, BEAM, I, beam1, 0
SECOFFSET, USER, 0, 0.21
SECDATA,0.1,0.1,0.2,0.01,0.01,0.01,,,,
SECTYPE, 2, BEAM, I, beam2, 0
SECOFFSET, CENT
SECDATA,0.25,0.25,0.25,0.02,0.02,0.02,,,,
sect,3,shell,,
secdata, 0.02,1,0.0,3
secoffset,MID
!创建节点
N,1,,,,,,
N,2,3,0,,,,
N,3,6,0,,,,
N,4,0,3,,,,
N,5,3,3,,,,
N,6,6,3,,,,
N,7,0,6,,,,
N,8,3,6,,,,
N,9,6,6,,,,
N,10,0,0,-3,,,
N,11,6,0,-3,,,
N,12,0,6,-3,,,
N,13,6,6,-3,,,
!生成梁单元
TYPE, 1
MAT, 1
SECNUM, 1
E,1,2       $     E,2,3     $     E,4,5
E,5,6       $     E,7,8     $     E,8,9
E,1,4       $     E,4,7     $     E,2,5
E,5,8       $     E,3,6     $     E,6,9
!生成柱单元
TYPE, 1
MAT, 1
SECNUM, 2
E,1,10      $     E,3,11    $     E,7,12    $     E,9,13
!生成板单元
TYPE, 2
MAT, 1
SECNUM, 3
E,1,2,5,4     $     E,4,5,8,7     $     E,2,3,6,5     $     E,5,6,9,8
/ESHAPE,1.0
EPLOT
```

这里需要说明的一点是，定义截面 1 的时候，偏置方式选择 USER，偏置量为 Z 方向的 0.21，其意义是梁单元的节点位置在其截面坐标系中的 Z 坐标为 0.21，即工字型钢梁高度 0.2m 与板厚的一半 0.01m 之和，这就使得工字型钢梁的顶端与板底位置重合。选择跨中的梁单元和板单元进行观察，通过/ESHAPE 打开显示单元实际形状的开关，可以看到 SHELL 单元和 BEAM 单元截面的实际形状和相对位置如图 3-22 所示。单元实际形状的直观显示表明截面偏置的定义是正确的。

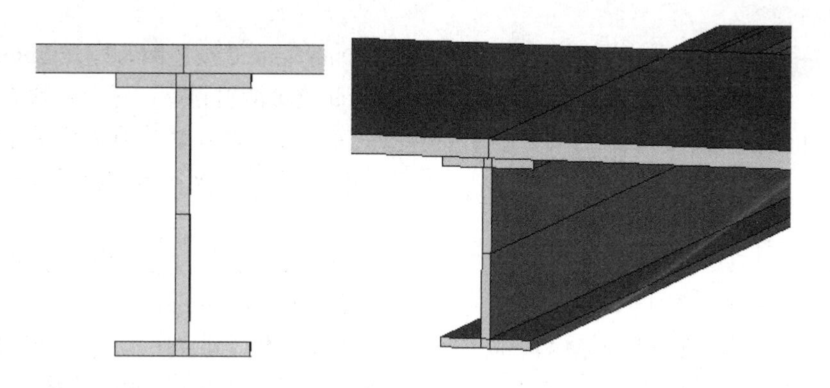

图 3-22　截面偏置后工字型钢和板的截面位置关系

最终建模完成后的板梁结构模型如图 3-23 所示。

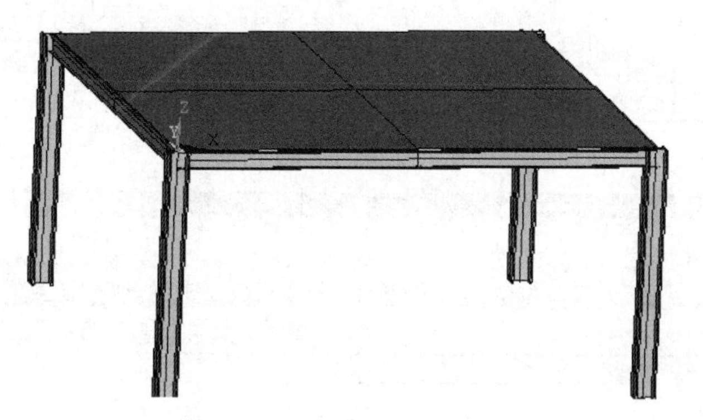

图 3-23　显示截面形状的模型

3.3　Workbench 结构分析的建模方法

3.3.1　Workbench 建模过程及相关组件简介

在 Workbench 环境中的结构建模过程涉及到结构分析系统中的 Engineering Data（简称 ED）、Geometry 和 Mechanical Application（或 Mesh）等单元格（组件），在 ED 组件中进行材料名称及参数的定义。Geometry 组件用于导入或创建分析的几何模型，几何模型可以基于三维 CAD 系统（如 Pro/E、CATIA、Solidworks 等）创建后导入，之后用户还可以基于 ANSYS DM 或 ANSYS SCDM 对导入的几何模型进行编辑、修改、特征清理等，使之适合于仿真分析的需要；也可以采用 DM 或 SCDM 直接创建几何模型。在 Mechanical Application（或 Mesh）中划分单元。

1. Engineering Data 定义材料数据

在 Workbench Project Schematic 的结构分析系统中，双击 Engineering Data 单元格，即进入 ED 界面。在 ED 界面中的任务是定义此分析系统或与此分析系统关联的分析系统所需的材料类型及材料数据。

在 ED 界面下，单击其工具栏中的 Engineering Data Source 按钮，打开 Engineering Data Source 面板，此面板中列出了一些 ANSYS Workbench 自带的材料库，每个材料库中包含一系列预先定义好的材料类型和参数。在选定材料库的 Outline 面板中单击列表中某个材料名称右方的按钮，则在此材料所在的行会出现一个书状的标识，表明该材料已被成功添加到此分析系统的 Engineering Data 组件中。

在 ED 界面下，更常见的操作是自定义材料类型及参数。在 ED 中默认情况下仅仅包含 Structure Steel 一种材料类型，在此类型下面一行有提示 Click here to add a new material，在此处输入新的材料名称，如 NEW_MAT，按 Enter 键，则材料类型列表中出现一个新的材料类型，在左侧的材料特性项目中选择所需指定的材料特性，用鼠标左键拖动至新材料名称上，新增材料类型的 Properties 列表中就出现相关的材料特性及参数列表，如图 3-24 所示。

Outline of Schematic A2: Engineering Data

	A	B	C	D
1	Contents of Engineering Data		Source	Description
2	Material			
3	Structural Steel			Fatigue Data at zero mean stress comes from 1998 ASME BPV Code, Section 8, Div 2, Table 5-110.1
*	Click here to add a new material			

Outline of Schematic A2: Engineering Data

	A	B	C	D
1	Contents of Engineering Data		Source	Description
2	Material			
3	Structural Steel			Fatigue Data at zero mean stress comes from 1998 ASME BPV Code, Section 8, Div 2, Table 5-110.1
4	NEW_MAT			
*	Click here to add a new material			

Properties of Outline Row 4: NEW_MAT

	A	B	C	D	E
1	Property	Value	Unit		
2	Isotropic Elasticity				
3	Derive from	Young's Modulu...			
4	Young's Modulus		Pa		
5	Poisson's Ratio				
6	Bulk Modulus		Pa		
7	Shear Modulus		Pa		
8	Bilinear Kinematic Hardening				
9	Yield Strength		Pa		
10	Tangent Modulus		Pa		

图 3-24　在 ED 中的用户自定义材料

在图中高亮度显示的区域输入相应的材料数据后，在右侧即可显示出相关数据的列表（Table）和数据曲线（Chart）。

在材料类型列表中选择某一个特定材料名称后，还可以通过 ED 的菜单操作 File>Import Engineering Data 导出材料数据文件，随后可以在后续分析项目中通过 ED 的菜单项 File>Import Engineering Data 导入之前输出的用户自定义材料数据。

在 ED 中完成材料数据的指定后，分析系统的 ED 组件右侧出现 √，接下来需要对 Geometry 组件进行操作以创建几何模型。

2. 几何组件 DM 功能及使用要点简介

DM 组件的作用是创建或编辑几何模型。

DM 的建模过程围绕界面左侧的 Tree Outline 展开，所有建模历史过程都体现在这里。DM 建模过程可以概括为：在 Tree Outline 中加入所需的分支，定义该分支的属性（下方的 Details View），单击工具栏中的 Generate 按钮完成模型的创建。

DM 的建模功能包括实体建模功能和概念建模功能。实体建模和概念建模均包含两种模式，即草图模式（Sketching Mode）和建模模式（Modeling Mode）。草图模式下包括了各种 2-D 图形建模及尺寸标注功能，建模模式下包含了 Extrude（拉伸）、Revolve（旋转）、Sweep（扫略）、Skin/Loft（蒙皮/放样）、Thin/Surface（薄壁/表面）、Blend（倒圆角）、Chamfer（倒直角）等 3-D 特征。所有这些建模方法均完全实现参数化，并可以通过参数编辑器对参数进行管理。

DM 在几何模型编辑方面提供了一系列高级功能，包括 Enclosure（体包围）、Fill（填充）、Mid-Surface（中面的抽取）、Joint（边结合）、Face Split（面分割）、Surface Extension（表面延伸）、Surface Patch（表面修补）、Surface Flip（表面法向反向）、Merge（合并线或面）、Connect（连接）、Projection（投影）、Conversion（转换）、Face Delete（面删除）、Edge Delete（边删除）、Pattern（阵列）、Symmetry（对称）、Freeze（冻结）、Unfreeze（解冻）、Boolean（布尔运算）、Slice（切片）、Body Transformation（体移动）、Body Operation（体操作）、Repair（修复）等。其中，Body Operation 又包含 Simplify、Sew、Cut Material、Imprint Faces、Slice Material、Clean Bodies 等操作形式；Repair 又包含 Repair Hard Edges、Repair Edges、Repair Seams、Repair Holes、Repair Sharp Angles、Repair Slivers、Repair Spikes、Repair Faces 等修复操作。

下面介绍一下 DM 中多体之间连接的问题，这是建模过程中最容易出错的地方。

基于 DM 可以输出的几何对象有 3 种不同类型的体，即 Solid Body、Surface Body 和 Line Body（后面两种体的建模又被称为概念建模）。默认情况下，DM 把一个单独的体放到一个部件（Part）中。用户也可以把多个体组合成一个部件，即 Multi Body Part。DM 输出的各种几何对象类型可用于不同形式的结构建模。DM 的体（或部件）类型与结构形式的对应关系如表 3-4 所示。

表 3-4　DM 中的体或部件类型及对应结构形式

DM 中的体或部件	建模方法	对应结构形式
Solid Body	基于 Sketch 和 3D 操作	3-D 连续结构
Surface Body	基于 Sketch 及概念建模或基于 Mid-Surface 中面抽取	2-D 连续结构、3-D 板壳结构
Line Body	基于 Sketch 及概念建模，需要定义截面信息	3-D 梁结构
Multi Body Part	组合多个部件形成多体部件	单一结构形式或组合结构形式

DM 中的体有两种状态，即激活状态（Active）和冻结状态（Frozen），只有当冻结的时候才可以被切割（Slice）。不同状态的体之间存在界面，这种界面在导入 Mechanical Application 后能形成接触关系（如果没有加入多体部件中）。

如果 DM 中的多个体放入多体部件中，则多体部件之间通过 Shared Topology Method 属性进行连接。如图 3-25 所示为一个多体 Surface Body 所组成部件的 Shared Topology Method 属性列表。

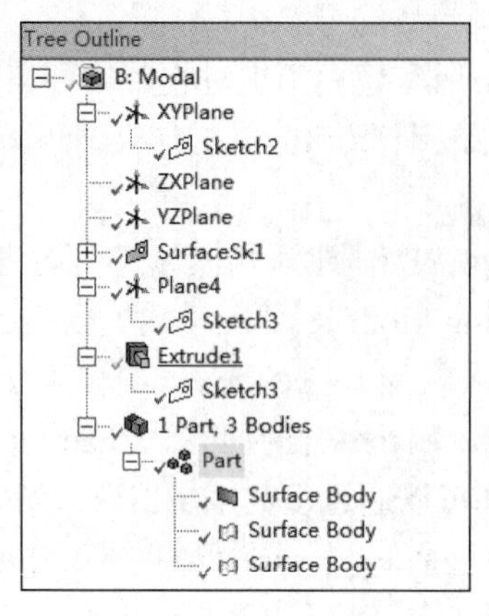

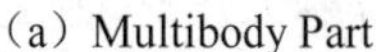
（a）Multibody Part

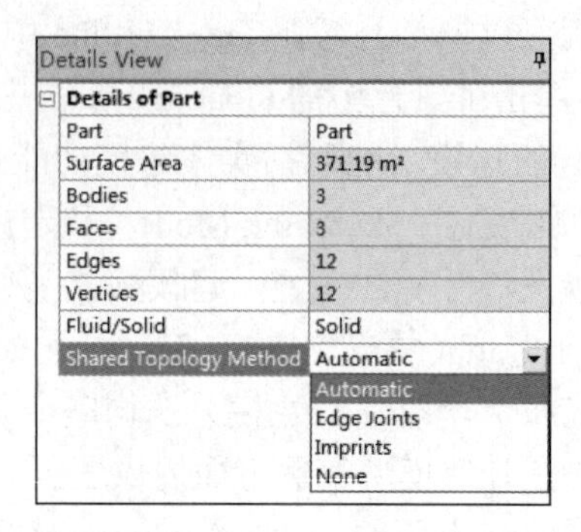

（b）Shared Topology Method 属性列表

图 3-25　多体部件及其共享拓扑属性

多体部件形成后，在 DM 中并不会立即共享拓扑，只有模型被导出 DM 或添加 Share Topology 对象后，部件内各体之间才会发生共享拓扑行为。DM 中的共享拓扑方法（Shared Topology Method）及其作用如表 3-5 所示。

表 3-5　DM 的共享拓扑方法及其作用描述

共享拓扑方法	作用描述
Edge Joints	DM 检测到的成对边合并到一起。它可以在创建 Surfaces From Edges 和 Lines From Edges 特征时自动生成，也可以通过 Joint 特征生成
Automatic	利用通用布尔操作技术使多体部件内各体之间共享拓扑，当模型导出 DM 时各体之间的所有公用区域都会被共享处理
Imprints	没有使部件内的各体之间发生拓扑共享，只是生成了印记面，可用于需要精确定义接触区域
None	没有实质上的共享拓扑及印记面生成，仅仅起到了对象归类和重新组织模型结构的作用。如可将需要相同网格设置的体形成多体部件，以便于在 Mechanical Application 中直接添加控制

共享拓扑方法会随着部件内体的类型和分析类型而有所不同，部件类型与可用的共享拓扑方法如表 3-6 所示。

表 3-6　不同体类型之间的共享拓扑方法

多体部件包含的体类型	共享拓扑方法
Line Body/Line Body	Edge Joints
Line Body/Surface Body	Edge Joints
Surface Body/Surface Body	Edge Joints、Automatic、Imprints、None

续表

多体部件包含的体类型	共享拓扑方法
Solid Body/Solid Body	Automatic、Imprints、None
Surface Body/Solid Body	Automatic、Imprints、None

关于 DM 具体的建模操作方法这里不再展开详细介绍，读者可参考后面有关的例题和 ANSYS Help 文档中的 DesignModeler User's Guide。

3. 几何组件 SCDM 功能及使用要点简介

SCDM 在几何建模方面的作用与 DM 相同，DM 能实现的几何操作 SCDM 都可以实现，且功能更为强大和全面，具有很多 DM 不具有的处理能力。由于 SCDM 的直接建模方式，使其比 DM 模型创建及操作的速度更快、效率更高。SCDM 界面如图 3-26 所示。

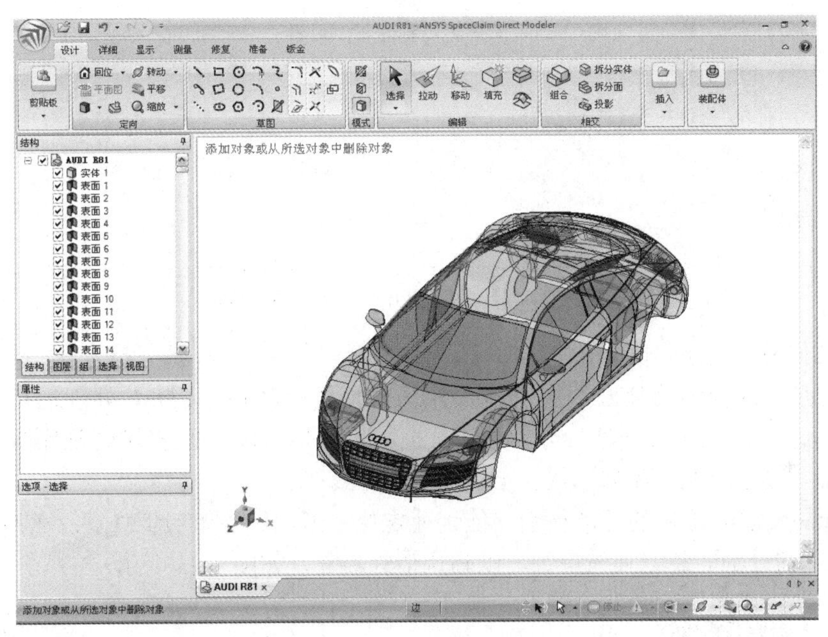

图 3-26　SCDM 界面

SCDM 的核心功能包括：

（1）直接建模功能。

基于直接建模思想的 SpaceClaim 摒弃了传统 3D 软件的特征树及建模历史等概念，为工程界提供了一个高度灵活的动态建模空间。用户仅需通过拉动、移动、填充、组合这 4 个简单工具就可以快速精准地完成建模工作。SCDM 可以智能捕捉并识别内部创建及外部导入的各种几何特征，然后利用切割、移动、组合等工具进行特征编辑，最大限度地降低了鼠标点击操作，较之传统 3D 系统，可提升建模、编辑效率 5～10 倍。除了 3-D 实体，SCDM 中也可以直接创建表面体和线体，对线体也和 DM 一样可以指定截面数据，并可方便地实现梁截面的定位和偏置。

（2）支持广泛的几何格式。

SCDM 拥有优秀而完备的数据交换包，可以直接读取各种 CAD 系统的原始文档，也可以读取各种标准格式的 3D 模型，直接扩大了 3D 模型的使用范围，使跨行业的设计合作成为可能。目前，主流 CAD 软件的模型大部分可在 SCDM 中直接读取和编辑。

SCDM 可以直接打开 DXF、DWG 数据格式并直接用于后续的三维模型构建，方便快捷。SpaceClaim 可以进入任意方位的剖面编辑模式，通过对二维剖面的编辑实现三维设计的修改，如图 3-27 所示，非常符合二维设计人员的习惯。

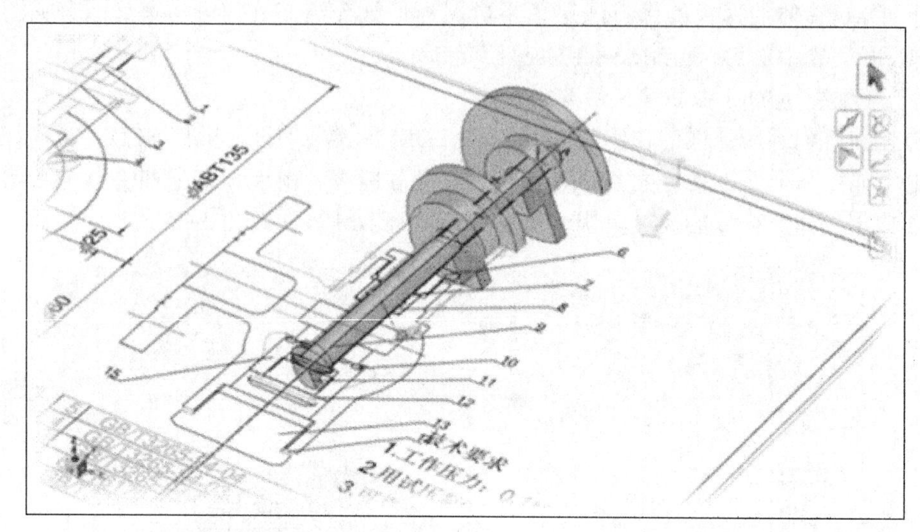

图 3-27　二维图纸基础上进行三维建模

（3）几何模型简化及修复。

SCDM 强大的模型简化及修复功能，3-D 几何模型经过 SCDM 处理后可直接传输给 Mechanical Application 进行网格划分和结构分析。相关的功能包括：细节特征删除（如倒圆角、圆孔、凸起）、模型填充、体积抽取、干涉探测及修复等。

利用 SpaceClaim 提供的干涉检查功能快速定位干涉位置并作初步修复，在剖面模式下进一步修复，并通过剖面装配关系检查，以确认最终修复，如图 3-28 所示。

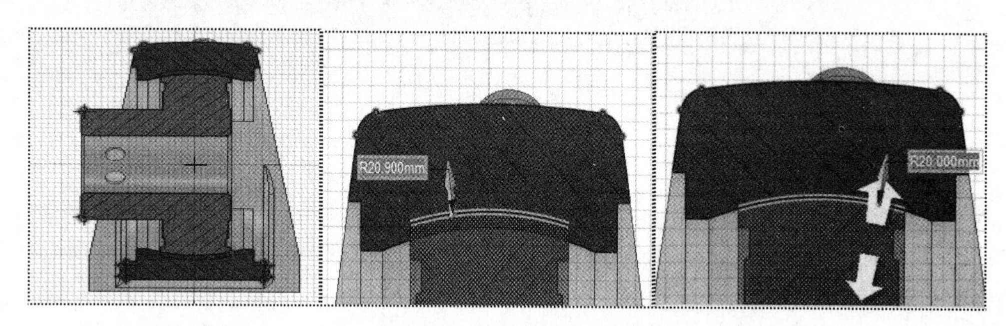

图 3-28　SCDM 干涉检查与消除

（4）抽取中面及梁。

SCDM 可以由 3-D 实体模型抽取中面及线体，为板壳和梁结构准备几何模型。抽取中面时可自动捕捉面的厚度并作相关的延伸；抽取梁的过程中，可自动捕捉梁的截面信息，框架结构的节点有偏心的可以调整对心。图 3-29 所示为 SCDM 梁、壳模型抽取的示例。

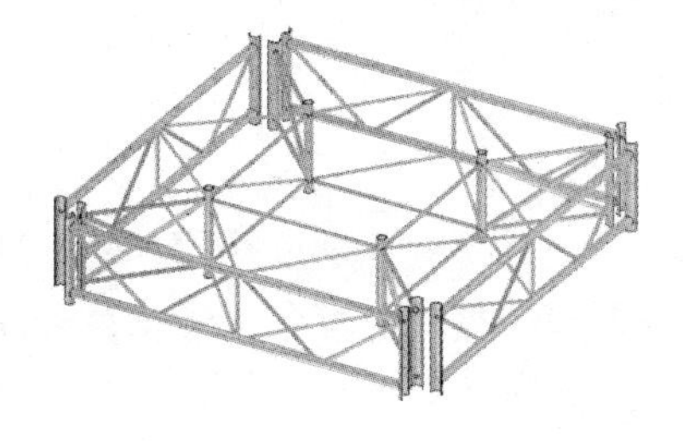
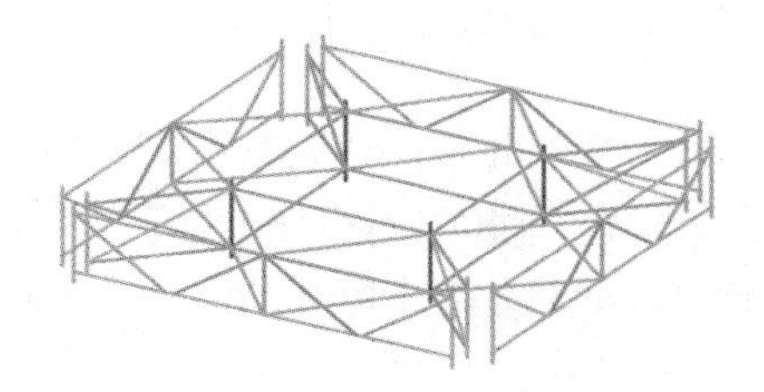

（a）实体抽线体（梁）

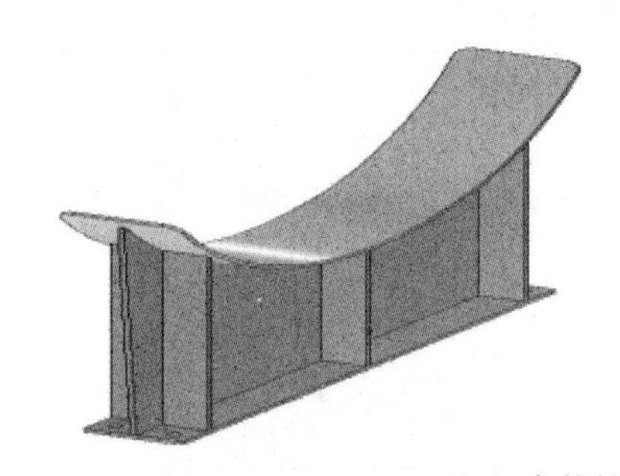
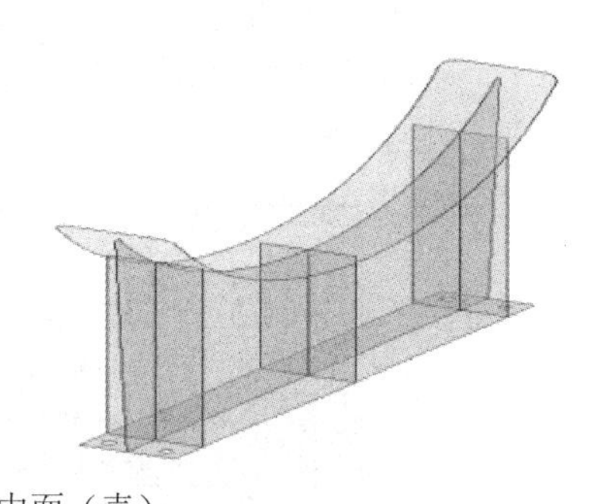

（b）实体抽中面（壳）

图 3-29　由 3-D 连续体模型抽取梁、壳模型

（5）3 种操作模式。

SCDM 提供了以下 3 种建模模式：

- 草图模式：二维模式，此模式会显示草图栅格，用户可以使用草图工具绘制草图。
- 三维模式：此模式下允许用户直接处理三维对象。
- 剖面模式：此模式允许用户通过对剖面中实体和曲面的边及顶点进行操作以编辑实体和曲面。对实体而言，拉动直线相当于拉动表面，拉动顶点则相当于拉动边；模型复杂时，在剖面模式可以清晰地看到部件之间的局部装配关系，检查可能存在的装配间隙及干涉问题。

（6）中性几何参数化。

SCDM 可将无参数的中性几何模型参数化，然后结合 CAE 软件进行参数化分析及设计优化。如图 3-30 所示为一个 IGES 模型的参数化。

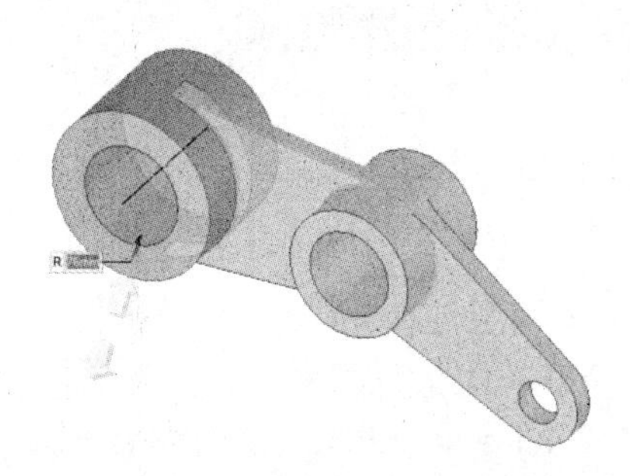

图 3-30　中性几何模型的参数化

关于 SCDM 的具体操作方法本书不详细展开，请参考 SCDM 用户手册及后续章节中有关例题的建模部分。

3.3.2 Workbench 连续体结构建模要点

本节介绍在 Workbench 中 3-D 和 2-D 连续结构的建模要点。

在分析系统的 Geometry 组件可以直接导入 3D 的 CAD 软件中创建的几何模型，然后在 ANSYS DM 或 ANSYS SCDM 中进行仿真分析的几何模型处理等准备工作；也可以直接基于 ANSYS DM 或 ANSYS SCDM 两个几何建模工具来创建几何模型。

几何组件处理完成后，通常是导入 Mechanical Application 组件（或 ANSYS Meshing 组件）中进行网格划分。目前可以导入 Mechanical Application 中的几何体包括 2D 实体、3D 实体、表面体和线体，允许被导入的体类型可在 Workbench 项目图解选择 Geometry 单元格，在其属性中加以设置，如图 3-31 所示。

11	⊟ Basic Geometry Options	
12	Solid Bodies	☑
13	Surface Bodies	☑
14	Line Bodies	☑
15	Parameters	☑
16	Parameter Key	DS

图 3-31　导入几何体类型选择及参数信息

对于 3-D 连续结构的建模，Mechanical Application 中默认选项是采用 SOLID186（映射网格）和 SOLID187（自由网格）对三维的几何实体进行单元划分，对于规则及不规则部分可实现自动过渡。如果选择 Mesh 的 Element Midside Nodes 属性为 Dropped，则会形成线性的 SOLID185 单元，对形状不规则的几何体要注意避免使用此选项，因为 SOLID185 单元的退化四面体形式模拟弯曲问题的精度较差，单元数较少时通常无法给出正确解答。

对于 2-D 连续结构的建模，在 Workbench 的 Project Schematic 中选择 Geometry 单元格，用菜单 View>Properties 打开 Geometry 的 Properties 设置面板，选择其中的 Analysis Type 为 2D，如图 3-32 所示，然后再启动 DM 或 SCDM 创建几何模型。此外，还需要勾选 Basic Geometry Options 中的 Surface Bodies 选项，以确保面体可导入 Mechanical Application。Mechanical Application 项目树中的 Geometry 分支 Details 中选择 2D Behavior 的类型：平面应力、平面应变、轴对称。

20	⊟ Advanced Geometry Options	
21	Analysis Type	2D
22	Use Associativity	3D
23	Import Coordinate Systems	2D

图 3-32　设置 2-D 分析类型

网格划分主要通过 Mechanical Application 的 Mesh 分支实现，其中 Mesh 分支的属性中是一些关于网格的总体设置，用户可以通过 Mesh 分支右键菜单加入网格划分方法和尺寸、加密等局部控制措施，其概念和方法与 Mechanical APDL 中的网格划分类似。目前，Workbench 的 ANSYS Mesh 提供的 Mesh 方法包括 Automatic、Patch Conforming、Patch Independent、Sweep、Hex Dominant、Multi-Zone 等，可以通过 Mesh Metric 工具来评价网格质量，如图 3-33 所示。

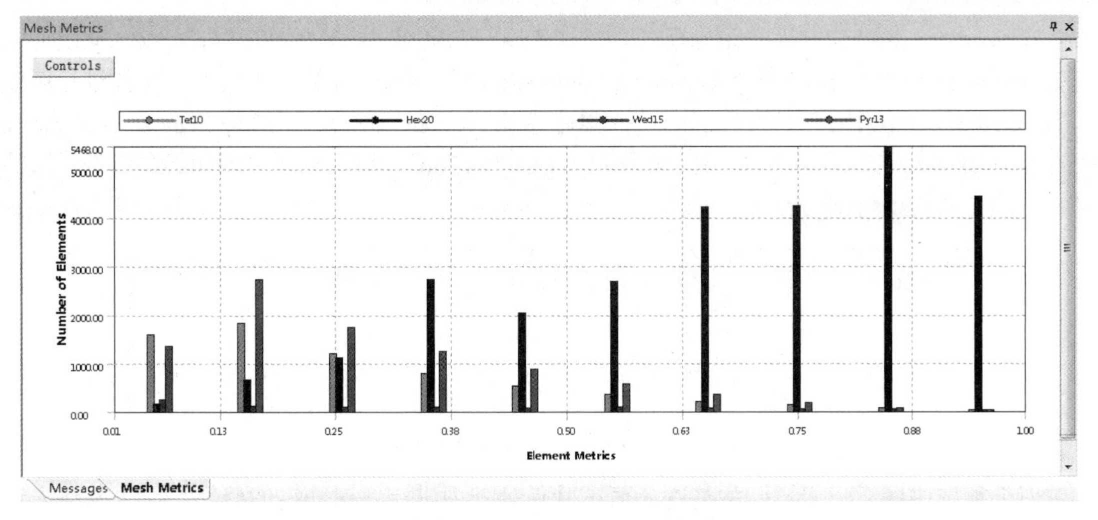

图 3-33　Mesh Metric 工具

关于 3-D 和 2-D 连续结构网格划分的方法和具体步骤请参考后续相关的例题和 ANSYS Help 文档中的 Meshing User's Guide，此处不再展开。

3.3.3　Workbench 梁壳结构建模要点

在 Workbench 中，梁、壳结构的建模需要结合 Geometry 组件和 Mechanical Application 组件（或 Mesh 组件）。Geometry 组件可以是 DM 或 SCDM。

在 Workbench 环境中建立梁结构模型时，Project Schematic 中 Geometry 单元格的 Properties 中要注意勾选 Basic Geometry Options 中的 Line Bodies 选项，以允许线体导入 Mechanical Application，如图 3-31 所示。

具体建模时，首先在 DM 或 SCDM 中建立 Line Body（SCDM 还可以直接抽取实体为 Line Body），同时为其赋予截面信息并进行截面定位。需要指出的是，DM、SCDM 和 Mechanical Application 中截面坐标系为 XY，不同于 Mechanical APDL 中的 Y 轴和 Z 轴，如图 3-34 所示。当然，这种名称上的改变并不会影响到计算结果。在实际操作中，DM 截面定位是指 Y 轴的定位，可通过直接输入向量与转角方式指定 Y 轴指向，也可选择平行于已有线段或面的法向等方式实现 Y 轴方向的定位；SCDM 中可通过选择表面法线或线段方向来指定截面 Y 轴的定位，也可通过选择旋转角度来指定截面的定位。SCDM 中还可以对现有的 SOLID 部件进行抽取得到线体，横截面的信息自动捕捉。

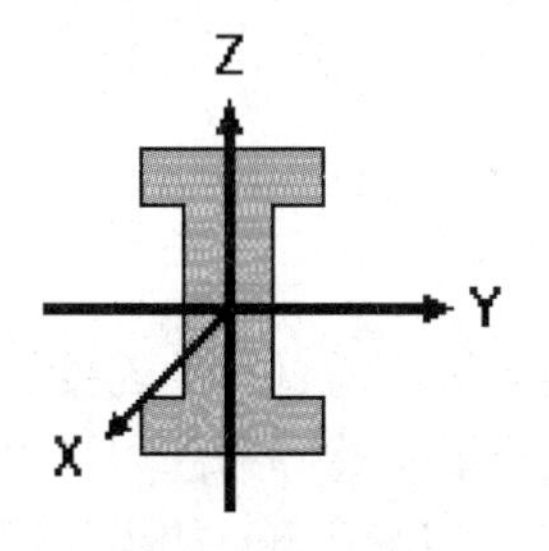

（a）Mechanical APDL

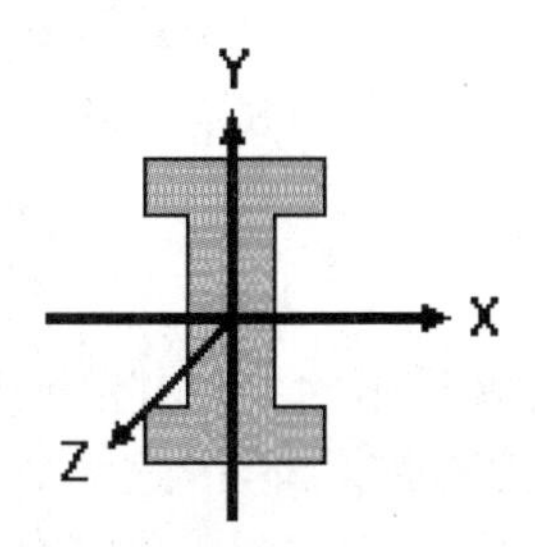

（b）Mechanical Application

图 3-34　梁的横截面坐标系区别

在 Workbench 中建立板壳结构模型时，首先通过 DM 或 SCDM 创建 Surface Body 或抽取薄壁几何得到中面，然后导入 Mechanical Application 对 Geometry 分支下的各个面体进行厚度或 Layered Section 指定，进行网格划分即可得到壳模型。图 3-35 所示为 Mechanical Application 中通过 worksheet 方式来指定多层壳截面（Layered Section），可根据需要添加层并指定各层的材料、厚度及材料角度。

Layer	Material	Thickness (m)	Angle (°)
(+Z)			
3	Structural Steel	0	0
2	Structural Steel	0	0
1	Structural Steel	0	0
(-Z)			

图 3-35　多层复合材料板的截面定义

对于抽取中面后形成缝隙的情况，可在几何处理中进行线对面延伸修补。如果几何未经修补，也可在 Mechanical Application 中通过 Mesh Connection 功能进行网格的连接。图 3-36 所示为 Mesh Connection 用于连接不连续的面几何。

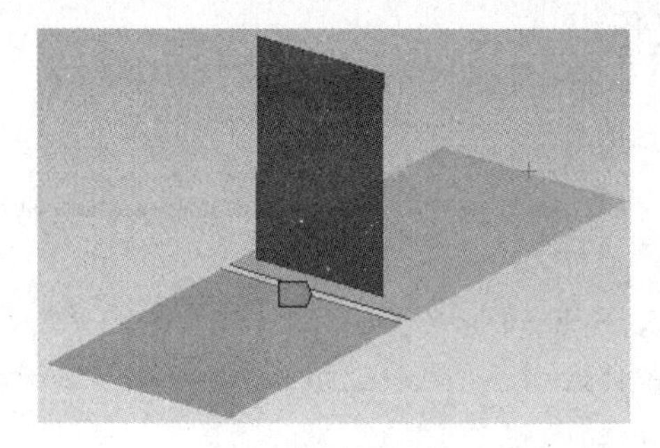

（a）不连续的几何

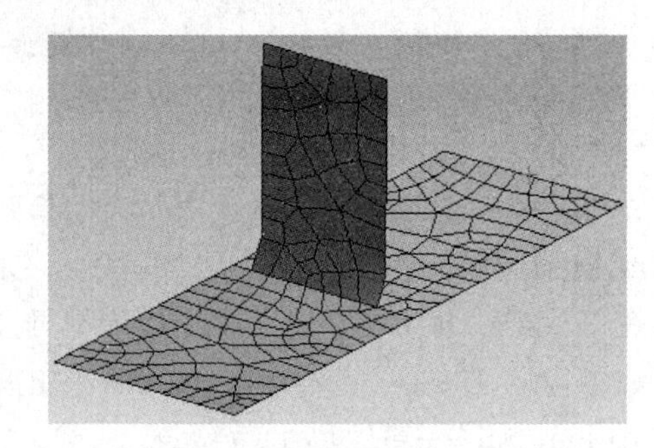

（b）应用 Mesh Connection 后的网格

图 3-36　Mesh Connection 的使用

为了诊断面的边与其他面体（板壳）或线体（梁）的连接情况，DM 和 Mechanical Application 提供了 Edge Coloring 功能，用不同的颜色显示具有不同连接关系的边，在 Mechanical Application 中的工具条如图 3-37 所示。当采用 By Connection 选项时，未与任何面相连接的边用蓝色显示，仅与一个面连接的边用红色显示，与两个面相连接的边用黑色显示，与三个面连接的边用粉色显示，与多个面相连接的边用黄色显示。

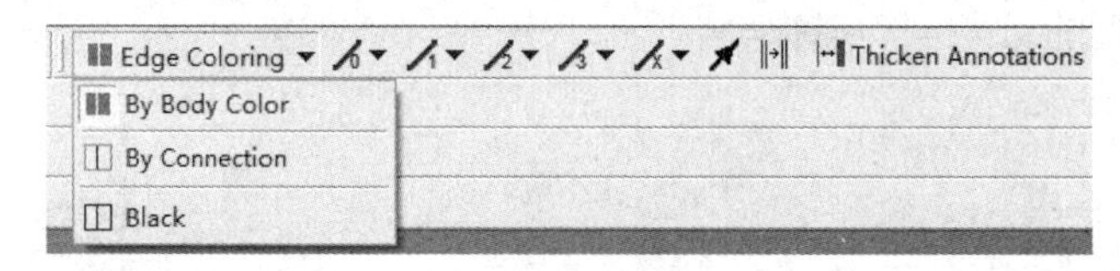

图 3-37　边连接关系的可视化功能

如图 3-38 所示为一个由一系列钢板焊接而成的支架结构，通过边的连接关系颜色区分显示可以清楚地判断其面与面之间的连接关系。这些颜色区分显示能够帮助用户直观判断模型的连接关系，避免出现本应相连接的面体互相脱开造成无法计算的问题。如果发现有未正常连接的边，可以在 DM 中设置 Multibody Part 或 Edge Joint 等并通过 Shared Topology 进行检查，或在 SCDM 中使用共享拓扑选项。如果几何组件中没有进行处理，也可以在 Mechanical Application 中通过 Mesh Connection 或绑定接触方式进行连接。

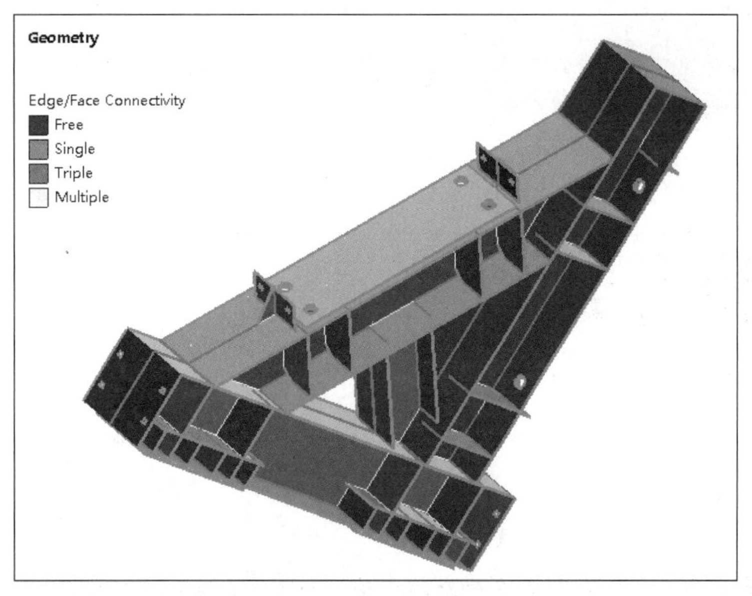

图 3-38　钢板支架结构的连接关系

对于在板的一侧有加劲梁的板梁结构，需要指定梁截面的偏置。在 Mechanical APDL 环境中建模时，节点在梁截面坐标系（通常为 YZ，其中 Z 为梁高度方向）中的偏置位置可在截面定义时指定。在 Workbench 环境下，在 DM 或 Mechanical 中都可以指定梁截面偏置。在 DM 及 SCDM 中通过指定线体在梁截面坐标系（Y 为梁高度方向）中的偏置位置；在 Mechanical 中，可在模型树的 Geometry 分支下指定线体的 Offset。此外，不偏置梁而采用偏置板的方式同样可实现一侧加劲梁的效果，在 Mechanical 环境中，Shell 的偏置量可通过 Mechanical 模型树的 Geometry 分支下各个面体（Surface Body）的 Offset 细节选项来指定。

对于变厚度的板壳结构，可考虑采用实体壳单元 SOLSH190 单元进行模拟。在 Mechanical APDL 中指定正确的单元属性并进行网格划分即可。在 Mechanical Application 中通过 thin sweep 网格划分并指定单元类型为 Solid Shell 即可得到 190 单元。

4

结构静力计算

本章导读

静力分析是有限元分析应用最多的分析类型。如果所施加载荷的频率低于结构基本自振频率的三分之一，一般认为不会引起显著的动力效应，这时只进行静力分析即可。本章介绍ANSYS静力分析过程的实施要点，内容包括载荷边界条件、单/多载荷步求解、静力分析的后处理方法及注意事项，并对Mechanical APDL环境和Workbench环境的相关问题进行介绍，同时照顾到使用两个不同操作界面的用户。

本章包括如下主题：

- Mechanical APDL静力分析
- Mechanical Application（Workbench）静力分析
- 静力计算案例

4.1 Mechanical APDL静力分析

本节介绍在Mechanical APDL中静力分析的方法和要点，包括载荷及约束施加、单一载荷步/多载荷步求解、静力分析结果的后处理。

4.1.1 载荷及约束的施加

静力分析所施加的载荷及约束条件必须符合结构的实际受力特点。Mechanical APDL提供了丰富的载荷类型，可以施加的载荷及约束条件类型如表4-1所示。

表4-1 Mechanical APDL结构分析的载荷及约束条件类型

载荷的类型	应用举例
集中载荷	集中力和集中力矩
分布载荷	压力、表面力、作用于梁上的线分布载荷

续表

载荷的类型	应用举例
体积载荷	温度变化作用
惯性载荷	重力加速度、角速度、角加速度
耦合场载荷	一个场的计算结果施加到第二个场作为载荷，如热分析的温度分布施加到结构上计算热应力
固定约束	零位移边界
强迫位移	非零位移边界
对称约束	对称/反对称、循环对称、周期对称边界
弹性约束	弹性边界
约束方程	自由度之间的耦合及各种约束

Mechanical APDL 的载荷及约束可以施加到有限元模型的节点或单元上，也可以施加到关键点、线、面等几何对象上，但是施加到几何模型上的载荷在分析之前也会被自动转化到有限元模型的节点上。因此，在 ANSYS 中载荷的施加与节点密切相关，一个与加载有关的重要概念是节点坐标系。节点坐标是每个节点的固有属性。默认时，节点坐标系与总体直角坐标系一致，这时所有施加于节点的力和位移约束都是在总体直角坐标系方向。事实上，所有的力、位移以及其他与方向有关的节点参量都是节点坐标系的方向。这些量包括：作用于节点的集中力和力矩 FX、FY、FZ、MX、MY、MZ，支座节点位移约束 UX、UY、UZ、ROTX、ROTY、ROTZ，耦合与约束方程中的节点位移（自由度），未约束节点的位移计算结果，支座节点的支反力。

下面介绍在 Mechanical APDL 中施加各种载荷类型时有关的注意事项。

（1）关于自由度约束。

可以施加到几何模型上，如 DK（关键点约束）、DL（线的位移约束）、DA（面的位移约束）等命令；也可以通过 D 命令直接施加到有限元模型的节点上。自由度约束都是加到节点坐标系方向上。可以通过 DKDELE、DLDELE、DADELE 和 DDELE 命令删除约束。

如果要改变位移约束（强迫位移）的值，只要重新定义即可。默认情况下程序会用新值替换旧值，可通过菜单 Main Menu>Solution>Define Loads>Settings>Replace vs Add>Constraints 改变为新的数值叠加到旧的数值上（DCUM 命令）。

施加在几何模型（关键点、线、面）上的约束（包括后面的各种载荷）是独立于有限单元网格的，也就是说当改变网格划分时并不影响这些约束和载荷。

（2）关于集中力或力矩。

可以施加到关键点上（FK 命令），也可以施加到节点上（F 命令）。集中力的方向是与节点坐标系方向一致的。

可以用 FKDELE 或 FDELE 命令删除集中载荷。如果要改变节点处集中力的值，只要重新定义即可。默认情况下程序会用新值替换旧值，可通过菜单 Main Menu>Solution>Define Loads>Settings>Replace vs Add>Forces 改变为新的数值叠加到旧的数值上（FCUM 命令）。

为说明节点约束、集中力与节点坐标系的关系，这里举一个例子。相关命令如下：

```
/PREP7
ET,1,BEAM3
R,1,0.06,0.00045
MP, EX, 1,2E11
MP, PRXY, 1,0.3
K,                          !原点处创建一个关键点
K,,10                       !在(10,0,0)处创建一个关键点
L,1,2                       !连线
LESIZE,1,1                  !设置线段 1 的单元尺寸为 1
DK,1,UX                     !约束左端点 UX
DK,1,UY                     !约束左端点 UY
DK,2,UY                     !约束右端点 UY
FK,2,FX,1000                !右端点施加 X 方向集中力 1000
LMESH,1                     !划分单元
LOCAL,11,0,10,0,0,30        !建立以右端点为原点的局部坐标系 11，XY 轴旋转 30 度
NROTAT,2                    !旋转节点 2 的节点坐标系至当前坐标系
DTRAN                       !关键点约束转化为节点约束
FTRAN                       !关键点集中力转化为节点力
```

执行上述命令之后，可以得到如图 4-1 所示的效果，关键点上的约束与载荷在转换到有限元模型时被施加到节点坐标系的 X 和 Y 方向（而不是整体坐标的 X 和 Y 方向）上。如果采用直接法建模，直接施加节点约束，也是同样的结果。

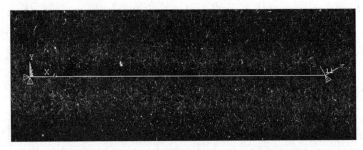

图 4-1　节点约束、载荷方向与节点坐标系的关系

（3）关于表面力。

表面力是一种分布力，可以施加于线（SFL）、面（SFA）、节点组（SF）或单元的表面（SFE）上。可以通过 SFLDELE、SFADELE、SFDELE、SFEDELE 命令删除相应表面分布力。用 SF 和 SFA 施加表面力时，需要注意加载面号 LKEY 的指定（默认为 1）。通过 SFCUM 或对应菜单 Main Menu>Solution>Define Loads>Settings>Replace vs Add>Surface Loads 可以设置新定义的表面载荷是取代旧的值（默认）还是叠加到旧的数值上。此外，通过 SFBEAM 命令可以将分布的线载荷施加于梁单元上，线载荷可以沿单元长度线性变化，可以指定在单元的部分区域。

通过上述分布力加载命令，通常是在模型的表面施加 PRESSURE，即载荷作用垂直于加载的表面。但在一些情况下，需要在单元表面作用与表面平行或成一定角度的分布力，这时可通过表面效应单元和相应的加载面号来施加。此外，利用 PLANE 系列单元进行轴对称问题的分析时，如果向单元的表面施加压力，直接输入压力的实际数值即可，无需进行换算。如果单元承受周向均布线载荷，则需要将线分布的载荷沿 360 度求和，作为集中力作用于相应的节点上。

可以使用 SFGRAD 命令来指定表面载荷的斜率（随坐标的变化梯度），如浸入水中结构上承受的静水压力，在自由液面处为 0，其值沿着深度呈线性变化。该斜率的指定可用于其后通过 SF、SFE、SFL、SFA 等命令施加的表面载荷。SFGRAD 命令对应的菜单项为 Main Menu>Solution>Define Loads>Settings>For Surface Ld>Gradient，此菜单项的设置对话框如图 4-2 所示。

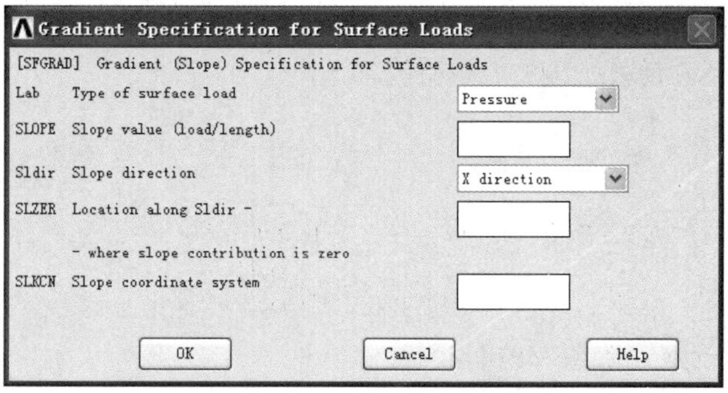

Gradient Specification for Surface Loads

[SFGRAD] Gradient (Slope) Specification for Surface Loads

Lab　Type of surface load　Pressure

SLOPE　Slope value (load/length)

Sldir　Slope direction　X direction

SLZER　Location along Sldir -

- where slope contribution is zero

SLKCN　Slope coordinate system

OK　Cancel　Help

图 4-2　定义分布载荷的斜率

要定义分布载荷的斜率，需要选择被控制的载荷类型标签 Lab（Pressure 表示面载荷）、SLOPE（斜率，等于单位长度或单位角度的载荷变化量）、SLDIR（梯度作用的方向）、SLZER（斜率作用为 0 的位置）、SLKCN（定义斜度作用的坐标系，可以是总体坐标系，也可以是局部坐标系）。

例如要施加图 4-3 所示线性变化的静水压力（Lab=PRES），可在总体直角坐标系（SLKCN=0）的 Y 方向（Sldir=Y）指定其斜率。在 Y=0 处指定为 SLZER=0，此处压力的值指定为 300，则沿 Y 的正方向每单位长度减少 15（即 SLOPE=-15）。

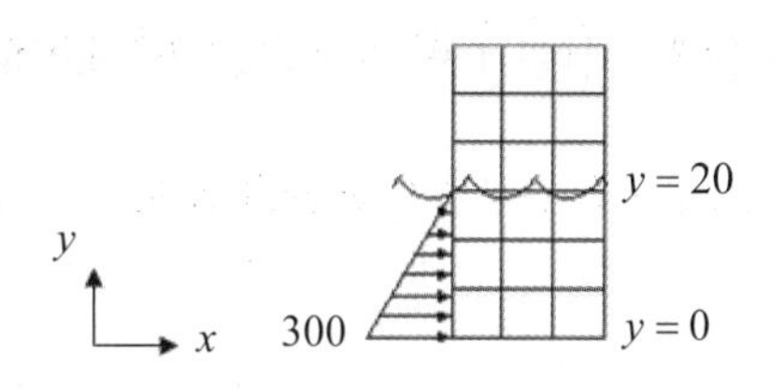

图 4-3　SFGRAD 命令的示例

使用的命令如下：

```
SFGRAD,PRES,0,Y,0,-15          !全局笛卡儿坐标系中 Y 斜率为-15
NSEL,...                       !选择压力施加的节点
SF,ALL,PRES,300                !所有被选择节点的压力
                               !在 Y=0 处为 300，在 Y=20 处为 0
```

当将表面载荷施加于节点（SF）或单元表面上（SFE）时，通过 SFFUN 命令可以指定节点号与待施加的表面载荷的函数关系。其对应的菜单项为 Main Menu>Solution>Define Loads>Settings>For Surface Ld>Node Function。为说明这一功能，这里举一个例题。

如下 APDL 命令用于对一个平面单元的边施加按函数变化的载荷：

```
*dim, pressure,array,2         !定义载荷函数数组并赋值
pressure(1)=10.0,15.0
```

```
/PREP7                               !进入前处理
ET,1,182                             !定义单元类型
n,1                                  !创建节点和单元
n,2,1
n,3,1,1
n,4,,1
e,1,2,3,4
```

模型创建完成后，可以通过下面的命令给节点 1 和 2 所在的边施加均布压力，其数值为 5.5，可以通过 SFELIST 查看所施加的载荷值。

```
sfe,1,1,pres,1,5.5
sfelist
```

列出的面载荷如下：

```
ELEMENT   LKEY      FACE NODES      REAL        IMAGINARY
    1       1           2           5.5000        0.0000
                        1           5.5000        0.0000
```

现在通过下面的命令删除所有的面载荷：

```
sfedel,all,pres,all
```

定义面载荷关于节点的分布函数：

```
sffun,pres, pressure(1)
```

再用同样的命令施加一个 5.5 为基数的载荷并通过 SFELIST 列出面载荷的数值：

```
sfe,1,1,pres,1,5.5
sfelist
```

这次列出的面载荷数值如下：

```
ELEMENT   LKEY      FACE NODES      REAL        IMAGINARY
    1       1           2           20.500        0.0000
                        1           15.500        0.0000
```

在这个例题中，在 SFFUN 之后的SFE 命令所施加的实际表面压力等于 SFE 命令中的数值加上 SFFUN 所定义函数的值。因此，节点 1 处的压力为 5.5+pressure(1)=15.5，节点 2 处为 5.5+pressure(2)=20.5。

注意：SFFUN 命令对其后的SF和SFE命令都会起作用，要消除函数的影响，仅需键入一个不带任何参数的 SFFUN 命令。

（4）关于体积力。

可以使用 BFK、BFL、BFA和BFV命令分别在实体模型的关键点、线、面和体上施加体积载荷。施加在实体模型上的体积载荷求解前自动转换到有限元模型上，也可以通过 BFTRAN 命令手动转换。使用 BF、BFE 可直接向节点、单元上施加体积载荷。结构分析中，温度的改变是作为体积载荷来施加的。使用 BFUIIF 命令可对模型中所有的节点施加一均匀的体积载荷（如均匀的温度作用）。

（5）关于加速度与惯性力。

惯性力，泛指所有产生加速度效应的外部作用，如重力加速度、角速度和角加速度。惯性载荷仅当模型具有质量时有效，结构的质量通常是通过密度来定义，也可以通过定义集中质量单元（MASS21）的方式实现。

ACEL、OMEGA 和 DOMEGA 命令分别用于定义在总体直角坐标系（CSYS=0）中的加速度、角速度和角加速度数值。指定了这些量，将对有质量的模型产生惯性力。在 Mechanical

APDL 中，重力被视为惯性力，通过 ACEL 命令来指定重力加速度，因此模型所受到的重力的方向与施加的加速度方向相反，比如说，重力朝 Y 轴负向作用时，重力加速度沿 Y 轴正向，可定义为 ACEL, 0.0, 9.8 , 0.0。

（6）关于对称边界。

在对称或反对称载荷作用下的对称结构可建立半个分析模型，循环对称结构可只建立一个扇区等。对称边界条件指平面外平动和平面内转动自由度被设置为 0，而反对称边界条件指平面内平动和平面外转动自由度被设置为 0。

4.1.2　单/多载荷步静力分析

ANSYS 通过载荷步（LOAD STEP）和子步（SUBSTEP）来组织其求解过程。所谓一个载荷步，通俗的解释就是一个施加特定载荷设置得到解的过程。一个完整的载荷步定义包括约束条件和载荷的定义以及载荷步选项的设置。载荷步选项一般包括指定载荷步结束的时间、载荷是渐变的还是突加的、子步数、输出设置等。

在静力分析中，载荷步结束时间仅表示加载的次序而没有实际意义。对于线性静力分析，一个载荷步可以理解为一种载荷工况，可以用不同的载荷步求解不同载荷独自作用时的响应。对于非线性静力分析，载荷步的时间可以指定为要施加的载荷总量，这样的“时间”可以直观地指示出当前加载所达到的数值；如果非线性分析载荷步时间设为 1，则“时间”表示当前增量加载达到目标载荷的百分数。子步是载荷步的细分。对于线性分析载荷步不需要细分为子步。对于非线性问题，载荷是逐级施加的，采用增量加载，如果要施加的载荷总量作为一个载荷步来求解，则每一级加载就是一个子步，每个子步通常还包含多次的平衡迭代，每一次平衡迭代即相当于一次线性静力求解。

静力分析中常见的单工况分析在 ANSYS 中可通过分析单载荷步实现，而多工况静力分析则通过分析多载荷步来实现。下面介绍单载荷步及多载荷步分析的注意事项。

1. 单工况静力分析

对于线性结构的单工况静力分析，可通过一个 ANSYS 载荷步来进行求解，即单载荷步分析。

单载荷步求解时，在定义了所有的约束条件和载荷后，发出一个 SOLVE 命令，或者单击菜单项 Main Menu>Solution>Solve>Current LS，程序将开始单个载荷步的求解。求解结束后，计算结果被写入结果文件 Jobname.rst 中。

2. 多工况静力分析

如果要分析线弹性结构在多个载荷工况下的响应，需要通过求解多个载荷步来实现，在每一个载荷步中分析其中的一种工况。在 Mechanical APDL 中定义和求解多载荷步有两种方法可供选择：多次求解法和载荷步文件法。

（1）多次求解法。

这是一种最直接的方法，即逐个地求解每个载荷步。对于每个载荷步，载荷及分析选项定义完成后执行 SOLVE 命令求解此载荷步；然后施加不同的载荷，再求解其他载荷步，直至所有载荷步均求解完成。典型的多载荷步静力分析命令流如下：

```
/SOLU                                  !进入求解器
…
```

```
D,...                    !定义约束条件及 LS1 的载荷、载荷步选项
SF,...
...
SOLVE                    !求解 LS1
F,...                    !定义 LS2 的载荷、载荷步选项
SF,...
...
SOLVE                    ! 求解 LS2
```

求解多个工况时，只要不退出求解器，每一载荷步的结果都将被写入结果文件的不同结果序列中。

（2）载荷步文件法。

上面的多次求解方法有一个不方便的地方，就是在界面交互操作时必须等到每一载荷步求解结束后才能定义下一载荷步的载荷。实际上，也可以逐个定义每一个载荷步，并将其信息（载荷信息和载荷步选项设置信息）用 LSWRITE 命令（相应菜单项为 Main Menu>Solution>Load Step Opts>Write LS File）写入到一系列载荷步文件中再一并提交求解，这些载荷步文件以 Jobname.s01、Jobname.s02、Jobname.s03 等作为文件名。LSWRITE 命令写入载荷步文件时，自动将几何模型上的载荷转换到有限元模型上，因此载荷步文件中的所有载荷都是基于有限元模型的。此外，载荷步文件中不包含材料、单元实参数等模型特性的改变，其中仅记录载荷和载荷步选项的改变。载荷步文件写入完成之后，LSSOLVE（对应菜单为 Main Menu>Solution>Solve>From LS Files）在各载荷步文件中顺序读取数据，并求得每个载荷步的解。用 LSWRITE 载荷步文件法求解各载荷步的典型命令流如下：

```
/SOLU
...
                         !定义 Load step1 的载荷和载荷步选项
D,...
F,...
...
KBC,...
OUTRES,...
...
LSWRITE                  !写载荷步文件 Jobname.s01
!Load step 2:
F,...
...
KBC,...
OUTRES,...
...
LSWRITE                  !写载荷步文件 Jobname.s02
...
LSSOLVE,1,2              !基于载荷步文件顺序求解载荷步 1 和 2
```

注意：不论采用以上哪种方式求解多载荷步，施加在前一个载荷步的载荷将保留在数据库中，直到删除为止。所以，在开始新的载荷步分析之前要确保删除不是当前载荷步的载荷。

4.1.3 静力分析结果后处理

单载荷步或多载荷步静力分析的结果都被保存在结果文件 Jobname.rst 中。可以用

Mechanical APDL 的通用后处理器 POST1 查看计算结果。对于结构分析而言，可用的结果项目包含基本的位移解和应变、应力、支座反力等。下面介绍后处理的一些注意事项。

1. 读入计算结果

对多载荷步分析，所有载荷步的结果都被保存在结果文件中，但是每次仅有一组结果数据可以驻留在数据库中。使用 POST1 时，首先通过 SET 命令选择结果序列中的某结果并将其读入数据库。

对于非线性分析或瞬态分析，如果载荷步细分为子步并输出子步结果时，需要选择相应的载荷步和子步，例如 SET,1,3，表示载荷步 1 的子步 3 的结果被读入。

对于一些特定的结果序列，比如第一个结果序列和最后一个，或是当前读入序列的下一个序列，可以发出以下命令：

```
SET,FIRST
SET,LAST
SET,NEXT
```

2. 关于结果坐标系

我们知道，ANSYS 程序计算的结果包括基本的位移解，以及导出的约束反力、应变解和应力解等。对于单元和节点，程序分别计算出单元坐标系和节点坐标系下这些量的数值。但在 POST1 中进行后处理操作时，结果都是被转化到结果坐标系下给出的，而默认的结果坐标系为总体直角坐标系。对于圆柱体或球形容器等，可建立局部的柱坐标系或球坐标系，并将其设置为结果坐标系，这样在 POST1 中可以直接提取到径向、环向应力的数值。改变结果坐标系通过 RSYS 命令来实现，其基本格式为：

RSYS,KCN

其中 KCN 为结果坐标系的 ID 号。例如 RSYS,1 可使结果转换到总体柱坐标系方向上，此时的 UX 代表径向位移，UY 代表切向位移。如果 KCN 选择为 SOLU，则将输出节点坐标系（对于节点量）和单元坐标系（对于单元量）下的值。

与 RSYS 对应的菜单项为 Main Menu > General Postproc>Options for Outp，执行此菜单项，弹出 Options for Output 对话框，如图 4-4 所示。在其中的[RSYS]命令区域可以选择相应的结果坐标系。如果选择 As Calculated，则相当于前面的 SOLU 参数。

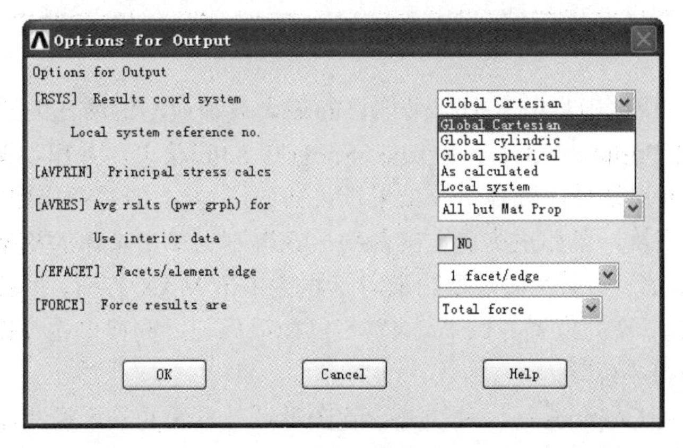

图 4-4　RSYS 设置选项

3. 变形图及等值线图

结构的变形可以通过 PLDISP 命令来显示，其对应的菜单项为 Main Menu>General Postproc>Plot Results>Deformed Shape。可以选择只显示变形后的形状、同时显示变形前后形状或显示变形形状以及变形前的轮廓。可用命令/DSCALE 来改变位移比例因子，其对应菜单项为 Utility Menu>PlotCtrls>Style>Displacement Scaling。结构变形还可以通过菜单项 Utility Menu>PlotCtrls>Animate>Deformed Shape 或 ANDSCL 命令来动画显示。

等值线图有两种显示模式，即节点解和单元解。节点解在相邻单元的公共节点处会对应力等变量进行平均，而单元解在单元公共节点处的应力值未经平均，因此一般绘出的等值线是不连续的。因此，单元解的等值线图可以作为检查计算精度的一个工具，如果明显不连续则可能需要更为细致的网格以捕捉应力集中。PLNSOL 命令用于绘制节点解的等值线图，其对应的菜单项为 Main Menu>General Postproc>Plot Results>Contour Plot>Nodal Solu。PLESOL 命令用于绘制单元解的等值线图，对应的菜单项为 Main Menu>General Postproc>Plot Results>Contour Plot>Element Solu。

4. 结果的查询

在通用后处理器中，通过菜单项 Main Menu>General Postproc>Query Results 可以在屏幕上快速拾取模型特定位置的结果。这项功能只能通过菜单操作来调用。

对于不同的显示模式，菜单项也有所不同。当 PowerGraphics 处于打开状态时，可以查询的结果项目是 Element Solution 和 Subgrid Solution（如图 4-5 所示）；当 PowerGraphics 处于关闭状态时，可以查询的结果项目是 Nodal Solution 和 Element Solution。

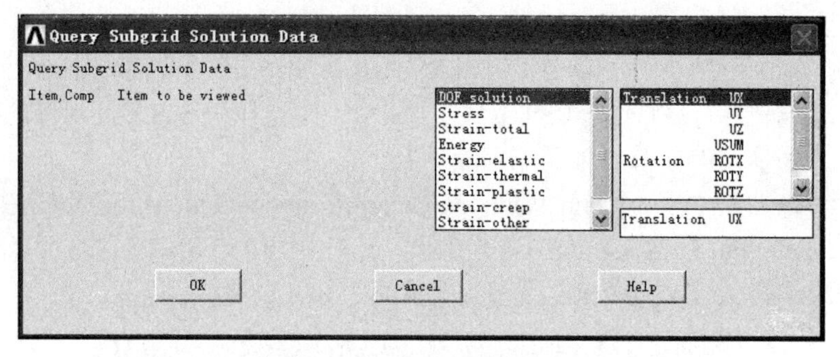

图 4-5 选择查询的结果项目

该功能还可以很快地确定所查询结果项目的最大值和最小值所在的具体位置。比如选择 Main Menu>General Postproc>Query Results>Subgrid Solu 菜单，弹出如图 4-5 所示的 Query Subgrid Solution Data 对话框，选择一个结果项目（如应力），即可弹出如图 4-6 所示的 Query Subgrid Res 对象拾取框，鼠标成为向上的箭头，在屏幕上单击具体的模型位置，即出现所查询的量在该位置的数值。如果在此对象拾取对话框中单击 MAX 按钮，屏幕上即可显示出所选择结果变量的最大值所在的位置并以“MX”字样加以标记，同样单击 MIN 按钮，屏幕上即出现“MN”标记的最小位置。

上面提到的 PowerGraphics 是一种快速绘制图形可见表面的显示模式，默认情况是打开的。这种显示模式绘图效率高且立体感强。通过工具条中的 POWRGRPH 按钮可以关闭这种显示模式。

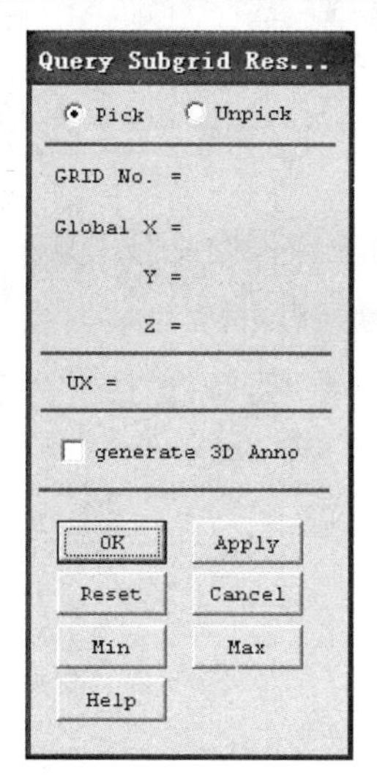

图 4-6 查询拾取框

5. 路径分布显示

在 POST1 中，可以绘制某个变量沿模型中某一给定路径的分布显示。路径图显示可以通过以下步骤来完成：

（1）用命令 PATH 定义路径名称和属性，用命令 PPATH 定义路径点。相应的菜单项在 Main Menu>General Postproc>Path Operations>Define Path>下，有多种具体的方式来定义路径。

（2）路径定义完成后，用命令 PDEF 将所需的量映射到路径上，对应菜单为 Main Menu>General Postproc>Path Operations>Map onto Path。

（3）用命令 PLPATH 或 PLPAGM 来显示所选择的结果项目沿路径的分布图，相应的菜单分别为 Main Menu>General Postproc>Path Operations>Plot Path Item>On Graph 和 Main Menu >General Postproc>Path Operations>Plot Path Item>On Geometry。前一个用于绘制路径位置坐标为横轴的曲线图形，后一个用于在实际路径的几何形状上绘制分布图形。

6. 单元表与梁结构的内力图

单元表是 ANSYS 程序提供的一项实用功能。可以将单元表理解为一个表格，表格中每个单元占据一行，单元的某种信息（如应力、内力分量等）占据列。单元表通过 ETABLE 命令定义，对应的菜单为 Main Menu>General Postproc>Element Table>Define Table。

单元表经常用于梁、杆单元的后处理中。在 ANSYS 单元手册中，用户可以看到这类单元的描述中包含一个名为 Item and Sequence Numbers 的项目列表。这个表中给出的项目编号正是用来输出单元表的。可以按照单元描述中的项目编号用 ETABLE 命令来提取内力组成的单元表，然后通过 PLLS 命令绘制单元表数据，即可画出杆系结构的轴力图、弯矩图、扭矩图等各种内力图形。PLLS 命令相对应的菜单项为 Main Menu>General Postproc>Plot Results>Contour Plot>Line Elem Res。关于杆系结构内力图的绘制请参考本书桁架和梁分析相关的分析实例。

7. 工况组合

在 POST1 中，可以通过 LCDEF 命令定义载荷工况，并为每一个工况指定一个组合系数。工况组合的具体操作方法可参考 4.3 节的施工防护结构静力计算例题，这里不再详细介绍。

4.2 Mechanical Application（WB）静力分析

在 Workbench 的项目图解中，可直接调用左侧工具箱中的 Static Structure 静力结构分析系统，如图 4-7 所示的 A 就是一个静力分析系统。

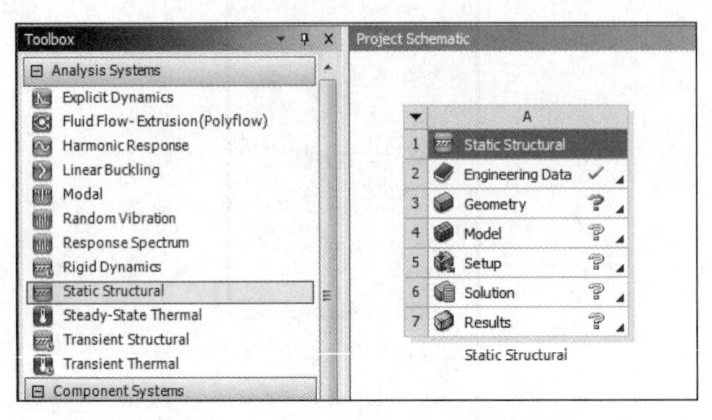

图 4-7　Static Structural 分析系统

按照第 3 章介绍的方法在 Mechanical Application 中完成建模工作后，接下来的工作就是施加约束及载荷了。Mechanical Application 提供了十分工程化的载荷与约束条件，表 4-2 中列出了与结构静力分析有关的载荷约束类型，并对其作用和特点进行了描述。

表 4-2　Mechanical Application 中支持的载荷与约束条件

载荷或约束名称	作用和特点
Acceleration	加速度，用于施加惯性力，惯性力与加速度方向相反，也可用于施加重力
Standard Earth Gravity	施加标准地球重力加速度，与重力方向一致
Rotational Velocity	角速度，用于施加惯性离心力
Pressure	压力或其他表面力
Pipe Pressure	施加于管道的压力
Pipe Temperature	施加于管道内部或外部的温度
Hydrostatic Pressure	施加静水压力，对 SHELL 结构可以选择压力加在哪一面
Force	施加力，可为集中力，也可分布到线面上
Remote Force	施加远端力，作用点在结构上或结构以外
Bearing Load	施加轴承载荷，考虑载荷的分布
Bolt Pretension	螺栓预紧力，可施加为力或紧固调整量
Moment	施加力矩，可作用于点上，也可分布于线、面上
Line Pressure	线压力，用于施加梁上的线分布载荷
Thermal Condition	施加热条件，用于计算热应力
Fluid Solid Interface	流固耦合界面，用于传递流体压力
Fixed Supports	固定支座
Displacement	固定支座或强迫位移支座

续表

载荷或约束名称	作用和特点
Remote Displacement	远端位移约束，约束点可在结构上也可在结构外
Frictionless Face	施加法向约束
Compression Only Support	施加仅受压的约束，属于非线性约束类型
Cylindrical Support	在柱坐标中施加位移约束
Simply Supported	线位移约束
Fixed Rotation	转动位移约束
Elastic Support	弹性约束，需要指定地基刚度
Constraint Equation	建立基于 Remote Point 的位移约束方程
Nodal Orientation	Direct FE 载荷类型，用于改变节点坐标系方向
Nodal Force	Direct FE 载荷类型，节点坐标系下施加集中力
Nodal Pressure	Direct FE 载荷类型，基于节点的 Named Selection 施加压力
Nodal Displacement	Direct FE 载荷类型，节点坐标系下施加节点位移约束
Nodal Rotation	Direct FE 载荷类型，节点坐标系下施加固定转动约束

用户可在表 4-2 所列的载荷及约束条件中选择分析中需要的类型，选择载荷及约束时要注意与结构的实际受力特点相一致。

在 Mechanical Application 中施加约束及载荷时，大部分类型的载荷及约束可以同时基于 Geometry（几何对象）或 Named Selections（命名集合），Direct FE 类型的载荷及约束仅支持施加于节点的命名集合。

表 4-2 中的 Remote Displacement、Remote Force、Moment 等载荷及约束属于远端类型，即加载点或约束点位于结构外的一点（也可以是结构上的一点），该点与施加作用的表面（节点）之间可以自动建立 MPC（多点约束方程）。在求解过程中可以观察到这些约束方程，如图 4-8 所示是一个远端约束点及作用表面之间建立的约束方程。在 Mechanical Application 中，也可以首先定义 Remote point 及其作用面，然后给予此 Remote Point 施加远端载荷或位移约束。Remote Point 与作用面之间的约束方程有 Rigid（刚体）和 Deformable（可变形体）两种。Remote Point 除了定义远端载荷外，在 Mechanical Application 中还可用于定义 Point Mass、Thermal Point Mass、Joints、Spring、Bearing、Beam Connection 等质点和连接对象。

对向量类型的量，支持 Vector 和 Components 两种定义方式，Vector 方式定义 Magnitude 和 Direction，Components 方式需要定义坐标系（Coordinate System）及 3 个分量。Direction 一般借助于几何对象（如体的边）加以定义。

对于施加的载荷数值，如向量的 Magnitude 或分量，可以采用 Constant、Tabular、Function 三种方式。Constant 方式中支持常数的算术及函数表达式，Tabular 方式一般是定义与时间相关的数组载荷，Function 方式允许指定载荷数值为 time 及坐标 x、y、z 的函数。图 4-9 所示为一个矩形表面施加法向表面力，其分布函数为 1000*sin(x)，即关于坐标 x 的正弦函数形式分布表面压力载荷，其最大幅值为 1000 个压力单位。

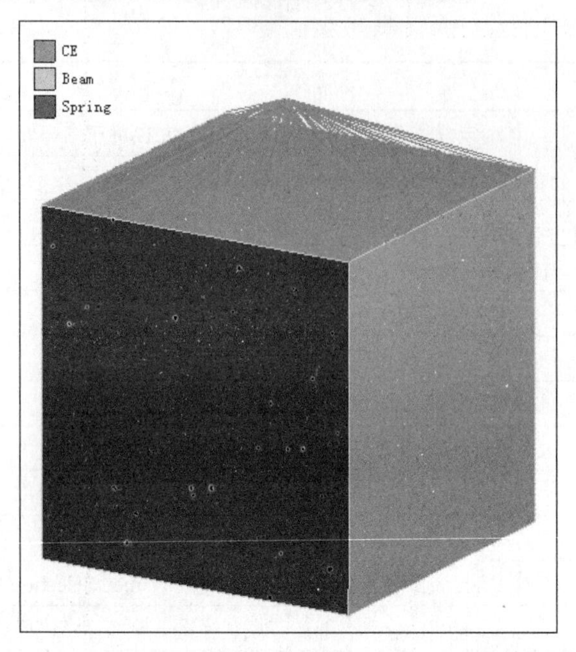

图 4-8　远端载荷加载点与作用面之间的约束方程

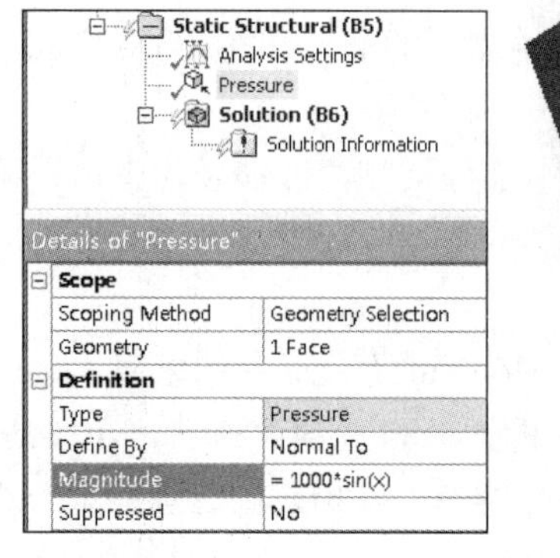

Details of "Pressure"	
Scope	
Scoping Method	Geometry Selection
Geometry	1 Face
Definition	
Type	Pressure
Define By	Normal To
Magnitude	= 1000*sin(x)
Suppressed	No

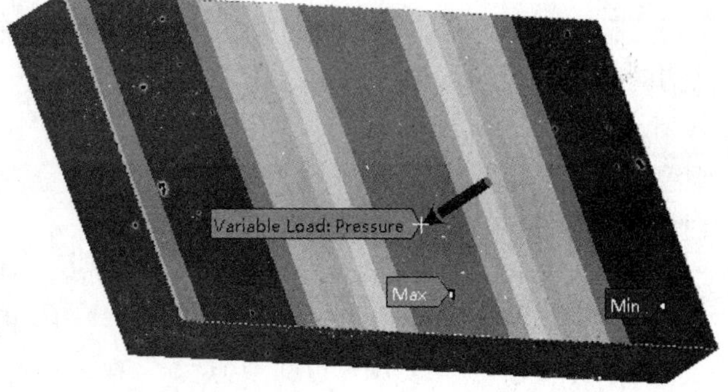

图 4-9　坐标值的正弦函数分布加载

Workbench 支持多工况分析及工况直观组合。如需分析多个工况，只需在 Project Schematic 中选择已有分析系统的 Setup 单元格，鼠标右键菜单中选择 Duplicate，复制一个静力分析系统，如图 4-10 所示。当再次进入 Mechanical Application 界面后，会在 Project 树的底部出现一个新的静力分析环境，在其中可以施加另一组不同的载荷并进行分析。分析完成后，选择 Project 树的 Model 分支，在右键菜单或相关工具栏中选择加入 Solution Combination，进入一个工作表视图，在其中添加工况及组合系数即可完成工况的直观组合，如图 4-11 所示。

在后处理方面，Mechanical Application 提供了更为全面的检查和分析工具，等值线图、矢量图、动画观察等允许检查整体或部分模型上的计算结果；Structural Probes 用于查看模型特定点上的结果以及获取支反力；Beam Results、Fracture Results、Gasket Results 等可用于显示一系列特殊问题的计算结果。此外，Mechanical Application 中还提供了一系列实用的后处理工具箱，极大地增强了后处理能力。此处简单介绍几个后处理工具箱。

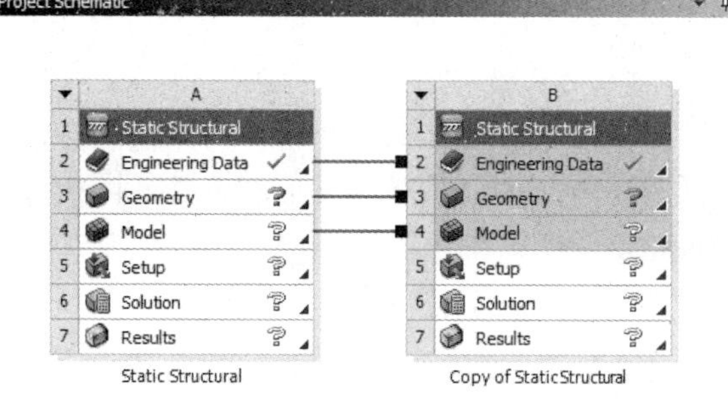

图 4-10　拟进行工况组合的模型共享情况

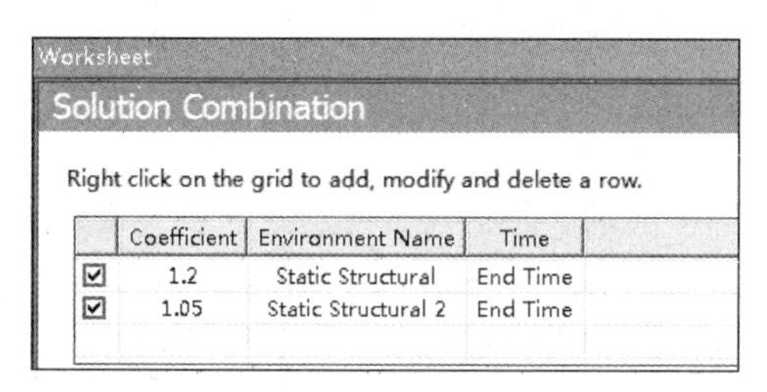

图 4-11　工况组合指定

（1）Stress Tool。

Stress Tool 为应力工具箱，内置了最大等效应力、最大剪切应力、最大拉伸应力、Mohr-Coulomb 应力强度法则，能够基于计算应力结果给出 Safety Factor、Safety Margin 和 Stress Ratio。Stress Tool 的属性如图 4-12 所示。

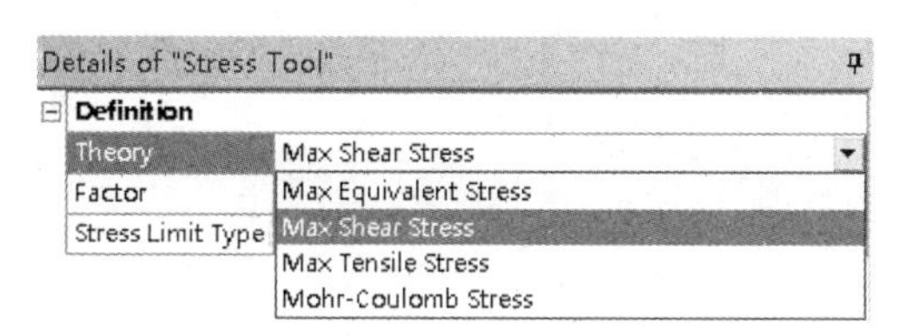

图 4-12　Stress Tool 的强度法则

（2）Fatigue Tool。

Fatigue Tool 是基于应力计算结果的疲劳工具箱，可以进行应力疲劳和应变疲劳分析。此工具箱对两类疲劳分析均支持材料性能参数定义，可以考虑平均应力的影响，给出疲劳寿命、安全因子及损伤结果。对于载荷历程，可以给出与流矩阵对应的损伤矩阵。对非单轴应力状态还能提供双轴指示，以帮助分析人员判断基于单轴疲劳性能数据的分析结果是否可用。对于应变疲劳问题，提供应力应变滞回线显示。关于 Fatigue Tool 的具体输入参数和计算选项请参考 ANSYS Help 文档中的 ANSYS Mechanical User's Guide。

（3）Beam Tool。

Beam Tool 是 Mechanical Application 中的梁计算结果分析工具箱，可给出 Direct Stress（轴力引起的应力）、Minimum Bending Stress（Y、Z 方向梁顶面/底面应力中的最小者）、Maximum Bending Stress（Y、Z 方向梁顶面/底面应力中的最大者）、Minimum Combined Stress（Direct Stress 和 Minimum Bending Stress 的组合）、Maximum Combined Stress（Direct Stress 和 Maximum

Bending Stress 的组合）。

（4）Contact Tool。

接触工具箱，能提供接触状态、接触压力、摩擦应力、滑移距离、穿透量（间隙量）等与接触相关的计算结果，其应用方法请参考后续章节与接触分析相关的案例或 ANSYS Help 文档中的 ANSYS Mechanical User's Guide。

4.3 静力计算工程案例

本节给出 3 个结构静力计算的案例：网架结构、重力坝、施工防护支撑结构的静力计算。

4.3.1 网架结构温差作用分析

如图 4-13 所示的正方形平面的平板网架，上弦平面尺寸为 5.0m×5.0m，下弦平面尺寸为 4.0m×4.0m，上下弦平面杆件长度均为 1.0m，网架的高度（上下弦平面之间的垂直距离）为 0.7m。上弦平面周边节点均铰支，其余节点和下弦平面均自由。杆件材料采用钢材，密度为 7.8×10^3kg/m^3，弹性模量为 207GPa，泊松比为 0.3，线膨胀系数为 1.2×10^{-5}/℃，计算这一网架结构在温度均匀降低 30℃情况下的内力以及变形情况。

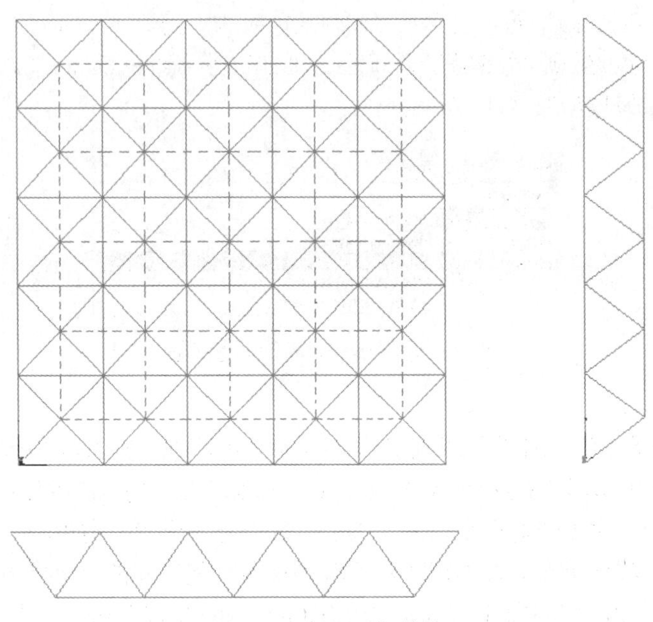

图 4-13　平板网架结构

本例采用命令流方式进行操作。网架杆件采用 LINK180 单元模拟，在整个结构上施加均匀的温度变化，得到结构的变形和内力分布，各杆件的轴力通过 ETABLE 定义为单元表，再通过 PLLS 绘制结构的轴力图。下面是具体的实现过程。

1. 建立分析模型

采用直接法建模，单位采用 kg-N-m。通过以下命令流建立分析模型：

```
/PREP7
ET,1,LINK180
sectype,1,link
secdata, 4.91E-4
MP,EX,1,2.07e11                    !弹性模量
MP,PRXY,1,0.3                      !泊松比
MP,DENS,1,7800                     !密度
MP,ALPX,1,1.2e-5

!以循环的方式建立第一列上弦节点，然后通过节点复制形成所有上弦节点
*DO,I,1,6,1
N,I,0.0,(I-1)*1.0,0.0
*ENDDO
NGEN,6,6,ALL,,,1.0,0.0,0.0         !节点复制

!以循环的方式建立第一列下弦节点，然后通过节点复制形成所有下弦节点
*DO,I,37,41,1
N,I,0.5,(I-37)*1.0+0.5,-0.7
*ENDDO
NGEN,5,5,37,41,1,1.0,0.0,0.0       !节点复制

!通过循环（纵向单元采用两重循环）形成所有的上弦杆单元
*DO,I,1,31,6                       !外循环
*DO,J,1,5,1                        !内循环
E,I+J-1,I+J
*ENDDO
*ENDDO
*DO,I,1,30,1
E,I,I+6
*ENDDO

!通过循环（纵向单元采用两重循环）形成所有的下弦杆单元
*DO,I,37,57,5                      !外循环
*DO,J,1,4,1                        !内循环
E,I+J-1,I+J
*ENDDO
*ENDDO
*DO,I,37,56,1
E,I,I+5
*ENDDO

!通过循环形成所有的斜腹杆单元，注意是对下弦所有节点进行循环
!将下弦平面的所有节点依次与4个相邻的上弦节点连线
!节点编号之间的映射系数是通过待定系数法得到的，最后采用两重循环实现
*DO,I,37.0,57.0,5.0
*DO,J,1.0,5.0,1.0
E,I+J-1,1.2*I-43.4+J-1
E,I+J-1,1.2*I-43.4+J
E,I+J-1,1.2*I-43.4+J+5
E,I+J-1,1.2*I-43.4+J+6
```

```
*ENDDO
*ENDDO
/ESHAPE,1.0
EPLOT
FINI                                    !退出前处理器
```

图 4-14 所示为建模操作完成后的显示结果，采用/ESHAPE 命令打开了杆件的实际截面尺寸的显示。

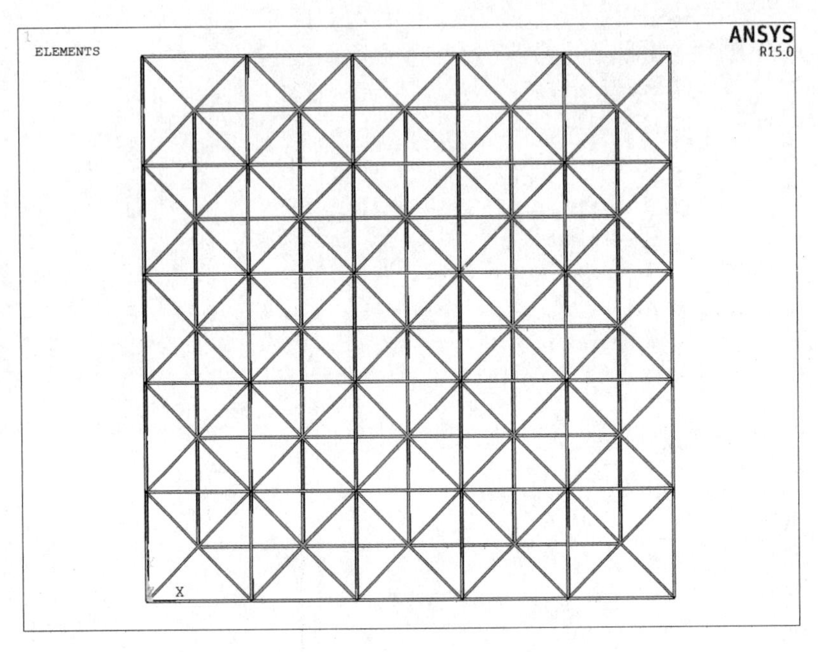

图 4-14 网架结构的分析模型

2. 加载及计算

约束上弦周边节点的全部自由度，采用 TUNIF 命令施加均匀温度变化并求解。采用以下命令流实现加载和计算：

```
/SOLU                                   !进入求解器
NSEL,S,LOC,X,-0.1,0.1
NSEL,A,LOC,X,4.9,5.1
NSEL,A,LOC,Y,-0.1,0.1
NSEL,A,LOC,Y,4.9,5.1
D,ALL,ALL
allsel,all
TUNIF,-30
Solve                                   !求解
FINI                                    !退出求解器
```

图 4-15 所示为施加约束后的网架模型显示情况。

3. 结果后处理

（1）整体变形观察。

在 POST1 中进行后处理，读入计算结果，改变为侧视图观察整体变形情况（如图 4-16 所示），相关的操作命令如下：

```
/POST1                          !进入通用后处理器
SET,FIRST                       !读入结果文件
/VIEW, 1 ,,-1                   !改变视图角度
/REP,FAST                       !重新绘图
PLDISP,0                        !绘制结构变形图
```

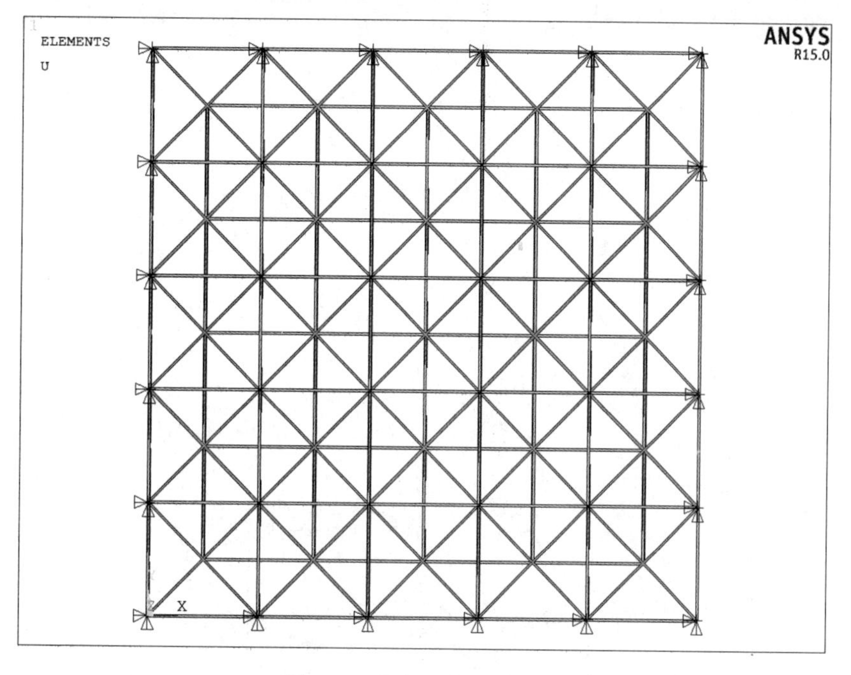

图 4-15　施加约束后的模型

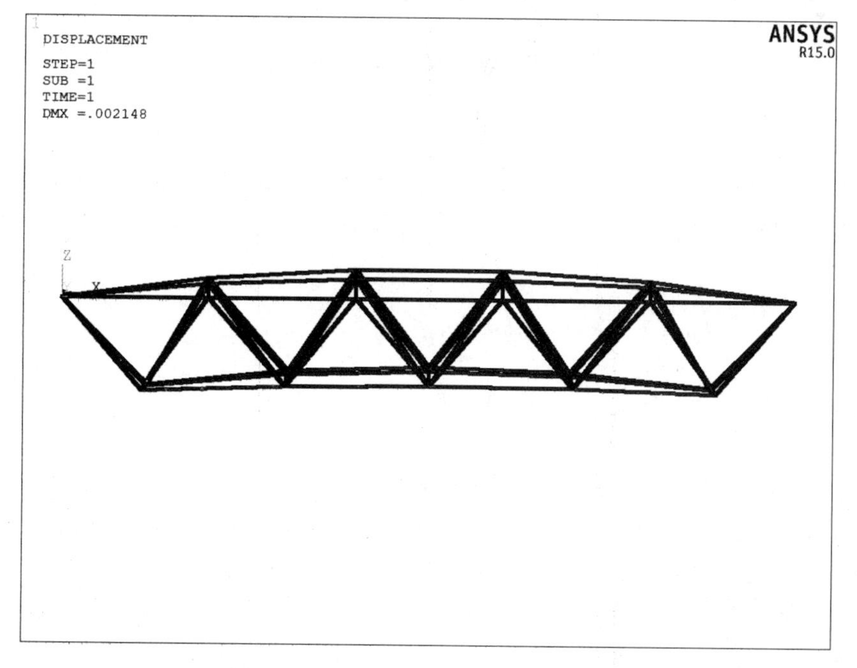

图 4-16　结构变形后的形状（侧视图）

（2）绘制变形等值线图。

改变视图到合适的方位，通过以下命令绘制结构的变形等值线（如图 4-17 所示）：

```
PLNSOL,U,Z,1,1                    !绘制结构竖向位移分布等值线图
```

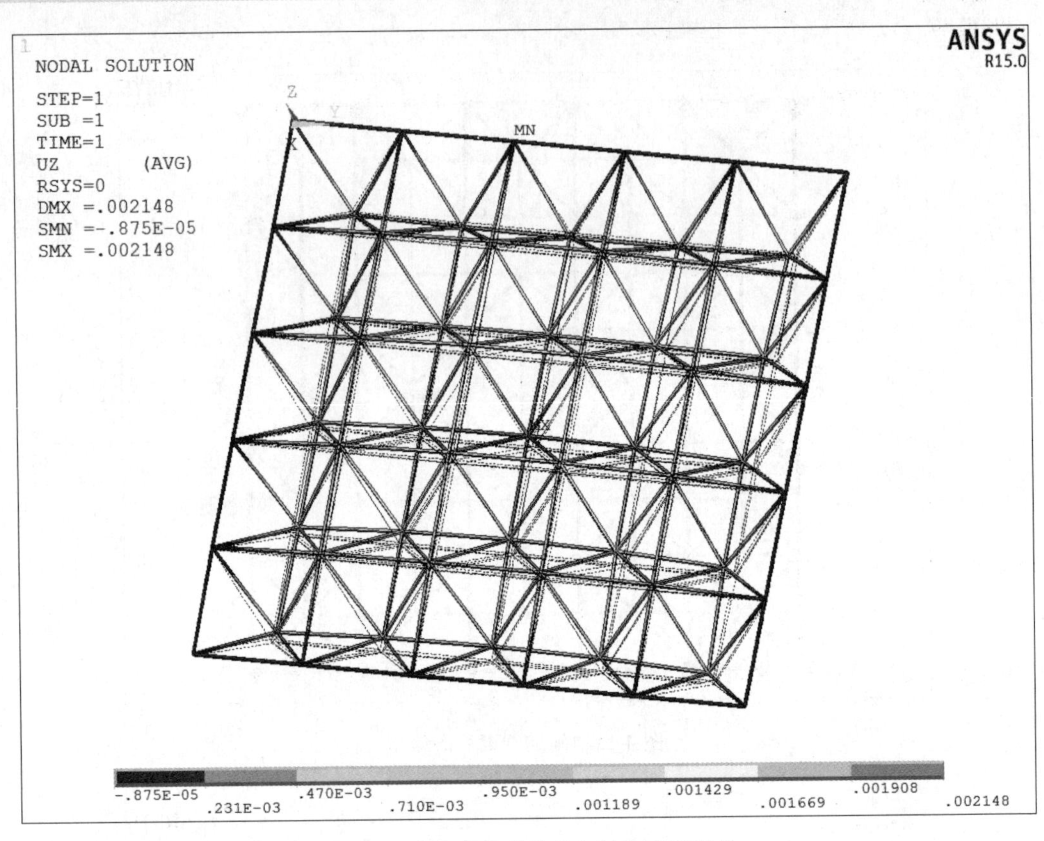

图 4-17　竖向挠度等值线与结构变形形状

（3）绘制结构轴力图。

改变视图到合适的方位，通过下列命令定义单元表并绘制结构轴力图（如图 4-18 所示），其中 LINK180 单元的轴力通过单元表中的 SMISC 结果序列提取，保存为单元表项目 AXIALF：

```
ETABLE,AxialF,SMISC, 1            !定义单元表
PLLS,AXIALF,AXIALF,1,0            !绘制结构的轴力图
```

4.3.2　独立重力坝的静力分析

某一独立混凝土重力坝体，其坝体断面及下卧土层截面如图 4-9 所示，坝高 70m，上游坡面垂直，下游坡度为 0.84。上游水位 67m，下游水位 45m，坝体下卧土层由粘性土和花岗岩构成。材料属性如表 4-3 所示。水的容重为 10kN/m^3。

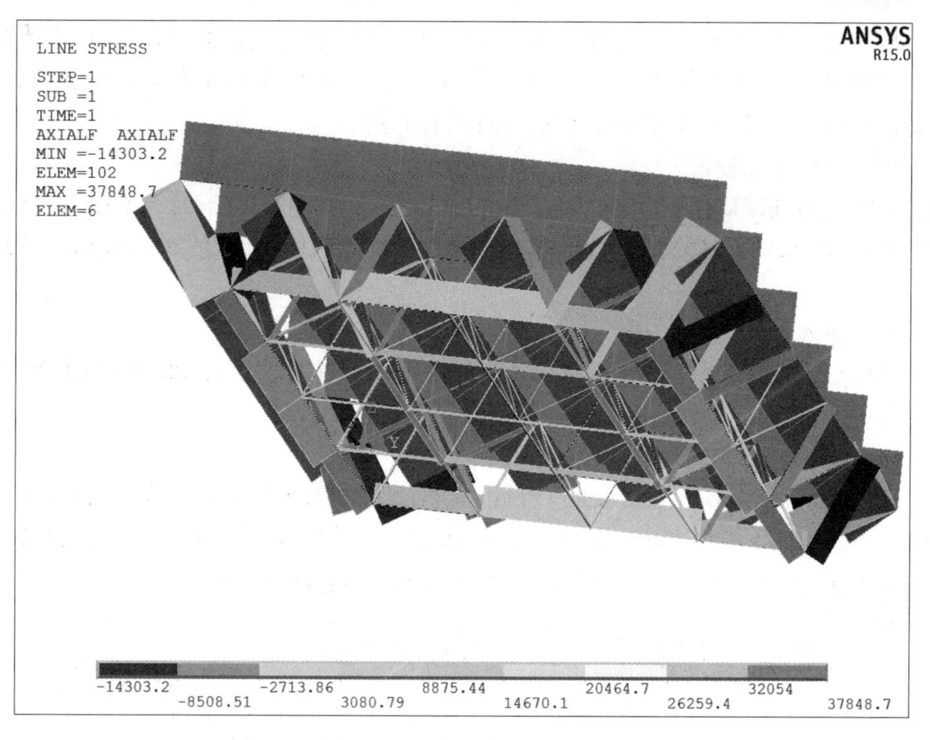

图 4-18　网架结构的轴力图

表 4-3　重力坝材料属性

材料编号	材料类型	弹性模量（Pa）	泊松比	密度（kg/m^3）
1	混凝土	2.1×1010	0.2	2400
2	粘性土	1.0×108	0.35	2200
3	花岗岩	2.98×1010	0.17	2600

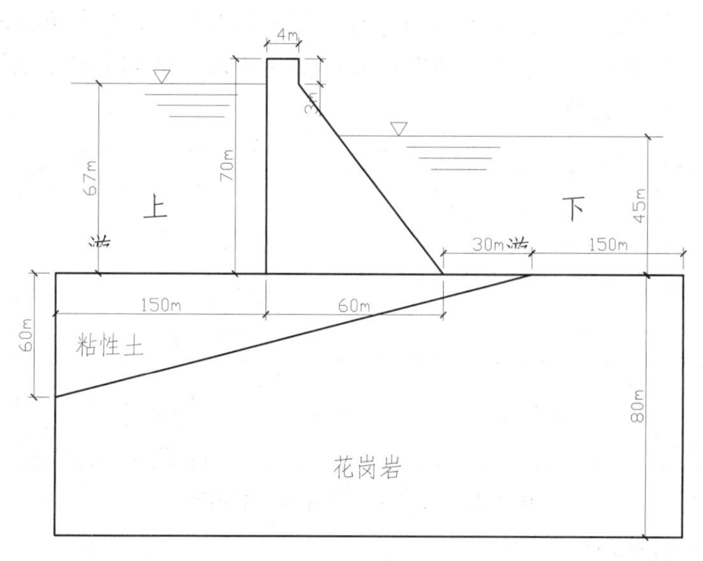

图 4-19　重力坝及其地基土层剖面

重力坝坝体很长且两端位移受到约束，而且重力和其他载荷沿长度均匀作用于坝体横截面内，所以坝体的受力状态是典型的平面应变状态。下面按照操作的先后步骤对该问题在 Mechanical APDL 的 GUI 中建模及分析的过程进行介绍。

第 1 步：分析环境设置。

通过菜单项 Utility Menu>File>Change Jobname 指定分析的工作名称为 Gravity Dam，通过菜单项 Utility Menu>File>Change Title 指定图形显示区域的标题为 stress analysis of a gravity dam。

第 2 步：进入前处理器。

设置完成后，选择菜单项 Main Menu>Preprocessor 进入前处理器 PREP7 以开始建模和其他的前处理操作。

第 3 步：定义单元类型。

单击菜单 Main Menu>Preprocessor>Element Type>Add/Edit/Delete，弹出 Element Types 对话框，单击 Add 按钮，弹出 Library of Element Types 对话框，如图 4-20 所示。选择 Structural>Solid>Quad 4node 182 单元，单击 OK 按钮返回 Element Types 对话框。

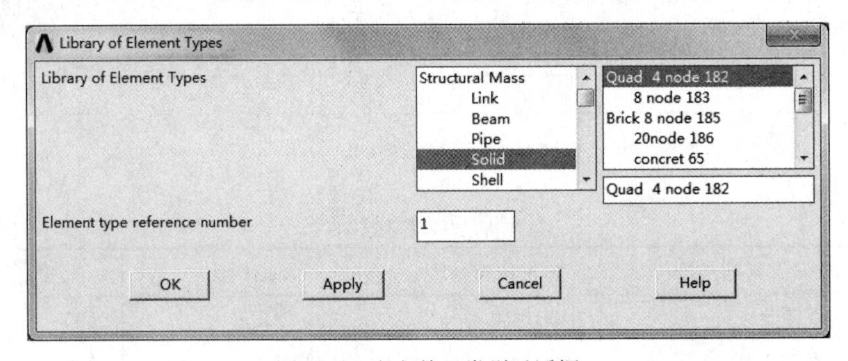

图 4-20　定义单元类型对话框

第 4 步：设置单元平面应变选项。

设置单元平面应变性质。当 Element Types 对话框仍然打开时选中 Plane182 单元，单击 Options 按钮，弹出如图 4-21 所示的对话框，在 Element behavior 列表框中选择 Plane Strain 选项，单击 OK 按钮关闭对话框。

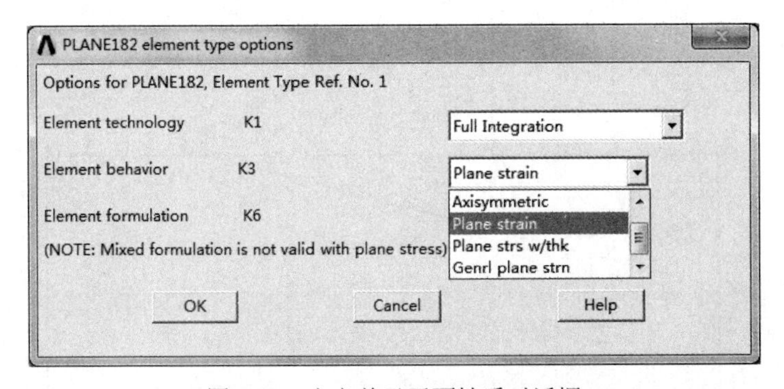

图 4-21　定义单元平面性质对话框

第 5 步：定义材料模型。

选择菜单项 Main Menu>Preprocessor>Material Props>Material Models，将出现 Define Material Model Behavior 对话框，在窗口的右侧依次双击 Structural→Linear→Elastic→Isotropic，在出现的对话框中输入混凝土材料的弹性模量 2.1e10（单位为 N/m^2，与长度单位 m 对应）和泊松比 0.2。单击 OK 按钮，返回到 Define Material Modal Behavior 窗口。在 Define Material Model Behavior 对话框中双击 Structural>Linear>Density，在弹出的对话框中定义单元材料密度 DENS=2400（单位为 kg/m^3）。

再返回到 Define Material Modal Behavior 窗口，选择该窗口标题栏中的 Material>New Modal，弹出 Define Material ID 对话框，单击 OK 按钮。选中 Define Material Modal Behavior 左边窗口中新建的 Material Modal Number2 项以定义粘性土的材料模型，依照定义混凝土材料的方法定义粘性土的材料属性即可。类似地，定义材料 3——花岗岩的材料参数。定义完上述 3 种材料的材料模型后，单击 Close 按钮退出 Define Material Modal Behavior 对话框。

第 6 步：定义关键点。

单击菜单 Main Menu>Preprocessor>Modeling>Create>Keypoints>In Active CS，弹出如图 4-22 所示的对话框。

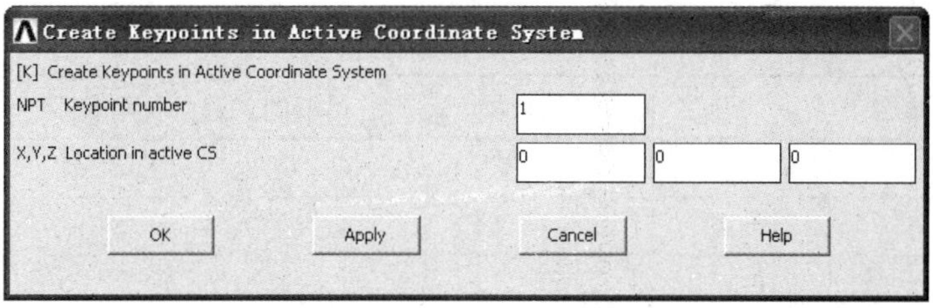

Create Keypoints in Active Coordinate System

[K] Create Keypoints in Active Coordinate System

NPT　Keypoint number　1

X,Y,Z　Location in active CS　0　0　0

OK　Apply　Cancel　Help

图 4-22　创建关键点对话框

输入关键点序号和关键点坐标，定义模型的 1～17 号关键点，其编号和坐标如表 4-4 所示。

表 4-4　模型关键点编号和坐标

关键点 ID	X	Y	Z
1	0	0	0
2	-56	57	0
3	-56	70	0
4	-60	70	0
5	-60	67	0
6	-60	0	0
7	-210	0	0
8	-210	-60	0
9	-60	-22.5	0
10	0	-7.5	0
11	30	0	0
12	180	0	0

续表

关键点 ID	X	Y	Z
13	180	-140	0
14	30	-140	0
15	0	-140	0
16	-60	-140	0
17	-210	-140	0

第 7 步：定义坝体及坝基面积。

单击菜单 Main Menu>Preprocessor>Modeling>Create>Areas>Arbitrary>Through KPs，弹出拾取对话框。由于利用关键点创建面时必须按顺序依次选取，因此首先创建混凝土坝体。依次选择关键点 2、3、4、5，单击对话框中的 Apply 按钮。继续创建面，依次选择关键点 2、5、6、1，单击对话框中的 Apply 按钮，混凝土坝体创建完毕。可依照上述方法建立坝基中粘性土层和花岗岩层的面。与各个面相应的关键点如表 4-5 所示。

表 4-5　连接面的关键点

面编号	拾取的关键点及其顺序
3	6、7、8、9
4	1、6、9、10
5	11、1、10
6	8、17、16、9
7	9、16、15、10
8	10、15、14、11
9	11、12、13、14

第 8 步：定义网格密度。

采用由线段等分控制面网格的方法可以得到较好的网格划分。为了方便选取直线，先打开线编号开关，具体操作步骤为：单击 Utility Menu>PlotCtrls>Numbering，弹出 Plot Numbering Controls 对话框，在 LINE 复选框上打钩，使其处于 On 状态，单击 OK 按钮退出此对话框。单击 Utility Menu>Plot>Lines，显示本次建模创建的所有线及其编号。

单击菜单项 Main Menu>Meshing>Size Cntrls>ManualSize>Lines>Picked Lines，会弹出 Element Size on Picked Lines 拾取对话框。选择线编号为 1、2、3、4 的 4 条直线，单击 OK 按钮，弹出 Element Sizes on Picked Lines 对话框，如图 4-23 所示。在 NDIV 文本框中输入 2，即所要划分出的网格每条直线上单元的边数。单击 Apply 按钮，继续按上述方法选择直线，每次选择的直线和需要划分的份数如表 4-6 所示。将所有线段划分完毕后，单击 OK 按钮退出该操作。

表 4-6　各线段划分份数分组表

需要选择的直线	NDIV
第一组：1、2、3、4	2
第二组：5、6、7、12、16、19	10
第三组：9、11、13、14、15、21、	5
第四组：8、10、17、20、22、23、24、25、20	20
第五组：18	15

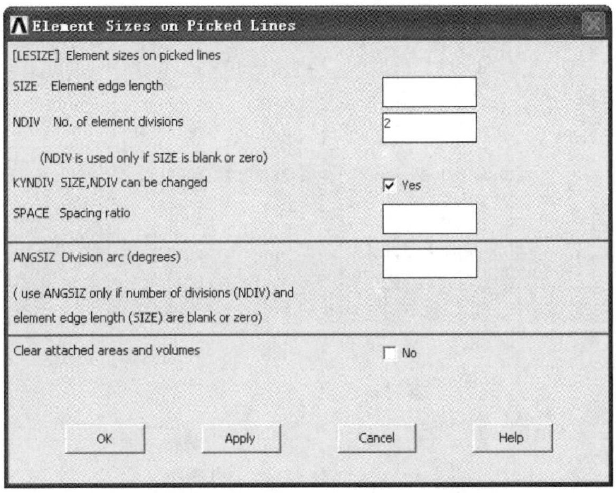

图 4-23　定义所选线段划分份数

第 9 步：指定单元属性并剖分网格。

划分网格之前，需要对建立的单元的属性进行指定，首先划分混凝土坝体。单击菜单项 Main Menu>Preprocessor>Meshing>Mesh Attributes>Default Attribs，弹出 Meshing Attributes 对话框，在其中指定混凝土的单元类型为 1 PLANE182，材料类型号为 1，单击 OK 按钮退出此对话框。

单击 Utility Menu>PlotCtrls>Numbering，弹出 Plot Numbering Controls 对话框，在 AREA 复选框上打钩，使其处于 On 状态，显示面编号，同时使 LINE 复选框处于 Off 状态，单击 OK 按钮退出该对话框。单击 Utility Menu>Plot>Areas，显示本次建模创建的面及其编号。单击菜单项 Main Menu>Meshing>Mesh>Areas>Free，弹出拾取对话框，选取面编号为 1 和 2 的两个面，单击 OK 按钮，得到划分的网格。再定义粘土的单元属性，方法同上。选择构成粘土层的面 3、4、5，划分网格。花岗岩层的网格划分也依照上述方法，选择面编号为 6、7、8、9 的 4 个面，不再赘述。划分网格后的模型如图 4-24 所示。

第 10 步：定义位移边界条件。

坝体地基土层两侧及底面按固定位移边界来考虑。

选择菜单项 Main Menu>Loads>Define Loads>Apply>Structural>Displacement>On Lines，弹出 Apply U,ROT on Lines 对象拾取框，用鼠标在图形显示区域点选花岗岩坝基的所有底边直线，单击 Apply 按钮，弹出 Apply U，ROT on Lines 对话框。在 DOFs to be constrained 列表中选择 ALL DOF，单击 Apply 按钮，再次弹出 Apply U,ROT on Lines 对象拾取框，用鼠标在图

形显示区域点选坝基两个侧边的所有直线（粘土层和花岗岩层），单击 Apply 按钮，弹出 Apply U,ROT on Lines 对话框，在 DOFs to be constrained 列表中选择 UX，单击 OK 按钮。

ELEMENTS
ANSYS
R15.0
static analysis of the gravity dam

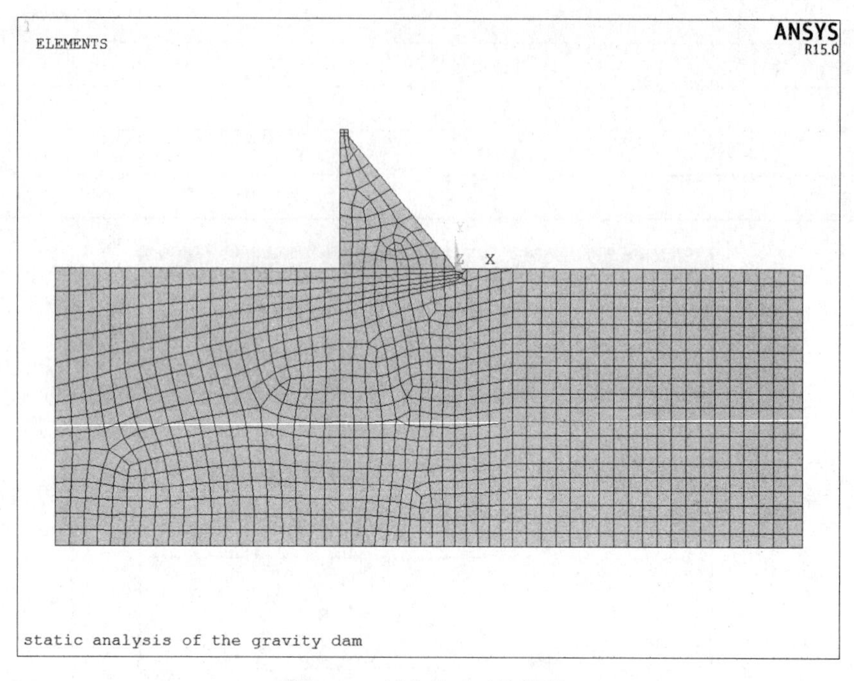

图 4-24　划分单元后的模型

第 11 步：对坝底的两侧表面施加静水压力。

为方便施加线载荷，按前述方法显示线及其编号。

选择菜单项 Main Menu>Loads>Define Loads>Apply>Structural>Pressure>On Lines，弹出 Apply PRES 对象拾取框，用鼠标在图形显示区域点选线编号为 8 的直线，单击 Apply 按钮，弹出 Apply PRES on lines 对话框，在第一个文本框中输入 0，在第二个文本框中输入 670000，如图 4-25 所示。

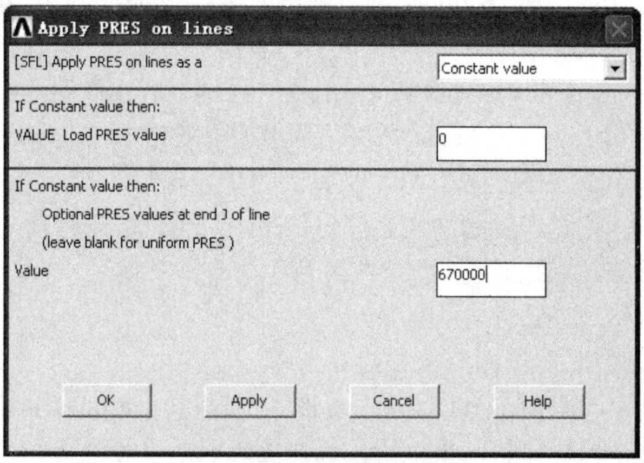

Apply PRES on lines
[SFL] Apply PRES on lines as a
Constant value
If Constant value then:
VALUE Load PRES value
0
If Constant value then:
Optional PRES values at end J of line
(leave blank for uniform PRES)
Value
670000
OK
Apply
Cancel
Help

图 4-25　施加压力载荷对话框

单击 Apply 按钮，返回 Apply PRES 对象拾取框，在图形显示区域点选线编号为 14 和 23

的两条直线，单击 Apply 按钮，再次弹出 Apply PRES on lines 对话框，在第一个文本框中输入 0，在第二个文本框中输入 450000，单击 OK 按钮退出。施加完线载后会出现一个红色的箭头表示施加力的方向。

第 12 步：对上游坝体施加侧向水压力。

坝体受到的侧向水压力是一个随高度而变的三角形载荷。先施加上游侧向水压力，选择菜单项 Main Menu>Loads>Define Loads>Apply>Structural>Pressure>On Lines，弹出 Apply PRES 对象拾取框，用鼠标在图形显示区域点选线编号为 5 的直线，单击 Apply 按钮，弹出 Apply PRES on lines 对话框，在第一个文本框中输入竖向载荷值 0，在第二个文本框中输入 670000，单击 OK 按钮退出。

第 13 步：定义局部坐标系。

对于下游坝体，由于具有一定的坡度，故先定义一个局部坐标系以方便侧向水压力的施加。选择 Utility Menu>WorkPlane>Local Coordinate System>Create Local CS>At Specified Loc，弹出 Create CS at Location 对象拾取框，在该项的文本框中输入 0，单击 OK 按钮，弹出 Create Local CS at Specified Location 对话框，如图 4-26 所示。其他选项接受默认设置，将 XC、YC、ZC 对应方框内的数值均设置为 0，在 THXY 对应的方框内填入 39.89，代表新坐标系相对于原坐标系旋转的角度，其他内容均按默认即可。单击 OK 按钮确认，退出局部坐标系定义对话框。

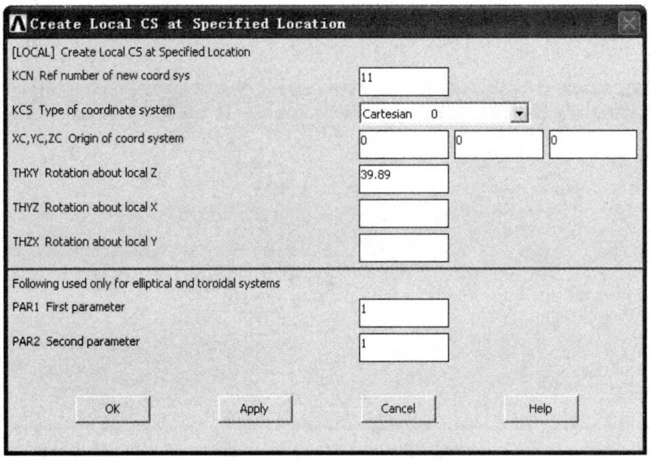

Create Local CS at Specified Location
[LOCAL] Create Local CS at Specified Location
KCN Ref number of new coord sys　11
KCS Type of coordinate system　Cartesian 0
XC,YC,ZC Origin of coord system　0　0　0
THXY Rotation about local Z　39.89
THYZ Rotation about local X
THZX Rotation about local Y
Following used only for elliptical and toroidal systems
PAR1 First parameter　1
PAR2 Second parameter　1
OK　Apply　Cancel　Help

图 4-26　定义局部坐标系

第 14 步：选择将被施加下游水压力的节点。

为了对下游坝体施加三角形水压力，先选择需要施加载荷的坝体单元。具体步骤为：单击 Utility Menu>Select>Entities，弹出 Select Entities 对话框，在 By Num/Pick 下拉列表中选择 By Location，在 Min,Max 文本框中输入-0.001,0.001，如图 4-27（a）所示，单击 Apply 按钮继续选择，此时再选中 Y coordinates，在 Min,Max 文本框中输入 0,58.65，再选中下面的 Reselect 项，如图 4-27（b）所示，单击 OK 按钮，退出 Select Entities 对话框。

第 15 步：对下游坡面施加水压力载荷。

定义欲施加在所选择节点上的三角形载荷坡度。

选择菜单项 Main Menu>Preprocessor>Loads>Define Loads>Settings>For Surface Ld>Gradient，

弹出 Gradient Specification for Surface Loads 对话框，如图 4-28 所示。在 Lab 下拉列表中选择 Pressure，在 SLOPE 中输入-7673，在 Sldir 下拉列表中选择 Y direction，在 SLZER 文本框中输入 58.65，在 SLKCN 文本框中输入 11。单击 OK 按钮，定义完毕退出该对话框。

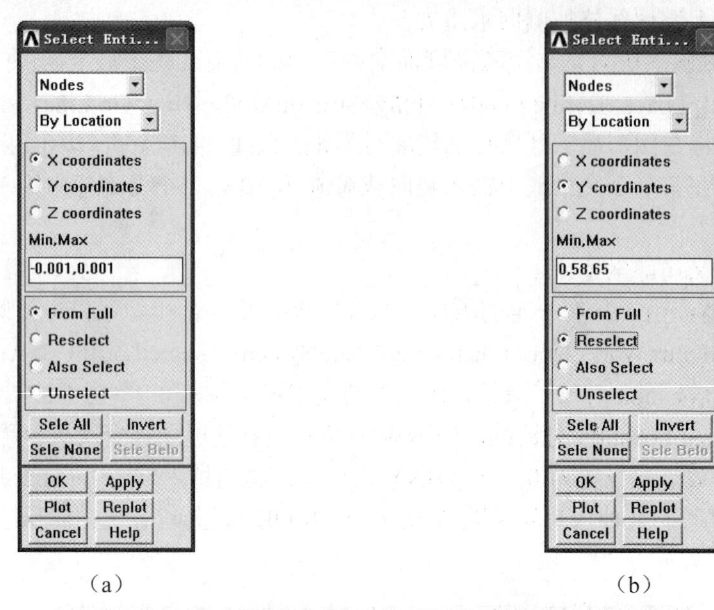

（a）　　　　　　　　（b）

图 4-27　节点选择对话框

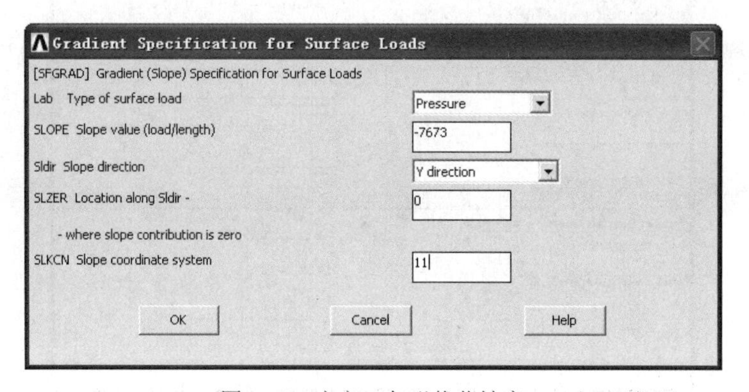

图 4-28　定义三角形载荷坡度

单击菜单项 Main Menu>Preprocessor>Loads>Define Loads>Apply>Structural>Pressure>On Nodes，弹出 Apply PRES on Nodes 对象拾取框，单击 Pick All 按钮，弹出 Apply PRES on nodes 对话框，如图 4-29 所示。在 VALUE Load PRES value 文本框中键入 450000，单击 OK 按钮退出定义载荷对话框。下游水压力载荷定义完毕。通过菜单项 Utility Menu>Select>Everything 恢复选择全集。

第 16 步：转换几何模型载荷。

单击菜单项 Main Menu>Preprocessor>Loads>DefineLoads>Operate>Transfer to FE> Surface Loads，弹出 Transfer Solid Model Surface Loads to Elements 对话框，单击 OK 按钮，将前面定义的线压力载荷转换为施加在单元上的压力载荷。

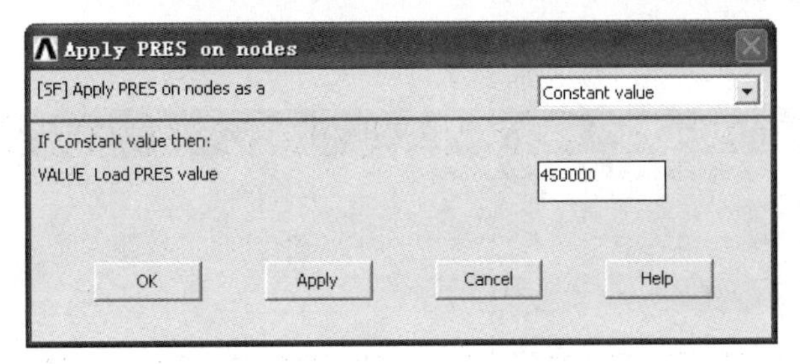

图 4-29　对已选节点施加压力载荷

第 17 步：显示已定义的所有压力载荷。

选择菜单 Utility Menu>PlotCtrls>Symbols，弹出 Symbols 选项对话框，在 Boundary condition symbol 选项中选择 None，在 Surface Load Symbols 下拉列表中选中 Pressures，在 Show pres and convect as 下拉列表中选中 Arrows，其他项保持默认，单击 OK 按钮退出对话框，可以在图形显示区显示出本次分析所定义的所有压力载荷，如图 4-30 所示。

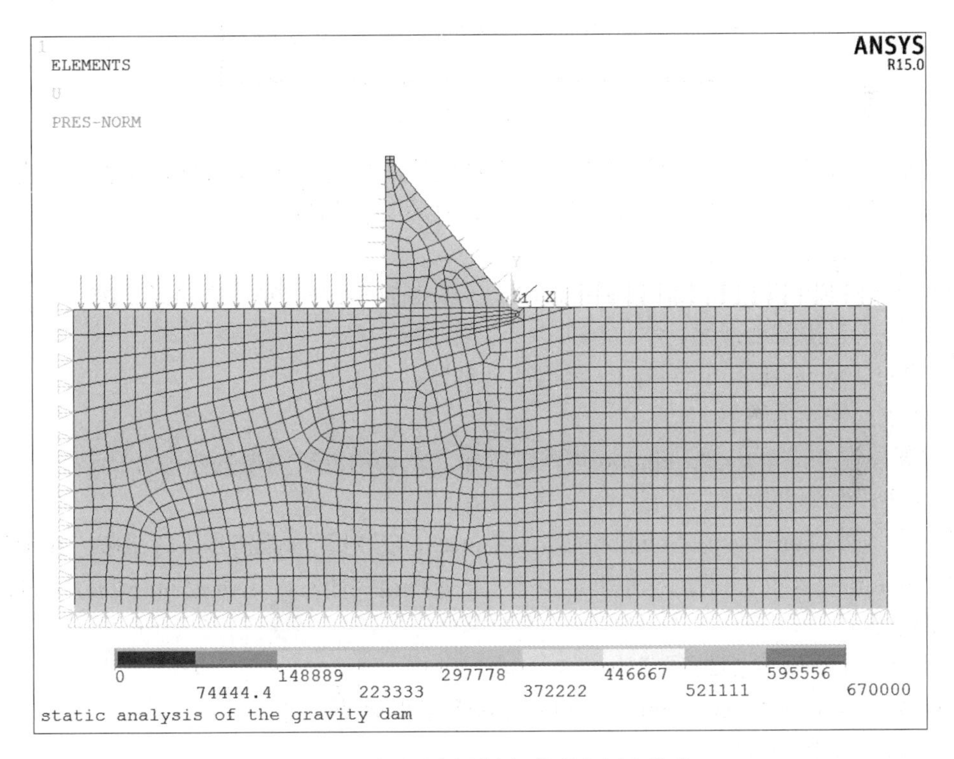

图 4-30　本次分析所施加的所有压力载荷

第 18 步：转换局部坐标系为整体坐标系。

将坐标系转换至总体笛卡儿坐标系，单击 Utility Menu>Change Active CS to>Specified Coord Sys，弹出 Change Active CS to Specified CS 对话框，在 KCN 文本框中输入 0，单击 OK 按钮退出，如图 4-31 所示。

第 19 步：定义重力加速度。

单击菜单项 Main Menu>Solution>Define Loads>Apply>Structural>Inertia>Gravity，弹出如图 4-32 所示的对话框。在 ACELY 文本框中输入重力加速度 9.8，定义一个沿 Y 方向的重力加

速度，大小为 9.8m/s^2。

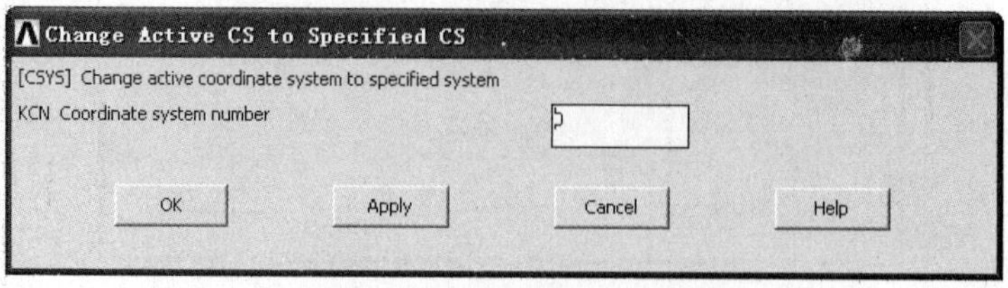

图 4-31　转换坐标系对话框

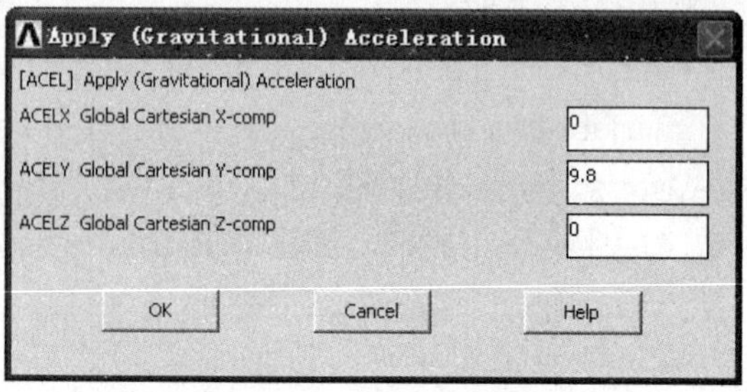

图 4-32　定义重力加速度

定义重力加速度后在图形窗口会出现一个红色箭头指向 Y 轴正方向，这表示重力加速度已经定义并沿 Y 方向，而重力方向恰恰与重力加速度方向相反。

第 20 步：保存有限元模型。

至此已经完成全部建模操作，单击常用工具条中的 SAVE_DB 按钮保存模型。

第 21 步：退出前处理器。

单击 Main Menu>Finish 菜单项，退出前处理器。

第 22 步：进入求解器。

通过菜单项 Main Menu>Solution 进入求解器。默认的分析类型为静力分析。

第 23 步：求解并退出求解器。

通过菜单项 Main Menu>Solution>Solve>Current LS 对当前载荷步进行求解。在求解结束后，弹出 Solution is done!信息提示框，单击 Close 按钮关闭它。单击 Main Menu>Finish 菜单项退出求解器。

第 24 步：进入通用后处理器。

通过菜单项 Main Menu>General Postproc 进入通用后处理器。

第 25 步：绘制变形形状。

单击菜单项 Main Menu>General Postproc>Plot Results>Deformed Shape，在弹出的对话框中选择 Def+undef edge，得到坝体及坝基变形情况，如图 4-33 所示。

第 26 步：绘制位移及应力等值线图。

单击菜单项 Main Menu>General Postproc>Plot Results>Contour Plot>Nodal Solution，在弹出的对话框中选择 DOF Solution 和 Displacement vector sum，得到的坝体及坝基上各点的位移等值线图形，如图 4-34 所示。

单击菜单项 Main Menu>General Postproc>Plot Results>Contour Plot>Nodal Solution，在弹出的对话框中选择 Stress 和 Von Mises，得到结构中的 Mises 应力分布，如图 4-35 所示。

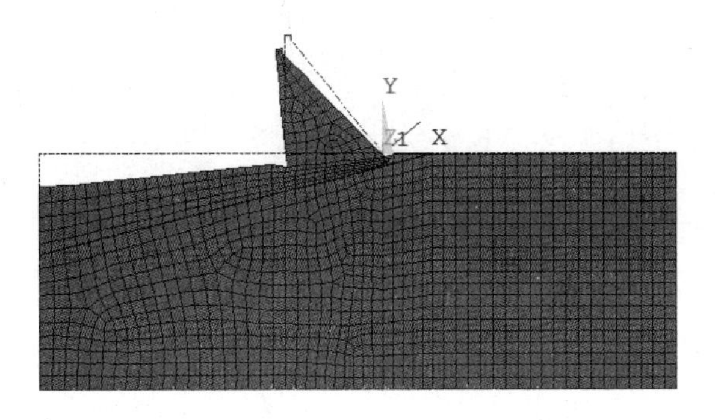

图 4-33　坝体及坝基变形形状图

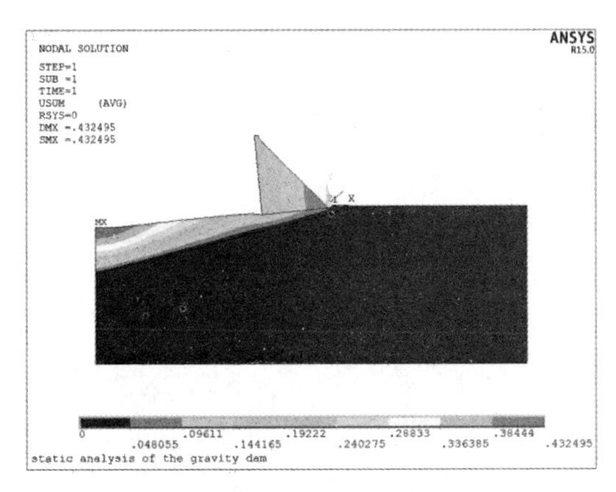

图 4-34　坝体及坝基位移等值线图

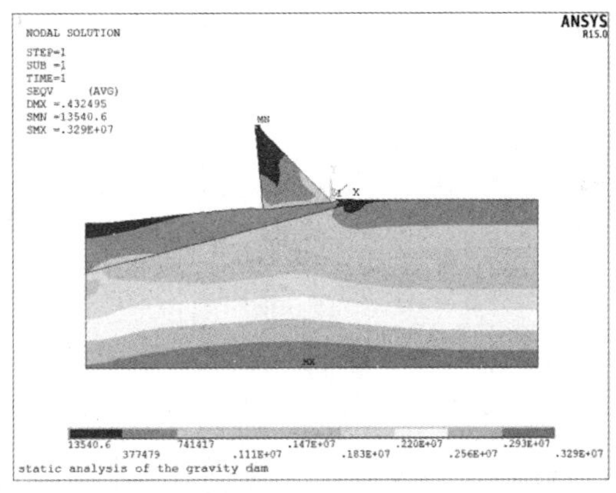

图 4-35　坝体及坝基应力等值线图

与上述建模和分析 GUI 操作过程对应的命令流如下：

```
!**********************************************************
!*                 独立重力坝静力分析                      *
!**********************************************************
!（1）分析环境设置
/FILENAME,Gravity dam                        !指定工作名称
/title,static analysis of the gravity dam    !指定图形显示标题
/rep
!（2）进入前处理器
/prep7                                       !进入前处理器
!（3）定义单元类型及平面应变选项
et,1,plane182,,,2                            !定义单元类型及平面应变选项
!（4）定义材料模型及参数
mp,ex,1,2.1e10                               !定义混凝土材料模型
mp,prxy,1,0.2
mp,dens,1,2400
mp,ex,2,1.0e8                                !定义粘性土材料模型
mp,prxy,2,0.35
mp,dens,2,2200
mp,ex,3,2.98e10                              !定义花岗岩材料模型
mp,prxy,3,0.17
```

```
mp,dens,3,2600
!（5）定义关键点
k,1, $ k,2,-56,67                        !定义建立本次模型所需要的所有关键点
k,3,-56,70 $ k,4,-60,70
k,5,-60,67 $ k,6,-60,0
k,7,-210,0 $ k,8,-210,-60
k,9,-60,-22.5 $ k,10,0,-7.5
k,11,30,0,0 $ k,12,180,0
k,13,180,-140 $ k,14,30,-140
k,15,0,-140 $ k,16,-60,-140
k,17,-210,-140
!（6）创建直线
l,1,2 $ l,5,6 $ l,1,6                     !单独创建直线，是为了方便划分线密度
l,9,10 $ l,15,16 $ l,8,17
l,2,3 $ l,3,4 $ l,4,5
l,2,5 $ l,7,8 $ l,6,9
l,1,10 $ l,1,11 $ l,10,11
l,14,15 $ l,6,7 $ l,9,8
l,16,17 $ l,10,15 $ l,11,14
l,11,12 $ l,12,13 $ l,13,14
l,9,16
!（7）创建坝体及坝基面
al,7,8,9,10                              !通过已建立的线创建面
al,1,3,2,10
al,11,18,12,17
al,12,4,13,3
al,13,15,14
al,6,19,25,18
al,25,5,20,4
al,20,16,21,15
al,21,24,23,22
!（8）定义线网格密度
*do,i,1,6                                !设定循环变量
lesize,i,,,10                            !进行线网格划分
*enddo                                   !结束循环，完成第一部分线网格划分
*do,i,7,10                               !进行第二部分线网格划分
lesize,i,,,2
*enddo
*do,i,11,16,1                            !进行第三部分线网格划分
lesize,i,,,5
*enddo
*do,i,17,24,1                            !进行第四部分线网格划分
lesize,i,,,20
*enddo
lesize,25,,,15
!（9）划分面网格
mshkey,0                                 !面自由网格划分
type,1                                   !单元类型
mat,1                                    !材料类型
amesh,1,2                                !划分编号为 1、2 面的网格
```

```
type,1
mat,2
amesh,3,5,1                              !划分面编号为3、4、5的面网格
type,1
mat,3
amesh,6,9,1                              !划分面编号为6、7、8、9的面网格
eplot                                    !显示已划分的所有单元
                                         !模型建立完成
!（10）定义位移边界条件
nsel,s,loc,x,-210                        !选择坝基左边界点
nplot                                    !显示所选节点
d,all,ux,                                !对所选节点施加x方向的侧向约束
allsel,all                               !选择全部
nsel,s,loc,x,180                         !选择坝基右边界点
nplot                                    !显示所选节点
d,all,ux,                                !对所选节点施加x方向的侧向约束
allsel,all                               !选择全部
nsel,s,loc,y,-140                        !选择坝基底部所有节点
nplot                                    !显示所选节点
d,all,all                                !对所选节点施加全约束
allsel,all                               !选择全部
!施加约束完成
!（11）对坝基施加竖向载荷
lplot                                    !显示模型的所有线
/pnum,line,1                             !打开线编号开关
/rep                                     !显示线编号
sfl,17,pres,670000                       !定义水压力对坝基的竖向载荷
sfl,14,pres,14,450000
sfl,22,pres,450000
!（12）对上游坝体施加侧向水压力
sfl,2,pres,,670000                       !定义上游坝体受到的侧向水压力
!（13）定义局部坐标系
local,11,0,,,,39.89
!（14）选择将被施加水压力的下游坝体节点
nsel,s,loc,x,-0.001,0.001                !在新坐标系下选择节点
nsel,r,loc,y,0,58.65                     !在已选节点集下再选择节点
nplot                                    !显示所选节点
!（15）下游坡面施加水压力载荷
sfgrad,pres,11,y,0,-7673                 !定义三角形载荷坡度
sf,all,pres,450000                       !对所选单元施加压力载荷
allsel,                                  !选择全部
!（16）转换几何模型载荷到有限元模型
sftran                                   !将所有载荷转换为单元载荷
!（17）显示面载荷
/psf,pres,norm,2,0,1                     !定义显示载荷选项
/rep                                     !显示所有已施加压力载荷
!（18）转换局部坐标系为整体坐标系
csys,0                                   !转换为整体笛卡儿坐标系
!（19）定义重力加速度
acel,,9.8                                !定义自重载荷
```

```
!载荷施加完成
!（20）保存有限元模型
save
finish
!（21）进入求解模块
/solu
!（22）求解当前载荷步
solve
finish                                   !求解完成，退出求解模块
!（23）进入通用后处理器
/post1
!（24）绘制变形形状
pldisp,2                                 !绘制变形形状
!（25）绘制位移以及应力等值线图
plnsol,u,sum,0,1.0
plnsol,s,eqv,0,1.0
```

4.3.3 施工防护结构的静力计算

本节要分析的问题为某路桥施工防护结构中的一个承重桁架，如图 4-36 所示。在城市立交桥等市政工程的修建过程中，桥下施工防护经常采用多榀桁架结构来承重。图中两榀钢桁架通过角钢横撑连接，形成一个组合的空间钢桁架。

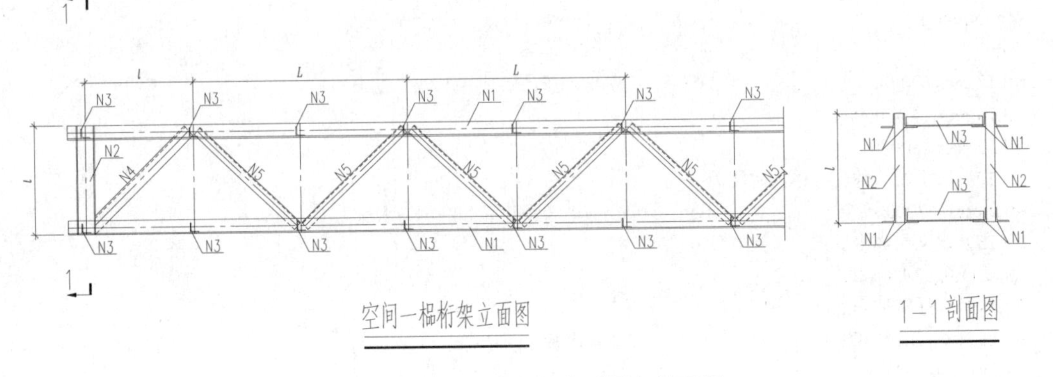

图 4-36 承重桁架的立面图和剖面图

在分析过程中，所有弦杆（上、下弦）、端部的竖杆、横向撑杆均采用 BEAM188 单元来模拟，除端部竖杆之外的所有斜腹杆均采用桁架单元 LINK180 来模拟。

本例题的目的在于向读者介绍如下几个问题：

- 梁、杆单元的混用
- BEAM18X 单元库的使用
- BEAM18X 单元用户自定义任意截面的方法
- BEAM18X 单元定位节点的使用
- 后处理：载荷工况的组合方法

图 4-36 中结构的杆件类型编号及所需型钢截面类型、材料设计参数如表 4-7 所示。

表 4-7 型钢材料表

杆件编号	名称	型钢截面	密度（kg/m^3）	弹模（MPa）
N1	上下弦杆	2L75×75×8	7850	2.06×10^5
N2	竖杆	2L75×75×10		
N3	横撑杆	2L50×50×5		
N4	端斜杆	2L75×50×8		
N5	其他斜腹杆	2L50×50×5		

1. 创建梁截面文件

由于桁架的上下弦为双角钢组合截面，而在 Mechanical APDL 中提供的标准梁截面库中没有这种现成的截面，因此需要使用自定义截面功能建立截面文件，以供后续结构建模时采用。自定义截面操作采用批处理方式进行，相应的命令流如下：

```
!定义双角钢截面的命令流
!第 1 步：进入前处理器
/prep7                              !进入前处理器
!第 2 步：定义辅助单元类型
Et,1,mesh200                        !定义单元类型 MESH200
!第 3 步：设置 Mesh200 选项
keyopt,1,1,7                        !Mesh200 的 8 节点四边形选项
!第 4 步：建立截面关键点
k,1,24,,,                           !创建构成角钢截面的关键点
k,2,99,,,
k,3,99,8,,
k,4,32,8
k,5,32,75
k,6,24,75
!第 5 步：建立两个 L 形面
a,1,2,3,4,5,6                       !创建角钢面
arsym,x,all                         !角钢面关于 YZ 面镜像
!第 6 步：划分截面网格
aesize,all,20                       !指定划分面网格的尺寸
amesh,all                           !划分面网格
!第 7 步：写梁截面文件
secwrite,DLA,sect                   !写入截面文件
!第 8 步：退出前处理器
finish
!第 9 步：清除数据库
/clear
```

上述命令执行后，用户自定义截面完成，截面信息写入工作目录下的 DLA.SECT 文件中，此截面文件即可在后续的结构分析中引用。创建截面的过程中采用了 Mesh200 单元对面划分截面网格，计算中按照截面网格信息来计算截面积、惯性矩以及形心、剪心坐标等几何量。Mesh200 单元的 K1 选择了 QUAD 8-NODE 选项，这是由 BEAM18X 的截面积分算法所决定的，可参考单元手册中 BEAM18X 相关的内容。图 4-37 所示为通过 SECPLOT 显示的截面信息。

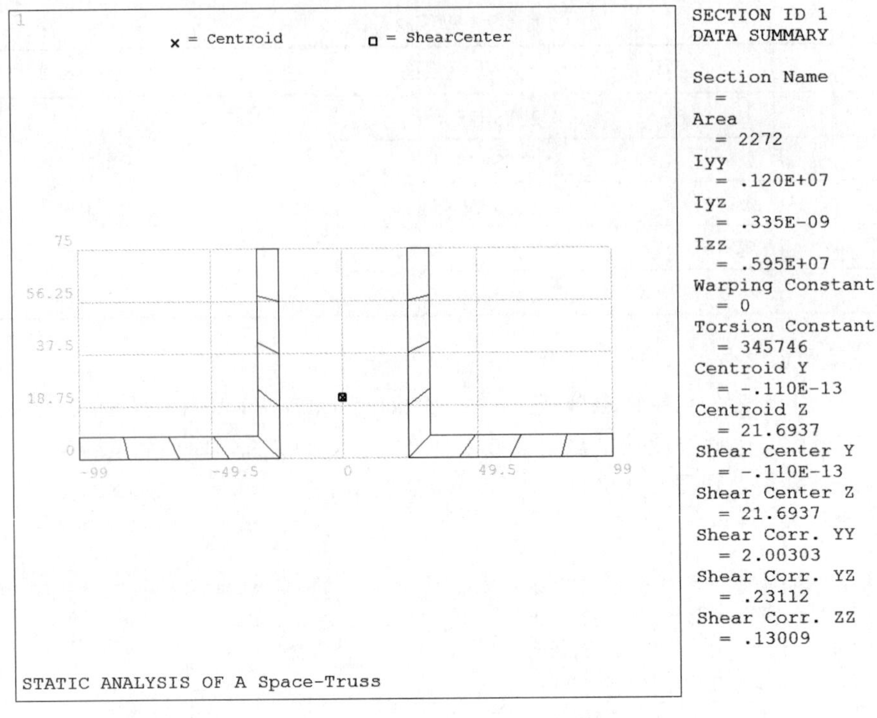

图 4-37　用户自定义截面形状及其网格划分

2. 结构建模与分析

下面进行结构建模、加载及计算，采用 N-mm-t 单位系统，密度的协调单位是 t/mm^3。

桁架底部搁置在钢梁上，分析中采用铰接约束，左端底部两个脚点施加 X、Y、Z 三个方向的约束，右端底部两个脚点施加 Y、Z 两个方向的约束。在计算中考虑两种载荷工况：桁架结构的自重、上部活载荷传至桁架节点的集中力。对两个工况分别采用不同的载荷步进行求解，然后在通用后处理器中对其进行载荷工况的组合计算。建模及计算采用批处理操作方式，对应命令流及相关的说明如下：

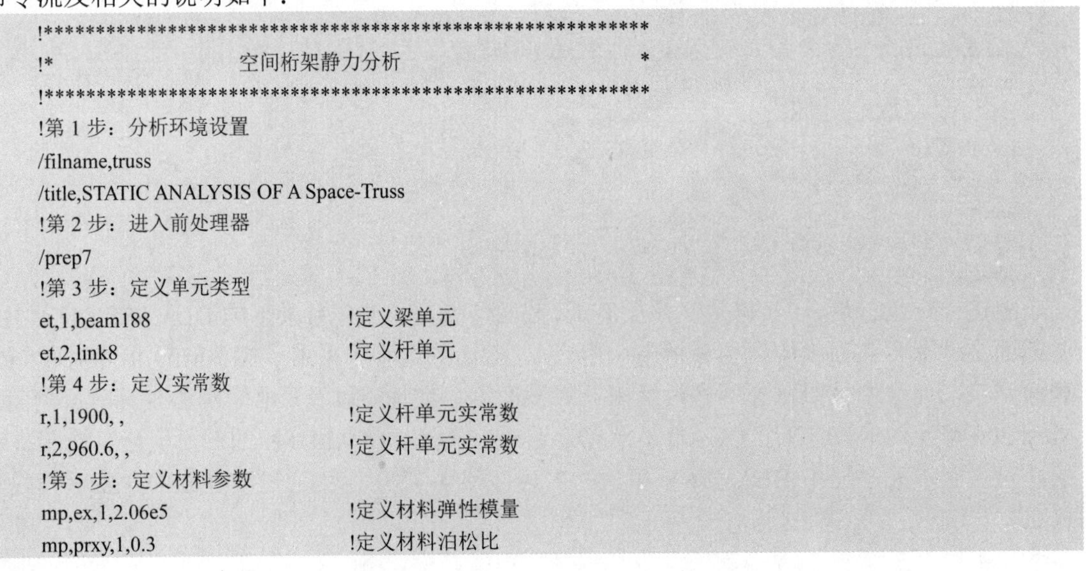

```
!*************************************************************
!*                    空间桁架静力分析                          *
!*************************************************************
!第 1 步：分析环境设置
/filname,truss
/title,STATIC ANALYSIS OF A Space-Truss
!第 2 步：进入前处理器
/prep7
!第 3 步：定义单元类型
et,1,beam188                    !定义梁单元
et,2,link8                      !定义杆单元
!第 4 步：定义实常数
r,1,1900, ,                     !定义杆单元实常数
r,2,960.6, ,                    !定义杆单元实常数
!第 5 步：定义材料参数
mp,ex,1,2.06e5                  !定义材料弹性模量
mp,prxy,1,0.3                   !定义材料泊松比
```

```
mp,dens,1,7.85e-9                    !定义材料密度
!第 6 步：读入用户自定义截面文件
sectype,1,beam,mesh,                 !定义梁单元截面及 ID 号
secoffset,user,0,37.5,               !指定截面偏置距离
secread,'DLA','sect',' ',mesh        !读入梁截面
!第 7 步：显示用户自定义截面属性
SECPLOT, 1,1
!第 8 步：定义其他需要的梁截面
sectype,2, beam, chan, , 0           !定义 ID 号为 2 的梁截面类型
secoffset, user, 24, 50              !指定截面中心偏置量
!指定槽钢梁截面的尺寸
secdata,48,48,100,5.3,5.3,5.3,0,0,0,0
sectype,3, beam, l, , 0              !指定 ID 号为 3 的梁截面类型
secoffset,cent                       !梁截面中心偏置量
secdata,50,50,5,5,0,0,0,0,0,0        !指定 L 形截面的尺寸
!第 9 步：定义下弦两端的关键点
k,                                   !定义关键点 10
k,33,19200                           !定义关键点 33
!第 10 步：填充关键点
kfill                                !在编号为 1 和 33 的关键点之间等距填充
!第 11 步：复制形成上弦关键点
kgen,2,all, , , ,500, ,33,0          !复制关键点
!第 12 步：创建一榀桁架几何模型的直线
*do,i,1,32                           !通过循环创建线对象
l,i,i+1
l,i+33,i+34
*enddo
*do,i,1,31,2
l,i,i+34
l,i+2,i+34
*enddo
l,1,34                               !创建直线
l,33,66                              !创建直线
!第 13 步：创建空间梁单元的方向定位关键点
k,100,0,1000                         !创建编号为 100 的关键点
k,101,19500                          !创建关键点，编号为 101
!第 14 步：指定线的单元属性
lsel,s,length,,600                   !选择长度为 600 的线段
latt,1,1,1, , 100, ,1                !定义线属性
allsel                               !恢复选择全部线对象
lsel,s,length,,500                   !选择长度为 500 的直段
latt,1,1,1, , 101, ,2                !定义选择直线的线段属性
allsel                               !恢复选择全部线对象
lsel,s,length,,700,800               !选择直线长度在 700～800 之间的直线
lsel,u,line, ,65,96,31               !在新集合中不选编号为 65 和 96 的两条端斜线
latt,1,2,2, , , ,1                   !对新选择的直线赋单元属性
allsel                               !恢复选择全部线对象
lsel,s,line, ,65,96,31               !选择两条端斜线
latt,1,1,2, , , ,1                   !对两条端斜线赋属性
allsel                               !恢复选择全部线对象
```

```
lesize,all, , ,1, , , , ,0                !指定线划分份数
!第 15 步：对线段划分单元
lmesh,all                                 !对线进行网格划分
!第 16 步：压缩节点编号
numcmp,all                                !对所有节点编号进行压缩
!第 17 步：创建另一榀桁架
ngen,2,132,all, , , , ,500,1,             !复制所有节点
egen,2,132,all, , , , , , , , ,500,       !复制单元
!第 18 步：建立两榀桁架之间的横撑
type, 1                                   !指点单元类型为 1
mat, 1                                    !指定材料编号为 1
real, 1                                   !指定实常数为 1
secnum, 3                                 !指定梁截面编号为 3
*do,i,5,129,4                             !直接法创建单元
e,i,i+132
*enddo
*do,i,7,127,4
e,i,i+132
*enddo
e,4,136                                   !创建不方便写入循环的单元
e,1,133
e,2,134
!第 19 步：显示单元形状
eplot                                     !显示创建的单元
/eshape,1,                                !显示单元截面形状
/rep                                      !重新绘图
!第 20 步：退出前处理器，桁架模型创建完毕
Finish
!第 21 步：进入求解器
/solu                                     !进入求解器
!第 22 步：施加约束
d,1,,,,,,ux,uy,uz,,,                      !对节点 1 施加三向位移约束
d,133,,,,,,ux,uy,uz,,,                    !对节点 133 施加三向位移约束
d,127,,,,,,uy,uz,,,,                      !对节点 127 施加两向约束
d,259,,,,,,uy,uz,,,,                      !对节点 259 施加 Y、Z 两个方向的约束
!第 23 步：设置求解类型
antype,0                                  !指定分析类型为静力分析
!第 24 步：设置载荷步选项
time,1                                    !指定一个载荷步的大小
!第 25 步：对结构施加重力加速度
acel,,9800,,                              !对结构施加重力载荷
!第 26 步：求解载荷步 1
solve                                     !求解
!第 27 步：设置载荷步 2 选项
time,2                                    !定义第二载荷步的时间长度
!第 28 步：施加活载荷
nsel,s,loc,y,500                          !选择所有纵坐标为 500 的节点
f,all,fy,-436.4                           !对所选节点施加节点力
allsel,all                                !选择全部
acel,0,0,0                                !删除载荷步 1 中的重力加速度
```

```
!第 29 步：求解载荷步 2
solve                         !求解
!第 30 步：退出求解器
finish                        !退出求解器
```

其中在第 20 步操作之后，结构模型创建完毕，打开截面尺寸显示，对模型进行放大并调整到合适的视图方位，可得到如图 4-38 所示的显示效果。

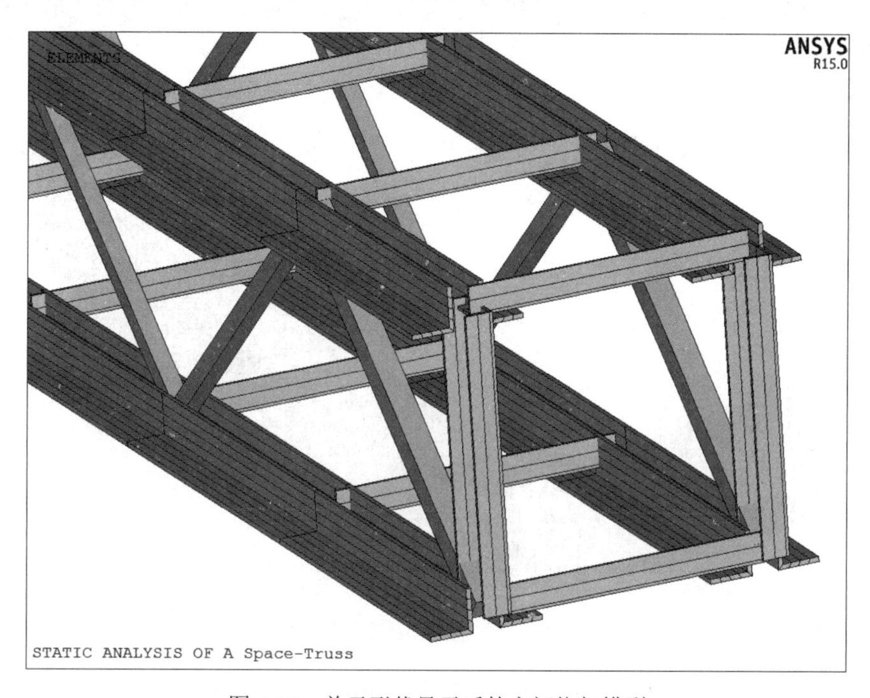

图 4-38 单元形状显示后的空间桁架模型

3. 结果后处理

后处理操作的命令流如下，其中工况定义时按 1.2×恒定载荷+1.4×活载荷来指定工况组合系数：

```
!第 31 步：进入通用后处理器
/post1
!第 32 步：观察工况 2 的结构变形情况
PLNSOL, U,Y, 0,1.0            !观察 Y 方向位移等值线图
!第 33 步：载荷工况的定义
lcdef,1,1,1                   !从结果文件创建载荷工况 1
lcdef,2,2,1                   !创建载荷工况 2
!第 34 步：定义工况组合比例系数
lcfact,1,1.2,                 !定义载荷工况的比例因子
lcfact,2,1.4,                 !定义载荷工况的比例因子
!第 35 步：读入载荷工况 1
lcase,1,                      !将一个载荷工况读入数据库
!第 36 步：载荷工况的组合
LCOPER,ADD,2
!第 37 步：定义内力组合后的单元表
etable,AxialF,smisc,1         !定义显示 I 端轴力单元表
!第 38 步：查看内力组合后的桁架轴力图
```

```
PLLS,AXIALF,AXIALF,1,0
!第 39 步：写入载荷工况文件
LCWRITE,3,'Combined Results'
!第 40 步：退出通用后处理器并保存结果
Finish
SAVE
```

执行上述第 32 步之后，得到如图 4-39 所示的在工况 2 作用下桁架结构的变形等值线图（调整视图方向到合适角度）。

图 4-39　桁架在工况 2 作用下的结构变形

图 4-40 所示为第 38 步执行后得到的工况组合后的结构轴力图。

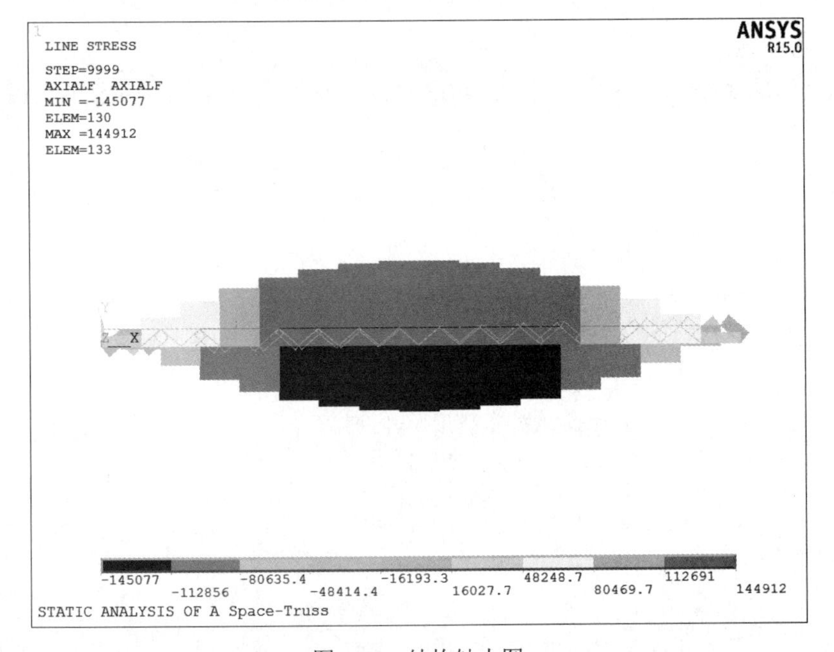

图 4-40　结构轴力图

通过此轴力图可以看到，不论上弦还是下弦，整个结构的轴力图分布都呈现中间大两头小的分布形状，实际上这也是均布载荷作用下简支梁的弯矩图的形状。由于整个简支桁架结构整体受力特点如同一根梁，而此梁的弯矩主要由上下弦杆的拉力和压力来提供，这也从另一角度证实计算结果的正确性。此外，轴力图显示 STEP=9999，这表示组合后的结果。Mechanical APDL 工况组合之后的结果在列表或图形显示时正是以序号 9999 来标识的。

5

模态分析

本章导读

模态分析是结构动力分析的基础，实质上是一种特征值问题。在 ANSYS 中，模态分析可分为一般模态分析和考虑应力刚度的模态分析。通过对结构进行模态分析，一方面可以了解结构的动力特性，另一方面也可为各种基于模态的动力分析（如响应谱分析、模态叠加法谐响应或瞬态分析等）提供模态数据。本章在介绍模态分析方法和选项时以 Mechanical APDL 中的操作方法为主，同时对 Workbench 环境中的模态分析也做了必要的介绍。本章还提供了模态分析和考虑应力刚度模态分析的典型例题。

本章包括如下主题：

- 一般模态分析
- 预应力模态分析
- 模态分析及预应力模态分析例题

5.1 ANSYS 模态分析方法及注意事项

ANSYS 模态分析用于计算结构的固有振动特性，模态分析是其他一些 ANSYS 动力分析的基础，例如基于模态叠加法的瞬态动力学分析和谐响应分析、响应谱分析等。模态分析又包括一般模态分析和有预应力的模态分析。

5.1.1 一般模态分析方法

下面介绍在 Mechanical APDL 中一般模态分析的基本过程。

1. 建模

要进行模态分析，必须建立符合结构实际情况的分析模型。对于分布质量模型，必须为材料指定密度。

2. 模态求解与扩展

按照如下步骤进行：

（1）选择分析类型及选项。

在求解器中选择分析类型为 Modal，然后选择菜单 Main Menu>Solution>Analysis Type>Analysis Options，在弹出的 Modal Analysis 对话框中进行相关分析选项的设置，如图 5-1 所示。

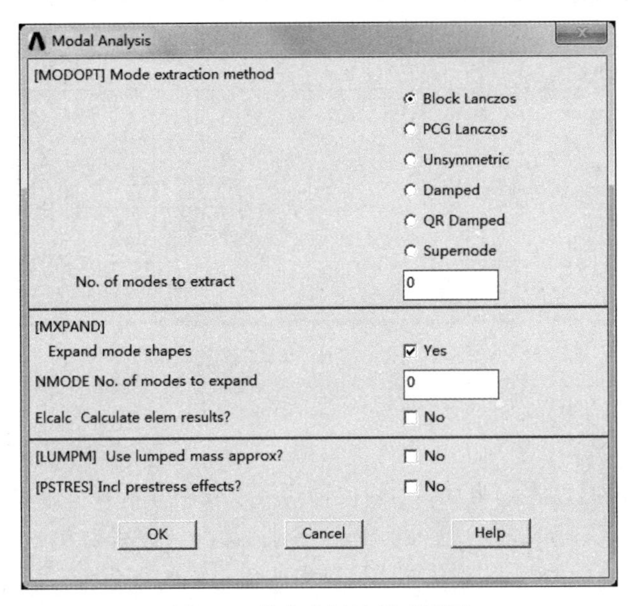

图 5-1 模态分析选项对话框

主要模态分析选项如下：

- Mode extraction method：此选项设定模态提取方法，在对话框[MODOPT]命令的 Method 域列出，可选择的模态提取算法包括 Block Lanczos（程序默认的方法）、PCG Lanczos、Supernode、Subspace、Unsymmatric、Damped 和 QR Damped。在一般情况下，推荐使用默认的 Block Lanczos 算法，SNODE 方法是一个新开发的算法，此算法适合于提取模态数量较多（如 200 阶以上）的问题。
- Number of modes to extract：此选项为[MODOPT]命令的 NMODE 域，即需要提取模态的数目，除了 Reduced 法外，所有模态提取方法都要设置此项。
- 扩展选项设置：默认情况下为扩展模态向量。Number of modes to expand 选项为[MXPAND]命令的 NMODE 域，即需要扩展的模态数。
- Calculate elem results：如果需要计算单元解，如相对的应变或应力等，而不仅仅是振形位移，则选中 Calculate elem results 选项后的复选框。
- Use lumped mass approx：此选项设定质量矩阵的形式，默认情况下采用一致质量矩阵，除非定义了集中质量模型。当模态提取方法选择 PowerDynamic 法时，也将用到集中质量矩阵。集中质量矩阵求解时间短，需要的内存少。
- Include prestress effects：此选项设定是否考虑结构的初应力效应，默认情况下不包括结构的初应力刚度效应，即结构处于无初应力状态。对于需要考虑几何刚度影响的结构，打开这个开关。

- 其他分析选项：除了上述通用选项外，对于各种模态提取方法，还都有各自的一些选项设置。以 Block Lanczos 方法为例，定义上述选项之后，单击 OK 按钮关闭 Modal Analysis 对话框，会弹出 Block Lanczos Method 对话框，如图 5-2 所示，在其中设置模态提取的频率范围上下限 FREQB 和 FREQE 以及振型的归一化方法。其他的分析方法也有一些类似的选项，限于篇幅，这里不再逐个进行介绍。

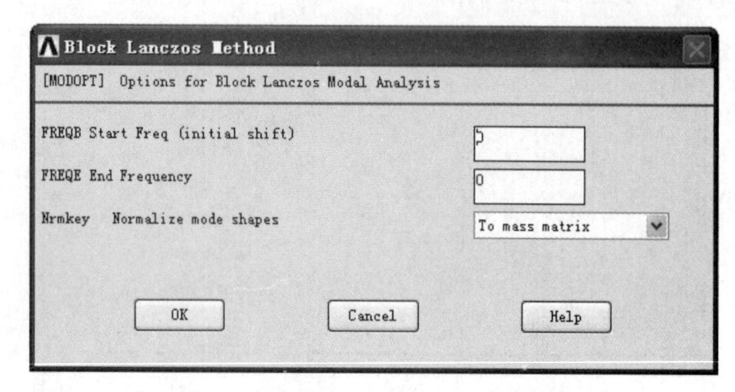

图 5-2　Block Lanczos 方法的选项

（2）施加边界及约束条件。

要给结构施加符合实际受力状况的约束。模态分析中只能施加零位移约束，如果施加了非零的位移约束，程序将以零约束代替。除位移约束以外的其他载荷则被程序忽略。不施加任何约束条件的结构在模态分析中可以得到相应的刚体模态（频率为 0）。

需要注意的另一个问题是，要慎重使用对称或反对称约束条件，因为这样可能会丢失一些模态。比如施加了对称约束就无法得到反对称的振动模式。

（3）模态求解与扩展。

求解前应该保存数据库文件，然后通过菜单 Main Menu>Solution>Solve>Current LS 开始求解计算。

模态扩展是对缩减法等方法而言的，这种方法定义能够描述结构动力学特性的自由度作为主自由度，求解后需要进行模态扩展将主自由度解扩展到整个结构。对其他方法，模态扩展可以理解为模态分析的结果被保存到结果文件中以备观察。

3. 查看模态分析的结果

模态分析的结果写入分析结果文件 Jobname.RST 中。分析结果包括：固有频率、振型以及相对应力分布（如果选择了输出单元解）。一般在通用后处理器 POST1 中观察模态分析的结果。

（1）查看固有频率及振型参与系数。

可以通过/OUTPUT 命令将计算输出信息定位到一个文件，在此文件中查看模态计算得到的各阶固有频率、有效质量、振型参与系数等。

也可以通过在后处理器中以列表方式显示频率。操作命令为 SET, LIST。GUI 菜单操作路径为 Main Menu>General Postproc>Results Summary。

（2）读入结果数据。

每阶模态在结果文件中被存为一个单独的子步结果集（SET），观察结果之前需要通过 SET 命令将特定模态结果读入数据库。对应 GUI 菜单路径为 Main Menu>General Postproc>Read Results。

（3）图形显示变形。

该步骤用于图形显示读入数据库的结构的某一阶模态振型。操作命令为PLDISP，对应的GUI菜单操作路径为Main Menu>General Postproc>Plot Results>Deformed Shape。

（4）等值图显示结果项。

该步骤以云图的形式显示结构模型在特定模态中位移、应变、应力等变量的相对分布。操作命令为PLNSOL或PLESOL，GUI菜单操作路径为Main Menu>General Postproc>Plot Results>Contour Plot。

（5）动画显示振型。

动画显示振型通常可以获得更直观的视觉效果，操作命令为ANMODE，对应的GUI菜单项为Utility Menu>PlotCtrls>Animate>Mode Shape。

在Workbench环境中进行模态分析时，首先在项目图解中建立Modal分析系统，如图5-3所示，此系统包含Eengineering Data、Geometry、Model、Setup、Solution、Results等组件。在Engineering Data中定义材料参数，对分布质量问题在此指定材料密度；Geometry组件中建立几何模型；Model、Setup、Solution、Results等均集成在Mechanical Application界面下，用户在其中定义约束条件、求解设置选项（与Mechanical APDL中的选项一致）、求解并观察模态结果。

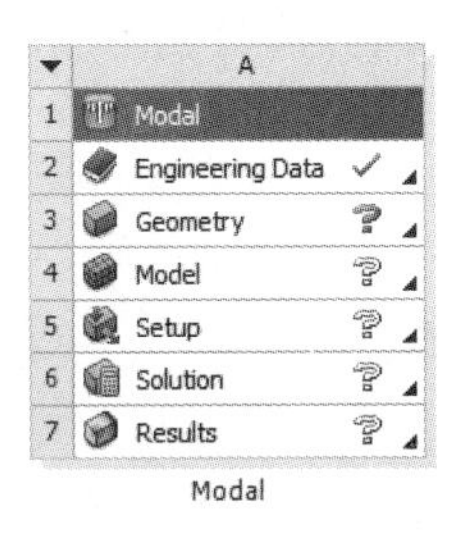

图5-3　Workbench中的模态分析系统

5.1.2　ANSYS预应力模态分析

对于包含应力刚化因素的模态分析问题，可先进行一次静力分析计算应力刚度，然后再进行模态分析。

如果在Mechanical APDL中计算预应力模态，在静力分析时要用PSTRES,ON打开应力刚度计算选项；在后续的模态分析中也用此命令包含应力刚度效应。其余分析选项与不考虑应力刚度的一般模态分析一致。

在Workbench中计算预应力模态，则首先在项目图解中建立一个静力分析系统，然后将一个模态分析系统用鼠标左键拖动至静力分析系统的Solution单元格，即可建立预应力模态分析系统，如图5-4所示。其余分析方法步骤与模态分析相同。

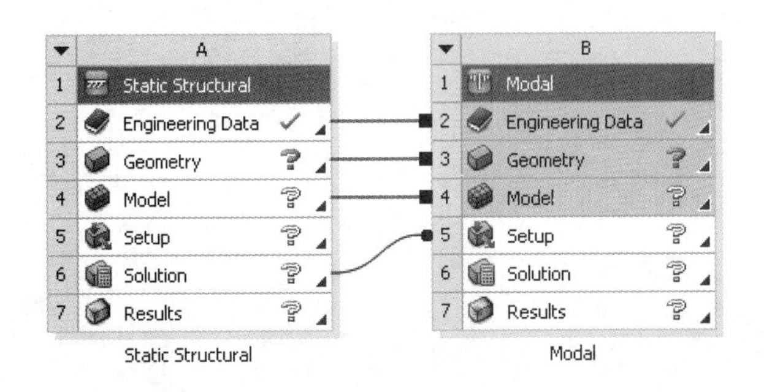

图5-4　Workbench预应力模态分析系统

5.2 模态分析例题：球面网壳结构

本节以一个施威德勒型球面网壳为例介绍在 Mechanical APDL 环境中模态分析的具体实现方法。

图 5-5 所示为本节要建立的结构模型。网壳结构球面半径为 20.0m，跨度约 35m，矢跨比 1:3.5 的单层球面网壳。结构所有杆件均采用 Φ114.0×4.0 的 Q235 钢管。建模过程中所有数据单位统一为 N –mm 制，请读者注意各物理量单位的统一。球面网壳结构质量应按重力载荷代表值计算，除了结构自重由程序自动计算外，还需要包括其他恒载及可变载荷组合值，本例中这部分质量按水平投影面积 100kg/m^2 计算，平均分配到网壳的全部内部节点（共计 91 个），每个内部节点大约分配附加质量 1000kg。约束情况为约束底部周边节点。

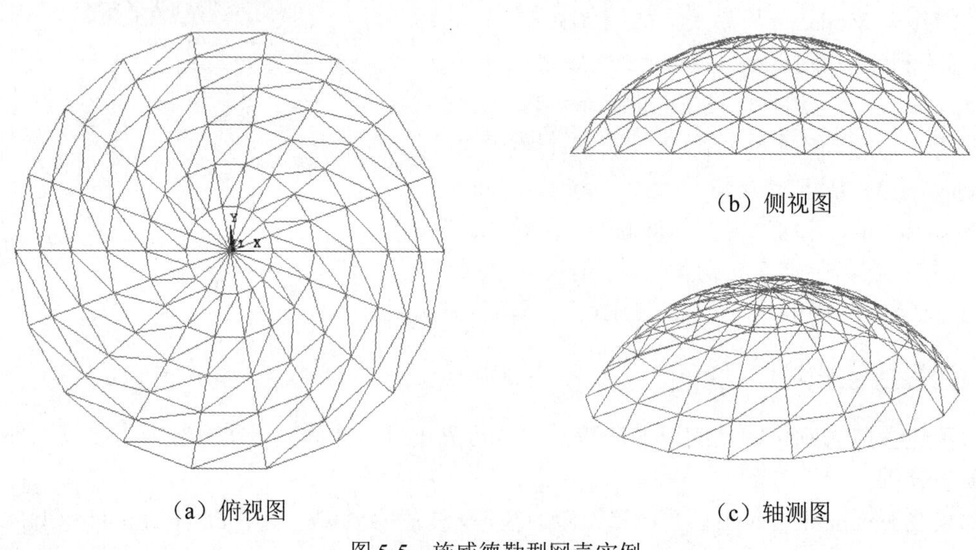

（a）俯视图　（b）侧视图　（c）轴测图

图 5-5　施威德勒型网壳实例

本例题采用批处理操作方式，建模过程的命令流如下：

```
/PREP7
!定义单元类型，其中 MASS21 单元 K3=2
ET,1,BEAM188
ET,2,MASS21
KEYOPT,2,3,2
!定义材料参数
MP,DENS,1, 7.85e-9
MP,EX,1, 2.06e5
MP,NUXY,1, 0.3
!定义 MASS 单元的实常数
R,1,1.00,
!定义钢管杆件的截面
SECTYPE, 1, BEAM, CTUBE, , 0
SECOFFSET, CENT
SECDATA,53,57
!为建模方便定义原点在网壳球心（在总体坐标的原点）的局部球坐标系
```

```
!对球坐标系的角度单值性条件（奇异点位置）进行选择
!基于 DO 循环和快速复制方法选择全部节点和单元
LOCAL,11,2,0,0,0
CSCIR,11,1
N,1,20000,0,30
N,10,20000,180,30
N,18,20000,340,30
FILL,1,10
FILL,10,18
NGEN,6,18,1,18,1,0,0,10
N,109,20000,0,90
*DO,I,1,91,18
E,I,I+1
EGEN,17,1,I,I,1
E,I+17,I
*ENDDO
E,1,19
EGEN,5,18,109,109,1
EGEN,18,1,109,113,1
*DO,I,91,108,1
E,I,109
*ENDDO
*Do,I,1,73,18
E,I,I+19
*ENDDO
EGEN,17,1,217,221,1
*DO,I,18,90,18
E,I,I+1
*ENDDO
CSYS,0
NSEL,S,LOC,Z ,9900,10100
D,ALL,,,,,,ux,uy,uz,,
NSEL,ALL
TYPE,2
Real,1
*do,i,19,109
e,i
*enddo
FINISH
```

执行上述命令之后，得到的结构分析模型如图 5-6 所示。

模态分析中，约束底面周边各节点的三向平动自由度，计算采用集中质量矩阵，模态按质量矩阵归一化。模态分析的命令流如下：

```
!进入求解器
/SOL
!设置当前坐标系为总体直角坐标系，根据位置选择底边全部节点
CSYS,0
NSEL,S,LOC,Z ,9900,10100
!对底边节点施加约束后恢复选择全部节点
D,ALL,,,,,,ux,uy,uz,,
```

```
NSEL,ALL
!改变视角方位
/VIEW, 1 ,,-1
/REP,FAST
!指定分析类型和选项
ANTYPE,2
MODOPT,LANB,6
MXPAND,6, , ,0
LUMPM,1
MODOPT,LANB,6,0,0, ,OFF
SOLVE
FINISH
```

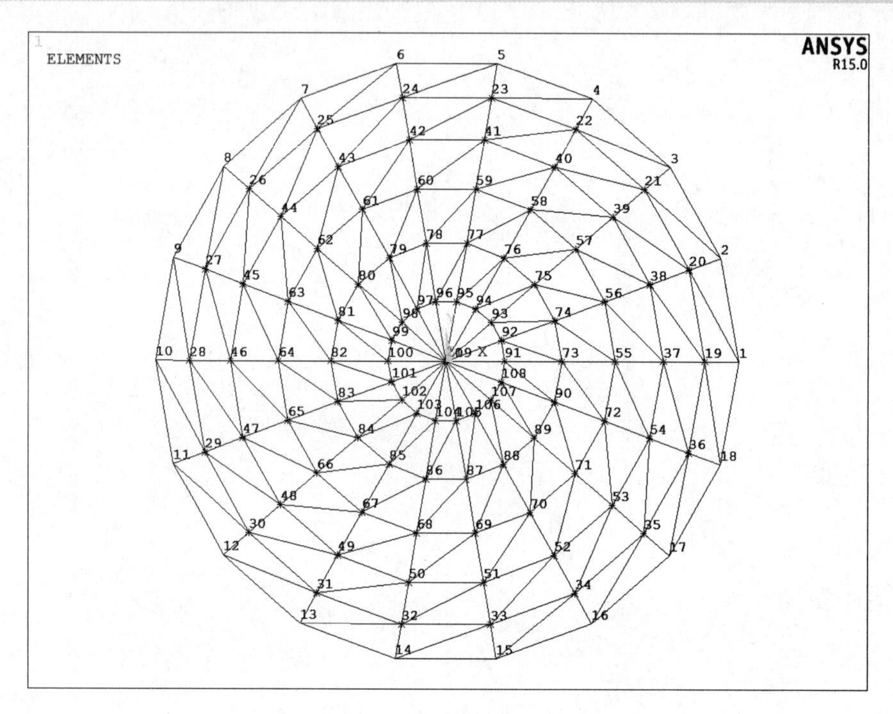

图 5-6　网壳结构模型

施加约束后的模型如图 5-7 所示（改变为侧视图）。

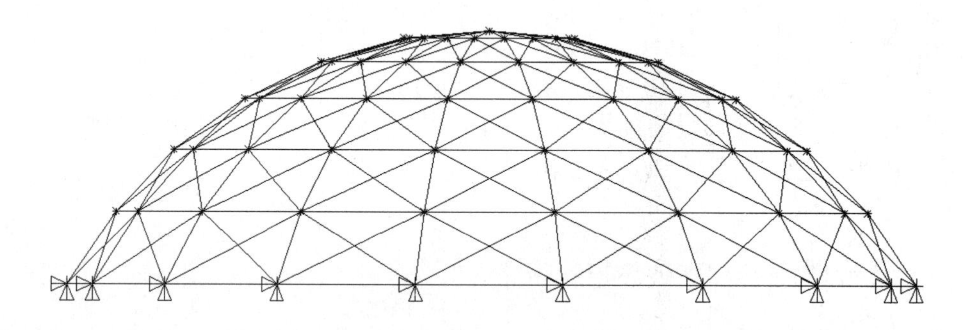

图 5-7　施加了约束的网壳模型

模态求解完成后首先列出各阶自振频率，如图 5-8 所示。

SET	TIME/FREQ	LOAD STEP	SUBSTEP	CUMULATIVE
1	3.8625	1	1	1
2	3.8625	1	2	2
3	4.9399	1	3	3
4	4.9399	1	4	4
5	5.3334	1	5	5
6	5.3334	1	6	6

***** INDEX OF DATA SETS ON RESULTS FILE *****

图 5-8 固有频率列表

依次将各阶模态读入数据库，用等值线和动画等方式直观观察振型图。结构的前 6 阶振型如图 5-9 所示。

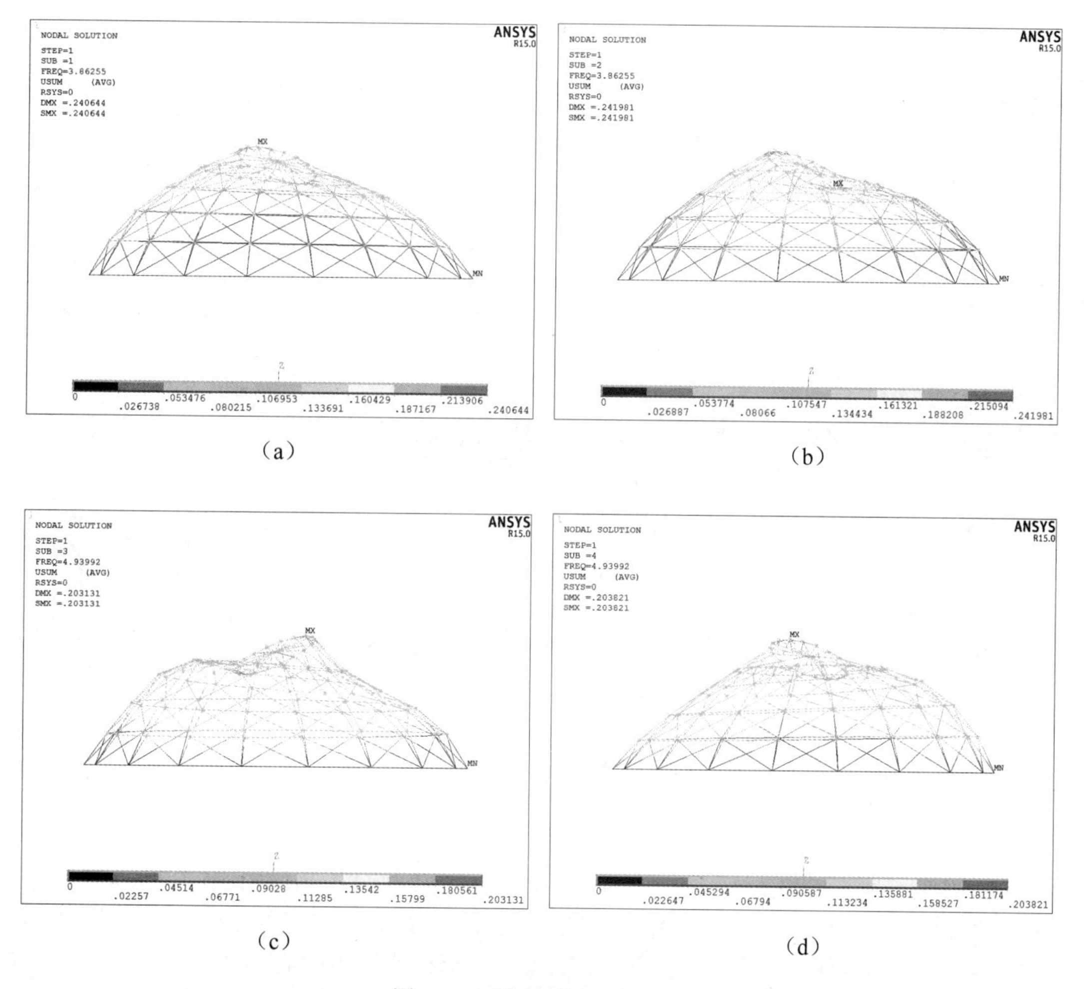

图 5-9 网壳结构前 6 阶振型

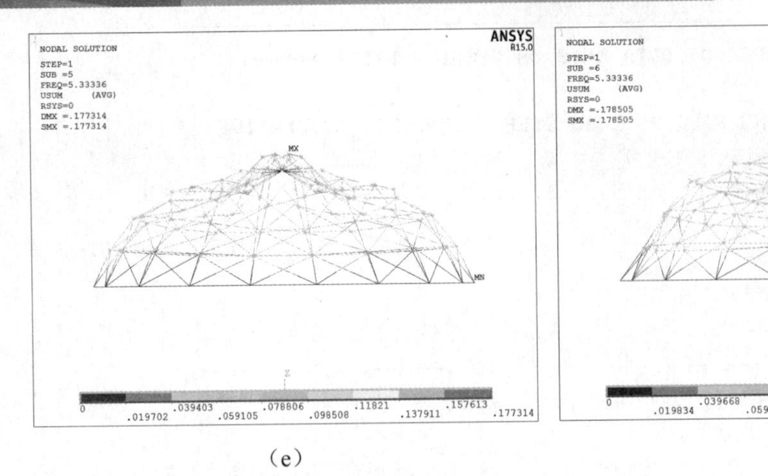

（e） （f）

图 5-9 网壳结构前 6 阶振型（续图）

上述后处理操作相关的命令流如下：

```
/POST1
SET,LIST
SET,FIRST
PLNSOL, U,SUM, 0,1.0
ANMODE,10,0.5, ,0
SET,NEXT
PLNSOL, U,SUM, 0,1.0
ANMODE,10,0.5, ,0
SET,NEXT
PLNSOL, U,SUM, 0,1.0
ANMODE,10,0.5, ,0
SET,NEXT
PLNSOL, U,SUM, 0,1.0
ANMODE,10,0.5, ,0
SET,NEXT
PLNSOL, U,SUM, 0,1.0
ANMODE,10,0.5, ,0
SET,NEXT
PLNSOL, U,SUM, 0,1.0
ANMODE,10,0.5, ,0
FINISH
```

5.3 预应力模态例题：拉杆横向振动模态

本节给出一个预应力模态分析的例题：钢圆杆在轴向力拉力作用下的横向自振频率分析。相关计算条件为：杆长度为 5.0m，横截面为直径 1cm 的圆形截面，材料弹性模量 $EX=2.0\times10^{11}$Pa，泊松比 PRXY=0.3，密度 DENS=7850kg/m^3，一端简支并约束扭转，另一端约束横向位移，承受轴向拉力 10kN。

下面在 Workbench 中对此梁进行模态分析，按照以下步骤进行：

（1）建立分析系统。

按照前述方法在 Workbench 的项目图解中建立预应力模态分析系统。

（2）基于 DM 创建几何模型。

启动 DM，在 Concept 菜单下选择 Cross Section，添加一个实心圆截面，半径为 0.005m，截面几何特征参数自动计算，如图 5-10 所示。

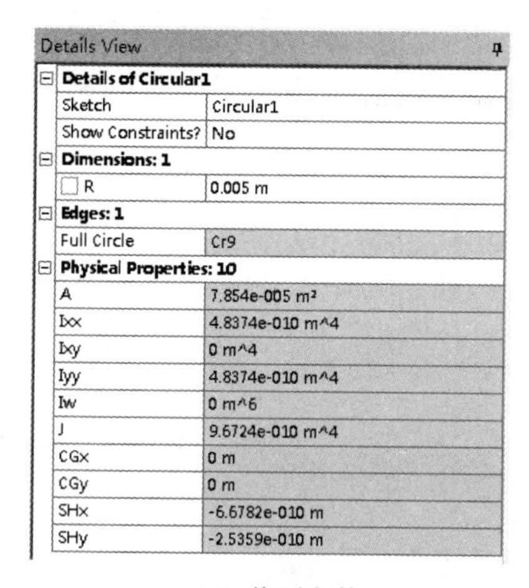

Details View

Details of Circular1	
Sketch	Circular1
Show Constraints?	No
Dimensions: 1	
R	0.005 m
Edges: 1	
Full Circle	Cr9
Physical Properties: 10	
A	7.854e-005 m²
Ixx	4.8374e-010 m^4
Ixy	0 m^4
Iyy	4.8374e-010 m^4
Iw	0 m^6
J	9.6724e-010 m^4
CGx	0 m
CGy	0 m
SHx	-6.6782e-010 m
SHy	-2.5359e-010 m

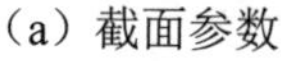

（a）截面参数

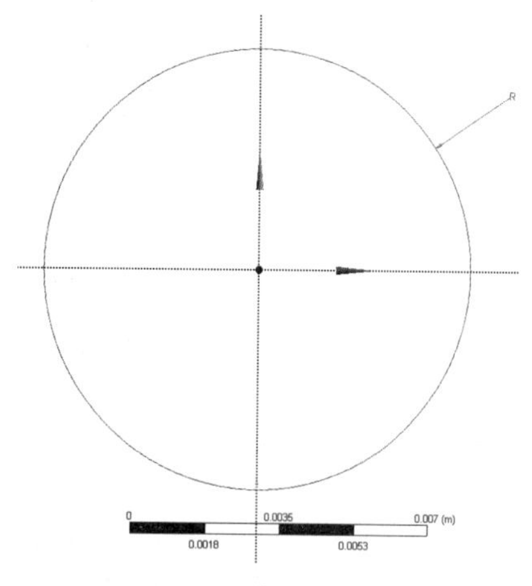

（b）截面显示

图 5-10　实心圆截面

选择建模历史树中的 XY Plane，切换到草图模式，绘制线，起点选择原点（字母 P 出现时按下鼠标左键），沿 X 水平方向绘制（屏幕上出现字母 H）。通过 Dimension 将此直线长度标注为 5m，选择 Display 方式为 Value，如图 5-11 所示。

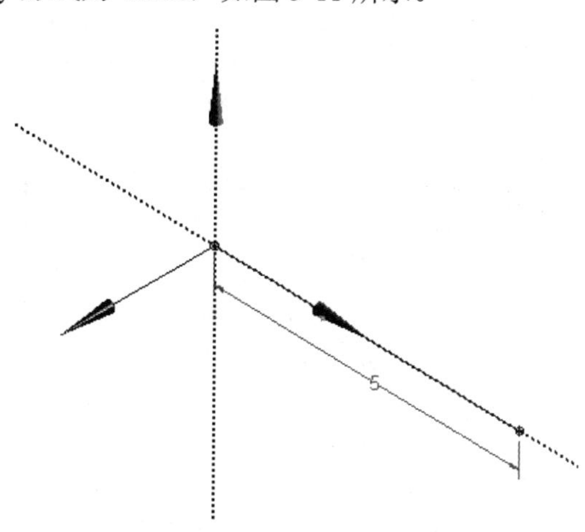

图 5-11　绘制的线草图

选择 Concept 菜单中的 Line from sketch，基于上述直线段草图形成 Line Body。选择建模树中的 Line Body，设置其 Cross Section 为定义的实心圆截面 Circular1，如图 5-12 所示。通过 View>Cross Section Solids 打开实际形状显示，局部放大后的线体模型如图 5-13 所示。

注意以上各操作步骤都要按下 Generate 按钮才能完成操作。建模完成后关闭 DM 返回 Workbench 界面下。

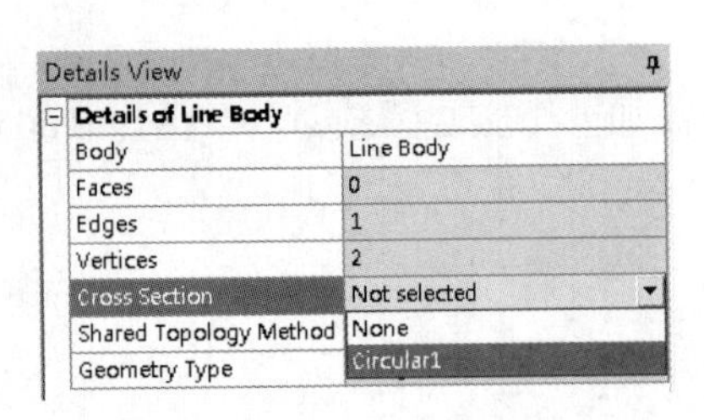

Details View

Details of Line Body	
Body	Line Body
Faces	0
Edges	1
Vertices	2
Cross Section	Not selected
Shared Topology Method	None
Geometry Type	Circular1

图 5-12　定义截面

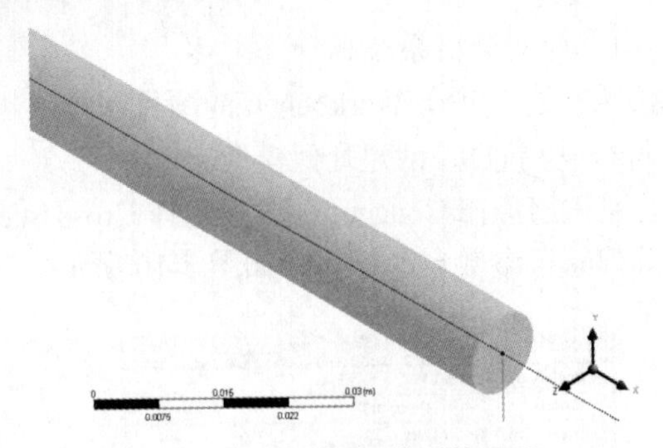

图 5-13　实心圆杆截面的显示

（3）施加约束及载荷。

双击 Model（A4），进入 Mechanical Application 界面。选择项目树的 Static Structure 分支。选择杆的左端点，鼠标右键插入一个 Simply Support 约束；再次选择左端点，插入一个 Fixed Rotation，约束 X 转角，如图 5-14 所示；选择杆的右端点，插入一个 Displacement，约束 Y、Z 自由度，如图 5-15 所示；再次选择右端点，插入一个 Force，按分量方式定义 X 方向力 10000N。

Details of "Fixed Rotation"

Scope	
Scoping Method	Geometry Selection
Geometry	1 Vertex
Definition	
Type	Fixed Rotation
Coordinate System	Global Coordinate System
Rotation X	Fixed
Rotation Y	Free
Rotation Z	Free
Suppressed	No

图 5-14　约束 X 转角

Details of "Displacement"

Scope	
Scoping Method	Geometry Selection
Geometry	1 Vertex
Definition	
Type	Displacement
Define By	Components
Coordinate System	Global Coordinate System
X Component	Free
Y Component	0. m (ramped)
Z Component	0. m (ramped)
Suppressed	No

图 5-15　约束 Y、Z 线位移

（4）计算模态。

选择 Modal，单击 Solve 按钮，Mechanical 将依次计算预应力和预应力模态。

（5）查看模态结果。

选择 Modal 下面的 Solution 分支，在 Tabular 中选择所有 6 阶模态，在右键菜单中选择 Create Mode Shape Results，在 Solution 分支中插入模态结果，再次单击 Solve 按钮。

由于截面为圆钢，前 6 阶模态中，1、2 阶分别为 XY 面内、外的一阶弯曲振型，3、4 阶分别为 XY 面内、外的二阶弯曲振型，5、6 阶分别为 XY 面内、外的三阶弯曲振型，且其频率各自相等。图 5-16 所示为第 1、3、5 阶振型（XY 面内前三阶弯曲振型）。

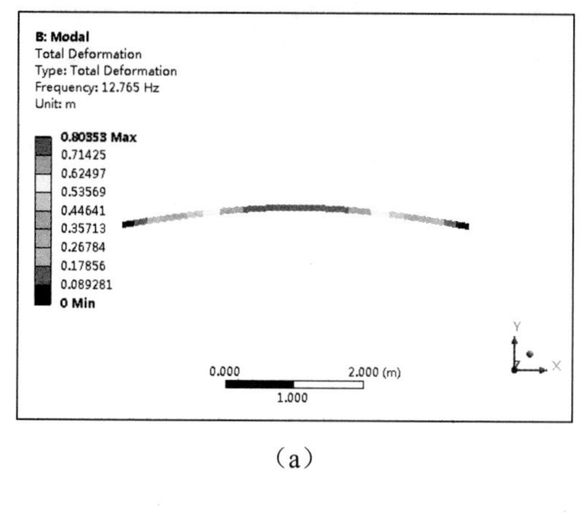

（a）

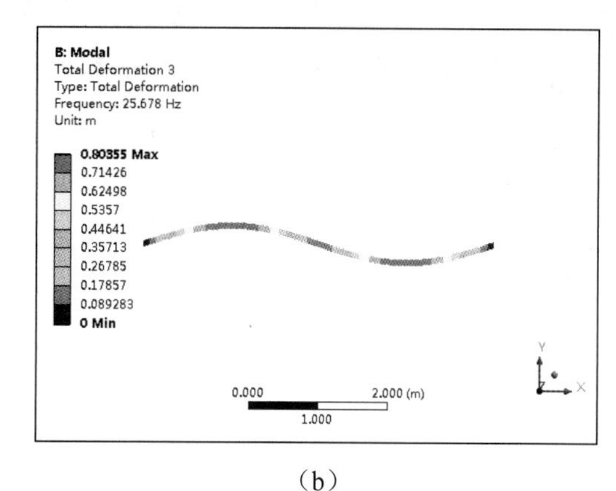

（b）

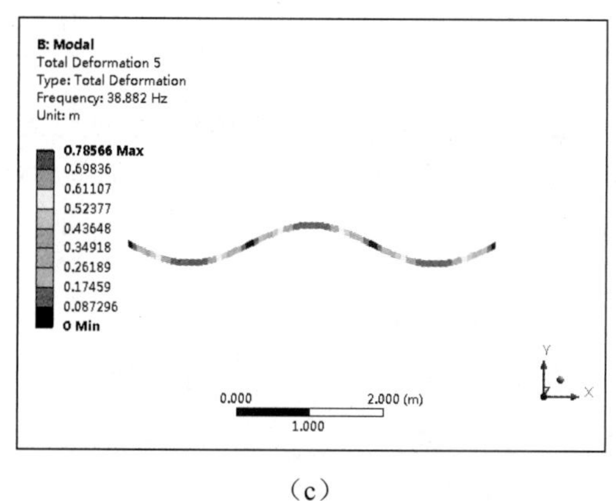

（c）

图 5-16　XY 面内前三阶弯曲振型

（6）有/无预应力模态比较。

改变杆件右端轴向 Force 为 1e-5，重新计算得到无几何刚度影响的模态。表 5-1 列出了有/无几何刚度贡献的情况下杆的自振频率的比较，可见轴向拉力显著提高了杆件的横向刚度。

表 5-1　有/无应力刚度的自振频率比较

模态	自振频率（F=10kN）	自振频率（F=1e-5N）
1	12.765	0.79235
2	12.765	0.79235
3	25.678	3.1694
4	25.678	3.1694
5	38.882	7.1315
6	38.882	7.1315

6 谐响应分析

本章导读

谐响应分析是计算结构在简谐载荷作用下的强迫振动响应的 ANSYS 分析类型。对于有阻尼的实际结构，强迫振动的频率与激励频率相同，阻尼起到调节相位的作用。谐响应分析可以给出结构稳态强迫响应的幅值和相位。

本章包括如下主题：

- 谐响应分析的实现过程及注意事项
- 谐响应分析例题：不同激振力分布形式的谐响应分析

6.1 谐响应分析的实现过程及注意事项

持续的简谐载荷作用于结构上会产生同频的稳态响应。ANSYS 谐响应分析用于计算线性结构在简谐载荷作用下的稳态响应的最大值及相位随载荷频率变化的规律。ANSYS 谐响应分析分为 3 种方法：完全法（Full）、缩减法（Reduced）和模态叠加法（Mode Superposition）。

- 完全法：完全法采用完整的结构质量及刚度矩阵计算结构的谐振响应，是 3 种方法中最容易使用的方法。
- 缩减法：缩减法通过选取主自由度和压缩矩阵来减小问题的求解规模，这种方法的关键在于主自由度的选择。先计算得到主自由度的结果，然后扩展到所有的自由度上。
- 模态叠加法：模态叠加法通过模态分析得到的振型乘上参与因子并求和叠加来得到结构的动力响应。

无论采用上述哪种计算方法，谐响应分析的载荷都必须随时间按正弦规律变化；所有载荷的频率必须相同，相位可以不同；分析中不能考虑非线性效应。

下面以 Full 方法为例介绍 Mechanical APDL 谐响应分析的流程及注意要点。

1. 谐响应分析建模

谐响应分析的建模过程与其他分析类型的建模过程类似，但是需要注意，在谐响应分析中只有线性材料行为是有效的，任何非线性行为都将被忽略并作为线性处理。对于分布质量系统，必须为材料模型定义密度 DENS，以保证系统质量矩阵的正确计算。

2. 分析设置、加载及求解

（1）选择分析类型及选项。

首先选择 Analysis Type 为 Harmonic，然后选取菜单路径 Main Menu>Solution>Analysis Type>Analysis Options，弹出 Harmonic Analysis 对话框，如图 6-1 所示。

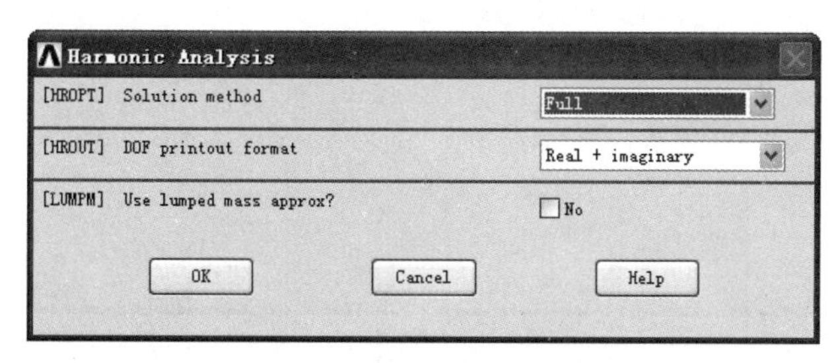

图 6-1　谐响应分析选项对话框

此对话框主要包括以下选项：

- Solution method：此选项设定分析求解方法，完全法应该选择 Full。
- DOF printout format：此选项设定输出文件 Jobname.out 中谐响应分析位移解的输出格式。可选的方式有 Real + imaginary（实部与虚部）形式（默认）和 Amplitud + phase（幅值与相位角）形式。
- Use lumped mass approx：此选项设定质量矩阵的形式，在模态分析中已有介绍。

如果选择了 Full 方法谐响应分析，则设定分析选项后弹出 Full Harmonic Analysis 对话框，如图 6-2 所示，继续设置完全法的选项。

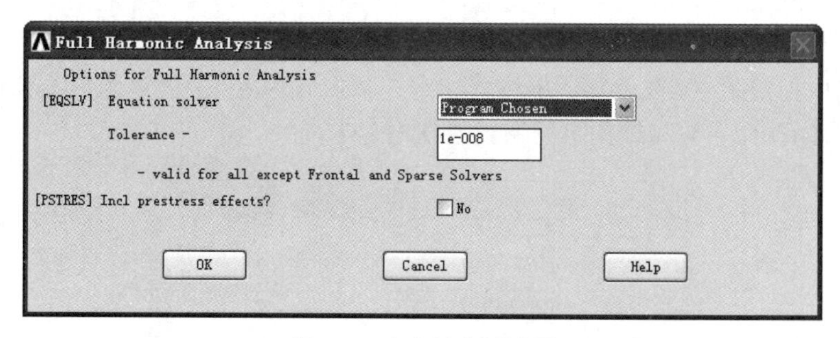

图 6-2　完全法分析设置

该对话框中的选项包括：

- Equation solver：用于选择方程求解器，默认情况下为程序自动选择。
- Include prestress effects：此选项为初应力效应开关，默认情况下不包括初应力效应。

（2）施加载荷并指定载荷步选项。

谐响应分析所施加的全部载荷都是简谐载荷，完整的载荷需要输入 3 个信息：Amplitude（载荷的幅值）、Phase Angle（载荷的相位角）和 Forcing Frequency Range（载荷频率范围）。

可以施加的载荷包括位移约束、集中力（力矩）、压力、温度载荷、惯性载荷等，非零的载荷都被认为是按正弦规律变化的。对于集中力可以定义其虚部，以分析不同相位载荷共同作用的情况。

单击菜单项 Main Menu>Solution>Load Step Opts>Time/Frequenc> Freq and substeps，弹出 Harmonic Frequency and Substep Options 对话框，如图 6-3 所示。

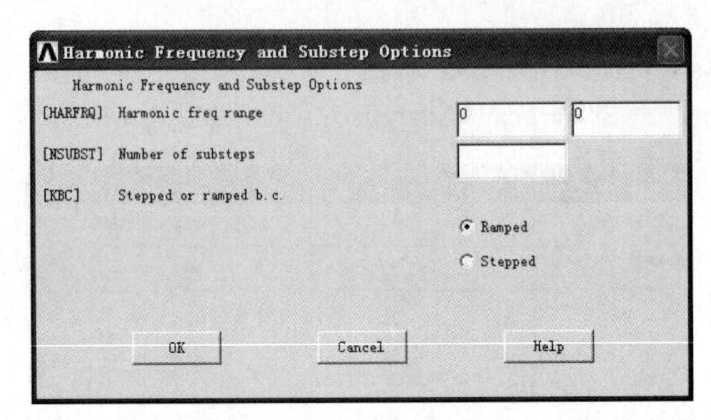

图 6-3 谐响应载荷步选项设置

在该对话框中，需要定义的选项包括：

- Harmonic freq range：用于指定求解的频率范围，即所施加谐载荷的频率上下界。相应的操作命令为 HARFRQ。
- Number of substeps：设定谐响应分析求解的载荷子步数，载荷子步均匀分布在指定的频率范围内。程序将计算载荷频率为上述指定频率范围的各 Nsubst 等分时的结构响应值。该选项所对应的操作命令为 NSUBST。
- Stepped or Ramped b.c：设定载荷变化方式，选择 Ramped 时，载荷的幅值随载荷子步逐渐增长；选择 Stepped 时，载荷在频率范围内的每个载荷子步保持恒定。对应命令为 KBC。

选择菜单项 Main Menu>Solution>Load Step Opts>Time/Frequenc>Damping，可在如图 6-4 所示的对话框中指定阻尼。在此对话框中可指定 3 种形式的阻尼：质量阻尼（ALPHAD 命令）、刚度阻尼（BETAD 命令）和结构阻尼系数（DMPSTR 命令）。

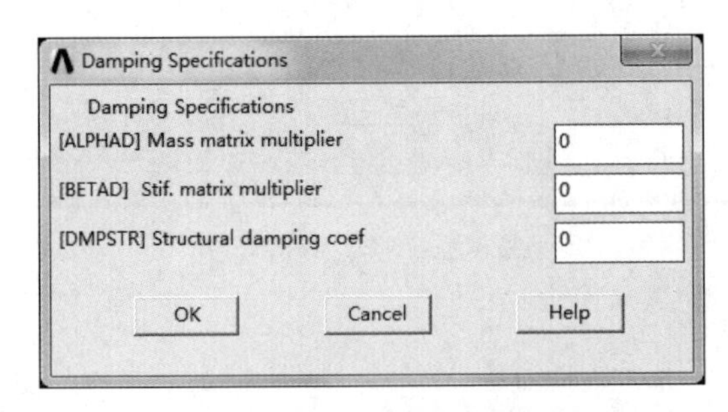

图 6-4 阻尼定义

对于模态叠加法谐响应分析，可指定的阻尼形式除 ALPHAD、BETAD、DMPSTR 之外，还可以是 DMPRAT（恒定阻尼比）和 MDAMP（振型阻尼比，即为每个模态指定不同阻尼比）。

（3）谐响应求解。

通过菜单项 Main Menu>Solution>Solve>Current LS 完成谐响应分析的求解。如果需要计算其他载荷和频率范围的结果可以重复上述操作步骤。

3. 观察结果

谐响应分析的结果被写入结果文件 Jobname.rst 中，可基于通用后处理器 POST1 和时间历程后处理器 POST26 来观察计算结果。

（1）通用后处理器 POST1。

POST1 用于观察在指定子步上整个模型的结果，其操作方法在前面已经介绍过。

（2）时间历程后处理器 POST26。

POST26 用于观察模型中指定点的结果项目随频率（或时间、或其他的结果项目）变化的曲线，其基本操作步骤包括：进入 POST26 并读入结果、定义变量、绘制曲线。

1）进入 POST26。

通过 Main Menu>TimeHist Postpro 进入时间历程后处理器，弹出如图 6-5 所示的 Time History Variables（时间历程变量）观察器，对应命令为/POST26。

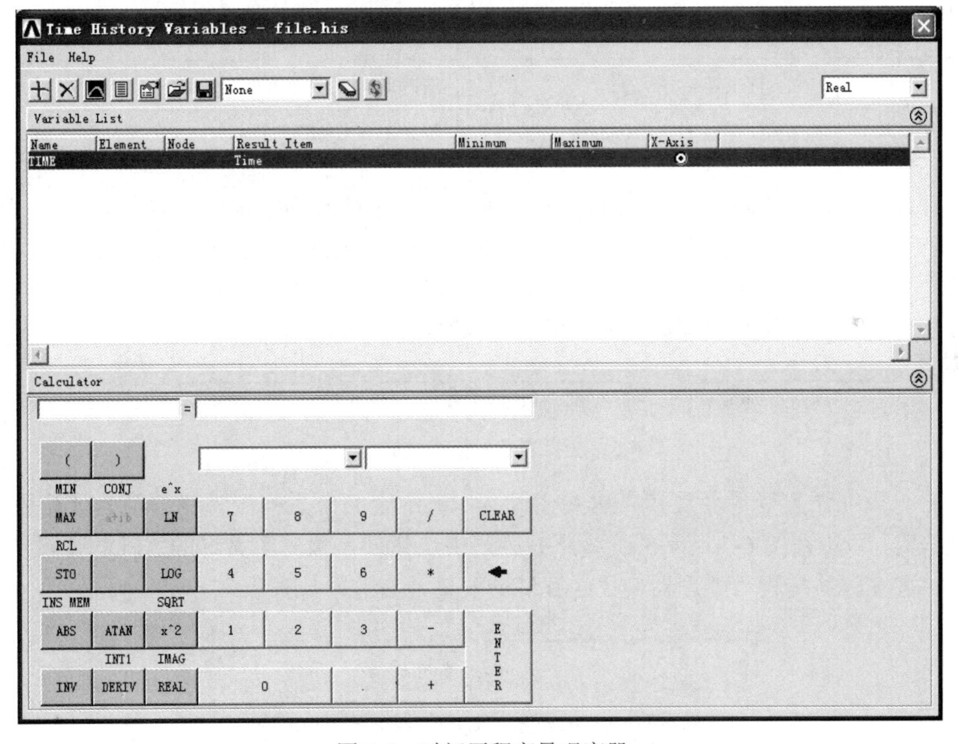

图 6-5　时间历程变量观察器

此处简单介绍一下时间历程变量观察器的使用方法。此观察器由菜单栏、工具栏、变量列表栏、计算器区域等几部分组成。其中菜单栏中的 File 菜单项用于打开结果文件；工具栏中的按钮用于变量定义、删除、绘图、列表等操作；变量列表栏列出所有定义过的时间历程变量及其取值范围，这一栏中列表显示预先定义的所有时间历程变量，用户可在列表中选择变量进行各种分析和操作。为暂时缩减观察器窗口的大小，可单击 Variable List 标题栏以隐藏或显示时间历程变量列表。

表 6-1 列出了变量观察器工具条中各按钮的功能。

表 6-1　时间历程变量观察器的按钮功能

工具按钮图标	鼠标指点提示	功能描述
	Add Data	打开添加时间历程变量对话框，以添加需要分析的变量
	Delete Data	在变量列表中删除不需要的多余变量
	Graph Data	拟合变量曲线
	List Data	形成包括不超过 6 个变量的数据列表
	Data Properties	定义所选变量或全部数据表格的属性
	Import Data	引入数据信息
	Export Data	输出数据信息
None	Overlay Data	在下拉列表中选择用于图形覆盖的数据
Real	Results to View	在下拉列表中选择复杂数据的输出格式
	Clear Time-History Data	清除时间历程变量
	Refresh Time-History Data（F5）	更新时间历程变量

计算器是变量分析的一个有力的辅助工具，利用计算器可结合各种数学运算符、常用函数、APDL 变量以及已经定义的时间历程变量形成一些派生的时间历程变量。计算器区域可以分为几个子区域，它们是派生变量名及其表达式输入区域（如图 6-6 所示）、APDL 变量和已有时间历程变量的下拉列表（如图 6-7 所示）、键盘区。

图 6-6　变量名及变量表达式输入区域

用户可以在派生变量名及其表达式输入文本框中定义一系列派生变量及其计算公式，输入表达式时，可以在图 6-7 所示的变量下拉列表中选择插入预先定义过的 APDL 变量（左边下拉列表）和在时间历程后处理器中已经存储的变量（右边下拉列表）。

图 6-7　APDL 变量、时间历程变量下拉列表

键盘区位于计算器区域的下部，分为两部分。左边深色按钮系列为一些常用函数及括号等工具按钮，右边浅色系列按钮则组成数字计算键盘，包括阿拉伯数字和四则运算符以及清除、退格、确认等工具按钮。

表 6-2 中列出了计算器键盘区的按钮及其功能简介。表中一个格中有两个按钮的情况，表示这是集成在一个公共按钮上的两个功能，它们之间可以通过单击 INV 按钮进行功能切换。

表 6-2　计算器键盘主要功能按钮

按钮图标	按钮功能描述
( )	在表达式中插入圆括号，用以改变表达式运算的顺序。许多函数在调用时会自动为自变量加上圆括号
INV	切换功能按钮上的函数表示，以插入不同的函数
MAX MIN	变量中的最大值/最小值的封装
LN e^x	计算一个变量的自然对数或 e 指数
STO RCL	将表达式输入区域中的表达式存到内存中/从内存中调用已经定义过的表达式
LOG	计算一个变量的常用对数（10 为底）
ABS INS MEM	计算实数变量的绝对值或复变量的模/将内存中的内容插入到表达式中
x^2 SQRT	计算一个变量的平方数/计算变量的开平方数
REAL IMAG	取复数的实部/取复数的虚部
DERIV INT1	求变量的导数/对变量取整
ATAN	计算变量的反正切值
a+ib CONJ	形成一个复数变量（a+ib）/计算复变量的共轭

除了上述一些功能按钮之外，计算器键盘中还有 0～9 的阿拉伯数字按钮、小数点按钮，以及算术运算符+、-、*、/等按钮组成的数字键盘。为暂时缩减观察器窗口的大小，可以单击 Caculator 标题栏的任意位置以暂时隐藏计算器区域。

2）定义变量。

通过 POST26 要绘制的是谐响应分析结果变量随频率变化的曲线，频率是基本变量，需要定义其他的响应变量。通过 NSOL（定义节点变量）、ESOL（定义单元变量）和 RFORCE（定义反作用力）等命令来定义变量。可以通过变量观察器中的 Add Data 按钮来添加变量，也可以通过 GUI 菜单项 Main Menu>TimeHist Postpro>Define Vatiable 定义各种时间历程变量。

3）绘制变量曲线。

定义变量后即可在图形窗口中显示该变量随时间（频率）变化的曲线。绘制曲线可以在变量观察器中单击 Graph Data 按钮完成，也可以通过 GUI 菜单项 Main Menu>TimeHist Postpro>Graph Variables 来绘制，对应的操作命令为 PLVAR。

在 Workbench 中进行谐响应分析时，可基于如图 6-8 所示的预置谐响应分析系统模板进行操作，其中全部分析选项的意义与 Mechanical APDL 的完全一致。在 Workbench 环境下施加不同相位的简谐载荷时，可直接指定 Phase Angle，如图 6-9 所示。

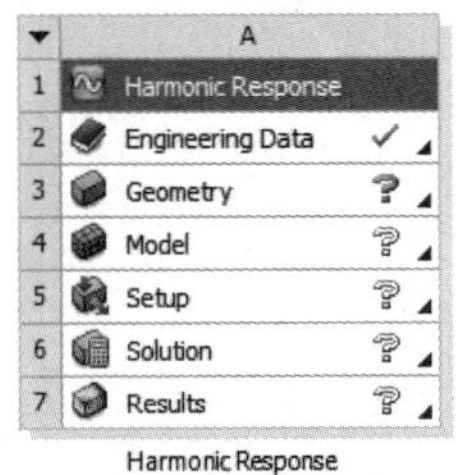

图 6-8　谐响应分析模板

当采用模态叠加法时，可选择使用 Cluster 选项，这使得更多的解聚集在结构自振频率附近（如图 6-10 所示），与完全法的解等距离分布（如图 6-11 所示）形成对比。

Details of "Force"	
Scope	
Scoping Method	Geometry Selection
Geometry	1 Edge
Definition	
Type	Force
Define By	Components
Coordinate System	Global Coordinate System
X Component	0. N
Y Component	250. N
Z Component	0. N
Phase Angle	0. °
Suppressed	No

图 6-9　简谐载荷的属性定义

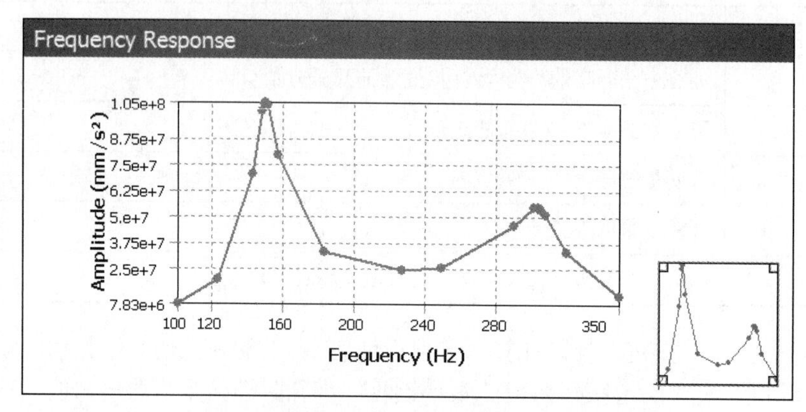

图 6-10　模态叠加法采用 Cluster 选项后的频响曲线

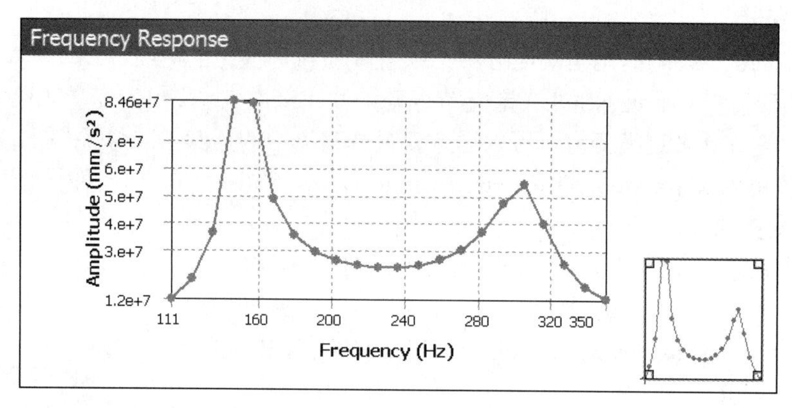

图 6-11　完全法得到的频响曲线

6.2　谐响应例题：不同激振力分布形式的谐响应分析

如图 6-12 所示的集中质量悬臂结构模型，假设其质量集中在三分点处，且 M1=M2=M3=100kg，构件长 3×1.0m，截面为 $0.05\times0.1\text{m}^2$ 的矩形。梁的弹性模量 $E=2\times10^{11}\ \text{N/m}^2$，泊松比为 0.3，梁的质量不计。分析其在不同振型加载模式下的谐振响应情况。

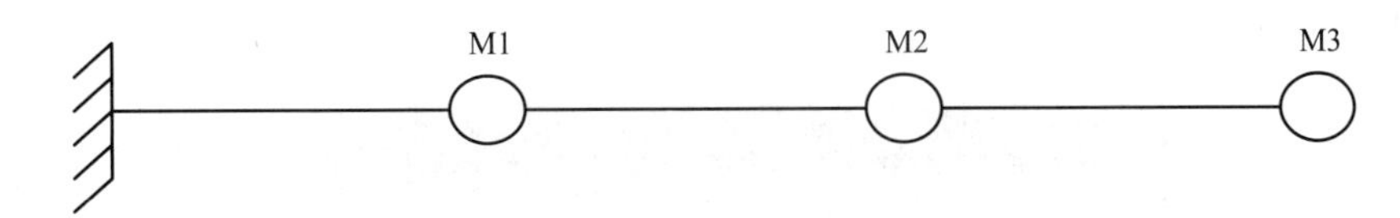

图 6-12　集中质量的悬臂结构

本问题采用 Mechanical APDL 进行分析，下面是分析过程。

1. 创建模型

第 1 步：分析环境设置。

进入 ANSYS/Multiphysics 的程序界面后：通过菜单项 Utility Menu>File>Change Jobname 指定分析的工作名称为 modal；通过菜单项 Utility Menu>File>Change Title 指定图形显示标题为 beam modal。

第 2 步：进入前处理器。

设置完成后，单击菜单项 Main Menu>Preprocessor 进入前处理器 PREP7 以开始建模和其他的前处理操作。

第 3 步：定义单元类型。

本问题拟采用二维梁单元 Beam 3 单元和 3D 结构质量 Mass21 单元进行分析，直接输入如下命令：

```
ET,1,BEAM3                    !定义第 1 类单元为二维梁单元
ET,2,MASS21                   !定义第 2 类单元为二维结构质量单元
```

单击菜单项 Main Menu>Preprocessor>Element Type>Add/Edit/Delete，在弹出的 Element Types 对话框中选择 MASS21 单元，单击 Options 按钮，弹出如图 6-13 所示的对话框，在其中设置质量单元选项，设置集中质点单元为 2D 单元且不考虑其集中转动惯量。

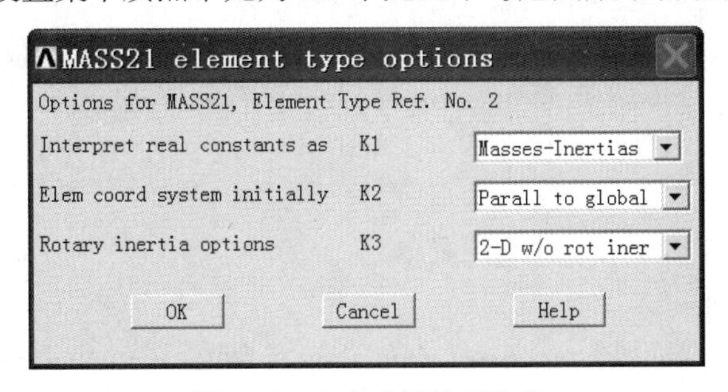

图 6-13　定义质量单元选项

第 4 步：定义实常数。

直接输入命令定义 BEAM 截面参数：

R,1,5e-3,4.16666e-4,0.1

选择菜单项 Main Menu>Preprocessor>Real Constants>Add/Edit/Delete，在弹出的 Real Constants 对话框中单击 ADD 按钮，选择 Type 2 Mass21，单击 OK 按钮，弹出的对话框中输入质量为 100（单位为 kg），单击 OK 按钮。

第 5 步：定义材料类型。

选择菜单项 Main Menu>Preprocessor>Material Props>Material Models，弹出 Define Material

Model Behavior 对话框，在右侧依次双击 Structural→Linear→Elastic→Isotropic，在弹出的对话框中输入材料弹性模量 2e11 和泊松比 0.3，如图 6-14 所示。

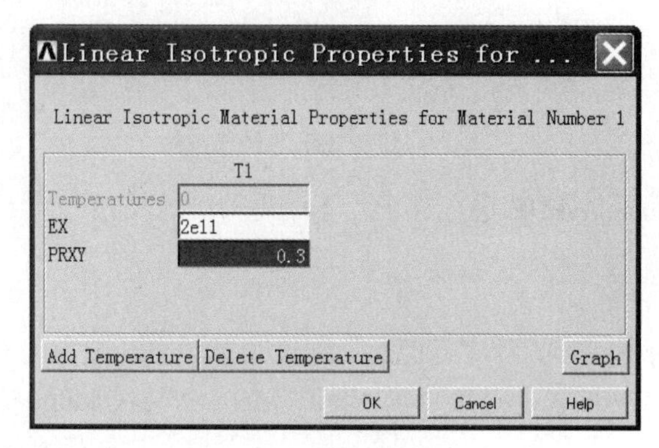

图 6-14　定义材料参数

单击 OK 按钮，返回到 Define Material Model Behavior 对话框，单击 OK 按钮完成材料参数的定义，关闭 Define Material Model Behavior 对话框，返回图形用户界面。

注意：由于本问题采用集中质量模型，因此不需要定义梁的密度。

第 6 步：建立模型。

（1）创建节点。

选择菜单项 Main Menu>Preprocessor>Modeling>Create>Nodes>In Active CS，在弹出的对话框中写入节点编号 1，单击 Apply 按钮，完成节点 1 的创建，其坐标为默认值(0,0,0)。采用同样的操作依次创建其他的节点：2(1,0,0)、3(2,0,0)、4(3,0,0)。

（2）创建梁单元。

选择菜单项 Main Menu>Preprocessor>Modeling>Create>Elements>Elem Attribute，弹出单元属性设置对话框，选择单元号 1、材料号 1、实常数号 1，单击 OK 按钮退出。

选择菜单项 Main Menu>Preprocessor>Modeling>Create>Elements>Auto Numbered>Thru Nodes，弹出拾取对话框，单击 1 和 2 节点，单击 Apply 按钮，即完成节点 1 和 2 之间梁单元的创建。

依次创建 2 和 3、3 和 4 节点之间的梁单元。

（3）创建质量单元。

选择菜单项 Main Menu>Preprocessor>Modeling>Create>Elements>Elem Attribute，弹出单元属性设置对话框，选择单元号 2、实常数号 2，单击 OK 按钮退出。

选择菜单项 Main Menu>Preprocessor>Modeling>Create>Elements>Auto Numbered>Thru Nodes，弹出拾取对话框，单击 2 节点，单击 Apply 按钮，即完成节点 2 处质量单元的创建。

依次创建节点 3 和 4 处的质量单元。

第 7 步：施加位移约束。

（1）施加节点 1 固定位移约束。

选择菜单项 Main Menu>Preprocessor>Loads>Define Loads>Apply>Structural>Displace ment >On Nodes，弹出拾取对话框，在文字输入栏中输入 1，或者用鼠标选择编号为 1 的节点，单击 Apply 按钮，在弹出的对话框中选择 All DOF，单击 OK 按钮。

（2）施加节点2、3、4的X方向位移约束。

为了简化问题，我们不考虑悬臂梁的轴向振动。

选择菜单项 Main Menu>Preprocessor>Loads>Define Loads>Apply>Structural> Displace ment >On Nodes，弹出拾取对话框，在文字输入栏中输入2，或者用鼠标选择编号为2的节点，单击 Apply 按钮，在弹出的对话框中仅选择 UX，单击 OK 按钮。

同样的操作依次对节点3和节点4施加 UX 位移约束，如图6-15所示。

图6-15 施加位移约束后的悬臂梁模型

第8步：退出前处理器。

完成上述建模操作后，单击 Main Menu>Finish 退出前处理器。

2. 模态分析及谐响应分析

第1步：求解。

选择菜单项 Main Menu>Solution>Analysis Type>New Analysis，在弹出的对话框中勾选 modal，单击 OK 按钮退出。

选择菜单项 Main Menu>Solution>Analysis Type>Analysis Options，弹出对话框，在 MODOPT 区域勾选 Subspace，即子空间法，在 No. of modes to extract 处输入3，即求解3阶模态，单击 OK 按钮退出。

通过菜单项 Main Menu>Solution>Solve>Current LS 对问题进行求解。在求解结束后，单击 Main Menu>Finish 菜单项退出求解器。

第2步：进入通用后处理器查看频率值。

通过菜单项 Main Menu>General Postproc 进入通用后处理器。单击菜单项 Main Menu> General Postproc>Results Summary，列出结构的各阶自振频率。由列表结果可知，此结构的前3阶固有频率依次为4.25Hz、27.82Hz、74.76Hz。

第3步：观察结构振型。

通过菜单项 Main Menu>General Postproc>Read Results>First Set 将第1阶振型计算结果读入通用后处理器。选择菜单项 Main Menu>General Postproc>Plot Results>Deformed Shape，弹出对话框，勾选 Def+undeformed，即选择显示变形前后的形状，单击 OK 按钮，显示出第1阶振型图。

单击工具条中的 POWRGRPH 按钮，选择关闭 Powergraphics 显示。

单击菜单项 Main Menu>General Postproc>Query Results>Nodal Solu，弹出 Query Nodal Solution Data 对话框，如图6-16所示。选择查询项目为 DOF Solution 和 Tanslation UY，单击 OK 按钮，弹出 Query Nodal Results 对象拾取框，依次在屏幕上单击节点2、3、4，得到第一振型中各点的相对位移标识，如图6-17（a）所示。

然后通过菜单项 Main Menu>General Postproc>Read Results>Next Set 依次将第2阶和第3阶振型的计算结果读入通用后处理器并重复上面的操作。第2阶振型和第3阶振型分别如图

6-17（b）和图 6-17（c）所示。

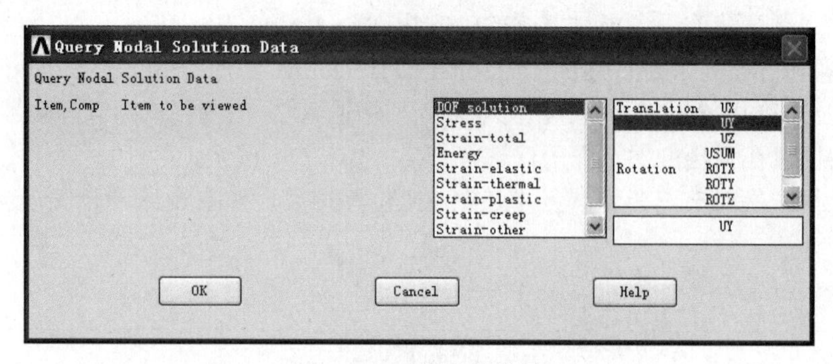

图 6-16 查询振型结果

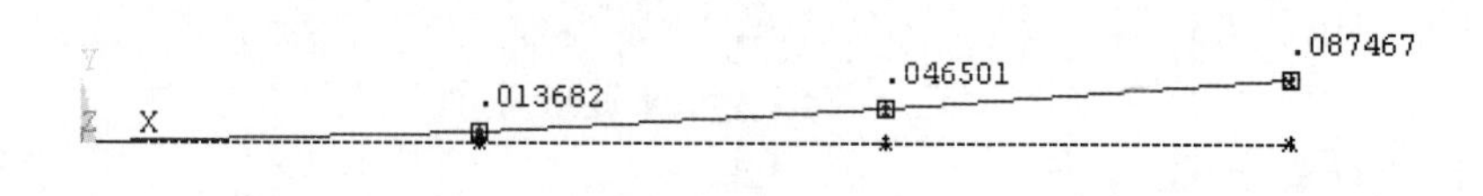

（a）第 1 振型图

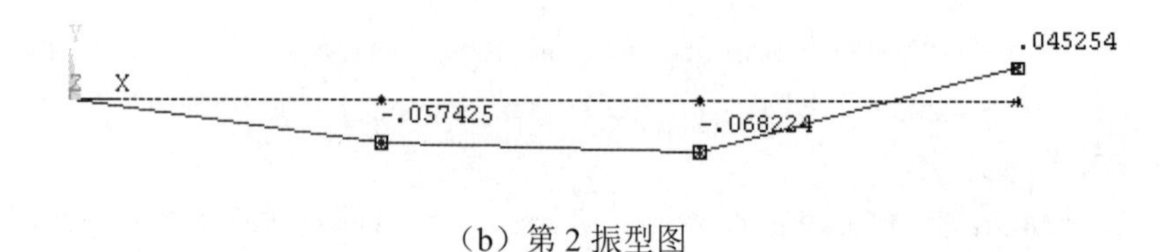

（b）第 2 振型图

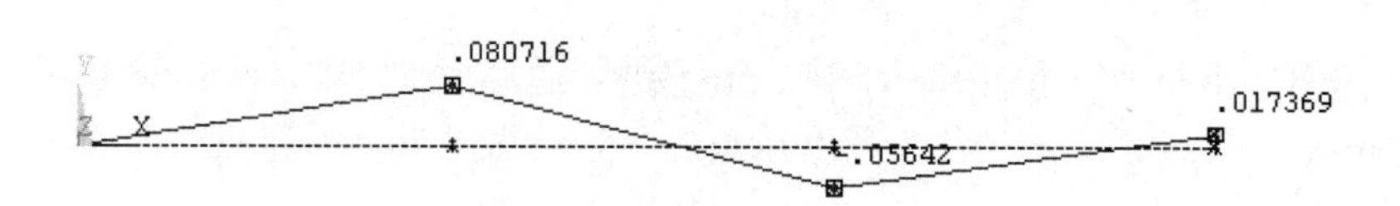

（c）第 3 振型图

图 6-17 悬臂结构的前 3 阶振型图

通过以上分析可以得出结构的前三阶频率和模态向量，如表 6-3 所示。

表 6-3 悬臂结构的前三阶自振模态

阶数	频率（Hz）	质点相对位移		
		节点 2	节点 3	节点 4
1	4.25Hz	0.137	0.465	0.875
2	27.82Hz	-0.574	-0.682	0.453
3	74.76Hz	0.807	-0.564	0.174

第 4 步：重新进入求解器并选择分析类型。

进入 ANSYS 求解器，选择菜单项 Main Menu>Solution>Analysis Type>New Analysis，设置分析类型为 Harmonic。

第 5 步：设置谐响应分析的选项。

选取菜单路径 Main Menu>Solution>Analysis Type>Analysis Options，弹出 Harmonic Analysis 对话框，求解方法 Solution method 选择 Full，输出形式 DOF printout format 选择 Real+imaginary，单击 OK 按钮。

随后弹出 Full Harmonic Analysis 对话框，接受默认设置，单击 OK 按钮。

第 6 步：设置载荷步选项。

选取菜单路径 Main Menu>Solution>Load Step Opts>Time/Frequence>Freq and Substeps，弹出 Harmonic Frequency and Substep Options 对话框，频率范围 Harmonic freq range 设定为 0～100Hz，载荷子步数 Number of substeps 取 50，载荷形式 Stepped or ramped b.c 选择 Ramped，单击 OK 按钮。

第 7 步：按第一振型位移比例施加载荷。

按第一振型的质点相对位移比例施加载荷 FY，选取菜单路径 Main Menu>Solution>Define Loads>Apply>Structural>Force/Moment>On Nodes，选择节点 2，单击 OK 按钮，弹出 Apply A/M on Nodes 对话框，载荷方向 Direction of force/mom 选择 FY，载荷实部 Real part of force/mom 输入 0.137，载荷虚部 Imag part of force/mom 输入 0，单击 Apply 按钮；再选择节点 3，重复上述操作，只是载荷实部输入 0.465；同样在节点 4 施加载荷实部为 0.875 的 Y 向载荷。加载完成后载荷的分布情况如图 6-18 所示。

图 6-18　按第一振型施加载荷

第 8 步：谐响应求解。

选择菜单路径 Main Menu>Solution>Solve>Current LS，弹出 Solve Current Load Step 对话框，单击 OK 按钮，开始计算谐响应解。求解完毕后，在 Note 窗口中显示“Solution is done!”，单击 Close 按钮关闭窗口。

求解完毕后退出求解器。

第 9 步：定义位移变量。

通过菜单项 Main Menu>TimeHist Postpro 进入时间历程后处理器，弹出变量观察器 Time History Variables 界面。单击 Add Data 按钮，弹出 Add Time-History Variable 对话框，依次单击 Nodal Solution>DOF Solution>Y-Component of displacement，变量名取为 UY_2，单击 OK 按钮，弹出 Node for Data 拾取框，在图形窗口中拾取节点 2，单击 Apply 按钮。重复上述操作分别定义节点 3 和节点 4 处的质点位移 UY_3 和 UY_4。所有定义的变量参见图 6-19 所示的变量列表。

第 10 步：显示变量变化曲线。

在 Time History Variables 的变量列表中用鼠标左键同时选择变量 UY_2、UY_3 和 UY_4，

单击 Graph Data 按钮，在图形窗口中将显示出变量 UY_2、UY_3 和 UY_4 随频率的变化曲线，如图 6-20 所示。

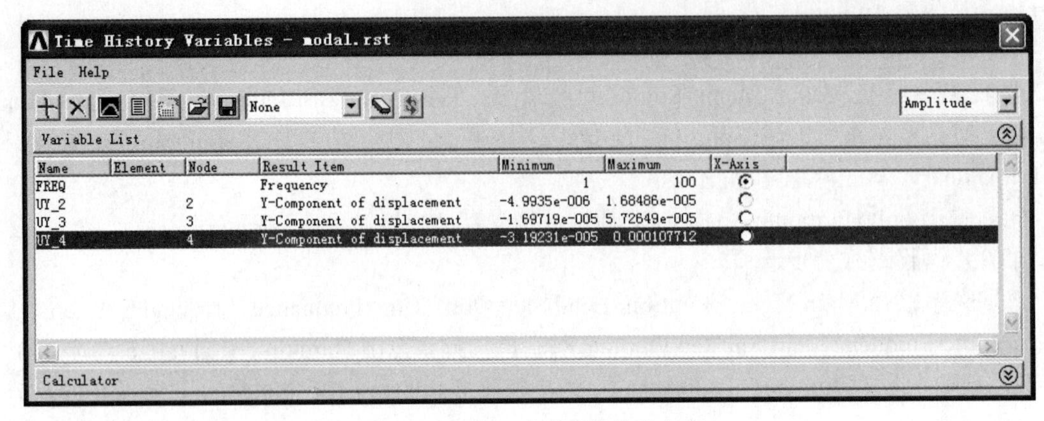

图 6-19 定义 3 个质点的位移变量

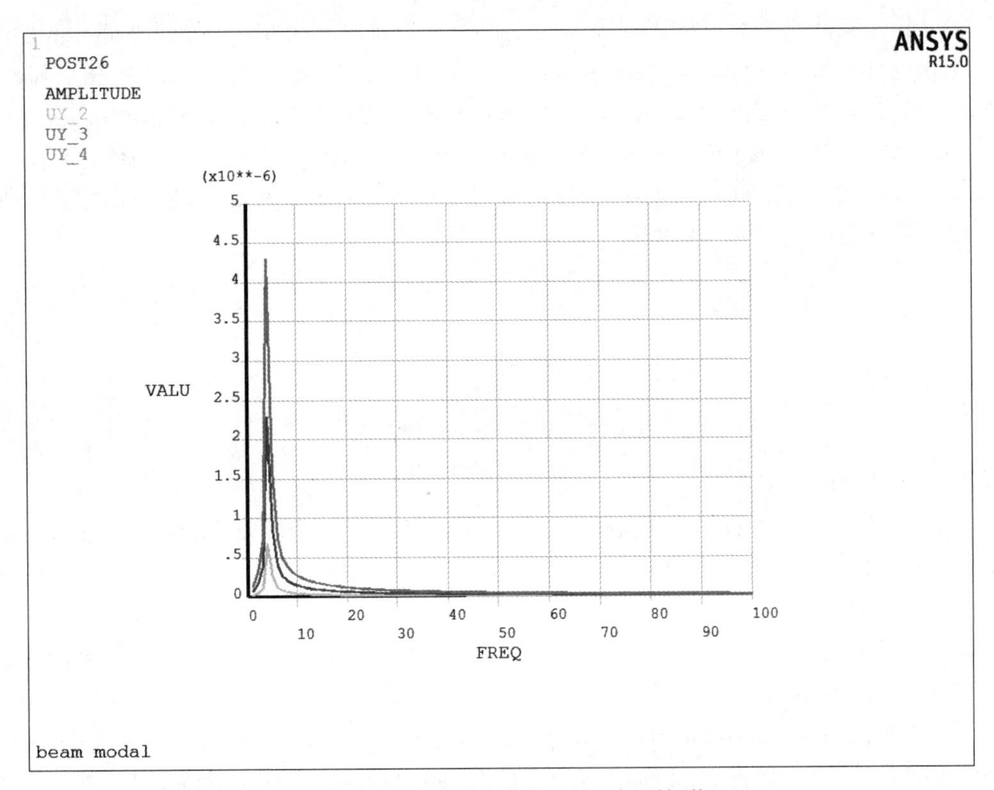

图 6-20 质点挠度响应曲线（第一振型加载）

由分析的结果可知，按第一振型加载主要激发起第一自振频率处的共振。同样可以按第 2 振型或第 3 振型加载，其分析的结果分别如图 6-21 和图 6-22 所示，具体的操作过程与上述第 1 振型的完全相同，只是注意加载时各节点的载荷值与相应振型的质点相对位移值相等即可。具体的操作这里不再重复叙述。

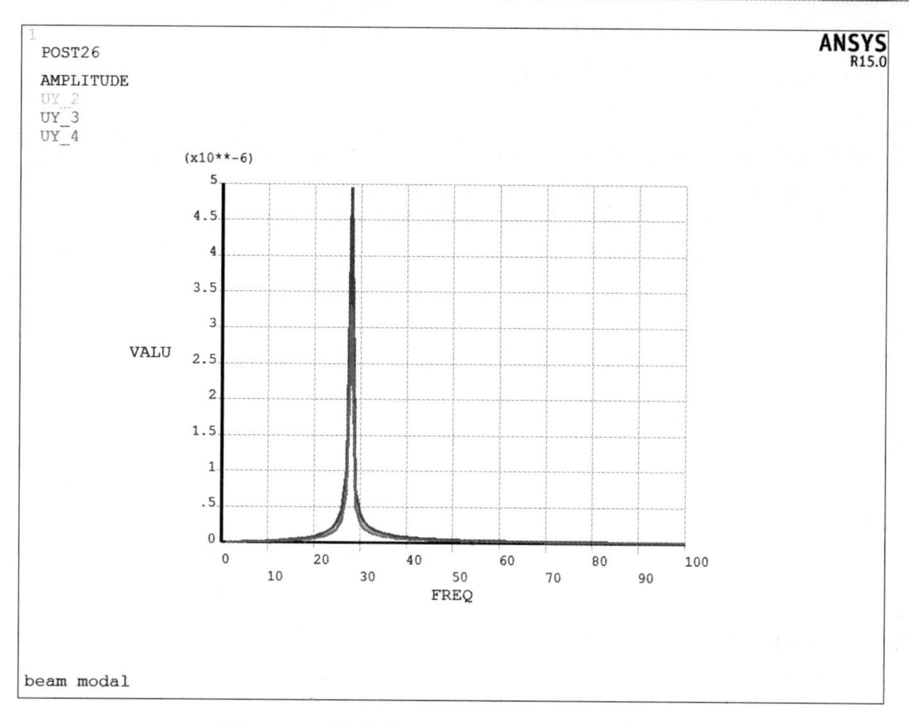

图 6-21　质点挠度响应曲线（第二振型加载）

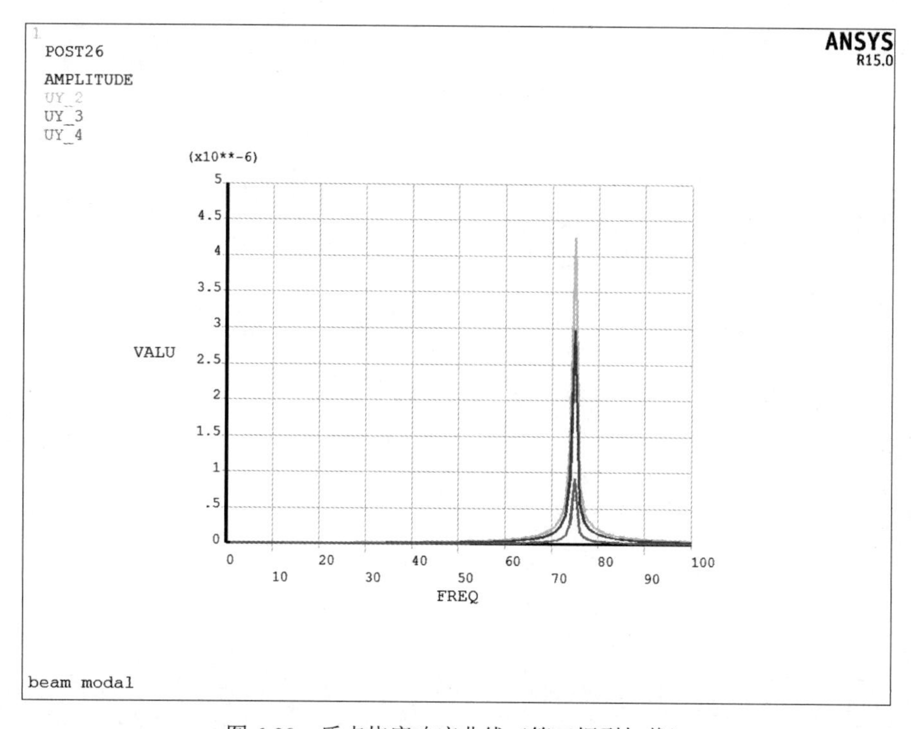

图 6-22　质点挠度响应曲线（第三振型加载）

通过上述分析可知，如果载荷向量与结构某振型向量一致时，不会激发起该振型对应自振频率之外的其他频率的共振。

作为练习，读者可以进一步分析载荷向量为 3 个振型之间的任意线性组合，如振型 1 和 2 的线性组合，振型 1、2 和 3 的线性组合等情况下结构的谐振响应情况。这些练习将有助于读者对相关动力学概念的进一步理解。

下面给出本节例题的建模、模态分析和谐振响应分析全过程的 ANSYS 命令流。

```
!*************************************************************
!              集中质量悬臂结构的模态分析与谐响应分析命令流              *
!*************************************************************
FINISH                              !结束以前的命令
/CLEAR                              !清空数据库
/FILNAME,modal                      !分析文件名及图形标题
/TITLE,beam modal
/prep7                              !进入前处理器
!单位制 N,m,s
!定义单元类型
ET,1,BEAM3                          !定义第 1 类单元为二维梁单元
ET,2,MASS21                         !定义第 2 类单元为二维结构质量单元
KEYOPT,2,3,4
!定义材料
MP,EX, 1,0.2000000E+12
MP,PRXY, 1,0.3000000E+00
MP,DENS, 1,0.0
!定义实常数
R,1,5e-3,4.16666e-6,0.1             !定义梁横截面面积、惯性矩、截面高度
R,2,100                             !定义质量
!创建节点
N,1,
N,2,1
N,3,2
N,4,3
!创建梁单元
TYPE,1                              !指定单元属性
MAT,1
REAL,1
E,1,2                               !定义梁单元
E,2,3
E,3,4
!创建质量单元
TYPE,2                              !指定单元属性
REAL,2
E,2                                 !定义集中质量单元
E,3
E,4
D,1,ALL                             !施加位移约束
D,2,UX,,,4
FINISH                              !退出前处理模块

!进行模态分析的求解
/SOLU                               !加载求解模块
ANTYPE,MODAL                        !定义分析类型为模态分析（MODAL）
```

```
MODOPT,SUBSP,3                    !选择模态分析方法为次空间法，输出 3 个模态
SOLVE                             !开始求解
FINISH                            !退出求解模块
!提取频率
/POST1                            !加载后处理模块
SET,LIST                          !列出所有 3 阶频率结果
FINISH                            !退出后处理模块

!谐响应分析选项设置与求解
!分析按振型 1 加载的情况
/SOL                              !进入求解器
ANTYPE,HARMONIC                   !设置分析类型
HROPT,FULL                        !设置求解方法
HARFRQ,0,100,                     !设置简谐载荷频率范围
NSUBST,100,                       !设置载荷子步数
F,2,FY,0.137
F,3,FY,0.465
F,4,FY,0.875                      !施加简谐载荷
SOLVE                             !求解
FINISH                            !退出求解器

!观察按第 1 振型加载的结构响应
/POST26                           !进入时间历程后处理器
NSOL,2,2,U,Y, UY_2                ! 定义位移变量
NSOL,3,3,U,Y,UY_3
NSOL,4,4,U,Y, UY_4
XVAR,1
PLVAR,2,3,4,                      !显示位移变化曲线
/WAIT,3
FINISH                            !退出时间历程后处理器
!分析按振型 2 加载的情况
/SOL                              !进入求解器
F,2,FY,-0.574
F,3,FY,-0.682
F,4,FY,0.453
SOLVE                             !求解
FINISH                            !退出求解器

!观察按第 2 振型加载的结构响应
/POST26                           !进入时间历程后处理器
NSOL,2,2,U,Y, UY_2                ! 定义位移变量
NSOL,3,3,U,Y,UY_3
NSOL,4,4,U,Y, UY_4
XVAR,1
PLVAR,2,3,4,                      !显示位移变化曲线
/WAIT,3
FINISH                            !退出时间历程后处理器
!分析按振型 3 加载的情况
/SOL                              !进入求解器
F,2,FY,0.807
```

```
F,3,FY,-0.564
F,4,FY,0.174
SOLVE                          !求解
FINISH                         !退出求解器

!观察按第 3 振型加载的结构响应
/POST26                        !进入时间历程后处理器
NSOL,2,2,U,Y, UY_2             ! 定义位移变量
NSOL,3,3,U,Y,UY_3
NSOL,4,4,U,Y, UY_4
XVAR,1
PLVAR,2,3,4,                   !显示位移变化曲线
FINISH
```

7

瞬态动力分析

本章导读

瞬态分析是计算结构在任意时变载荷作用下的时域响应的 ANSYS 分析类型。本章将详细介绍 ANSYS 瞬态分析的实现过程和要点，在例题部分还将讨论瞬态分析与谐响应分析的内在联系。

本章包括如下主题：

- 瞬态分析的实现过程及注意事项
- 瞬态分析例题：瞬态分析与谐响应分析的内在联系
- 瞬态分析例题：多自由度结构的地震响应时程分析

7.1 瞬态分析的实现过程及注意事项

瞬态动力学分析又称时间历程分析，用于计算结构随时间变化的载荷作用下的动力学响应，目的是得到结构在受动态作用情况下位移、应变、应力等随时间变化的解。ANSYS 瞬态分析提供两种主要方法：完全法（Full）和模态叠加法（Mode Superposition）。完全法采用结构整体动力方程的时域积分方法计算瞬态响应，分析功能最全面，可以包含各种非线性特性。模态叠加法通过对模态振型乘以模态坐标并叠加来计算结构的响应，模态叠加法的求解效率更高，但是原则上仅限于线性分析。

Mechanical APDL 瞬态分析的一般过程与其他分析类型类似，在 Workbench 环境中，可基于预置的 Transient Structure 分析模板完成计算过程。本节主要结合瞬态分析选项和瞬态载荷定义对 ANSYS 瞬态分析过程的要点和部分注意事项进行说明。

1. 选择分析类型和方法

在 Mechanical APDL 中，通过 ANTYPE 命令设置分析类型为 TRANS，通过 TRNOPT 命令的 Method 域选择 Full（完全法）或 MSUP（模态叠加法）。基于 Workbench 进行瞬态分析时，在 Mechanical Application 的 Analysis Settings 中选择瞬态分析的方法。

2. 指定载荷历程

瞬态动力学分析中载荷随时间变化，为了描述这种载荷一时间历程关系，可通过采用多个 ANSYS 载荷步的方式，如图 7-1 所示。每个载荷步都需要指定载荷的值，这些载荷值将形成瞬态分析的载荷历程。下一载荷步不改变的载荷就保持其在上一载荷步结束时刻的数值。

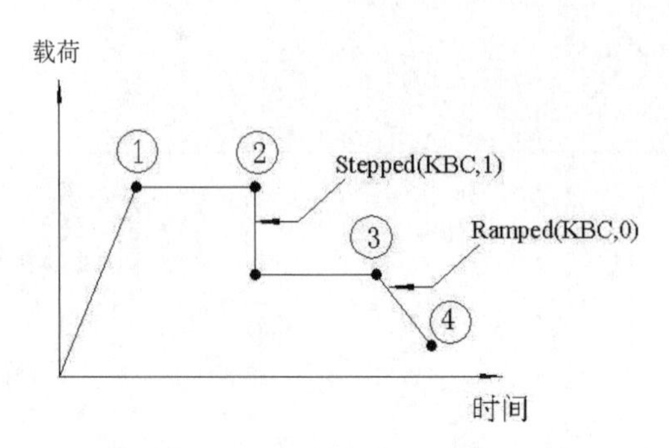

图 7-1 载荷一时间关系曲线

另一种方法是通过表格数组方式定义载荷历程，可以在加载命令的 VALUE 域填入用两个百分号括在中间的表数组名称，比如%tablename%，名称为 tablename 的表型数组需要被定义并赋值。界面交互操作只需选择 VALUE 域为 Existing Table（已经定义的载荷表）或 New Table（新的载荷表），然后选择已经定义的表或新定义表。Table 还可以通过保存并读入 Function 的方式加以定义，在 Function 界面中可以定义关于时间和坐标的各种函数。

在 Workbench 中进行瞬态分析时，在 Mechanical Application 界面下，载荷的数值可通过 Constant、Table 和 Function 三种方式指定，如图 7-2 所示。

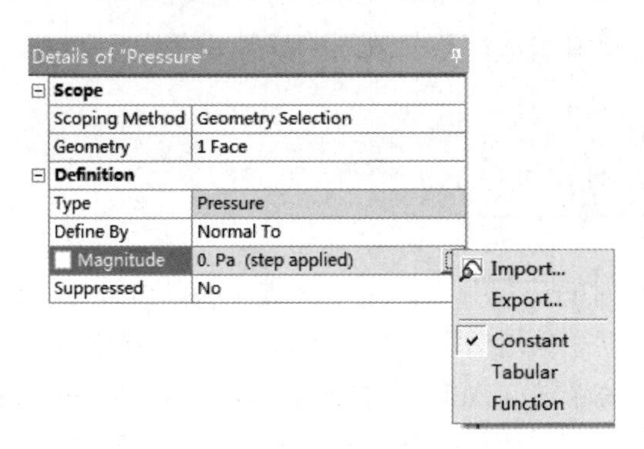

图 7-2 瞬态载荷的定义方法

3. 指定载荷步选项

对应于多载荷步分析方式，每个载荷步需要设置载荷步选项。

在 Mechanical APDL 的 GUI 界面中，通过菜单项 Menu>Solution>Analysis Type>Sol'n Control's 打开 Solution Controls 对话框，在其中进行载荷步设置。对于一般瞬态分析，只需要用到其中的 Basic 和 Transient 两个标签（Full 方法），如图 7-3 和图 7-4 所示。

Basic 标签用于设置载荷步结束时间、时间步控制、输出控制。这里对涉及到的相关命令使用进行简单介绍。TIME 命令用于指定载荷步结束时间。在时间步长方面，建议通过 AUTOTS

打开自动时间步长，然后通过 NSUBST、DELTIM 命令指定积分时间步长的范围。在瞬态动力分析中，为了捕捉真实的动力响应历程需要设置合理的积分步长，通常积分时间步长应不超过关注的振动最高频率对应周期的 1/20。在结果的输出方面，默认情况下只将每个载荷步的最后子步的结果写入结果文件，如果需要输出其他载荷子步的结果绘制时间里程，可以通过 OUTRES 命令指定输出结果的项目和输出的频率。

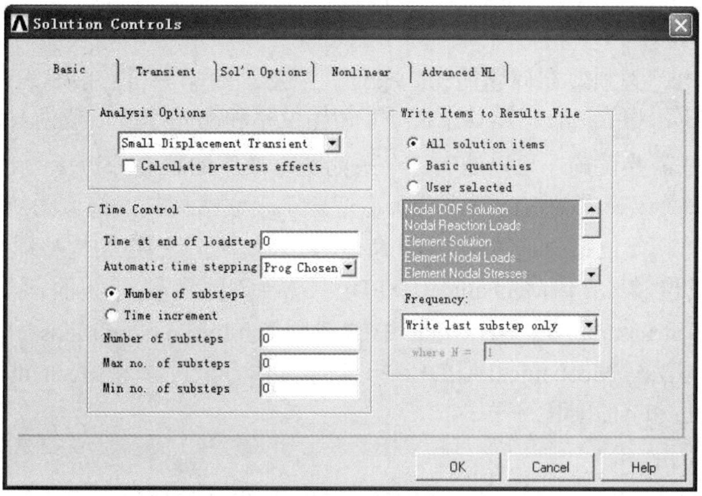

图 7-3　瞬态分析求解控制 Basic 标签

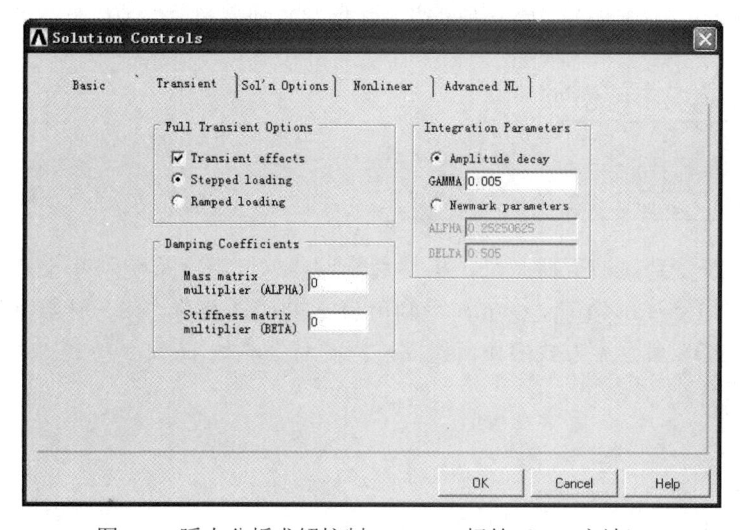

图 7-4　瞬态分析求解控制 Transient 标签（Full 方法）

Transient 标签用于设置瞬态效应开关、载荷变化方式、阻尼、时域积分算法及积分参数等选项。这里对涉及到的瞬态设置命令也进行简单的介绍。TIMINT 命令用于定义是否在此载荷步内考虑瞬态效应。KBC 命令用于定义载荷的变化形式，即载荷数值在一个载荷步内是 Ramped（由载荷步开始的值线性渐变到最后的值）或是 Stepped（在载荷步的第一个子步内突变到最终值，在该载荷步后续的子步中保持不变）。ALPHAD 和 BETAD 用于定义质量阻尼和刚度阻尼系数。TRNOPT 命令的 TINTOPT 域用于指定积分算法，可选择 Newmark 或 HHT 算法。TINTP 命令用于指定时域积分算法的相关参数。

对于模态叠加法瞬态分析，无法在以上对话框中进行相关设置，可直接发出载荷步设置相关的命令。在阻尼指定方面，除了质量阻尼系数和刚度阻尼系数外，还可以通过 DMPRAT 指定各振型恒定阻尼比或通过 MDAMP 为每阶振型指定不同的阻尼比。

Workbench 中载荷步设置均在 Mechanical Application 项目树的 Analysis Settings 分支下，相关概念与 Mechanical APDL 中的完全一致。

4. 建立初始条件

在瞬态分析中，必须建立问题的初始条件。瞬态动力学分析一般要求两种初始条件：初始位移（u_o）和初始速度（$\dot{u}_o$）。默认情况下，初始位移和初始速度一般为 0（$u_o=0$，$\dot{u}_o=0$）。对于非零初始条件需要设置，可以通过一个关闭瞬态效应的瞬态分析步（timint,off）或 IC 命令建立初始条件。关闭瞬态效应的瞬态分析步适合于建立结构某一部位的初始运动条件，比如某个自由度的强迫初始位移、速度等，IC 命令方式则适用于指定结构整体在某些自由度方向上的初始速度或位移。与 Mechanical APDL 初始条件设置有关的问题请参考 ANSYS Mechanical APDL Structural Analysis Guide 中的 Establish Initial Conditions 一节；Workbench 中初始条件的指定方法与 Mechanical APDL 中一致，具体方法可参考 Mechanical User's Guide 中的 Transient Structural Analysis 一节。

5. 求解

在 Mechanical APDL 中，对于多载荷步求解法，在每一个载荷步的载荷定义和载荷步选项设置完成后，通过 LSWRITE 命令写载荷步文件（与本书前面介绍的多载荷步静力分析相同），然后通过 LSSOLVE 命令计算。对于表载荷方式加载直接通过 SOLVE 命令求解。

7.2 瞬态结构分析案例

7.2.1 案例一：简谐载荷作用的单自由度系统

单自由度系统受到简谐载荷激励，相关参数为：单自由度系统刚度 k=2×10^{6}N/m，质量 m=2×10^{5}kg，阻尼 c=1.0×10^{5}N・s/m，受到 0.5Hz 的简谐载荷作用，计算其瞬态时间响应历程。本例采用 APDL 命令流方式操作，建模过程的命令流如下：

```
/PREP7
ET,1,14,
ET,2,21,,,2
KEYOPT,1,3,2
KEYOPT,2,3,4
R,1,2E6,100000
R,2,2E5
n
n,2,1
e,1,2
real,2
type,2
e,2
d,1,ux
```

```
d,1,uy
d,2,uy
FINISH
```

为施加瞬态载荷，定义函数 10000*sin(3.14*{TIME})并保存为 F_SIN，如图 7-5 所示。随后通过 Solution>Define Loads>Functions>Read File 菜单项读入此函数并写入 TABLE 型数组 F_SIN。

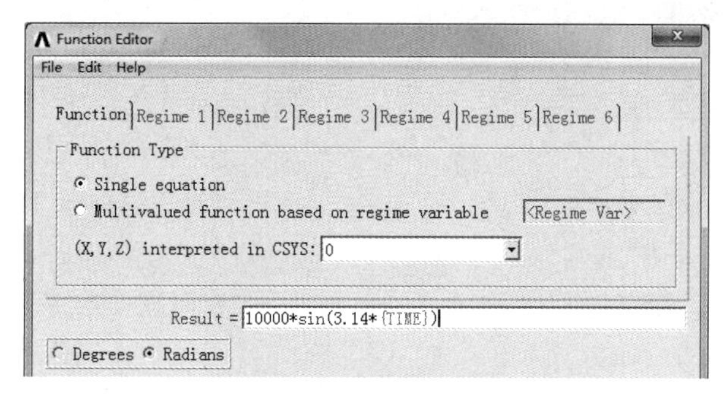

图 7-5　定义简谐载荷函数

通过如下的命令流进行瞬态分析并提取质量节点在简谐载荷作用下的瞬态位移时间历程，如图 7-6 所示：

```
/SOL
ANTYPE,TRANS
F,2,FX, %F_SIN%
TRNOPT,FULL
DELTIM,0.1,0.1,0.1
OUTRES,ALL,ALL
TIME,20
SOLVE
Finish
/POST26
FILE,'file','rst','.'
NSOL,2,2,U,X, UX_2
PLVAR,2,
```

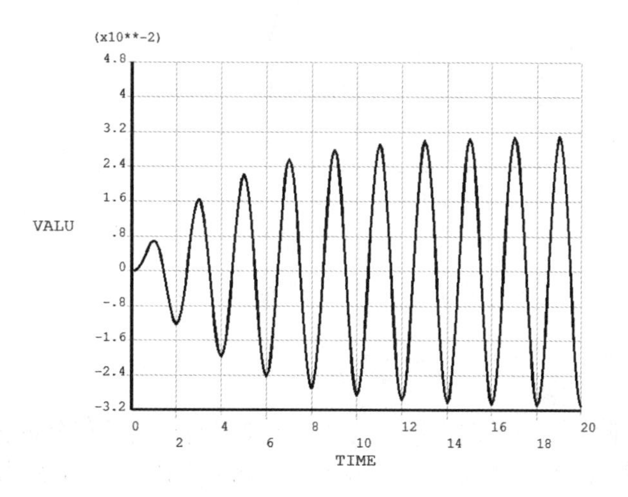

图 7-6　时域共振响应曲线

由于简谐载荷频率 0.5Hz≈结构自振频率 0.503Hz，因此本例题实质上是计算有阻尼系统的共振反应。通过质点瞬态时间历程曲线可以看到稳态位移幅值约为 0.031m。

如果在前述建模命令流之后继续执行下列命令流，则进行一个频率范围 0.1Hz～1.0Hz、步长 0.1Hz 的谐响应分析，并得到如图 7-7 所示的频响曲线。频响曲线上 0.5Hz 幅值为 0.0317m，这与瞬态共振分析的结果一致。

```
fini
/sol
ANTYPE,3
fdele,all,all
f,2,fx,10000
HROPT,FULL
HARFRQ,0,1,
NSUBST,10,
KBC,1
solve
finish
/POST26
NSOL,2,2,U,X, UX_2
prcplx,1
PLVAR,2,
```

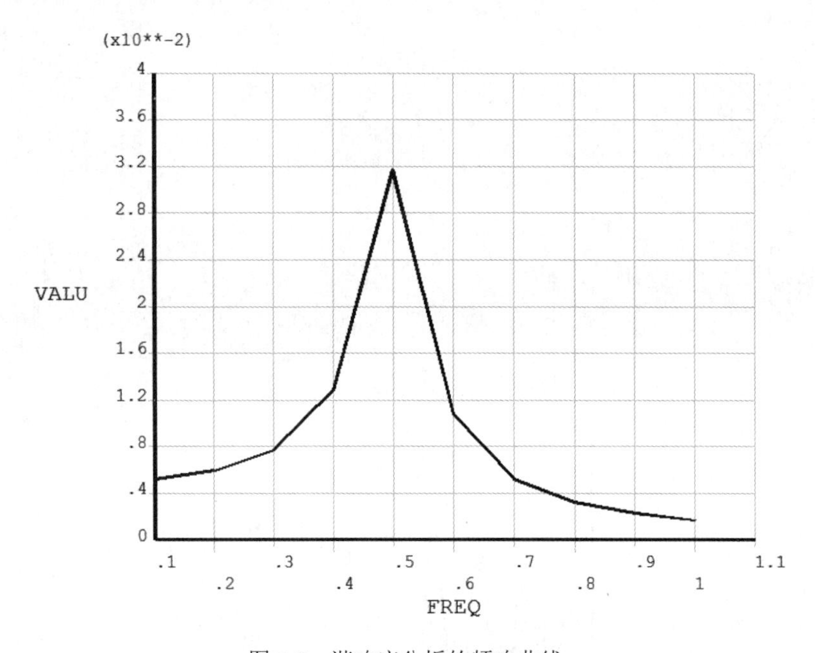

图 7-7　谐响应分析的频响曲线

7.2.2　案例二：多自由度结构地震波时程分析

本节给出一个单向水平地震波作用下的多自由度悬臂结构时程分析例题。不计质量的柱高 18m，截面特性为：$A=0.0311m^2$，$IYY=IZZ=0.0038m^4$，$IXX=0.0076m^4$，Y、Z 方向截面外轮廓尺寸均为 1.0m。在柱高的 3m、6m、9m、12m、15m、18m 处各有一个集中质量 M=1000kg。

此悬臂结构受到幅值为 70cm/s^2 的水平地震波作用，持续时间为 20 秒，结构阻尼比按 2%计算。

本例题通过 APDL 命令流进行建模和分析，其中地震波数据文件 wave.txt 可以到指定的网站下载。下面是具体的分析过程。

1. 建立分析模型

执行如下命令流，得到如图 7-8 所示的分析模型：

```
/PREP7
ET,1,188
KEYOPT,1,3,3
ET,2,21
KEYOPT,2,3,2
R,1,1000
mp,ex,1,2e11
mp,prxy,1,0.3
SECTYPE,    1, BEAM, ASEC, , 0
SECOFFSET, CENT
SECDATA,0.0311,0.0038,0,0.0038,0,0.0076,0,0,0,0,1.0,1.0
N,1,        $    N,7,0.0,18.0,0.0    $    Fill
E,1,2       $    EGEN, 6,1,ALL
TYPE,2
*DO,I,2,7
E,I
*ENDDO
D,1,ALL,0.0
D,ALL,UZ,0.0
FINISH
```

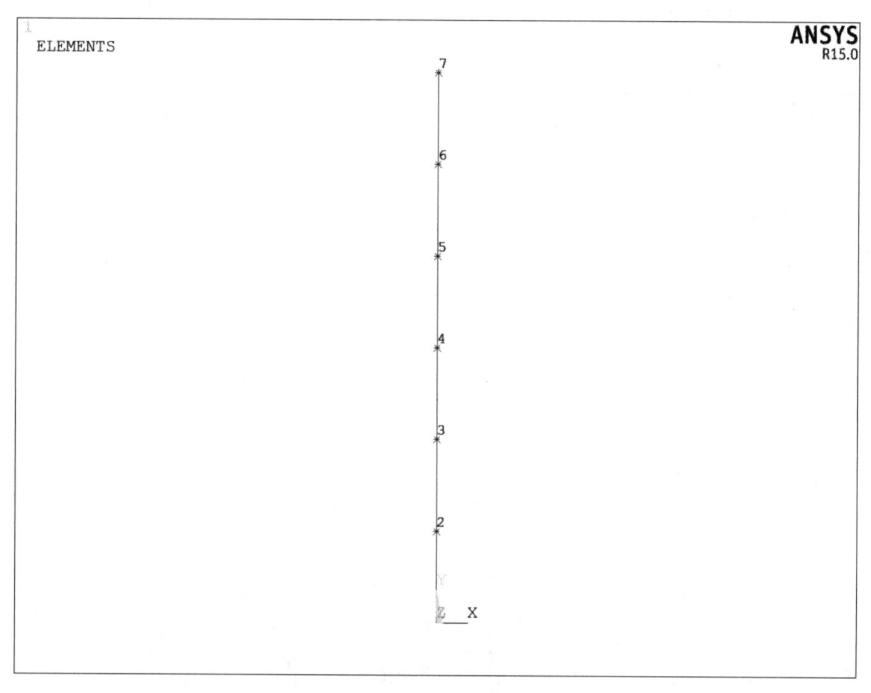

图 7-8　多自由度结构模型

2. 模态分析

为了计算阻尼系数，先通过下列命令流进行模态分析：

```
!分析选项设置与求解
/SOLU                               !进入求解器
ANTYPE,2
MODOPT,lanb,6
MXPAND,6, , ,YES
SOLVE
FINISH
/POST1
SET,list
FINISH
```

模态分析完成后，得到各阶自振频率列表，如图 7-9 所示。

SET	TIME/FREQ	LOAD STEP	SUBSTEP	CUMULATIVE
1	2.2298	1	1	1
2	13.991	1	2	2
3	38.703	1	3	3
4	55.246	1	4	4
5	73.206	1	5	5
6	111.78	1	6	6

图 7-9　结构各阶自振频率

取结构的第 1 阶自振频率 f1 和第 6 阶自振频率 f6，根据阻尼比 2%计算质量阻尼系数、刚度阻尼系数如下：

$\alpha = 4\pi * f1 * f6 * \xi / (f1 + f6) = 0.549$

$\beta = \xi / \pi / (f1 + f6) = 0.0000559$

3. 瞬态分析

下面采用完全法进行瞬态分析，分析命令流文件如下：

```
/SOLU                               !进入求解器
ANTYPE,TRANS                        !定义分析类型
NN=1000                             !时程曲线有 NN 个点
*DIM,AC_X,,NN
*VREAD,AC_X(1),wave,TXT,
(F10.3)
TRNOPT,FULL
ALPHAD, 0.549
BETAD, 0.0000559
*DO,I,1,NN
!施加加速度载荷
ACEL,AC_X(I)
TIME,0.02*I                         !设置时间点
OUTRES,ALL,ALL
SOLVE                               !求解
*ENDDO
FINISH
/POST26
NSOL,2,7,U,X,
PLVAR,2
```

计算完成后，通过上述命令查看顶端质量点的水平位移时间历程，如图 7-10 所示。

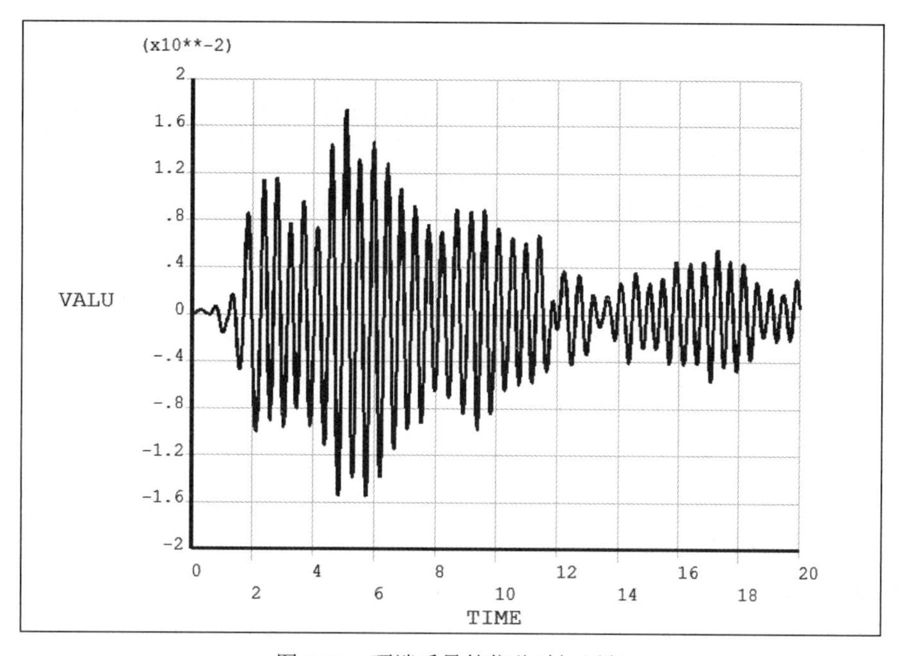

图 7-10　顶端质量的位移时间历程

8

响应谱及 PSD 分析

本章导读

本章介绍两种 ANSYS 频域分析：响应谱分析和 PSD 分析。对每种分析均结合分析实例介绍具体的实现过程和分析要点。在操作方法的介绍中以 Mechanical APDL 为主，也简单介绍了 Workbench 环境中的实现方法。

本章包括如下主题：

- 单点响应谱分析的实现过程
- 单点响应谱分析例题：悬臂结构的单点响应谱分析
- PSD 分析方法
- PSD 分析例题：海洋平台波浪力作用分析
- 导管架海洋平台建模方法

8.1 响应谱分析的实现过程与案例

8.1.1 响应谱分析的具体实现过程

响应谱也被称为反应谱，是谱值和频率的关系曲线。响应谱给出一组具有相同阻尼、不同自振周期的单自由度体系在某一瞬态动力作用下的最大反应。响应谱分析是基于模态分析结果和响应谱来计算结构最大响应的分析方法。ANSYS 响应谱分为单点响应谱和多点响应谱，前者在模型的一个点集上定义一条响应谱，后者可以在模型的多个点集上定义不同的响应谱，其中较为常用的是单点响应谱分析（SPRS）。

一个完整的单点响应谱分析过程包括：建模、计算模态解、谱分析求解、扩展模态、合并模态和观察结果，下面对分析步骤及注意事项进行简要说明。

1. 建模

单点响应谱分析的建模过程与其他分析类型的建模过程类似。需要指出的是，单点响应谱分析只允许线性行为，任何非线性特性均作为线性处理；对分布质量结构体系，必须定义材料密度 DENS。

2. 模态分析及扩展

结构的固有频率和振型是谱分析所必需的数据，在进行谱分析求解前需要先计算模态解，具体操作可以参考模态分析一节，这里作补充说明。

（1）模态提取方法只能采用 Block Lanczos、PCG Lanczos、Supernode 和 Subspace。

（2）提取的模态数应该足以包括感兴趣的频率范围，振型参与质量比不低于 0.9。为了体现高阶模态的贡献，可以在模态分析中打开剩余向量计算开关（RESVEC,ON）并将其用于谱分析中，或直接在谱分析中通过 MMASS 命令包含缺失质量效应。

（3）模态分析中，约束需要在后续谱分析中施加基础谱激励的节点。

（4）可以在模态分析阶段扩展模态（MXPAND，ALL），也可将扩展操作放在谱分析求解之后作为一个单独的阶段进行。

（5）模态分析结束后退出求解器。

3. 响应谱分析

谱分析基本过程包括设置分析类型及谱分析选项、设置响应谱选项、定义响应谱曲线、设置阻尼和谱分析求解。下面对单点响应谱分析的实现过程及注意事项进行简单说明。

（1）设置分析类型及选项。

进入求解器，设置分析类型为 Spectrum（ANTYPE, SPECTR）。分别通过 SPOPT 命令的 Sptype 域（SPRS 为单点响应谱分析）和 NMode 域设置谱分析类型及参与合并的模态数。

（2）选择模态合并方法。

ANSYS 谱分析提供了 6 种常用的模态合并方法，对应命令为 SRSS、CQC、DSUM、GRP、NRLSUM 和 ROSE。这些命令的 Label 域用于选择计算的响应类型，Label=DISP 表示位移响应，Label=VELO 表示速度响应，Label=ACEL 表示加速度响应。选择 DISP 时，输出位移、应力的模态组合解；选择 VELO 时，输出速度、应力速度的模态组合解；选择 ACEL 时，输出加速度、应力加速度的模态组合解。

（3）设置响应谱参数。

通过 SVTYPE 命令的 KSV 域来选择响应谱的类型，KSV=0、1、2、3 分别代表地震速度响应谱、力响应谱、地震加速度响应谱、地震位移响应谱。通过 SED 命令来指定响应谱激励的方向。

（4）定义激励谱的谱值－频率关系曲线。

通过 FREQ 命令和 SV 命令定义激励谱的频率值和谱值，注意频率要按递增次序，谱值要和频率值相对应。

（5）设置阻尼。

可供选择的阻尼定义方法有瑞利阻尼 ALPHAD 及 BETAD、各振型恒定阻尼比 DMPRAT、振型阻尼比 MDAMP。一般情况下，可定义一组不同阻尼比下的响应谱曲线。程序会根据指定的阻尼计算出一个有效阻尼比，然后基于取对数的谱曲线进行插值计算对应于有效阻尼比的谱值。如果没有指定阻尼，则谱分析中采用阻尼比最低的谱曲线。对于 CQC 组合，必须定义阻尼。

（6）求解。

选取菜单路径 Main Menu>Solution>Solve>Current LS 或 SOLV 命令进行求解。计算完成后退出求解器（FINISH 命令）。此时注意结果并未写入 RST 文件，而是写入了一个包含 POST 命令的 MCOM 文件。

（7）查看结果。

进入通用后处理器 POST1，通过 Utility>File>Read Input From 菜单项读入 Jobname.MCOM 文件，或发出如下的操作命令：

```
/INPUT,FILE,MCOM
```

后处理器将会基于模态扩展后的结果文件和 MCOM 文件中的后处理命令进行模态组合。组合后的结果可以通过 POST1 进行查看、显示或列表。

在 Workbench 中进行响应谱分析时，可先在 Project Schematic 中加入一个模态分析，然后再用鼠标左键拖动一个响应谱分析到模态分析的 Solution 单元格，即可建立响应谱分析流程，如图 8-1 所示。

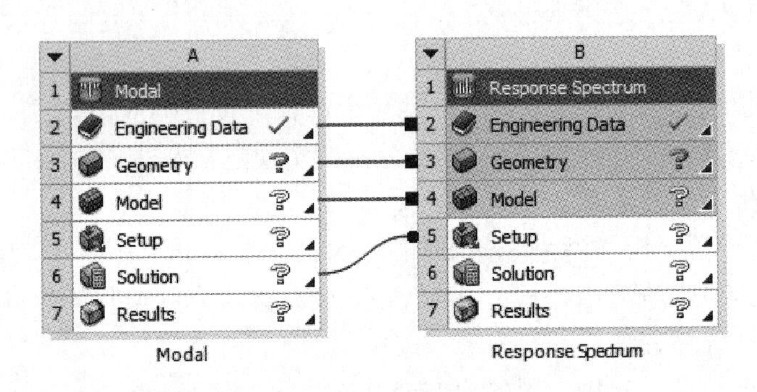

图 8-1　Workbench 中的响应谱分析流程

在响应谱分析中，可通过工具条插入响应谱激励 RS Base Excitation，包括加速度、速度和位移基础激励形式，如图 8-2 所示。图 8-3 所示为插入的 RS Acceleration 的属性。

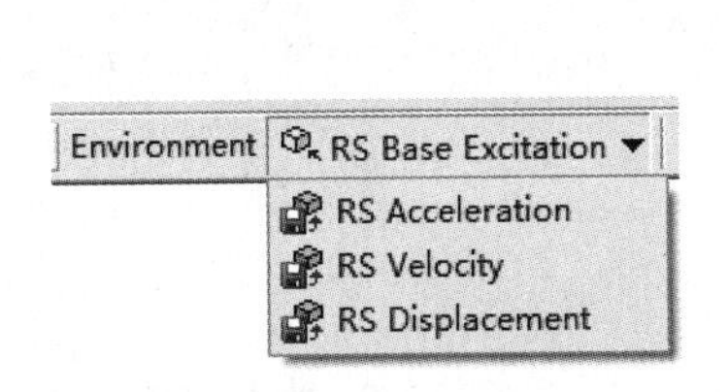

图 8-2　RS Base Excitation

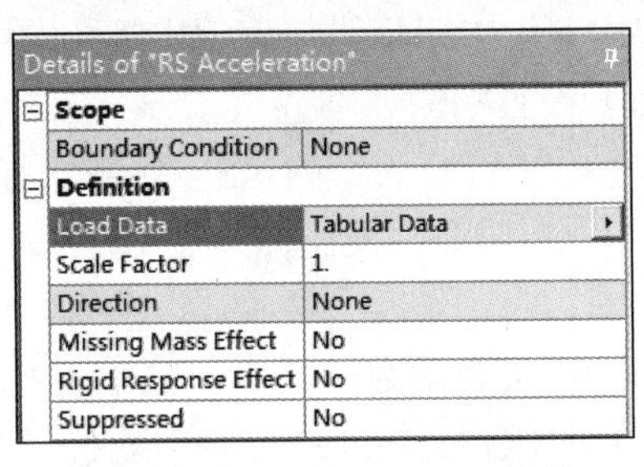

图 8-3　RS Acceleration 的属性

8.1.2　响应谱分析案例：悬臂结构地震响应谱分析

本节给出一个单点响应谱分析的例题。

仍然以谐响应分析集中质量悬臂结构为例，但梁的截面改为 0.15m×0.3m 的矩形截面，材料参数改为：弹性模量 E=3.0E10Pa，泊松比为 0.2。相应的各质量调整为 1000kg。在整个结构上施加如表 8-1 所示的加速度响应谱，计算该悬臂结构的 Y 向响应。

表 8-1　加速度响应谱

频率（Hz）	响应加速度（m/s²）
0.3333	0.2653
0.8363	0.2653
1.669	0.4941
2.500	0.7108
3.330	0.9210
4.1670	1.1260
5.000	1.326
10.000	1.326
100.000	0.6632

本例题通过命令流方式操作，下面是具体的操作步骤。

1．建立分析模型

```
FINISH                              !结束以前的命令
/CLEAR                              !清空数据库
/FILNAME,beam                       !分析文件名及图形标题
/TITLE,cantilever beam

/prep7                              !进入前处理器
!单位制 N,m,s

!定义单元类型
ET,1,BEAM3                          !定义第 1 类单元为二维梁单元
ET,2,MASS21                         !定义第 2 类单元为二维结构质量单元
KEYOPT,2,3,4

!定义材料
MP,EX,      1,3E10
MP,PRXY,   1,0.2
MP,DENS,   1,0

!定义实常数
R,1,0.045,0.0003375,0.3             !定义梁横截面面积、惯性矩、截面高度
R,2,1000                            !定义质量

!创建节点
N,1,
N,2,1
N,3,2
N,4,3

!创建梁单元
TYPE,1                              !指定单元属性
MAT,1
REAL,1
```

```
E,1,2                           !定义梁单元
E,2,3
E,3,4

!创建质量单元
TYPE,2                          !指定单元属性
REAL,2
E,2                             !定义集中质量单元
E,3
E,4
!施加约束条件
D,1,ALL                         !固定端约束
D,2,UX,,,4                      !集中质点水平位移约束
FINISH                          !退出前处理模块
```

2. 计算模态解

输入如下的命令流进行模态分析并进行模态扩展：

```
/SOLU                           !加载求解模块
ANTYPE,MODAL                    !定义分析类型为模态分析（MODAL）
MODOPT,SUBSP,3                  !选择模态分析方法为次空间法，输出 3 个模态
MXPAND,3
SOLVE                           !模态求解
FINISH                          !退出求解模块
!提取频率
/POST1                          !加载后处理模块
SET,LIST                        !列出所有 3 阶频率结果
FINISH                          !退出后处理模块
```

执行上述命令流，可以得到此集中质量悬臂结构的前 3 阶固有频率依次为 4.6840Hz、30.670Hz、82.405Hz。

3. 计算谱解

按照如下步骤完成响应谱分析：

（1）设置分析类型为谱分析。

重新进入 ANSYS 求解器，选择菜单路径 Main Menu>Solution>Analysis Type>New Analysis，设置分析类型为 Spectrum。

（2）设置谱分析类型选项。

选取菜单路径 Main Menu>Solution>Analysis Type>Analysis Options，在 Spectrum Analysis 对话框中谱类型选择 Single-pt resp。

（3）设置激励谱选项。

选取菜单路径 Main Menu>Solution>Load Step Opts>Spectrum>Single Point>Settings，弹出 Setting for Single-Point Response Spectrum 对话框，在 Type of response spectr 下拉列表中选择 Seismic Accel，在 Excitation direction 栏中输入 0、1、0，如图 8-4 所示，单击 OK 按钮。

（4）定义激励谱频率点。

选取菜单路径 Main Menu>Solution>Load Step Opts>Spectrum>Single Point>Freq Table，弹出 Frequency Table 对话框，在 FREQ1～FREQ9 栏中依次输入 0.3333、0.8363、1.669、2.500、3.330、4.167、5.000、10.00、100.00，如图 8-5 所示，单击 OK 按钮。

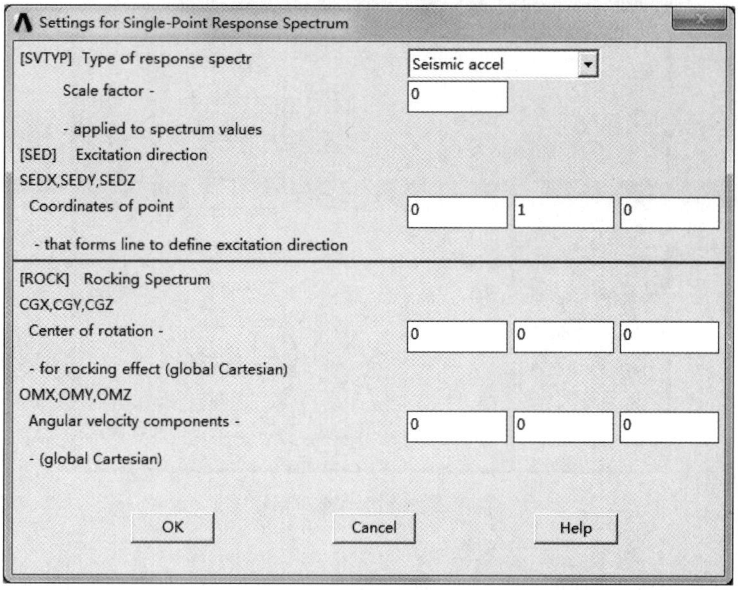

图 8-4　响应谱类型及激励方向设置

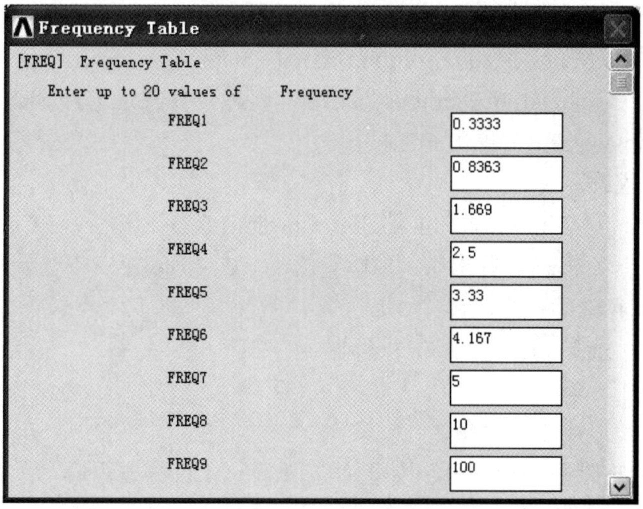

图 8-5　频率设置对话框

（5）定义频率对应的谱值。

选取菜单路径 Main Menu>Solution>Load Step Opts>Spectrum>Single Point>Spectrum values，弹出 Spectrum values 对话框，在 SV1～SV5 栏中依次输入 0.2653、0.2653、0.4941、0.7108、0.9210、1.1260、1.326、1.326、0.6632，如图 8-6 所示，单击 OK 按钮。

（6）谱分析求解。

选择菜单路径 Main Menu>Solution>Solve>Current LS，弹出 Solve Current Load Step 对话框，单击 OK 按钮，开始谱分析求解。求解完毕后，在 Note 窗口中显示“Solution is done!”，单击 Close 按钮关闭窗口。

（7）求解完毕，选择 FINISH 退出求解器。

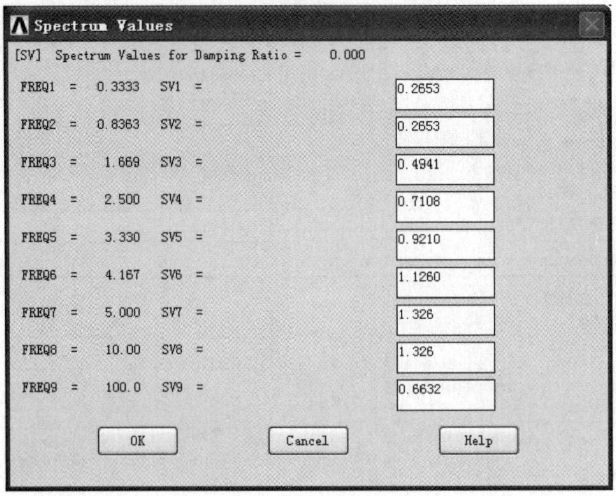

Spectrum Values

[SV] Spectrum Values for Damping Ratio = 0.000

FREQ1 = 0.3333	SV1 =	0.2653
FREQ2 = 0.8363	SV2 =	0.2653
FREQ3 = 1.669	SV3 =	0.4941
FREQ4 = 2.500	SV4 =	0.7108
FREQ5 = 3.330	SV5 =	0.9210
FREQ6 = 4.167	SV6 =	1.1260
FREQ7 = 5.000	SV7 =	1.326
FREQ8 = 10.00	SV8 =	1.326
FREQ9 = 100.0	SV9 =	0.6632

OK Cancel Help

图 8-6 谱值设置对话框

4. 模态合并

按照如下步骤操作：

（1）设置模态合并方法。

再次进入求解器，选择分析类型为谱分析（spectrum）。

选取菜单路径 Main Menu>Solution>Load Step Opts>Spectrum>Single Point>Mode combine，弹出 Mode Combination Methods 对话框，模态合并方法选择 SRSS，在 Type of output 下拉列表中选择 Displacement，单击 OK 按钮。

（2）模态合并求解。

选择菜单路径 Main Menu>Solution>Solve>Current LS，弹出 Solve Current Load Step 对话框，单击 OK 按钮，开始模态合并求解。求解完毕后，在 Note 窗口中显示“Solution is done!”，单击 Close 按钮关闭窗口。

（3）求解完毕，选择 FINISH 退出求解器。

5. 观察结果

（1）查看模态谱值及模态系数。

在响应谱计算输出信息中可以看到如图 8-7 所示的计算摘要内容，前 3 阶模态对应谱值分别为 1.2506、0.94643、0.70296，模态系数分别为 0.6741E-1、-0.6479E-3、0.3455E-4，相对模态系数分别为 1.000、0.009611、0.000513。

```
          ***** RESPONSE SPECTRUM CALCULATION SUMMARY ******

MODE      FREQUENCY       SV         PARTIC.FACTOR     MODE COEF.     M.C. RATIO     EFFECTIVE MASS

   1        4.684       1.2506          46.69        0.6741E-01      1.000000         2180.05
   2        30.67      0.94643         -25.42       -0.6479E-03      0.009611         646.341
   3        82.41      0.70296          13.18        0.3455E-04      0.000513         173.609
                                                           SUM OF EFFECTIVE MASSES=   3000.00
```

图 8-7 响应谱分析输出信息

由于模态 3 的相对模态系数小于 SRSS 命令 SIGNIF 域的默认值 0.001，因此不参与后续的模态组合。实际在响应谱计算中参加模态合并的是模态 1 和模态 2，在 BEAM.MCOM 文件中写入了如下的组合命令，其中 Load Case 组合系数就是上面计算的模态系数：

```
LCOPER,ZERO
FORCE,STATIC                !结合模态静力
LCDEFI,1,1,1
LCFACT,1,0.674133E-01
LCASE,1
LCOPER,SQUARE
LCDEFI,1,1,2
LCFACT,1, -0.647921E-03
LCOPER,ADD,1,MULT,1
LCOPER,SQRT
```

（2）读入模态组合文件。

进入通用后处理器 POST1，选取菜单路径 Utility Menu> File>Read Input from，在工作路径中选择结果文件 beam.mcom（beam 为工作文件名），单击 OK 按钮。

（3）观察位移变形。

选取菜单路径 Main Menu>General Postproc>Plot Results>Contour Plot>Nodal Solo，弹出 Contour Nodal Solution Data 对话框，在 Item 栏中选择 UY，单击 OK 按钮，在图形窗口中将显示结构 Y 方向的位移变形等值线图，如图 8-8 所示。

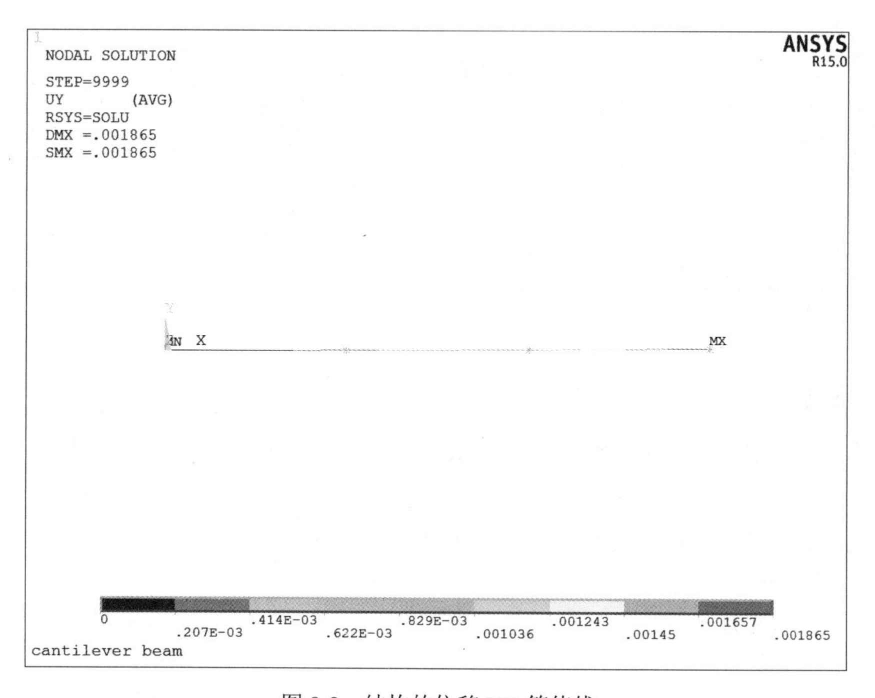

图 8-8　结构的位移 UY 等值线

以上集中质量悬臂结构模型的单点响应谱分析如采用批处理方式，则相应的 APDL 命令流如下（从模态分析结束开始）：

```
!响应谱分析求解过程
FINISH
/SOL                        !进入求解器
```

```
ANTYPE,SPECTRUM                !设置分析类型为谱分析
SPOPT,SPRS,10,0                !谱分析选项设置
SVTYP,2,1,                     !定义谱类型为加速度响应谱
SED,0,1,0,                     !定义激励方向

!定义谱曲线的频率点
freq,0.3333,0.8363,1.669,2.500,3.330,4.167,5.000,10.00,100.000

!定义谱曲线的谱值（阻尼比为 0）
sv,,0.2653,0.2653,0.4941,0.7108,0.9210,1.1260,1.326,1.326,0.6632

SOLVE                          !求解
FINISH                         !退出求解器

!合并模态
/SOL                           !进入求解器
ANTYPE,SPECTRUM                !设置分析类型为谱分析
SRSS                           !选择模态合并方法
SOLVE                          !求解
FINISH                         !退出求解器

!后处理观察结果
/POST1                         !进入通用后处理器
/INPUT,'BEAM','MCOM'           !读入结果文件
PLNSOL,U,Y,0,1                 !显示位移变形
FINISH                         !退出通用后处理器
```

8.2 PSD 分析的实现过程与案例

8.2.1 ANSYS 的 PSD 分析方法

PSD 分析是 ANSYS 谱分析的一种，在 Mechanical APDL 中 PSD 分析的基本过程包括：建模、计算模态解、获得 PSD 解、合并模态和观察结果，其中建模、模态求解与单点响应谱分析相同，这里主要介绍后续几个环节的操作方法及注意事项。

1. 获得 PSD 解

按照如下步骤进行操作：

（1）设置分析类型及选项。

进入求解器，设置分析类型为 Spectrum（ANTYPE, SPECTR）。分别通过 SPOPT 命令的 Sptype 域和 NMode 域设置谱分析类型（选择 PSD）及参与合并的模态数。

（2）设置 PSD 载荷步选项。

通过 PSDUNIT 命令的 TYPE 域指定 PSD 的类型，这些类型及对应谱值的单位如表 8-2 所示。其中 Force spectrum 和 Pressure spectrum 仅用于节点激励。

表 8-2　PSD 的类型及单位

PSDUNIT 的 TYPE 域	PSD 类型	单位
DISP	Displacement spectrum	位移的平方/Hz
VELO	Velocity spectrum	速度的平方/Hz
ACEL	Acceleration spectrum	加速度的平方/Hz
ACCG	Acceleration spectrum	g 的平方/Hz
FORC	Force spectrum	力的平方/Hz
PRES	Pressure spectrum	压力的平方/Hz

通过 PSDFRQ 命令和 PSDVAL 命令定义 PSD 的谱值－频率关系表，按照递增的顺序依次定义激励谱的各个频率点和对应的谱值。通过 PSDGRAPH 命令画出 PSD 曲线。

注意：频率必须按照递增的顺序输入，且起始频率不能为 0，谱值不能为 0。

通过 ALPHAD、BETAD、MDAMP、DMPRAT 等指定阻尼，指定多种阻尼时 Mechanical APDL 会计算一个有效阻尼比。如果没有指定阻尼，PSD 分析会采用一个 1%的 DMPRAT（对所有的频率）。

还可以通过 RESVEC 命令打开剩余向量开关，以考虑高阶模态的影响。

（1）施加功率谱密度激励。

对基础激励，使用 D 命令施加激励。对一致基础运动，使用 SED 命令以指定激励方向。对于节点激励，使用 F 命令施加激励。对于压力 PSD 激励，采用 LVSCALE 命令引进模态分析中计算的载荷向量。

（2）计算 PSD 参与因子。

通过 PFACT 命令计算 PSD 参与因子，对应菜单为 Main Menu> Solution> Load Step Opts> Spectrum> PSD> Calculate PF。PFACT 的 Excit 域定义激励部位，BASE 表示基础激励，NODE 表示节点激励。

如需施加多个 PSD 激励，重复上述步骤依次计算。如果需要还可以定义不同 PSD 激励的相关性。COVAL 命令用于定义 CSD 谱值，QDVAL 命令用于定义 QSD 谱值，PSDSPL 命令用于定义空间相关性，PSDWAV 命令用于定义波传播激励。

（3）设置输出控制。

通过 PSDRES 命令控制写入结果文件的结果。Lab 域提供 3 种数据结果选项：DISP（位移解）、VELO（速度解）和 ACEL（加速度解），Relkey 域指定每种数据结果可以是绝对值也可以是相对于基础激励的相对值。

DISP 是默认输出选项，1-Sigma 位移、应力、力写入 RST 文件的第 3 个载荷步；VELO 选项的 1-Sigma 速度、应力速度、力速度等写入 RST 文件的第 4 个载荷步；ACEL 选项的 1-Sigma 加速度、应力加速度、力加速度等写入 RST 文件的第 5 个载荷步。

（4）求解。

选取菜单路径 Main Menu>Solution>Solve>Current LS 或发出 SOLVE 命令开始求解。求解结束后通过 FINISH 退出求解器。

2．合并模态

合并模态是一个单独的求解阶段，需要再次进入求解器。通过 ANTYPE 命令选择分析类型为谱分析（SPECTR），通过 PSDCOM 命令指定 PSD 模态合并方法选项。发出 SOLVE 命令求解，求解完成后退出求解器。

3. 观察结果

PSD 分析的结果写入结果文件 Jobname.RST 中，包括扩展的模态振型、基础激励静力解、位移解、速度解和加速度解。这些结果数据在结果文件中的结构如表 8-3 所示。

表 8-3 PSD 结果文件数据结构

载荷步	子步	结果数据
1	1 2 ……	第 1 阶模态的扩展模态解 第 2 阶模态的扩展模态解 ……
2 （仅用于 Base 激励方式）	1 2 ……	第 1 个 PSD 谱的单位静力解 第 2 个 PSD 谱的单位静力解 ……
3	1	1-sigma 位移解
4	1	1-sigma 速度解（如果被要求）
5	1	1-sigma 加速度解（如果被要求）

表 8-3 中的 1-Sigma 是响应值的标准差，不被超越概率为 68.3%。

可以通过 POST1 和 POST26 对 PSD 分析结果进行后处理。

在 POST1 中，可通过 SET 命令的 Fact 域获取 2-Sigma（Fact=2，不超越概率为 95.4%）或 3-Sigma（Fact=3，不超越概率为 99.7%）结果。建议采用 PLESOL 绘制单元解答，因为 PSD 分析给出的是标准差而不是实际值，所以不适合观察 PLNSOL 给出的节点平均解。

在 POST26 中，可计算响应的 PSD，其步骤如下：

（1）进入 POST26。

（2）通过 STORE 命令存储频率向量（此向量在 POST26 中存储为 1 号变量），格式为：

STORE,PSD,NPTS

其中，NPTS 是加在固有频率两边的频率点数目（默认值为 5），以使频率向量变得平滑。

（3）在 POST26 中通过 NSOL、ESOL 和（或）RFORCE 命令定义变量。

（4）通过 RPSD 命令计算响应 PSD 并保存为变量。

（5）通过 PLVAR 画响应 PSD 曲线。

（6）用户还可以对响应的 PSD 曲线进行积分并开根号计算 1-Sigma 量。

在 POST26 中，还可以计算结果文件中两个量之间的协方差（位移、速度或加速度），计算方法为：通过/POST26 进入时间历程后处理，通过 NSOL、ESOL 或 RFORCE 命令定义感兴趣的变量（位移、应力、支反力等），通过 CVAR 命令计算协方差。

在 Workbench 中，可建立如图 8-9 所示的分析系统完成 PSD 分析。

Mechanical Application 界面下的 PSD 谱分析中，可通过如图 8-10 所示的工具条插入 PSD Base Excitation，包括加速度、速度和位移基础激励形式。图 8-11 所示为插入的 PSD Acceleration 的属性设置。

8.2.2 PSD 分析案例：海洋平台波浪力作用下的 PSD 分析

本节介绍一个海洋平台结构受到波浪力作用的 PSD 分析案例。

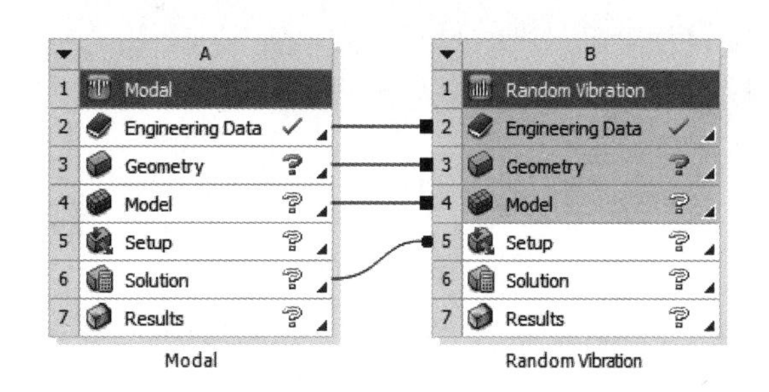

图 8-9　Workbench 中的 PSD 分析流程

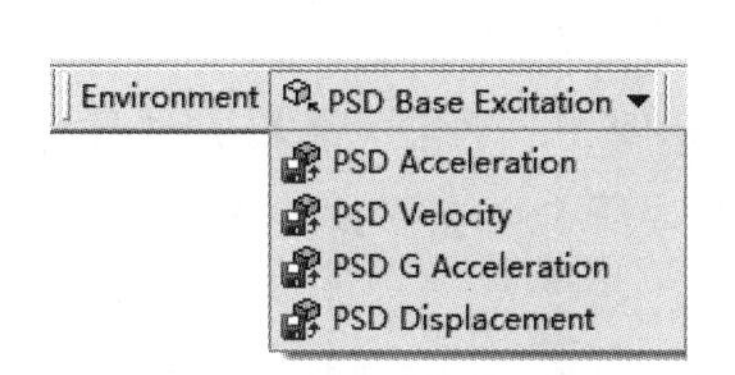

图 8-10　RS Base Excitation

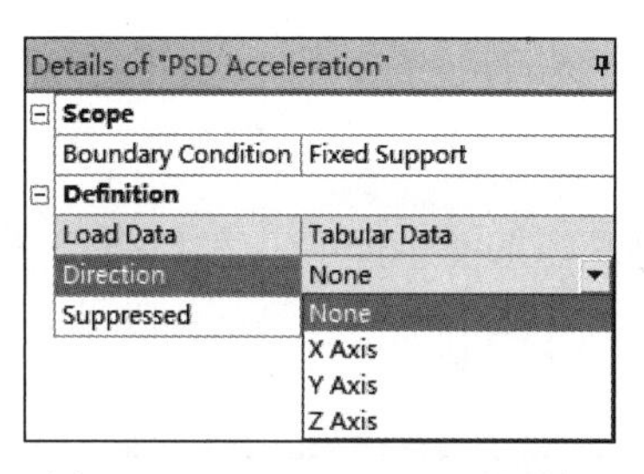

图 8-11　RS Acceleration 的属性

1. 问题描述

本节分析对象为如图 8-12 所示的导管架平台，上部两层平台结构包括支撑框架和甲板，其外形为矩形；下部导管架主体是 6 根主导管，其间用细管件作为撑杆，组成空间塔架结构。建立本节导管架平台计算模型的命令流附在本节的最后。由于平台的桩基础通过主导管插入海底土层，因此桩基础在海底土层不可能实现完全固支，为了更好地模拟实际情况，计算时在海底土层以下 3m 处采用铰接。

图 8-12　海洋平台模型

本节分析过程包括模态计算及扩展、获得 PSD 谱解、合并模态和后处理。

2. 波浪谱简介

先来简单介绍一下波浪力。波浪力由拖曳力 F_D 和惯性力 F_I 两部分组成，一般采用 Morison 公式计算作用在导管架主导管单位长度的总水平力：

$$f(t)=f_I(t)+f_D(t)=\phi_M\dot{u}+\phi_D u|u|$$

对于直径为 D 的圆形杆件：

$$\phi_M=C_M\rho\pi D^2/4$$

$$\phi_D=C_D\rho\pi D^2/2$$

式中，u—水质点的水平速度；$\dot{u}$—水质点的水平加速度；ρ—海水密度；D—主导管的外直径；C_M、C_D—分别为惯性力系数和拖曳力系数。

由于水质点的水平速度 u 和水平加速度 $\dot{u}$ 沿着海水深度变化，所以沿着海水深度对 $f(t)$ 积分得到波浪对单个主导管的总作用力，即：

$$F(t)=F_I(t)+F_D(t)=\int f_I(t)\mathrm{d}h+\int f_D(t)\mathrm{d}h$$

由于波浪的随机性，采用 ANSYS 谱分析中的功率谱密度（PSD）分析方法计算平台结构在波浪载荷作用下的结构响应。本节分析所采用的波浪载荷 PSD 谱如表 8-4 所示。

表 8-4　波浪力谱

Freq（Hz）	SFF	Freq（Hz）	SFF
0.0001	0.0001	0.1911	0.503e10
0.0318	0.167	0.2229	0.174e10
0.0478	0.868	0.2548	0.074e10
0.0640	0.02e10	0.3185	0.034e10
0.0796	0.124e10	0.4777	0.019e10
0.0955	2.319e10	0.7962	0.008e10
0.1146	2.553e10	1.5924	0.006e10
0.1274	1.660e10	5.0000	0.006e10
0.1592	0.890e10		

3. 模态分析与扩展

对平台结构进行模态分析，按照如下步骤操作：

（1）设定分析类型。

进入 ANSYS 求解器，选取菜单路径 Main Menu>Solution>Analysis Type>New Analysis，弹出 New Analysis 对话框，选择 Modal，单击 OK 按钮，确定分析类型为模态分析。

（2）设置分析选项。

选取菜单路径 Main Menu>Solution>Analysis Type>Analysis Options，弹出 Modal Analysis 对话框，模态提取方法 Mode extraction method 选择 Block Lanzcos，模态提取数 No. of modes to extract 设为 6，单击 OK 按钮。

随后弹出 Block Lanzcos Method 对话框，接受默认设置，单击 OK 按钮。

（3）施加位移约束。

选取菜单路径 Main Menu>Solution>Define Loads>Apply>Structural>Displacement>On Nodes，弹出 Apply U, ROT on Node 拾取框，在图形窗口中拾取需要约束的 6 个导管架底端节点，单击 OK 按钮。

随后弹出 Apply U, ROT on Nodes 对话框，选择 All DOF，在 VALUE 栏中输入 0，单击 OK 按钮关闭对话框。

施加位移约束后的导管架底端如图 8-13 所示。

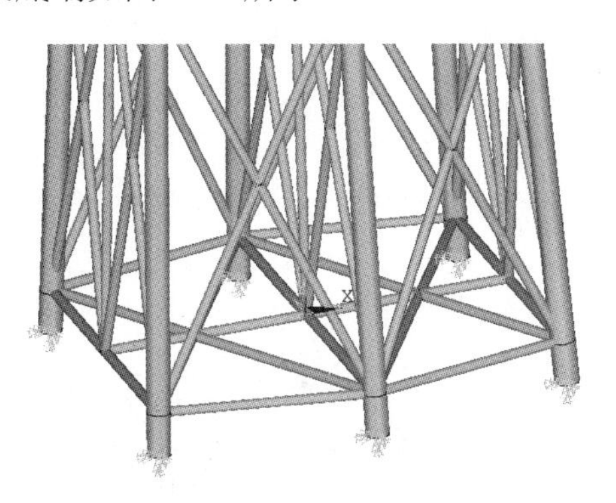

图 8-13　位移约束

（4）模态分析求解。

选择菜单路径 Main Menu>Solution> Solve>Current LS，弹出 Solve Current Load Step 对话框，单击 OK 按钮，开始求解。求解完毕后，在 Note 窗口中显示“Solution is done!”，单击 Close 按钮关闭窗口。

求解完毕后退出求解器。

（5）查看模态结果。

选取菜单路径 Main Menu>General Postproc>Results Summary，弹出 Results Summary 列表，如图 8-14 所示，模型的前 6 阶固有频率汇总于此。

***** INDEX OF DATA SETS ON RESULTS FILE *****

SET	TIME/FREQ	LOAD STEP	SUBSTEP	CUMULATIVE
1	1.1436	1	1	1
2	1.1718	1	2	2
3	1.8789	1	3	3
4	3.0838	1	4	4
5	3.4181	1	5	5
6	4.2016	1	6	6

图 8-14　模型的前 6 阶固有频率

选取菜单路径 Main Menu>General Postproc>Read Results>First Set，读入载荷子步 1 的结果。选取菜单路径 Main Menu>General Postproc>Plot Results>Contour Plot>Nodal Solu，弹出 Contour Nodal Solution Data 对话框，选择合位移，观察一阶振型。

重复上述操作，可以观察结构模型的其他各阶模态振型。

图 8-15 至图 8-20 分别显示了海洋平台模型的前 6 阶模态振型，从中可以看出，海洋平台

结构的模态振型遵循 X 方向弯曲、Y 方向弯曲和 Z 方向扭转的规律交替出现。

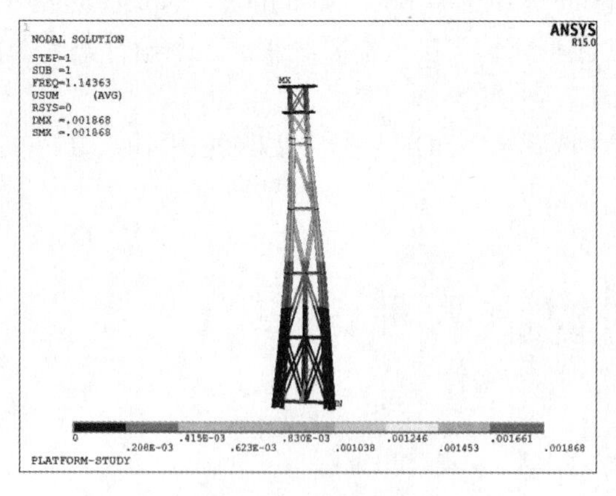

图 8-15　1 阶模态

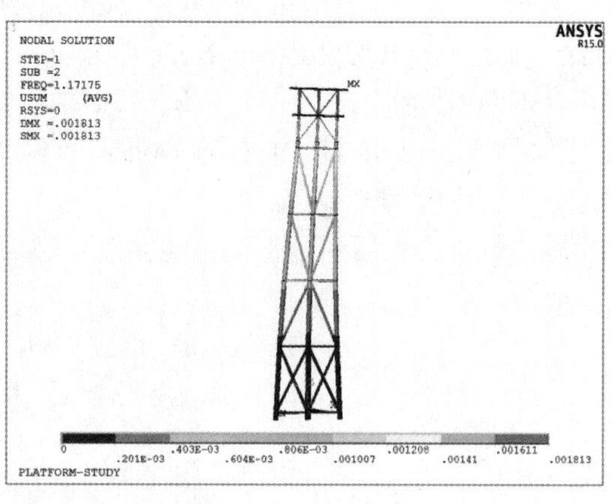

图 8-16　2 阶模态

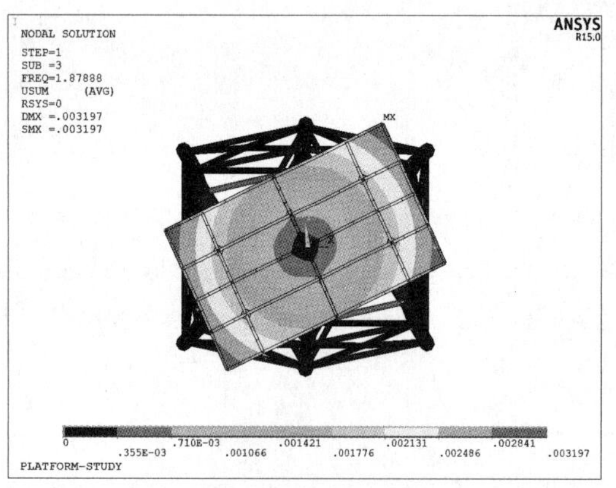

图 8-17　3 阶模态

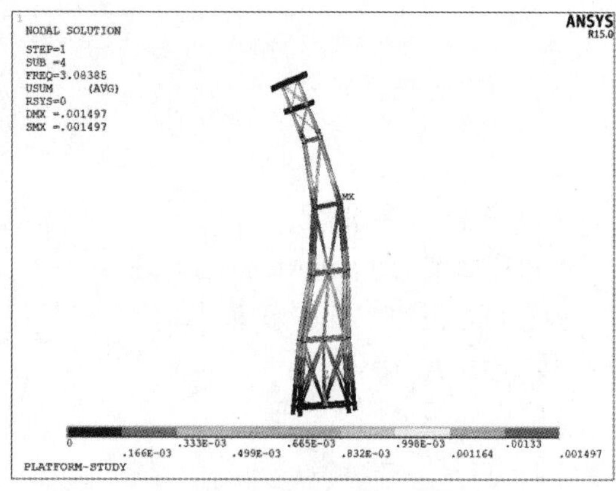

图 8-18　4 阶模态

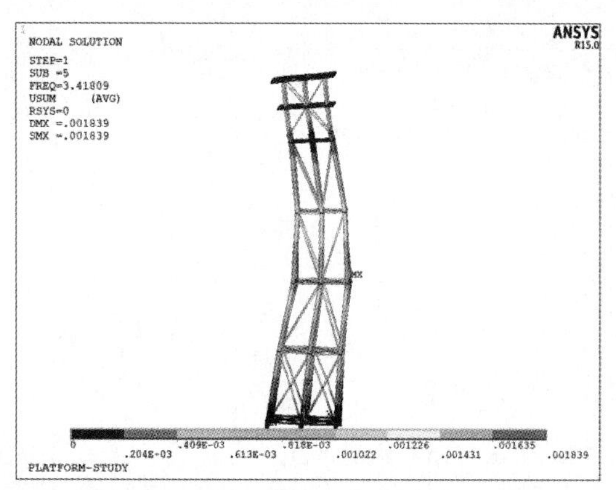

图 8-19　5 阶模态

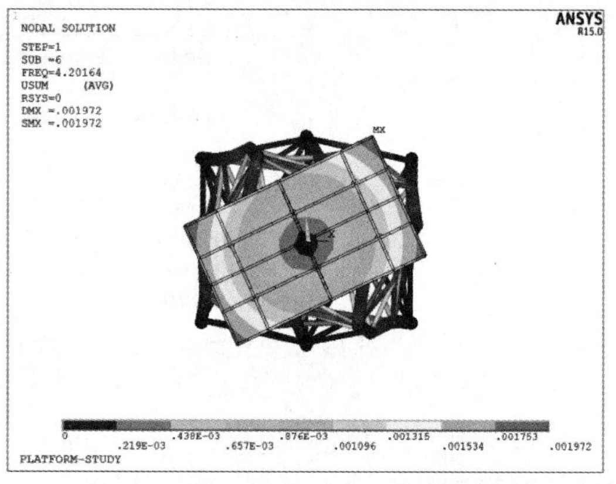

图 8-20　6 阶模态

上述模态分析所有操作对应的 APDL 命令流如下：

```
!求解选项设置与求解计算
/SOL                                    !进入求解器
```

```
ANTYPE,MODAL                  !设置分析类型为模态分析
MODOPT,LANB,6                 !采用 Block Lanzcos 模态提取法，提取数为 6
MODOPT,LANB,6,0,0, ,OFF       !采用默认设置
D,31,ALL                      !约束节点 31 所有自由度
D,32,ALL                      !约束节点 32 所有自由度
D,33,ALL                      !约束节点 33 所有自由度
D,34,ALL                      !约束节点 34 所有自由度
D,35,ALL                      !约束节点 35 所有自由度
D,36,ALL                      !约束节点 36 所有自由度
SOLVE                         !求解
FINISH                        !退出求解器
!后处理观察结果
/POST1                        !进入通用后处理器
SET, LIST                     !列表显示模型的固有频率
SET, FIRST                    !读入第一载荷步的计算结果
PLNSOL, U,SUM, 0,1.0
SET, NEXT                     !读入第二载荷步的计算结果
PLNSOL, U,SUM, 0,1.0
SET, NEXT                     !读入第三载荷步的计算结果
PLNSOL, U,SUM, 0,1.0
SET, NEXT                     !读入第四载荷步的计算结果
PLNSOL, U,SUM, 0,1.0
SET, NEXT                     !读入第五载荷步的计算结果
PLNSOL, U,SUM, 0,1.0
SET, NEXT                     !读入第六载荷步的计算结果
PLNSOL, U,SUM, 0,1.0
FINISH                        !退出通用后处理器
```

4. 获得 PSD 谱解

（1）设定分析类型。

进入 ANSYS 求解器，选取菜单路径 Main Menu>Solution>Analysis Type>New Analysis，弹出 New Analysis 对话框，选择 Spectrum，确定分析类型为谱分析。

（2）设置分析选项。

选取菜单路径 Main Menu>Solution>Analysis Type>Analysis Options，弹出 Spectrum Analysis 对话框，谱类型 Style of spctrum 选择 PSD，在 No. of modes for solu 处输入 6，单击 OK 按钮。

（3）定义激励谱类型。

选取菜单路径 Main Menu>Solution>Load Step Opts>Spectrum>PSD>Settings，弹出 Settings for PSD Analysis 对话框，选择 type of response spct 为 displacement，单击 OK 按钮。

（4）定义激励谱。

选取菜单路径 Main Menu>Solution>Load Step Opts>Spectrum>PSD>PSD vs Freq，弹出 Table for PSD vs Frequency 对话框，接受默认选项，单击 OK 按钮，关闭 Table for PSD vs Frequency 对话框，同时弹出 PSD vs Frequency 对话框。FREQ1～FREQ17 和 PSD1～PSD17 按照表 8-4 依次输入频率点及其对应的谱值（如图 8-21 所示），单击 OK 按钮，关闭 PSD vs Frequency 对话框。

可以图像显示定义的激励谱，选取菜单路径 Main Menu>Solution>Load Step Opts>

Spectrum>PSD>Graph PSD Tables，弹出 Graph PSD Tables 对话框，在 1st PSD table number 处输入 1，单击 OK 按钮，图形窗口将显示波浪力谱曲线，如图 8-22 所示。

PSD vs Frequency Table

[PSDVAL] [PSDFRQ] PSD vs Frequency Table No. 1

Enter up to 50 values of Frequency PSD Value

	Frequency	PSD Value
FREQ1, PSD1	0.0001	0.0001
FREQ2, PSD2	0.0318	0.167
FREQ3, PSD3	0.0478	0.868
FREQ4, PSD4	0.0640	0.02e10
FREQ5, PSD5	0.0796	0.124e10
FREQ6, PSD6	0.0955	2.319e10
FREQ7, PSD7	0.1146	2.533e10
FREQ8, PSD8	0.1274	1.660e10
FREQ9, PSD9	0.1592	0.890e10
FREQ10, PSD10	0.1911	0.503e10
FREQ11, PSD11	0.2229	0.174e10
FREQ12, PSD12	0.2548	0.074e10
FREQ13, PSD13	0.3185	0.034e10
FREQ14, PSD14	0.4777	0.019e10
FREQ15, PSD15	0.7962	0.008e10
FREQ16, PSD16	1.5924	0.006e10
FREQ17, PSD17	5.0000	0.006e10
FREQ18, PSD18		

OK Apply Cancel Help

图 8-21 波浪力谱

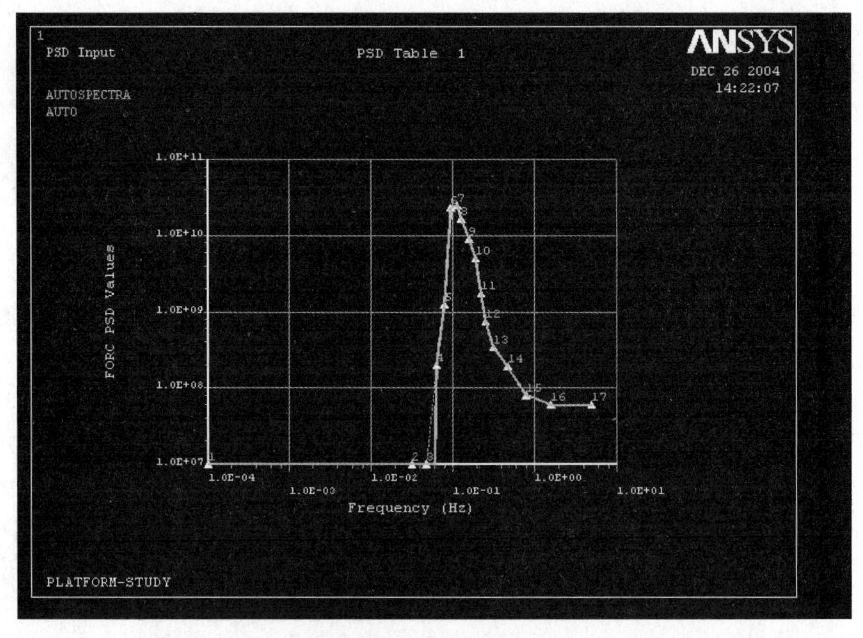

图 8-22 波浪力谱曲线

（5）施加 PSD 激励载荷。

选取菜单路径 Main Menu>Solution>Define Loads>Apply>Structural>Spectrum>Node PSD excit>On Nodes，弹出 Apply Nodal PSD 拾取窗口，在图形窗口中拾取节点 5 和 25，单击 OK 按钮，弹出 Apply Nodal PSD 对话框，在 Exitation direction 滚动窗口中选择 Nodal Y，单击 OK 按钮。

（6）计算 PSD 激励缩放系数。

选取菜单路径 Main Menu>Solution>Load Step Opts>Spectrum>PSD>Calculate PF，弹出 Calculate Participation Factors 对话框，在 Base or nodal excitation 栏中选择 Nodal excitation，单击 OK 按钮，计算 PSD 激励缩放系数。

（7）设置计算选项。

选取菜单路径 Main Menu>Solution>Load Step Opts>Spectrum>PSD>Calc controls，弹出 PSD Calculation Controls 对话框，3 个滚动窗口均指定为 Absolute，如图 8-23 所示，单击 OK 按钮，关闭此对话框。

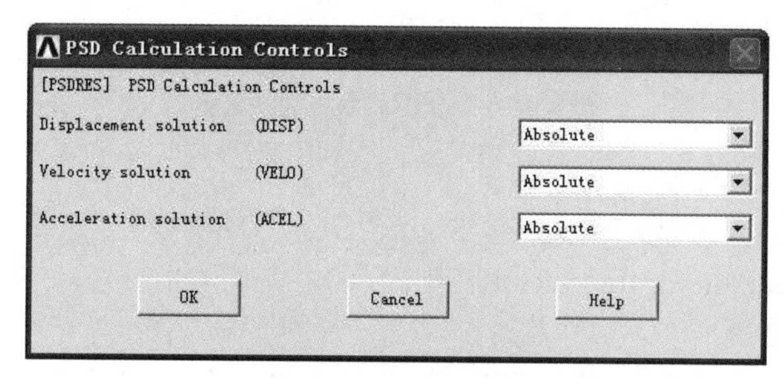

图 8-23　计算选项设置

（8）谱分析求解。

选择菜单路径 Main Menu>Solution>Solve>Current LS，弹出 Solve Current Load Step 对话框，单击 OK 按钮，开始谱分析求解。求解完毕后，在 Note 窗口中显示“Solution is done!”，单击 Close 按钮关闭窗口。

求解完毕后退出求解器。

5. 合并模态

按照下列步骤进行操作：

（1）设定分析类型。

选取菜单路径 Main Menu>Solution>Analysis Type>New Analysis，弹出 New Analysis 对话框，选择 Spectrum，单击 OK 按钮，确定分析类型为谱分析。

（2）选择模态合并方法。

选取菜单路径 Main Menu>Solution>Load Step Opts>Spectrum>PSD>Mode Combine，弹出 Mode Combination Method 对话框，在 Significant threshold 处输入 0.001，在 Combined mode 处输入 6，单击 OK 按钮。

（3）合并求解。

选择菜单路径 Main Menu>Solution>Solve>Current LS，弹出 Solve Current Load Step 对话框，单击 OK 按钮，开始合并求解。求解完毕后，在 Note 窗口中显示“Solution is done!”，单

击 Close 按钮关闭窗口。

求解完毕后退出求解器。

6. 后处理

按照如下步骤进行操作：

（1）进入时间历程后处理器 POPST26，观察位移随频率的响应曲线。

选取菜单路径 Main Menu>TimeHist Postpro，弹出 Spectrum Usage 对话框，如图 8-24 所示，选择 Create response power spectral density（PSD）单选项，单击 OK 按钮，弹出 Time History Variables 对话框。

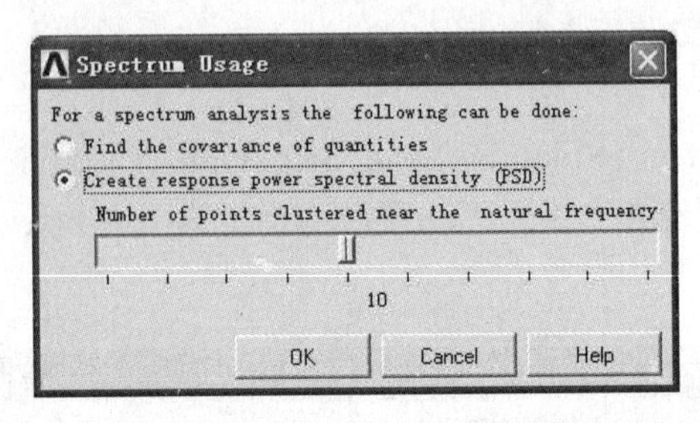

图 8-24 谱分析后处理功能选择

（2）存储频率向量。

选取菜单路径 Main Menu>TimeHist Postpro>Dtore Data，弹出 Store Data from the Result File 对话框，在 Resolution for freq vector 栏中输入 1，单击 OK 按钮。

（3）定义位移变量。

单击 Time History Variables 对话框右上方的 Add Data 按钮，出现 Add Time-History Variable 对话框，依次单击 Nodal Solution>DOF Solution>Y-Component of displacement，变量名取为 UY，单击 OK 按钮，弹出 Node for Data 拾取窗口，在图形窗口中拾取节点 73，单击 OK 按钮。

（4）计算响应 PSD 并将其保存为变量。

选取菜单路径 Main Menu>TimeHist Postpro>Calc Resp PSD，弹出 Calculate Pesponse PSD 对话框，在 Reference number of resulting variables 中输入 3，在 Reference no. of variables to be operated 处输入 2 和空值，Type of PSD 选择 Displacement，Ref w.r.t. which resp PSD is calculated 选择 Absolute value，User-specified label 输入 S-UY，如图 8-25 所示，单击 OK 按钮，关闭此对话框。

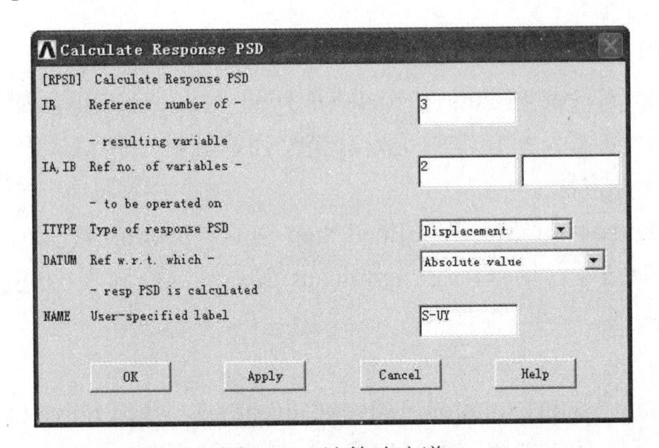

图 8-25 计算响应谱

（5）设定坐标轴标志符。

改变图形显示变量标志符，选取菜单路径 Utility Menu>PlotCtrls>Style>Graphs>Modify Axes，在 X-axis lable 和 Y-axis lable 分别输入 Frequency 和 S-UY，单击 OK 按钮确定。

（6）显示 PSD 响应曲线。

选取菜单路径 Utility Menu>PlotCtrls>Style>Graphs>Modify Axes，在 X-axis lable 和 Y-axis lable 分别输入 Frequency 和 S-UY，单击 OK 按钮确定。

在 Time History Variables 对话框中选择变量 S-UY，单击右上方的 Graph Data 按钮，显示变量 UY 随频率的变化曲线，如图 8-26 所示。

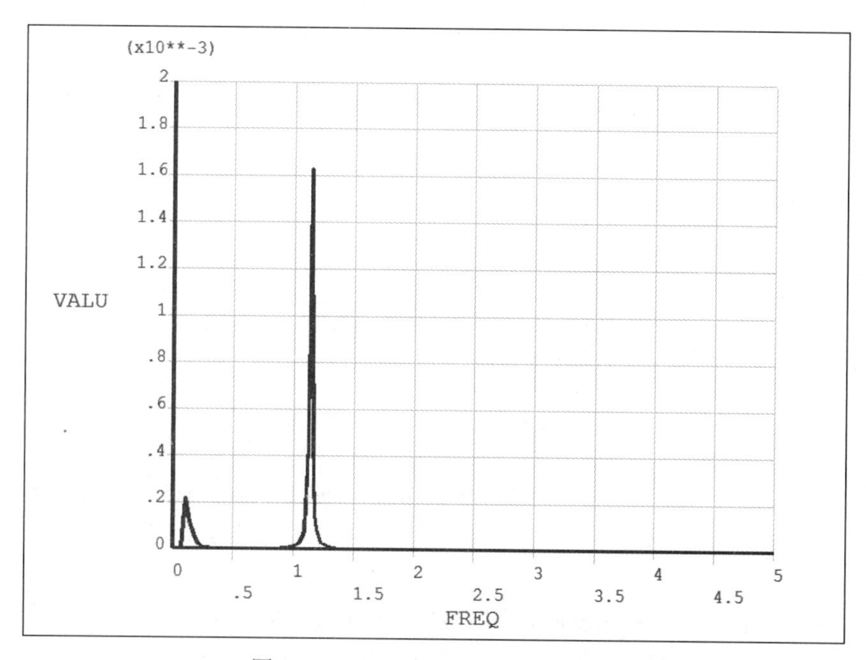

图 8-26 S-UY－Frequency 变化曲线

功率谱密度曲线出现两个峰值，结合波浪谱曲线和模型固有频率可以看出：第一个峰值产生的原因是因为波浪谱在该频率处出现极大值；第二个峰值是因为该峰值频率与模型的固有频率一致，当外载荷频率处于固有频率附近时引起结构共振，响应出现极大值。

上述 PSD 谱分析所有操作对应的 APDL 命令流如下：

```
!谱分析求解选项设置
/SOL                                  !进入求解器
ANTYPE,SPECTRUM                       !定义分析类型为谱分析
SPOPT,PSD,6,0
PSDUNIT,1,FORC,386.4,
PSDFRQ,1, ,0.0001,0.0318,0.0478,0.064,0.0796
PSDFRQ,1, ,0.0955,0.1146,0.1274,0.1592,0.1911
PSDFRQ,1, ,0.2229,0.2548,0.3185,0.4777,0.7962
PSDFRQ,1, ,1.5924,5, , ,
PSDVAL,1,0.001,0.167,0.868,0.02e10,0.124e10
PSDVAL,1,2.319e10,2.533e10,1.66e10,0.89e10,0.503e10
PSDVAL,1,0.129e10,0.074e10,0.034e10,0.019e10,0.008e10
PSDVAL,1,0.006e10,0.006e10, , ,
```

```
F,5,FY,1,                      !在节点 5 施加激励谱 1
F,25,FY,1,                     !在节点 25 施加激励谱 1
PFACT,1,NODE,
PSDRES,DISP,ABS
PSDRES,VELO,ABS
PSDRES,ACEL,ABS
SOLVE                          !求解
FINISH                         !退出求解器
/SOLUTION
!模态合并
/SOL                           !进入求解器
ANTYPE,SPECTRUM
PSDCOM,0.001,6,
SOLVE                          !求解
FINISH                         !退出求解器

!后处理观察位移响应
/POST26                        !进入时间历程后处理器
STORE,PSD,1
NSOL,2,73,U,Y, UY              !定义节点 73 的位移 UY 为 2 号变量
RPSD,3,2,,1,1,S-UY             !计算 2 号变量 UY 的功率谱并定义为 3 号变量
/AXLAB,X,Frequency             !设置 X 坐标变量名为 Frequency
/AXLAB,Y,S-UY                  !设置 Y 坐标变量名为 S-UY
PLVAR,3,                       !画出 UY 的功率谱密度响应曲线
FINISH                         !退出时间历程后处理器
```

整个模型采用 3 种单元类型：PIPE16、BEAM4、SHELL63。下部导管架和上部甲板框架的主要竖向支撑构件采用 PIPE16 单元，甲板平面的框架梁采用 BEAM4 单元，水平甲板采用 SHELL63 单元。

PIPE16 单元截面由外径和厚度确定；BEAM4 单元截面形式选用矩形，单元参数包括截面的高度、宽度、面积和截面惯性矩；SHELL63 单元参数包括 4 节点处的厚度。

所有单元截面参数如表 8-5 所示。

表 8-5 单元截面参数

<table>
<tr><th rowspan="2">实常数编号</th><th rowspan="2">单元类型</th><th colspan="5">单元参数</th></tr>
<tr><th colspan="2">外径 OD（m）</th><th colspan="3">壁厚 Thickness（m）</th></tr>
<tr><td>1</td><td>PIPE16</td><td colspan="2">1.2</td><td colspan="3">0.03</td></tr>
<tr><td>2</td><td>P1PE16</td><td colspan="2">0.8</td><td colspan="3">0.02</td></tr>
<tr><td>3</td><td>P1PE16</td><td colspan="2">0.5</td><td colspan="3">0.02</td></tr>
<tr><td>4</td><td>P1PE16</td><td colspan="2">0.3</td><td colspan="3">0.15</td></tr>
<tr><td rowspan="2">5</td><td rowspan="2">BEAM4</td><td>截面积 A（m^2）</td><td>I_z（m）</td><td>I_y（m^4）</td><td>高度 h（m）</td><td>宽度 b（m）</td></tr>
<tr><td>0.06</td><td>0.0002</td><td>0.00045</td><td>0.3</td><td>0.2</td></tr>
<tr><td rowspan="2">6</td><td rowspan="2">SHELL63</td><td>厚度 I（m）</td><td>厚度 J（m）</td><td colspan="2">厚度 K（m）</td><td>厚度 L（m）</td></tr>
<tr><td>0.02</td><td>0.02</td><td colspan="2">0.02</td><td>0.02</td></tr>
</table>

整个模型采用同一种钢材，弹性模量 EX=2.0×10^{11}Pa，泊松比 PRXY=0.3，密度 DENS=

7800kg/m^3。

建模命令流文件 flatform.txt，如下：

```
/FILENAME,PLATFORM
/TITLE, PLATFORM-STUDY
/PREP7

!定义单元类型
ET,1,PIPE16
ET,2,BEAM4
ET,3,SHELL63

!定义实常数
R,1,1.2,0.03
R,2,0.8,0.02
R,3,0.5,0.02
R,4,0.3,0.02
R,5,0.06,0.0002,0.00045,0.3,0.2
R,6,0.02,0.02,0.02,0.02

!定义 BEAM4 单元截面
SECTYPE,1,BEAM,RECT,,0
SECOFFSET,USER,,-0.1
SECDATA,0.2,0.3,0,0,0,0,0,0,0,0

!定义材料参数
MP,EX,1,2.0E11
MP,NUXY,1,0.3
MP,DENS,1,7800

!导管架的关键点
K,1,-10,-7.5,0
K,2,0,-9.5,0
K,3,10,-7.5,0
K,4,10,7.5,0
K,5,0,9.5,0
K,6,-10,7.5,0
K,7,-10,0,0
K,8,-5.588,0,0
K,9,0,0,0
K,10,5.588,0,0
K,11,10,0,0
K,12,-9.454,-3.438,10.91
K,13,-9.454,3.438,10.91
K,14,0,-4.313,11.01
K,15,0,4.313,11.01
K,16,9.454,-3.438,10.91
K,17,9.454,3.438,10.91
K,18,-4.75,-7.75,10.53
K,19,4.75,-7.75,10.53
K,20,-4.75,7.75,10.53
```

```
K,32,4.75,7.75,10.53

K,21,-9,-6.25,20
K,22,0,-7.75,20
K,23,9,-6.25,20
K,24,9,6.25,20
K,25,0,7.75,20
K,26,-9,6.25,20
K,27,-9,0,20
K,28,-4.982,0,20
K,29,0,0,20
K,30,4.982,0,20
K,31,9,0,20

K,41,-8,-5,40
K,42,0,-6,40
K,43,8,-5,40
K,44,8,5,40
K,45,0,6,40
K,46,-8,5,40
K,47,-8,0,40
K,48,-4.364,0,40
K,49,0,0,40
K,50,4.364,0,40
K,51,8,0,40

K,61,-7,-3.75,60
K,62,0,-4.25,60
K,63,7,-3.75,60
K,64,7,3.75,60
K,65,0,4.25,60
K,66,-7,3.75,60
K,68,-3.720,0,60
K,70,3.720,0,60

K,81,-6,-2.5,80
K,82,0,-2.5,80
K,83,6,-2.5,80
K,84,6,2.5,80
K,85,0,2.5,80
K,86,-6,2.5,80
K,88,-3,0,80
K,90,3,0,80

!基础约束关键点
K,71,-10.1,-7.625,-2
K,72,0,-9.675,-2
K,73,10.1,-7.625,-2
K,74,10.1,7.625,-2
K,75,0,9.675,-2
```

```
K,76,-10.1,7.625,-2

!导管架一甲板连接处关键点
K,91,-6,-2.5,82
K,92,0,-2.5,82
K,93,6,-2.5,82
K,94,6,2.5,82
K,95,0,2.5,82
K,96,-6,2.5,82

!甲板部分关键点
K,101,-6,-2.5,90
K,102,0,-2.5,90
K,103,6,-2.5,90
K,104,6,2.5,90
K,105,0,2.5,90
K,106,-6,2.5,90
K,107,-8,-4.5,90
K,108,-6,-4.5,90
K,109,0,-4.5,90
K,110,6,-4.5,90
K,111,8,-4.5,90
K,112,-8,0,90
K,113,-6,0,90
K,114,0,0,90
K,115,6,0,90
K,116,8,0,90
K,117,-8,-2.5,90
K,118,8,-2.5,90
K,119,-8,2.5,90
K,120,8,2.5,90
K,121,-8,4.5,90
K,122,-6,4.5,90
K,123,0,4.5,90
K,124,6,4.5,90
K,125,8,4.5,90

K,151,-6,-2.5,98
K,152,0,-2.5,98
K,153,6,-2.5,98
K,154,6,2.5,98
K,155,0,2.5,98
K,156,-6,2.5,98
K,157,-9,-5.5,98
K,158,-6,-5.5,98
K,159,0,-5.5,98
K,160,6,-5.5,98
K,161,9,-5.5,98
K,162,-9,0,98
K,163,-6,0,98
```

```
K,164,0,0,98
K,165,6,0,98
K,166,9,0,98
K,167,-9,-2.5,98
K,168,9,-2.5,98
K,169,-9,2.5,98
K,170,9,2.5,98
K,171,-9,5.5,98
K,172,-6,5.5,98
K,173,0,5.5,98
K,174,6,5.5,98
K,175,9,5.5,98

!结构框架连线
L,1,2          !平面
L,2,3
L,3,11
L,11,4
L,4,5
L,5,6
L,6,7
L,7,1
L,9,2
L,9,5
L,8,1
L,8,2
L,8,9
L,8,5
L,8,6
L,8,7
L,10,2
L,10,3
L,10,11
L,10,4
L,10,5
L,10,9

L,21,22
L,22,23
L,23,31
L,31,24
L,24,25
L,25,26
L,26,27
L,27,21
L,29,22
L,29,25
L,28,21
L,28,22
L,28,29
```

```
L,28,25
L,28,26
L,28,27
L,30,22
L,30,23
L,30,31
L,30,24
L,30,25
L,30,29

L,41,42
L,42,43
L,43,51
L,51,44
L,44,45
L,45,46
L,46,47
L,47,41
L,49,42
L,49,45
L,48,41
L,48,42
L,48,49
L,48,45
L,48,46
L,50,42
L,50,43
L,50,44
L,50,45
L,50,49

L,61,62
L,62,63
L,63,64
L,64,65
L,65,66
L,66,61
L,62,65
L,68,61
L,68,62
L,68,65
L,68,66
L,70,62
L,70,63
L,70,64
L,70,65

L,81,82
L,82,83
L,83,84
```

```
L,84,85
L,85,86
L,86,81
L,82,85
L,88,81
L,88,82
L,88,85
L,88,86
L,90,82
L,90,83
L,90,84
L,90,85

L,1,21          !侧面
L,21,41
L,41,61
L,61,81
L,6,26
L,26,46
L,46,66
L,66,86
L,13,6
L,13,7
L,13,27
L,13,26
L,12,7
L,12,1
L,12,21
L,12,27
L,7,27
L,27,47
L,26,47
L,21,47
L,47,66
L,47,61
L,61,86

L,2,22
L,22,42
L,42,62
L,62,82
L,5,25
L,25,45
L,45,65
L,65,85
L,15,5
L,15,9
L,15,29
L,15,25
L,9,29
```

```
L,14,9
L,14,2
L,14,22
L,14,29
L,29,49
L,25,49
L,22,49
L,49,65
L,49,62
L,62,85

L,3,23
L,23,43
L,43,63
L,63,83
L,4,24
L,24,44
L,44,64
L,64,84
L,17,4
L,17,11
L,17,31
L,17,24
L,11,31
L,16,11
L,16,3
L,16,23
L,16,31
L,31,51
L,24,51
L,23,51
L,51,64
L,51,63
L,63,84

L,18,1        !立面
L,18,2
L,18,22
L,18,21
L,19,2
L,19,3
L,19,23
L,19,22
L,21,42
L,23,42
L,42,61
L,42,63
L,62,81
L,62,83
```

```
L,20,6
L,20,5
L,20,25
L,20,26
L,32,5
L,32,4
L,32,24
L,32,25
L,26,45
L,24,45
L,45,66
L,45,64
L,65,86
L,65,84

L,1,71          !桩基础连线
L,2,72
L,3,73
L,4,74
L,5,75
L,6,76

L,81,91          !导管架—甲板连接处连线
L,82,92
L,83,93
L,84,94
L,85,95
L,86,96

L,101,102          !甲板平面
L,102,103
L,103,115
L,115,104
L,104,105
L,105,106
L,106,113
L,113,101
L,107,108
L,108,109
L,109,110
L,110,111
L,112,113
L,113,114
L,114,115
L,115,116
L,117,101
L,103,118
L,119,106
L,104,120
L,121,122
```

```
L,122,123
L,123,124
L,124,125
L,107,117
L,117,112
L,112,119
L,119,121
L,108,101
L,106,122
L,109,102
L,102,114
L,114,105
L,105,123
L,110,103
L,104,124
L,111,118
L,118,116
L,116,120
L,120,125

L,151,152
L,152,153
L,153,165
L,165,154
L,154,155
L,155,156
L,156,163
L,163,151
L,157,158
L,158,159
L,159,160
L,160,161
L,162,163
L,163,164
L,164,165
L,165,166
L,167,151
L,153,168
L,169,156
L,154,170
L,171,172
L,172,173
L,173,174
L,174,175
L,157,167
L,167,162
L,162,169
L,169,171
L,158,151
L,156,172
```

```
L,159,152
L,152,164
L,164,155
L,155,173
L,160,153
L,154,174
L,161,168
L,168,166
L,166,170
L,170,175

L,91,101          !甲板撑杆
L,101,151
L,92,102
L,102,152
L,93,103
L,103,153
L,94,104
L,104,154
L,95,105
L,105,155
L,96,106
L,106,156

L,91,102
L,102,93
L,94,105
L,105,96
L,91,106
L,95,102
L,93,104

L,151,102
L,102,153
L,154,105
L,105,156
L,106,151
L,104,153
L,102,155

!甲板面
A,107,108,101,117
A,108,109,102,101
A,109,110,103,102
A,110,111,118,103
A,117,101,113,112
A,101,102,114,113
A,102,103,115,114
A,103,118,116,115
A,112,113,106,119
```

```
A,113,114,105,106
A,114,115,104,105
A,115,116,120,104
A,119,106,122,121
A,106,105,123,122
A,105,104,124,123
A,104,120,125,124

A,157,158,151,167
A,158,159,152,151
A,159,160,153,152
A,160,161,168,153
A,167,151,163,162
A,151,152,164,163
A,152,153,165,164
A,153,168,166,165
A,162,163,156,169
A,163,164,155,156
A,164,165,154,155
A,165,166,170,154
A,169,156,172,171
A,156,155,173,172
A,155,154,174,173
A,154,170,175,174

!框架网格划分
LSEL,S,,,95,102
LSEL,A,,,118,125
LSEL,A,,,141,148
LSEL,A,,,192,203
LATT,1,1,1
LESIZE,ALL,,,1
LMESH,ALL

LSEL,S,,,1,94
LSEL,A,,,103,117
LSEL,A,,,126,140
LSEL,A,,,149,191
LATT,1,3,1
LESIZE,ALL,,,1
LMESH,ALL

LSEL,S,,,284,295
LATT,1,2,1
LESIZE,ALL,,,1
LMESH,ALL

LSEL,S,,,296,319
LATT,1,4,1
LESIZE,ALL,,,1
```

```
LMESH,ALL

!甲板梁网格划分
LSEL,S,,,192,283
LATT,1,5,2,,,,1
LESIZE,ALL,,,3
LMESH,ALL

!甲板面网格划分
ASEL,A,,,ALL
AATT,1,6,3
AMESH,ALL
Finish
```

9

流固耦合分析简介

本章导读

流固耦合分析同时涉及到结构和流体两个求解域，是基于 Mechanical 求解器和 CFD 求解器联合实现的耦合场分析类型。本章介绍 ANSYS Workbench 环境中基于 System Coupling 组件的流固耦合分析实现方法，并给出一个典型分析例题。

本章包括如下主题:

- ANSYS 流固耦合分析的实现方法
- ANSYS 流固耦合分析例题：双立板在水中的摆动模拟

9.1 ANSYS 流固耦合分析方法与过程

目前，ANSYS Mechanical 可以与 ANSYS Fluent 通过 Workbench 的 System Coupling 组件进行流固耦合（FSI）分析，本节介绍与之相关的基本分析流程及注意事项。

System Coupling 是集成于 ANSYS Workbench 的通用多学科耦合仿真系统，耦合分析的参与方可以是 Workbench 中的分析系统（Analysis Systems）或组件系统（Component Systems）。目前，System Coupling 中支持的参与方包括 Steady-State Thermal、Transient Thermal、Static Structural、Transient Structural、Fluid Flow（Fluent）等分析系统和 Fluent、External Data 等组件系统。耦合分析过程中，各参与方之间的耦合分析通过 System Coupling 来管理，各参与方之间执行一系列单向或双向的数据传递。每一个参与方完成协同仿真中各自的计算任务，同时又作为数据传递的源或目标。

在 Workbench 中，一个典型的 FSI 流程如图 9-1 所示。其中的各参与系统通过 Setup 单元格连接至 System coupling 的 Setup 单元格，以协同模式参与分析，形成耦合系统。当参与系统为 External Data 时，它将作为静态数据参与耦合。建立耦合后，各参与系统中 Solution 单元格右键快捷菜单中的 Update 功能将不再允许使用，这是由于此时系统的更新（求解执行）由

System Coupling 求解选项所控制。

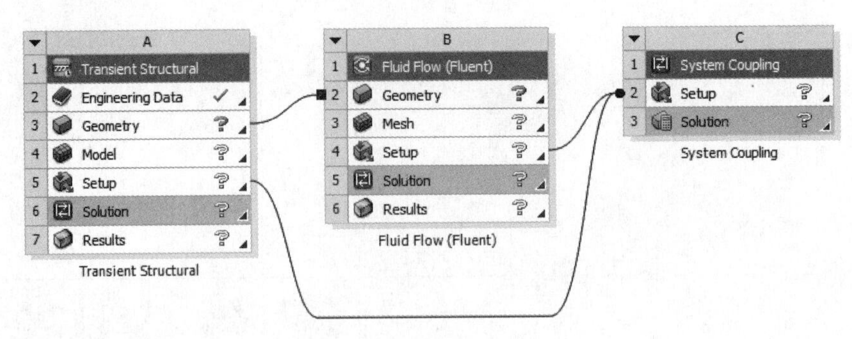

图 9-1　流固耦合分析流程

在 Workbench 中进行系统耦合分析的实现步骤如下：

（1）创建分析项目。

（2）建立分析流程。

（3）各参与系统 Setup。

（4）System Coupling 系统 Setup。

（5）耦合分析。

（6）结果后处理。

在各参与系统的 Setup 环节，与单场分析的设置相似。在 Mechanical Application 的设置中，添加一个 Fluid Solid Interface 边界条件；在 Fluent Setup 中，激活 Dynamic Mesh，并将 FSI 界面类型设置为 System Coupling。

在 System Coupling 的 Setup 环节，用户需要进行耦合分析设置和数据传递设置。分析设置（Analysis Settings）包括分析类型设置、初始化设置、时间步设置。数据传递则提供了直观的定义方式，可指定传递的源和目标系统、传递的区域和变量等参数。

9.2　流固耦合例题：双立板在水中的摆动模拟

本节将以双立板在水中的摆动问题为例来介绍在 ANSYS Workbench 中实现 2-Way FSI 的基本过程。

如图 9-2 所示，两个立板被固定在空腔底部，板高 1m，厚 0.05m。在初始的时刻，两板侧面均受 80Pa 的初始压力，为了激发板的摆动，初始压力将在 0.5s 末被去除。一旦释放压力，立板将发生摆动。在此摆动过程中，立板变形会影响流体的流动，而流场的压力变化又反过来影响结构的变形，因此需要进行 FSI 耦合求解。Fluent 求解器可以计算流体对立板运动的响应，Mechanical 求解器则能计算在初始位移和流体压力作用下立板的变形情况，通过 ANSYS Workbench 的 System Coupling 系统实现耦合求解。

9.2.1　搭建分析项目流程

在 Workbench 中按照以下步骤搭建分析流程：

（1）启动 ANSYS Workbench。

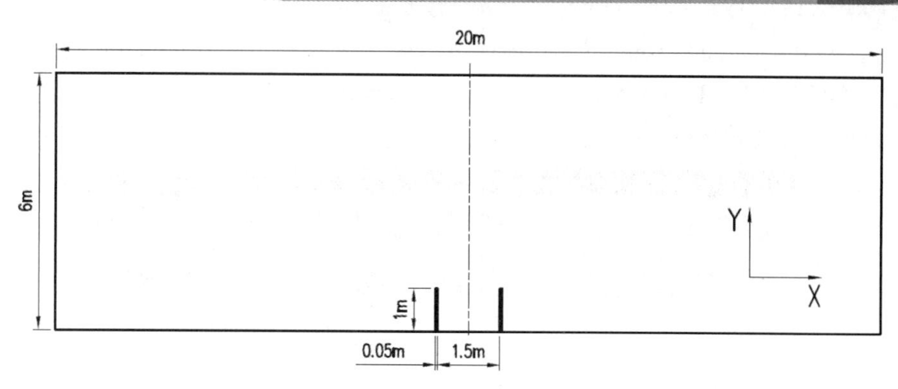

图 9-2　FSI 的问题图示

（2）在 Workbench 左侧工具箱的分析系统中选择 Transient Structural，并将其添加至项目图解窗口中。

（3）在 Workbench 左侧工具箱的分析系统中选择 Fluid Flow（Fluent），并将其拖动至 Transient Structural 系统的 Geometry 单元格（A3）上，释放鼠标。

（4）在 Workbench 左侧工具箱的组件系统中选择 System Coupling，并将其添加至项目图解的 Fluid Flow（Fluent）右侧。

（5）拖动 Transient Structural 的 Setup 单元格（A4）至 System Coupling 系统的 Setup 单元格（C2）上，释放鼠标。

（6）拖动 Fluid Flow（Fluent）的 Setup 单元格（B4）至 System Coupling 系统的 Setup 单元格（C2）上，释放鼠标。

（7）选择菜单 File>Save，在弹出的对话框中输入 Oscillating Plate 作为项目名称，保存分析项目。

在项目图解窗口中搭建的项目分析流程如图 9-3 所示。

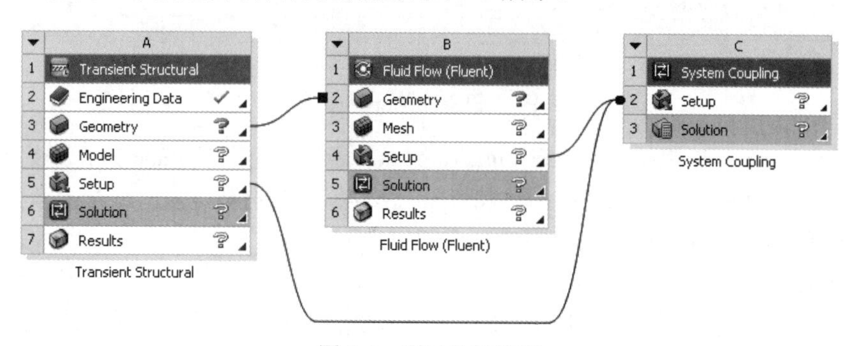

图 9-3　项目分析流程

9.2.2　瞬态结构分析前处理

本节介绍流固耦合分析中结构分析的前处理过程，主要步骤包括定义材料、几何建模、建立命名选择集、划分网格和分析设置。

1．定义立板材料

在 Engineering Data 中定义名为 Plate 的新材料，并将其设定为分析使用的默认材料。具体操作步骤如下：

（1）在 Workbench 的 Project Schematic 窗口中，双击 Transient Structural 的 Engineering Data 单元格（A2），进入 Engineering Data 界面，在 Outline of Schematic A2 表格最下方的空白行中输入 Plate，定义新材料名称，如图 9-4 所示。

Outline of Schematic A2: Engineering Data

	A	B	C	D
1	Contents of Engineering Data		Source	Description
2	Material			
3	Structural Steel			Fatigue Data at zero mean stress comes from 1998 ASME BPV Code, Section 8, Div 2, Table 5 -110.1
4	Plate			
*	Click here to add a new material			

图 9-4　定义材料名称

（2）在 Engineering Data 左侧的工具箱中，选择 Physical Properties 分类下的 Density 并双击，密度属性被添加至材料 Plate 的属性表格中，输入密度值 2550kg/m^{-3}。

（3）在 Engineering Data 左侧的工具箱中，选择 Linear Elastic 分类下的 Isotropic Elasticity 并双击，在材料 Plate 的属性表格中输入 Young's Modulus 为 2.5e6[Pa]，Poisson's 为 0.35。

完成属性定义后 Plate 材料属性表格如图 9-5 所示。

Properties of Outline Row 3: plate

	A	B	C	D	E
1	Property	Value	Unit		
2	Density	2550	kg m^-3		
3	Isotropic Elasticity				
4	Derive from	Young...			
5	Young's Modulus	2.5E+06	Pa		
6	Poisson's Ratio	0.35			
7	Bulk Modulus	2.7778E+06	Pa		
8	Shear Modulus	9.2593E+05	Pa		

图 9-5　Plate 材料属性表格

（4）在 Outline of Schematic A2:Engineering Data 表格中，右击 Plate 并在弹出的快捷菜单中选择 Default Solid Material For Model，将 Plate 作为默认的材料。

（5）关闭 Engineering Data，返回项目图解窗口。

2. 创建几何模型

下面根据问题描述中的内容创建流场和双立板的几何模型。建模中利用切割的方法获得立板周围的流场分析域。具体的建模步骤如下：

（1）启动 DM 并设置单位。在项目图解窗口中，双击 Transient Structural 的 Geometry 单元格（A3）启动 DesignModeler，在弹出的单位设置对话框中选择 m 作为建模的单位。

（2）绘制流场域的草图。选中 XYPlane，单击 Sketching 标签切换到草绘模式，在 XY 平面上绘制流场草图。选择 Draw→Rectangle，在图形显示窗口中绘制一个矩形，保证矩形底边与 X 轴共线；选择 Constraints→Symmetry，分别选择坐标轴 Y 轴和矩形的两个边，使得矩形关于 Y 轴对称；选择 Dimension→General，分别标注矩形的长、宽，在左下角的明细栏中修改矩形长宽值为 20m、6m，选择显示标注为数值，创建完成的草图如图 9-6 所示。

（3）形成流场域。

选择拉伸工具 Extrude，在其 Details View 中，Geometry 选择流场草图 Sketch1，Operation 选择 Add Material，Direction 选择 Both-Symmetric，Extent Type 选择 Fixed 并输入 FD1，Depth（>0）为 0.2m，单击 Generate 按钮，生成流场域的几何实体模型如图 9-7 所示。

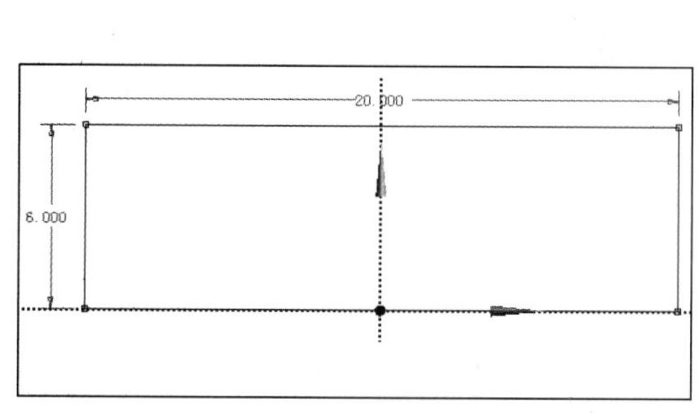

图 9-6　流场域的草图

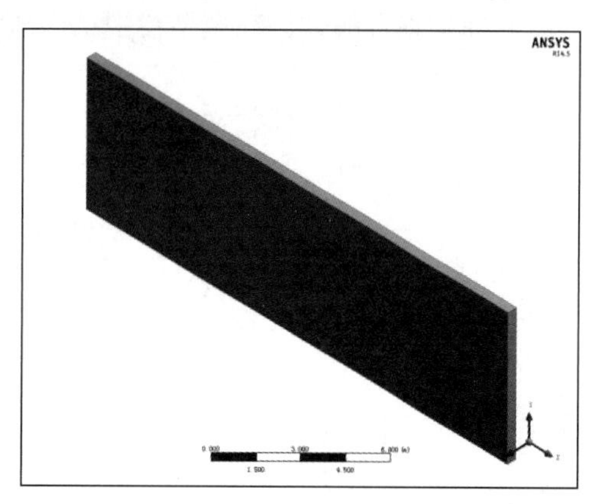

图 9-7　流场模型

（4）绘制立板草图。

选择 XYPlane，单击新建草图工具，通过 Sketching 标签切换到草绘模式。选择 Draw→Rectangle，在图形显示窗口中 Y 轴左右两侧各绘制一个矩形，保证矩形底边与 X 轴共线；选择 Constraints→Equal Length，设定两个矩形的长、短边分别相等；选择 Constraints→Symmetry，分别选择坐标轴 Y 轴、左侧矩形的右边及右侧矩形的左边，使得两个矩形关于 Y 轴对称；通过 Dimension→General 工具，分别标注矩形的长、宽，单击 Dimension→Horizontal，标注矩形之间的距离，在左下角的明细栏中修改矩形长、宽值为 1m、0.05m，距离值为 1.5m。创建完成的草图及尺寸标注如图 9-8 所示。

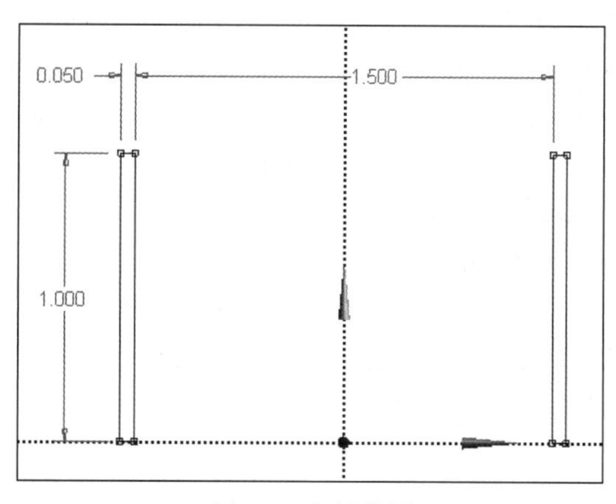

图 9-8　立板草图

（5）形成立板几何体。选择拉伸工具 Extrude，在其 Details 中，Geometry 选择立板草图 Sketch2，Operation 选择 Add Frozen，Direction 选择 Both-Symmetric，Extent Type 选择 Fixed 并输入 FD1，Depth（>0）为 0.2m，单击 Generate 按钮，生成实体模型如图 9-9 所示。

（6）切割流场域。单击菜单项 Create>Slice，在 Slice 的 Details 中，Slice Type 选择 Slice by

Surface，Target Surface 在窗口中选择左侧立板的左侧平面，单击 Generate 按钮，此时整个流场区域被切割成两部分。

重复此操作，分别利用左侧板的顶面、右侧面，右侧板的左侧面、右侧面对流场进行分割，完成分割操作后，流场域的体被分成 10 部分。

（7）抑制重合的体。在模型树中找出从流场区域中分割出来的且与立板重合的两个体，将其抑制。

（8）整合流场域的体。在模型树中选择组成流体区域的各个体，共计 8 个体，然后右击并在弹出的快捷菜单中选择 Form New Part。最终生成的分析模型如图 9-10 所示。

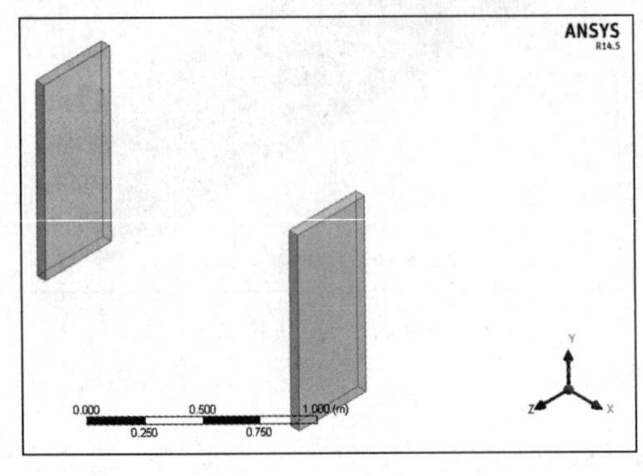

图 9-9　立板模型

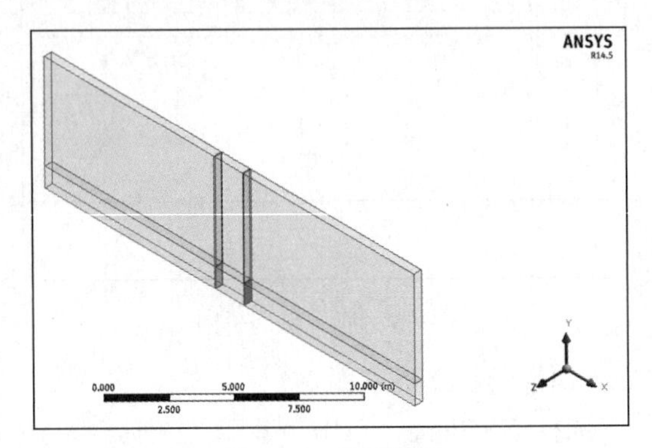

图 9-10　分析模型

3．创建命名选择集

为了便于在后续分析中施加边界条件，对有关的对象建立命名选择集，按照如下步骤操作：

（1）隐藏立板模型，选择菜单项 Tools>Named Selection，在其 Details 中进行如下设定：Named Selection 输入 Symmetry1，Geometry 选择+Z 方向上的 8 个面，单击 Generate 按钮。

（2）重复此操作，创建-Z 方向上的 8 个面为 Symmetry2，流体域左端面为 wall_inlet，流体域右端面为 wall_outlet，流体域 5 个顶面为 wall_top，流体域 3 个底面为 wall_bottom，流体域与左侧立板的 3 个交界面为 wall_deforming1，流体域与右侧立板的 3 个交界面为 wall_deforming2，此时的结构树如图 9-11 所示。

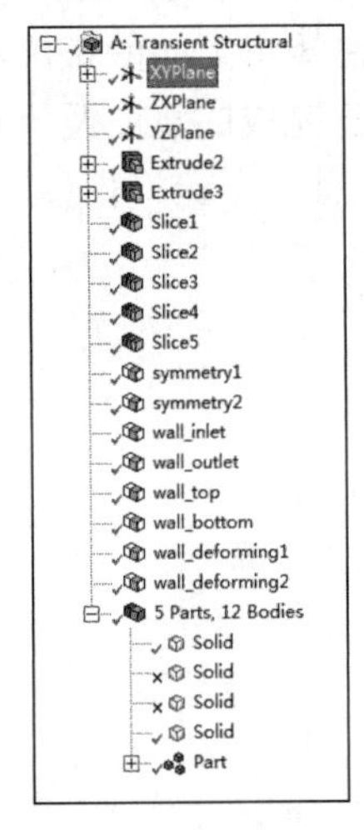

图 9-11　结构树

（3）关闭 DM，返回 Workbench 的 Project Schematic 界面。

4．划分立板网格

下面在 Mechanical Application 中指定立板材料并划分立板网格。

（1）在 Workbench 的项目图解窗口中，双击 Transient Structural 的 Model 单元格（A4）进入 Mechanical Application 界面。

（2）确认立板材料。单击 Project 树中立板的两个几何体分支，查看并确认 Details 中 Material Assignment 为 Plate。

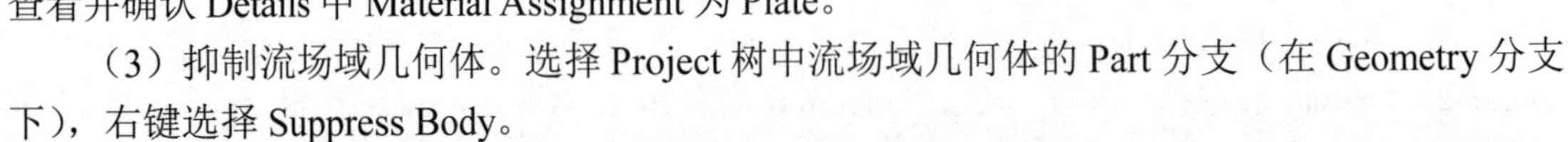

（3）抑制流场域几何体。选择 Project 树中流场域几何体的 Part 分支（在 Geometry 分支下），右键选择 Suppress Body。

（4）设置立板网格尺寸。选择 Project 树的 Mesh 分支，在上下文工具栏中选择 Mesh

Control>Sizing，在 Sizing 的 Details 中进行设置：Geometry 选择两个立板厚度方向的任意一条边，共计 2 条；Type 选择 Number of Divisions，输入份数为 1；类似地，将立板沿 Z 向划分成 4 份，沿 Y 向分成 10 份。

（5）划分立板网格。在 Mesh 分支的右键菜单中选择 Generate Mesh，形成如图 9-12 所示的立板网格。

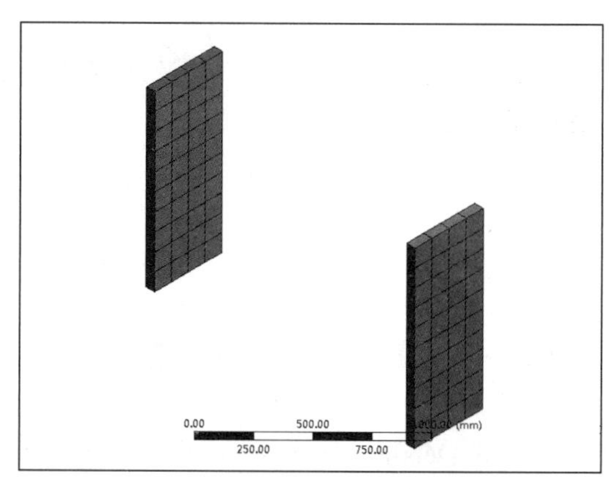

图 9-12　立板网格

5. 结构分析设置

下面对瞬态结构分析系统定义载荷步、施加载荷及约束并创建流－固交界面。

（1）定义时间步选项。选择 Project 树 Transient 分支下的 Analysis settings 分支，在明细栏中进行设置：Step Controls 项中的 Step End Time 设定为 10s，Auto Time Stepping 设定为 Off，Time Step 设定为 0.1（System Coupling 中的相关设置会覆盖该值），将 Restart Controls 中的 Retain Files After Full Solve 设定为 Yes。

（2）施加约束。选择 Transient 分支，在上下文工具栏中选择 Supports→Fixed Support，在 Fixed Support 分支的 Geometry 项中选择两个立板的底面。

（3）施加瞬态压力载荷。在上下文工具栏中选择 Loads→Pressure，在明细栏中进行设置：Geometry 选择左侧立板的左侧面，Define By 为 Normal To，Magnitude 选择 Tabular Data，并按图 9-13 所示的内容进行输入。

Tabular Data

	Steps	Time [s]	☑ Pressure [Pa]
1	1	0.	80.
2	1	0.5	80.
3	1	0.51	0.
4	1	10.	0.
*			

图 9-13　压力载荷表

（4）重复步骤（3）的操作，在右侧立板的左侧面施加相同的压力。

（5）创建 FSI 界面。选择 Transient 分支，在其右键菜单中选择 Insert>Fluid Solid Interface，在明细栏中选择左侧立板的左、右侧面及顶面作为 Geometry，类似地，创建第二个 Fluid Solid Interface，Geometry 选择右侧立板的左、右侧面及顶面。

（6）关闭 Mechanical Application，返回 Workbench 的项目图解窗口。

（7）在项目图解窗口中，右击 Transient Structural 分析系统的 Setup（A5）单元格，在弹出的快捷菜单中选择 Update，然后通过菜单项 File>Save 保存分析项目。

至此，结构分析的相关设置设定完毕。

9.2.3 流体域分析前处理

下面对流体域进行前处理，主要操作内容包括流体域的网格划分、流体材料创建、指定边界条件和其他流动分析选项设置等。

1. 生成流体域网格

按照如下步骤进行操作：

（1）启动 ANSYS Mesh。在项目图解窗口中，双击 Fluid Flow（Fluent）的 Mesh 单元格（B3），进入 Meshing 界面。

（2）在 Project 树中的 Geometry 分支下，右键选择两个立板几何模型，在弹出的快捷菜单中选择 Suppress Body，将其抑制。

（3）选择 Mesh 分支，设置其 Details：Defaults 下的 Solver Preference 改为 Fluent，Sizing 下的 Min Size 改为 0.05m，Max Face Size 改为 0.2m。

（4）选择上下文工具条 Mesh Control→Method，加入 Method 分支，设置其 Details：Geometry 选择代表流体的所有 8 个体，Method 选择 Sweep，Src/Trg Selection 选择 Manual Source，Source 项中选择+Z 方向上的所有 8 个面，Free Face Mesh Type 选择 All Quad，Type 选择 Number of Divisions，输入 Sweep Num Divs 值为 1。

（5）在 Mesh 分支的右键菜单中选择 Update，形成流场网格，如图 9-14 所示。

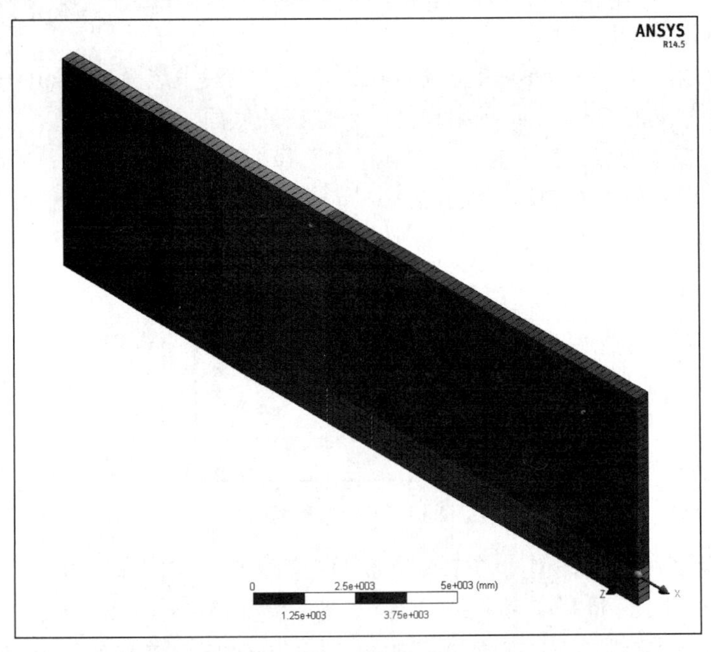

图 9-14 流体域网格

（6）关闭 Meshing 应用，返回 Workbench 的项目图解窗口。

2. 流动分析设置

下面对流体域进行物理定义和求解设置，主要内容包括创建流体材料、动态网格设置、定义边界条件、求解设置及初始化等。

（1）启动 Fluent 界面。在项目图解窗口中，双击 Fluid Flow（Fluent）系统中的 Setup 单元格（B4），保留弹出窗口中的默认设置（3D，single-precision，serial），单击 OK 按钮，进入 Fluent。

（2）检查网格。选择设置面板的 Solution Setup→General→Check，对网格进行检查，查看右下方窗口中的网格信息，保证无负体积出现，如图 9-15 所示。

```
Domain Extents:
  x-coordinate: min (m) = -1.000000e+01, max (m) = 1.000000e+01
  y-coordinate: min (m) = 0.000000e+00, max (m) = 6.000000e+00
  z-coordinate: min (m) = -2.000000e-01, max (m) = 2.000000e-01
Volume statistics:
  minimum volume (m3): 3.999997e-03
  maximum volume (m3): 1.600008e-02
    total volume (m3): 4.796000e+01
Face area statistics:
  minimum face area (m2): 9.999993e-03
  maximum face area (m2): 8.000030e-02
Checking mesh........................
Done.
```

图 9-15　网格检查输出信息

（3）设置分析类型。选择 Solution Setup→General，选择 Transient 选项。

（4）流场材料定义。选择 Solution Setup→Material→Air，单击 Create/Edit 按钮打开材料定义面板，更改 Density（kg/m3）为 1，Viscosity（kg/m-s）为 0.2，单击 Change/Create 按钮，再单击 Close 按钮关闭材料定义面板。

（5）Dynamic Mesh 设置。选择 Solution Setup→Dynamic Mesh，检查 Dynamic Mesh 选项，确认 Smoothing 被选中；单击 Settings 按钮，在 Smoothing 标签下，Method 选择 Diffusion，Diffusion Parameter 输入 2，单击 OK 按钮，如图 9-16 所示。

（6）设置 Dynamic Mesh Zones。单击 Dynamic Mesh Zones 下的 Create/Edit，显示 Dynamic Mesh Zones 对话框，如图 9-17 所示。

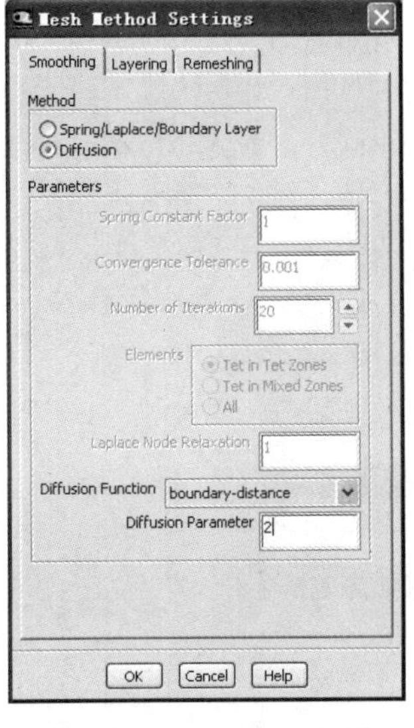

图 9-16　Smoothing 设置

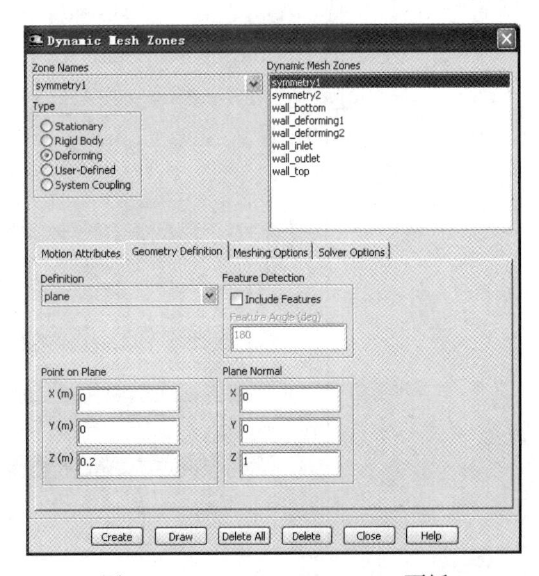

图 9-17　Dynamic Mesh Zones 面板

在 Dynamic Mesh Zones 对话框中，在 Zone Names 下拉列表中选择 Symmetry1 并进行设置：Type 选择 Deforming；将 Geometry Definition 标签下的 Definition 指定为 plane，定义 Point on Plane 为 0,0,0.2，定义 Plane Normal 为 0,0,1；单击 Create 按钮。

在 Dynamic Mesh Zones 对话框中，在 Zone Names 下拉列表中选择 Symmetry2 并进行设置：Type 选择 Deforming；Geometry Definition 标签下的 Definition 指定为 plane，定义 Point on Plane 为 0,0,-0.2，定义 Plane Normal 为 0,0,1；单击 Create 按钮。

在 Dynamic Mesh Zones 对话框中，在 Zone Names 下拉列表中选择 wall_bottom，将 Type 改为 Stationary，单击 Create 按钮。针对 wall_top、wall_inlet、wall_outlet 重复此操作。

（7）设置 FSI 界面。在 Zone Names 下拉列表中选择 wall_deforming1，将 Type 改为 System Coupling，单击 Create 按钮。针对 wall_deforming2 重复此操作，然后单击 Close 按钮。

（8）设置分析选项。单击 Solution→Solution Methods，然后选择 Pressure-Velocity Coupling→Scheme→Coupled，设定 Momentum 项为 Second Order Upwind，其他选项保持默认设置。单击 Solution→Calculation Activities，然后指定 Autosave Every（Time Steps）为 2。单击 Solution→Run Calculation，在 Number of Time Steps 中输入 5（System Coupling 输入可覆盖该值），指定 Max iterations/Time Step 为 5，其他选项保持默认设置。单击 Solution→Solution Initialization，将 Initialization Methods 设定为 Standard Initialization。

（9）单击 File→Save Project，保存项目文件。

（10）单击 Solution→Solution Initialization→Initialize，进行初始化。

（11）单击 File→Close Fluent，关闭 Fluent，返回 Workbench 的项目图解窗口。

至此，流场分析的物理定义及求解设置已经完成。

9.2.4 系统耦合设置及求解

下面对 System Coupling 进行设置，按照如下步骤操作：

（1）在项目图解窗口中双击 System Coupling 的 Setup 单元格（C2），在弹出的是否读取上游数据的对话框中单击 Yes 按钮，进入 System Coupling 界面。

（2）在窗口左侧的 Outline of Schematic C1：System Coupling 中选择 System Coupling→Setup→Analysis Settings，在 Properties of Analysis Settings 中进行如下设置：设定 Duration Controls→End Time 为 10，设定 Step Controls→Step Sizable 为 0.1，设定 Maximum Iterations 为 20，如图 9-18 所示。

Properties of Analysis Settings

	A	B
1	Property	Value
2	Analysis Type	Transient
3	⊟ Initialization Controls	
4	Coupling Initialization	Program Controlled
5	⊟ Duration Controls	
6	Duration Defined By	End Time
7	End Time [s]	10
8	⊟ Step Controls	
9	Step Size [s]	0.1
10	Minimum Iterations	1
11	Maximum Iterations	20

图 9-18 分析设置

（3）在 Outline of Schematic C1：System Coupling 中展开 System Coupling→Setup→Participants 的所有项目。用 Ctrl 键选择 Fluid Solid Interface 和 wall deforming1 并右击，在弹出的快捷菜单中选择 Create Data Transfer，此时 Data Transfer 和 Data Transfer 2 将被创建出来。用 Ctrl 键选择 Fluid Solid Interface1 和 wall deforming2 并右击，在弹出的快捷菜单中选择 Create Data Transfer，此时 Data Transfer 3 和 Data Transfer 4 将被创建出来。

（4）选择 System Coupling→Setup→Execution Control→Intermediate Restart Data Output，在下方的属性表格中将 Output Frequency 设定为 At Step Interval，输入 Step Interval 值为 5，如图 9-19 所示。

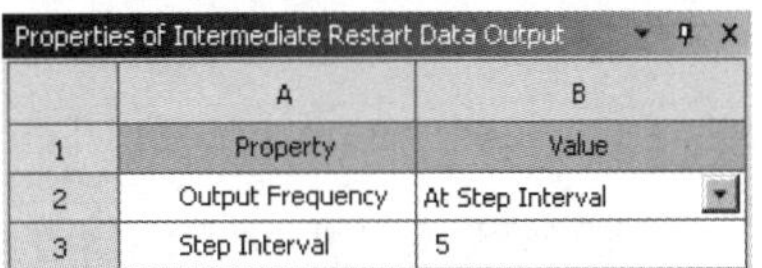

Properties of Intermediate Restart Data Output

	A	B
1	Property	Value
2	Output Frequency	At Step Interval
3	Step Interval	5

图 9-19　重启动数据输出设置

（5）单击 File→Save，保存分析项目。

（6）右击 System Coupling→Solution，在弹出的快捷菜单中选择 Update，执行求解，计算进程会在 Chart Monitor 和 Solution Information 中显示出来。计算完成后的耦合迭代曲线图如图 9-20 所示。

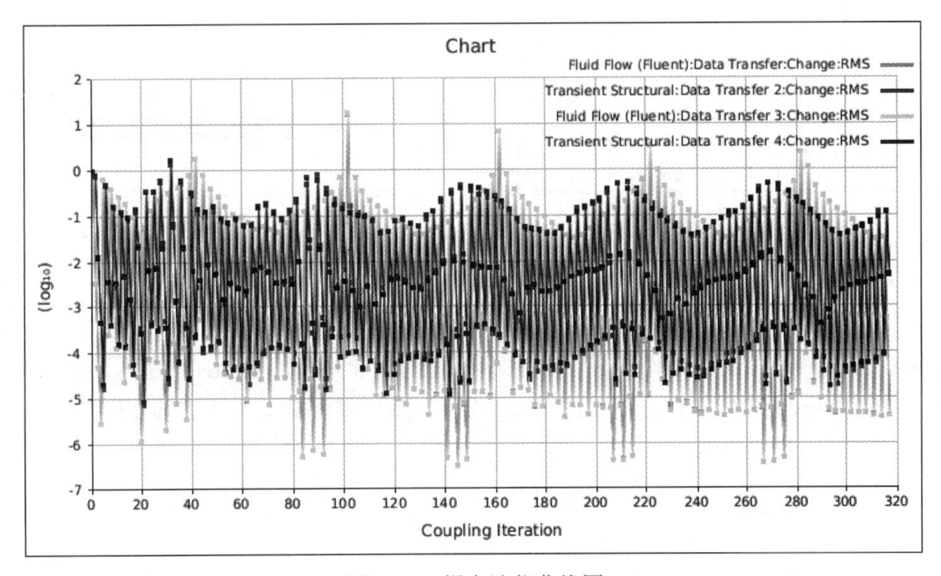

图 9-20　耦合迭代曲线图

需要注意的是，Fluent 中设定的自动保存频率为 2，也就是说每两个时间步 Fluent 就会输出结果文件（例如 2、4、6、8、10 等）。此外，在 Intermediate Restart Data Output 中 Step Interval 被设定为 5，那么 Fluent 同时还会每 5 个时间步输出结果文件（例如 5、10、15、20 等）。进入 CFD-POST 进行后处理时，这些结果文件都是可用的。

9.2.5　结果后处理

计算完成后，通过 CFD-Post 来查看分析结果，主要包括创建动画、绘制位移曲线图、绘制应力云图等操作。

1. *启动* CFD-Post

在项目图解窗口中，拖动 Transient Structural 系统的 Solution 单元格（A6）至 Fluid Flow

（Fluent）系统的 Results 单元格（B6），然后双击 B6 单元格启动 CFD-Post。进行该步骤的目的是将瞬态分析所得结果导入至 CFD-Post 中，以便于在 CFD-Post 中可同时查看结构及流体分析的结果。

2. 创建动画

按照如下步骤操作：

（1）选择 Tools→Timestep Selector，弹出 Timestep Selector 对话框，将其切换至 FFF 标签，选择 Time Value 为 0.2s 时的时间步，单击 Apply 按钮，然后关闭对话框，如图 9-21 所示。

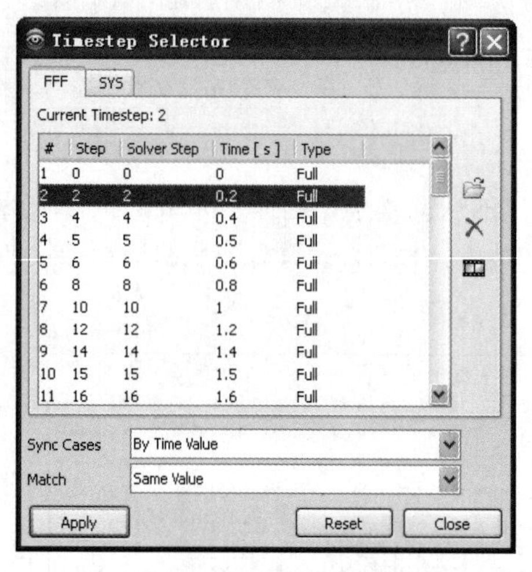

图 9-21　时间步选择面板

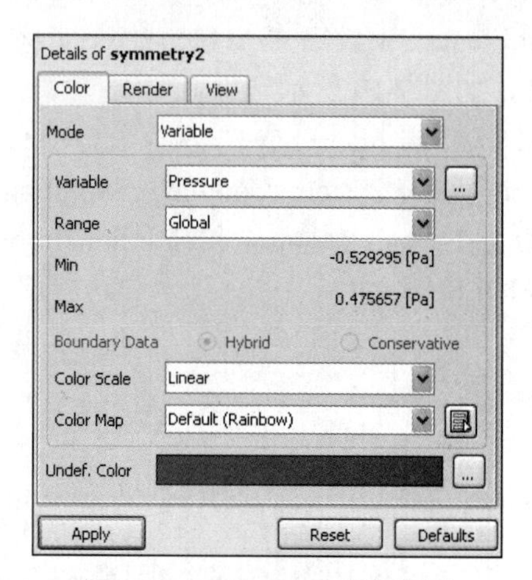

图 9-22　Symmetry2 明细设置

（2）在大纲树中依次展开 Cases→FFF at 0.2s→Part Solid，勾选 Symmetry2 复选项，然后双击 Symmetry2 对其进行编辑，在左下方的明细栏中进行设置：在 Color 标签中，将 Mode 改为 Variable，设定 Variable 为 Pressure，如图 9-22 所示；切换至 Render 标签，取消 Lighting 前的勾选，勾选 Show Mesh Lines；单击 Apply 按钮，图形显示窗口中将绘制出 Symmetry2 上的压力云图，如图 9-23 所示。

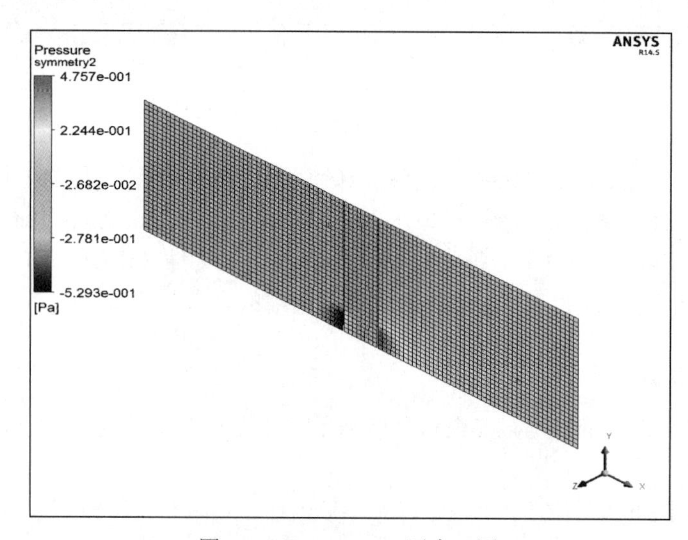

图 9-23　Symmetry2 压力云图

（3）在大纲树中依次展开 Cases→SYS at 0.2s→Default Domain，勾选 Default Boundary 复选项，然后双击 Default Boundary 对齐进行编辑，在左下方的明细栏中进行设置：在 Color 标签中，将 Mode 改为 Variable，设定 Variable 为 Von Mises Stress；切换至 Render 标签，勾选 Show Mesh Lines；单击 Apply 按钮，图形显示窗口中将绘制出立板上的等效应力云图，如图 9-24 所示。

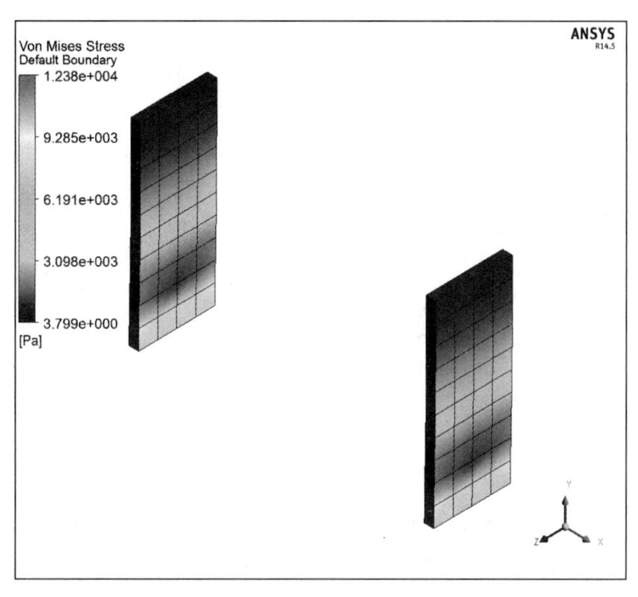

图 9-24　立板等效应力云图

（4）选择 Insert→Vector 创建新的矢量图，接受默认名称，单击 OK 按钮。在左下方的明细栏中进行设置：在 Geometry 标签中，将 Locations 设定为 Symmetry2，Sampling 设定为 Face Center，Variable 设定为 Velocity，如图 9-25 所示；切换至 Symbol 标签，将 Symbol 设定为 Arrowhead3D，输入 Symbol Size 为 2；单击 Apply 按钮。

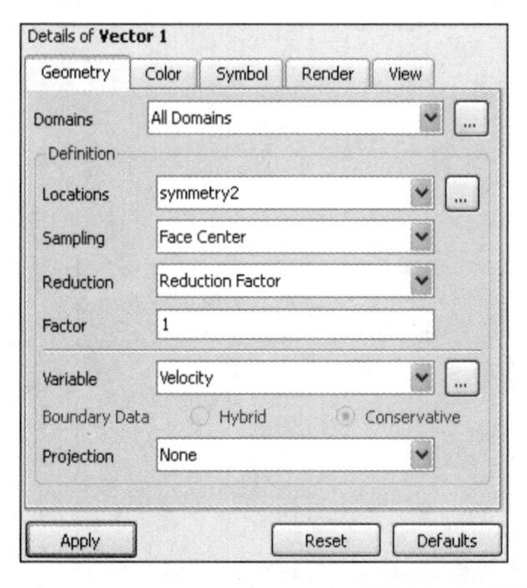

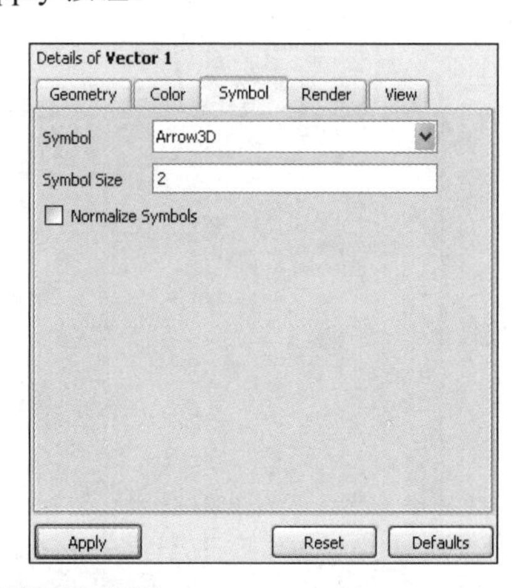

图 9-25　矢量图明细设置

（5）选择 Insert→Text，单击 OK 按钮接受默认命名，在左下方的明细栏中进行设置：在 Text String 中输入 Time=，勾选 Embed Auto Annotation，从 Expression 下拉列表中选择 Time；

切换至 Location 标签，将 X Justification 设为 Center，Y Justification 设为 Bottom；单击 Apply 按钮。

（6）确认大纲树中的 Symmetry2、Default Boundary、Text 1、Vector 均被勾选，同时不勾选 Default Legend View 1，此时图形显示窗口中的内容如图 9-26 所示。

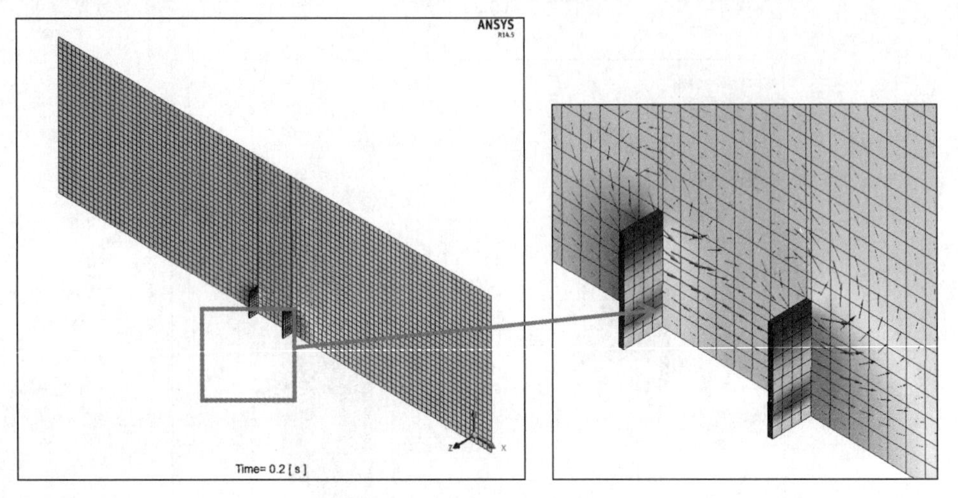

图 9-26　图形窗口所示图像

（7）利用缩放工具适当调整图形显示窗口中的图像，保证立板能够被清晰显示。

（8）单击动画按钮，在弹出的对话框中选择 Keyframe Animation 单选项，然后进行如下设置：单击按钮，创建 KeyframeNo1；选中 KeyframeNo1，更改# of Frames 为 48；单击时间步选择器，加载最后一步（100）；单击按钮，创建 KeyframeNo2，因此次# of Frames 对 KeyframeNo2 无影响，保留默认数值即可；勾选 Save Movie 选项，按需设定文件保存路径和名称，然后单击 Save 按钮；单击 To Beginning 按钮，加载第一步数据；单击 Play the animation 按钮，程序开始创建动画；动画创建完毕后，单击 File→Save Project 保存项目，如图 9-27 所示。图 9-28 所示为部分时刻的视频截图。

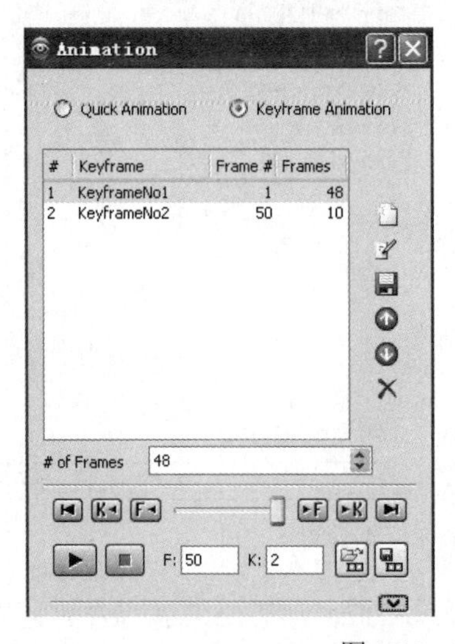

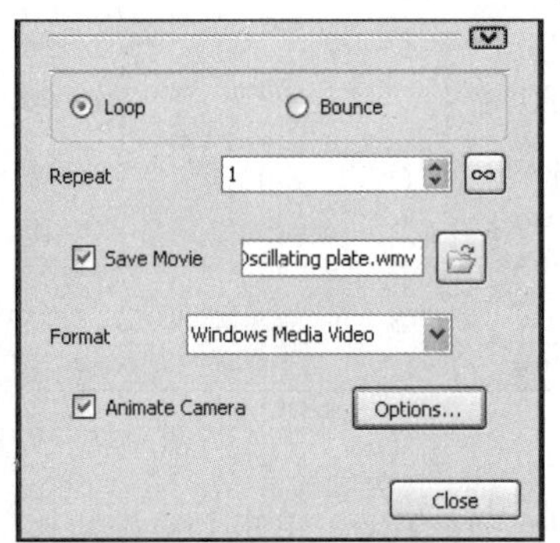

图 9-27　动画面板

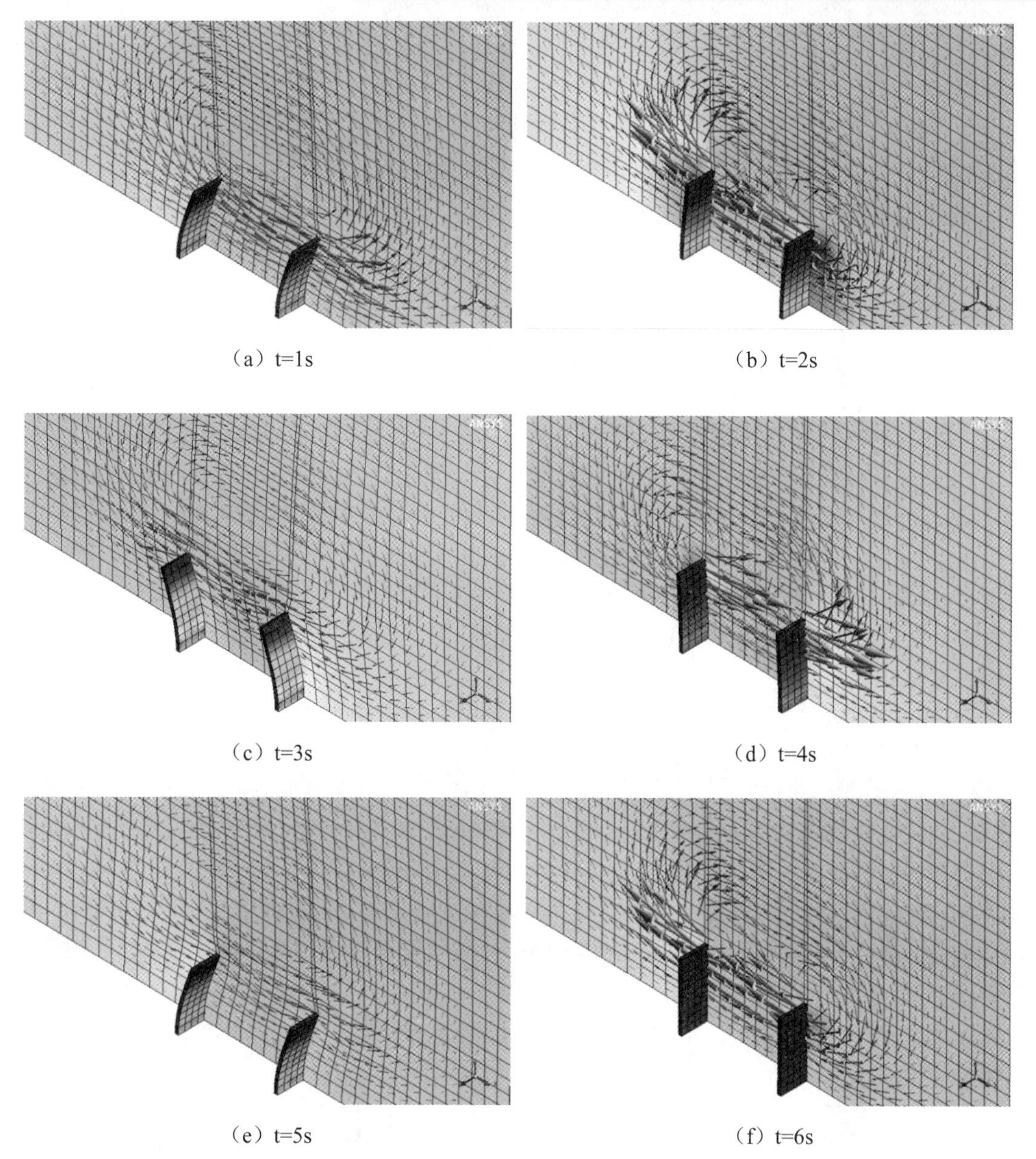

（a）t=1s　（b）t=2s

（c）t=3s　（d）t=4s

（e）t=5s　（f）t=6s

图 9-28　t=1～6s 时刻视频截图

3．绘制立板摆动位移曲线

按照如下步骤操作：

（1）利用立板上的节点创建一个点，具体操作方法为：选择 Insert→Location→Point，单击 OK 按钮接受默认命名；在明细栏 Geometry 标签中，设定 Domains 为 Default Domain，设定 Method 为 Node Number，输入 Node Number 为 430（该点为右侧立板顶面上的一点）；单击 Apply 按钮。

（2）绘制 Point1 处 X 方向的位移与时间变化曲线。具体操作方法为：选择 Insert→Chart，单击 OK 按钮接受默认命名；在 General 标签中，设定 Type 为 XY-Transient or Sequence；在 Data Series 标签中，设定 Name 为 System Coupling，设定 Location 为 Point1；在 X Axis 标签

中，设定 Expression 为 Time；在 Y Axis 标签中，在 Variable 下拉列表中选择 Total Mesh Displacement X；单击 Apply 按钮生成图表，如图 9-29 所示。从图中可以看出，节点处 X 方向位移振幅逐渐降低，这是受到流体阻力影响的缘故，摆动周期大约为 4s。

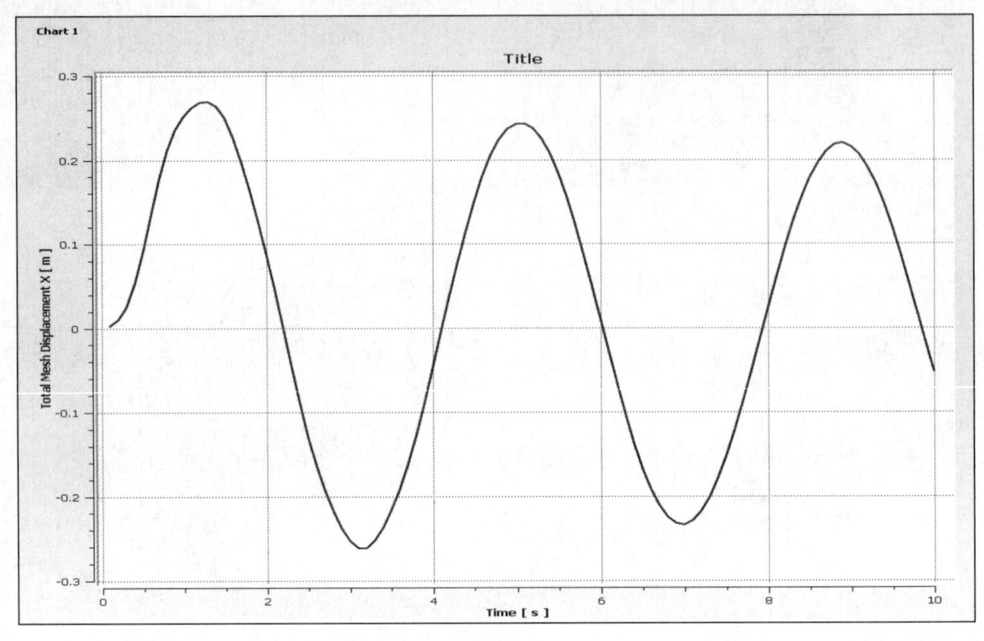

图 9-29　Point1 处 X 向位移随时间变化的曲线

除了在 CFD-Post 中的后处理操作，也可以在 Mechanical Application 中查看结构分析结果。在 Workbench 项目图解中，双击 Transient Structural 系统的 Results（A7）单元格，启动 Mechanical Application。在 Mechanical Application 中添加 Von Mises 应力及 X 方向位移结果。单击 Solution 分支，在右键菜单中选择 Evaluate All Results，显示结果如图 9-30 和图 9-31 所示。默认情况下显示的是最后时间步（10s）的结果。

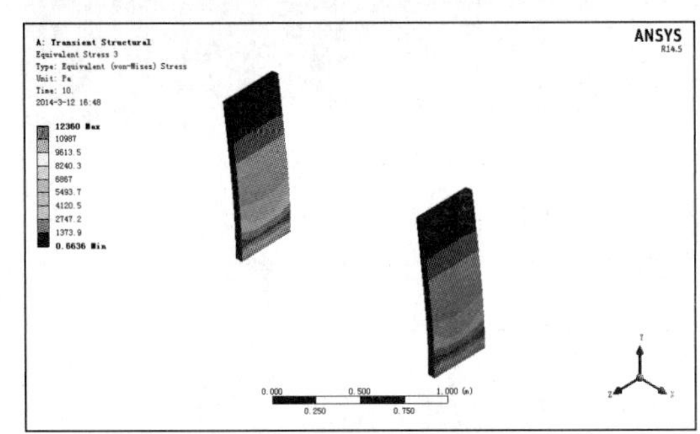

图 9-30　等效应力分布

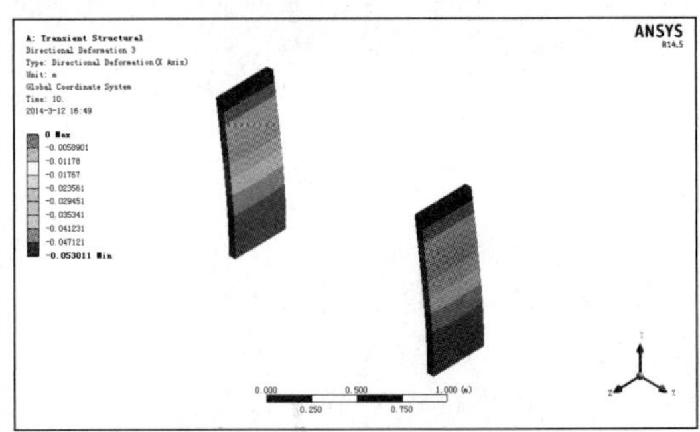

图 9-31　位移云图

10

热传导分析及热应力计算

本章导读

热传导是有限元分析的一个重要应用领域。鉴于 Workbench 环境操作直观的特点，本章仅介绍基于 ANSYS Workbench 的热传导及热应力分析方法，涉及到稳态热传导、瞬态热传导、接触传热计算、非线性热传导分析、热应力计算等问题，另外还提供了典型例题。

本章包括如下主题:

- Workbench 中的热传导及热应力分析方法
- 热传导及热应力分析例题

10.1 Workbench 中的热传导及热应力分析方法

Workbench 的 Toolbox 中提供了 Steady-State Thermal 和 Transient Thermal 两种热传导分析系统，如图 10-1 所示。

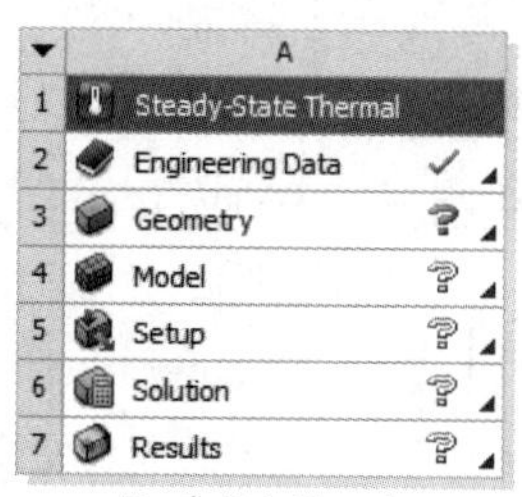

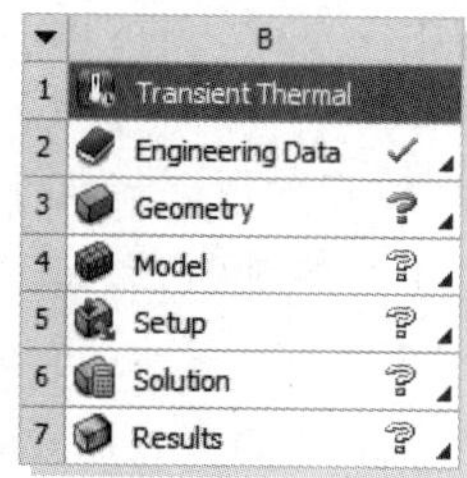

图 10-1　Workbench 中的稳态及瞬态热传导分析系统

下面对稳态热传导分析的基本实现过程进行介绍。

1. 定义材料参数

对于稳态热传导分析，需要定义的材料参数是导热系数（Thermal Conductivity）。对于瞬态热传导分析，除了导热系数外，还需要指定比热和密度。这些材料参数均通过 Engineering

Data 来定义，相关的材料特性可指定为与温度相关，这将在分析中引入非线性。

2. 几何模型

几何模型可以由 CAD 系统创建后导入，也可以通过 DM 或 SCDM 创建或编辑。需要注意的是，对于 Surface Body 而言，不考虑厚度方向的温度梯度；对于 Line Body 而言，不考虑横截面上的温度梯度。

3. 前处理

在 Mechanical Application 中进行热分析的前处理，包括为部件指定材料、定义接触装配、网格划分，这些操作与结构分析的操作方法基本一致。这里只介绍接触界面导热率的指定方法。

接触区域可用于分析部件界面之间的热传导，通过接触面的热流率 q 按下式给出：

$$q = TCC \times (T_{\text{target}} - T_{\text{contact}})$$

其中，T_{target} 和 T_{contact} 为目标面和接触面的温度，TCC 为接触热导率，单位为 W/m^2·℃，通常取一个较大的数值，这就保证了接触面上良好的热传导。接触热导率在 Mechanical Application 中通过接触区域 Details 中的 Thermal ConductanceValue 属性定义，如图 10-2 所示。

Details of "Contact Region"

Scope	
Scoping Method	Geometry Selection
Contact	1 Face
Target	1 Face
Contact Bodies	Solid
Target Bodies	Solid
Definition	
Advanced	
Formulation	Program Controlled
Detection Method	Program Controlled
Elastic Slip Tolerance	Program Controlled
Thermal Conductance	Manual
Thermal Conductance Value	0. W/m²·°C
Pinball Region	Program Controlled
Geometric Modification	
Contact Geometry Correction	None

图 10-2 接触热导率定义

4. 热载荷及边界条件

在 Mechanical Application 中，热传导问题支持热流量（Heat Flow）、热通量（Heat Flux）和热生成（Internal Heat Generation）3 种类型的热载荷，其单位分别是 W（能量/时间）、W/m^2（能量/时间/面积）和 W/m^3（能量/时间/体积）。3 种类型的热载荷都是取正值时增加系统的能量。其中，热流量载荷可以施加于点、线和面上；热通量载荷只能施加于表面上（对于 2D 分析施加于边上）；热生成载荷只能施加于体积上。

在边界条件方面，常用的边界条件有 3 种，即恒温边界（Temperature）、对流边界（Convection）和辐射边界（Radiation）。恒温边界可施加于点、边、面或体上。对流边界仅能施加于表面（对于 2D 分析施加于边上），需要定义对流换热系数（Film Coefficient），对流换热系数可指定为与温度相关的 Tabular 形式，如图 10-3 所示。辐射边界条件施加于表面上（对于 2D 分析施加于边上），可以是表面环境辐射，也可以是表面之间的辐射。

此外，还提供了绝热边界（Perfectly Insulated），通过此边界的热流量为 0，此边界条件一般用于删除已经施加于表面上的其他边界条件。

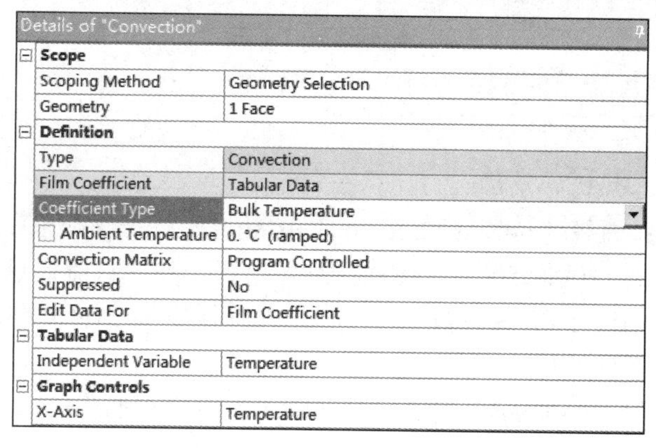

Details of "Convection"

Scope	
Scoping Method	Geometry Selection
Geometry	1 Face
Definition	
Type	Convection
Film Coefficient	Tabular Data
Coefficient Type	Bulk Temperature
Ambient Temperature	0. °C (ramped)
Convection Matrix	Program Controlled
Suppressed	No
Edit Data For	Film Coefficient
Tabular Data	
Independent Variable	Temperature
Graph Controls	
X-Axis	Temperature

图 10-3　与温度相关的 Film Coefficient

5. 分析选项设置

热分析的分析选项主要包括载荷步设置、非线性设置和输出设置。建议打开自动时间步，同时设置子步数（时间步长）范围。非线性设置方面，可以设置关于热流量和温度的收敛准则，还可以使用线性搜索选项。输出设置包括是否计算热通量和指定结果的输出频率。

6. 结果后处理

在后处理方面，可观察的量包括温度和热通量（如果计算输出），还可以得到对流或辐射边界上通过的热流量。

对于瞬态热传导计算，经常将稳态热传导的结果作为初始条件，其分析流程如图 10-4 所示。

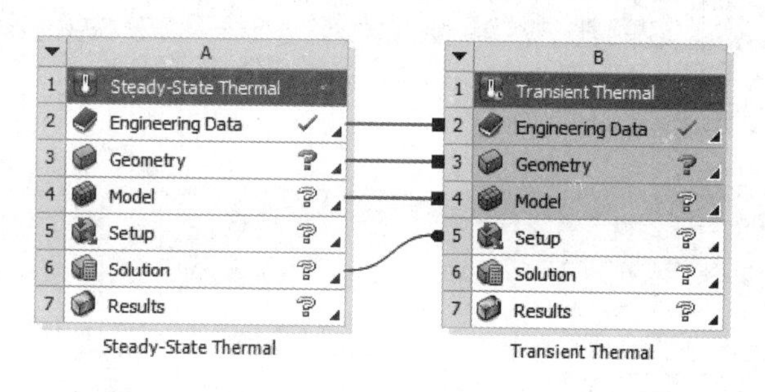

图 10-4　以稳态分析作为瞬态分析的初始条件

对于热应力计算，需要将稳态热传导的温度场计算结果施加到结构上，其分析流程如图 10-5 所示。在材料参数方面，需要在 Engineering Data 中定义材料的线膨胀系数（单位为 1/℃）。

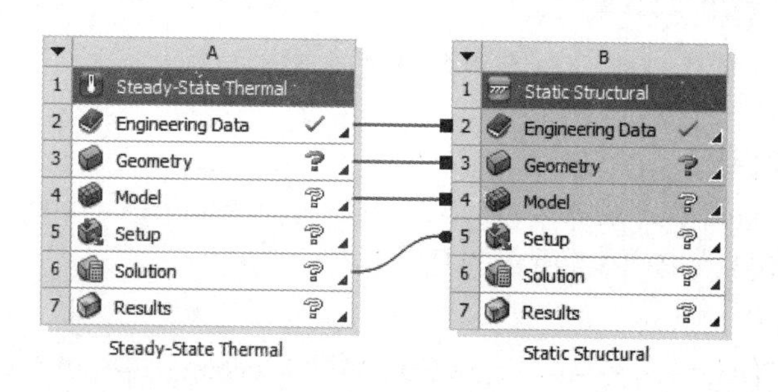

图 10-5　Workbench 中热应力计算流程

10.2 热传导及热应力分析例题

本节给出一个稳态热传导及热应力计算的例题。

问题的简单描述：直径 1.0m、长度 5.0m 的圆柱，两端法向约束。环境温度 25℃，左端恒温 50℃，右端为给定热流量 500W，侧面为环境对流边界，对流换热系数 5.0W/m^2·℃。材料导热系数 60.5W/m·℃，线膨胀系数 1.0×10^{-5}/℃，弹性模量 2.0×10^{5}MPa，泊松比 0.3。计算圆柱中的温度和应力分布情况。

本例题基于 ANSYS Workbench 完成，按照如下步骤进行操作：

（1）建立分析流程。

启动 Workbench，在 Project Schematic 中添加如图 10-5 所示的热应力分析流程。保存项目文件为 Cylinder.wbpj。

（2）定义材料数据。

在项目图解中，双击单元格 A2 进入 Engineering Data 界面。添加新材料 New_MAT，在左侧的工具箱中为 New_MAT 材料添加热膨胀系数、参考温度、线弹性参数、导热系数等属性，设置其参数如图 10-6 所示。输入完成后关闭 Engineering Data，返回 Workbench。

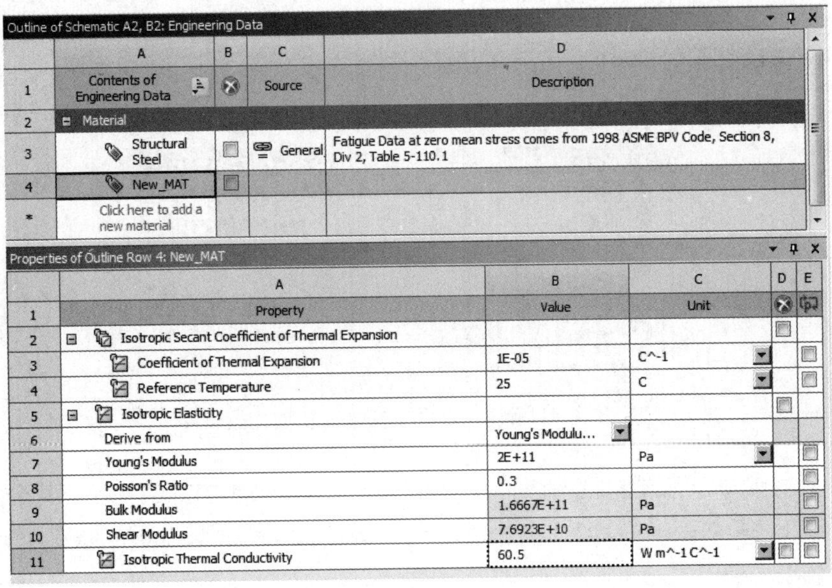

Outline of Schematic A2, B2: Engineering Data

	A	B	C	D
1	Contents of Engineering Data		Source	Description
2	Material			
3	Structural Steel		General	Fatigue Data at zero mean stress comes from 1998 ASME BPV Code, Section 8, Div 2, Table 5-110.1
4	New_MAT			
*	Click here to add a new material			

Properties of Outline Row 4: New_MAT

	A	B	C	D	E
1	Property	Value	Unit		
2	Isotropic Secant Coefficient of Thermal Expansion				
3	Coefficient of Thermal Expansion	1E-05	C^-1		
4	Reference Temperature	25	C		
5	Isotropic Elasticity				
6	Derive from	Young's Modulu...			
7	Young's Modulus	2E+11	Pa		
8	Poisson's Ratio	0.3			
9	Bulk Modulus	1.6667E+11	Pa		
10	Shear Modulus	7.6923E+10	Pa		
11	Isotropic Thermal Conductivity	60.5	W m^-1 C^-1		

图 10-6　材料参数指定

（3）建立几何模型。

在项目图解中，右击单元格 A3，选择 New DesignModeler Geometry，在 DM 中通过拉伸 YZ 平面的圆形草图建立如图 10-7 所示的几何模型。

（4）指定材料。

在项目图解中，右击单元格 A4，选择 Edit 启动 Mechanical Application。在 Geometry 分支下选择 Solid 分支，指定其 Details 中的 Material Assignment 为 New_MAT。

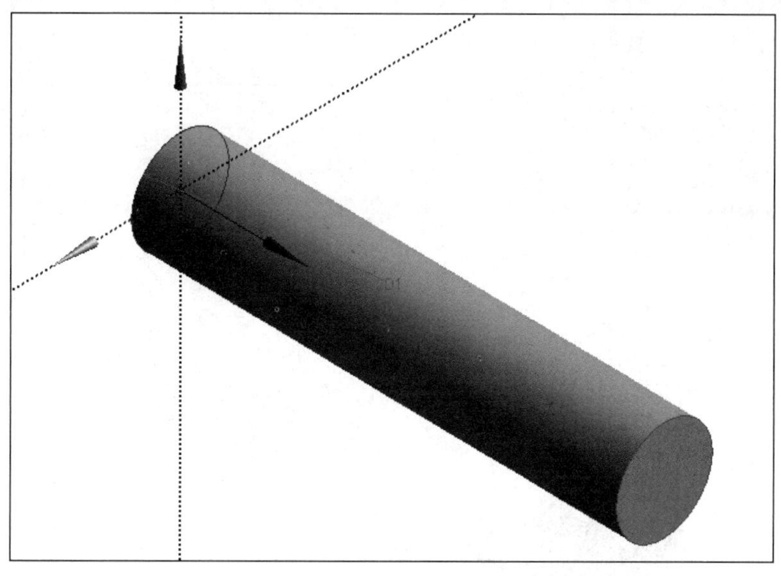

图 10-7　几何模型

（5）划分网格。

选择 Mesh 分支，右键菜单选择插入 Sizing，对整个体指定 Element Size 为 0.1m。选择 Generate Mesh 右键菜单项，划分得到的网格如图 10-8 所示。

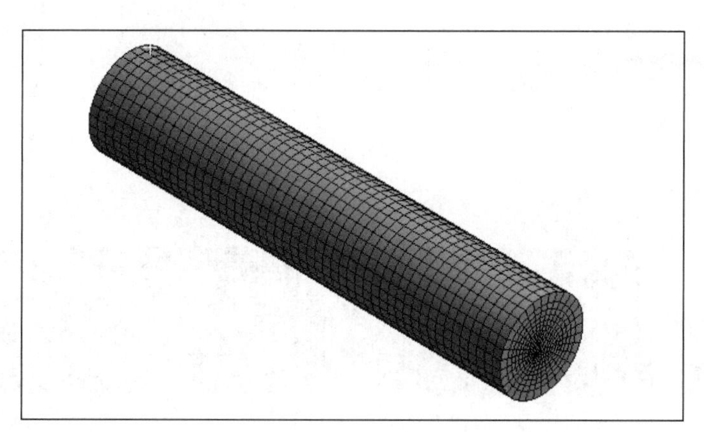

图 10-8　网格划分结果

（6）稳态热分析。

选择 Steady-State Thermal 分支。在视图中选择左端面，鼠标右键插入 Temperature，在 Temperature 的属性中输入 50℃；在视图中选择右端面，鼠标右键插入 Heat Flow，指定 Heat Flow 的 Magnitude 为 500W；在视图中选择圆柱侧面，鼠标右键插入 Convection，指定 Convection 的 Film Coefficient 为 5.0W/m^2·℃，Ambient Temperature 为 25℃；选择 Initial Temperature，指定其 Value 为 25℃。

选择 Solution（A6）分支，鼠标右键插入 Thermal 结果的 Temperature 和 Total Heat Flux。按 Ctrl 键选择 Temperature 和 Convection 两个边界条件分支，拖至 Solution（A6）上，在 Solution 分支下形成这两个边界的热流探针 Reaction Probe 和 Reaction Probe 2。

稳态热分析最后的设置如图 10-9 所示。

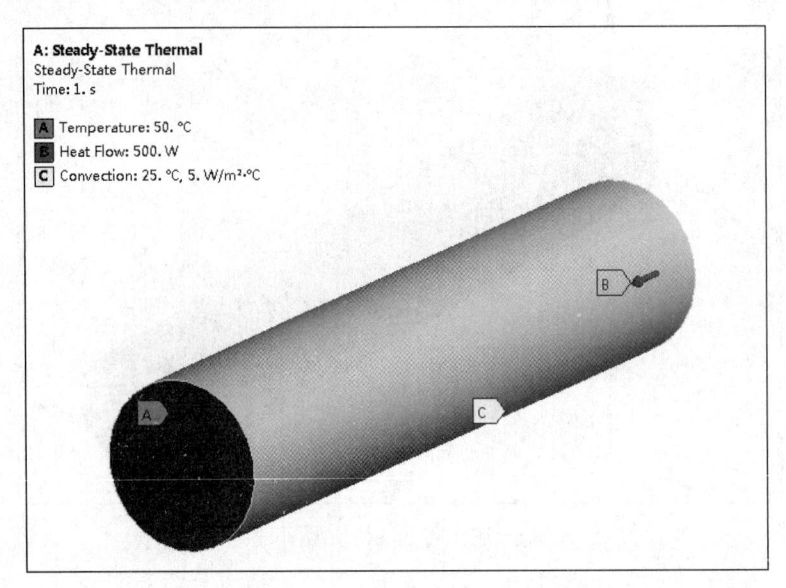

图 10-9　稳态热分析的设置

选择 Solution（A6）分支，单击 Solve 按钮求解。求解完成后查看 Temperature 分布结果，如图 10-10 所示。

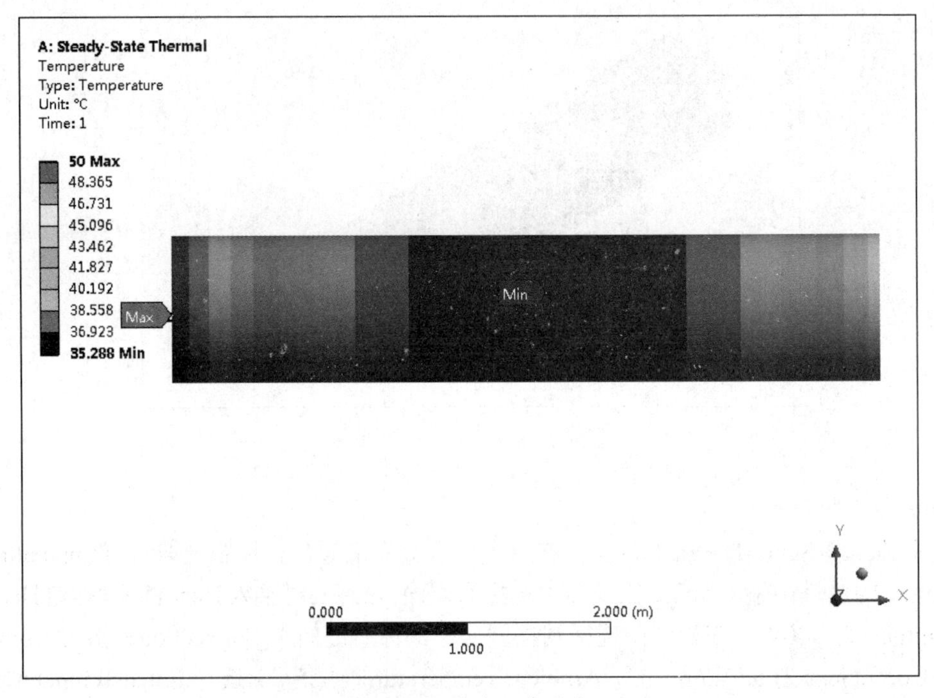

图 10-10　稳态温度分布

查看热通量 Total Heat Flux 结果，如图 10-11 所示。

查看 Reaction Prob 结果，如图 10-12 所示，其中 Reaction Prob 的结果为 618.32W，即恒温边界的热流率；Reaction Prob 2 的结果为-1118.3W，即对流侧面的热流率。

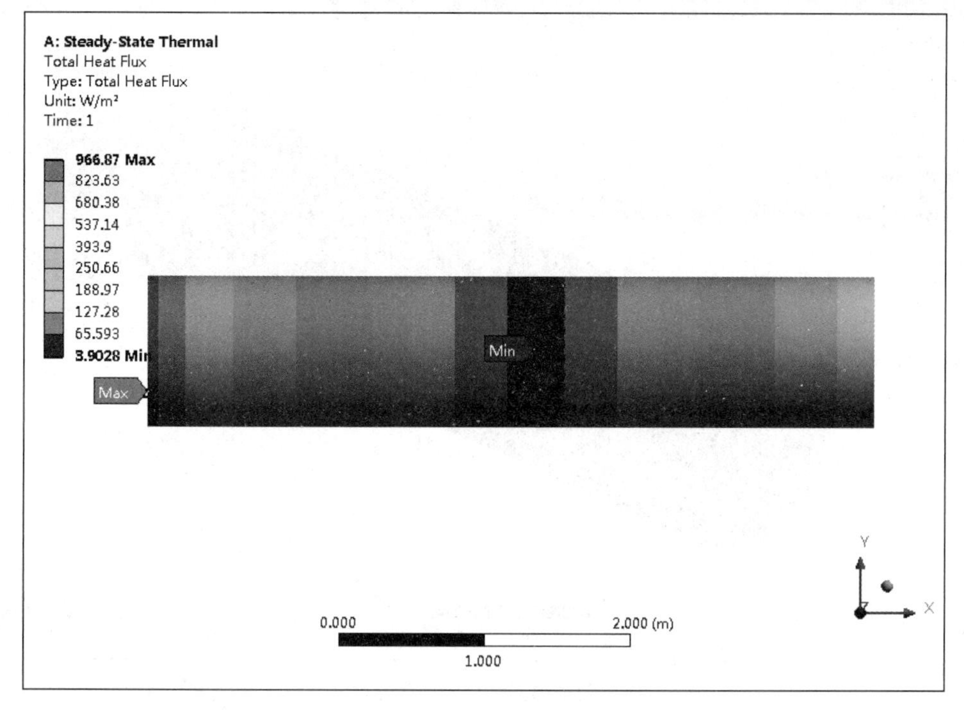

图 10-11 Total Heat Flux 分布

Details of "Reaction Probe"

Definition	
Type	Reaction
Location Method	Boundary Condition
Boundary Condition	Temperature
Suppressed	No
Options	
Display Time	End Time
Results	
Maximum Value Over Time	
Heat	618.32 W
Minimum Value Over Time	
Heat	618.32 W
Information	

Details of "Reaction Probe 2"

Definition	
Type	Reaction
Location Method	Boundary Condition
Boundary Condition	Convection
Suppressed	No
Options	
Display Time	End Time
Results	
Maximum Value Over Time	
Heat	-1118.3 W
Minimum Value Over Time	
Heat	-1118.3 W
Information	

图 10-12 Reaction Prob 结果

图中两个边界热流率之和为-500W，与右端面的功率 500W 相抵消，表明整个系统处于热平衡态，验证了计算结果的正确性。

（7）热应力分析。

在项目树中选择 Static Structural（B5）分支，在其 Details 中设置 Environment Temperature 为 25℃；选择圆柱的左右两个端面，鼠标右键菜单插入 Frictionless Support；在 Solution（B6）分支下插入 X 轴方向的 Normal Stress。单击 Solve 按钮计算。

计算完成后得到的 X 方向 Normal Stress（热应力）分布如图 10-13 所示。

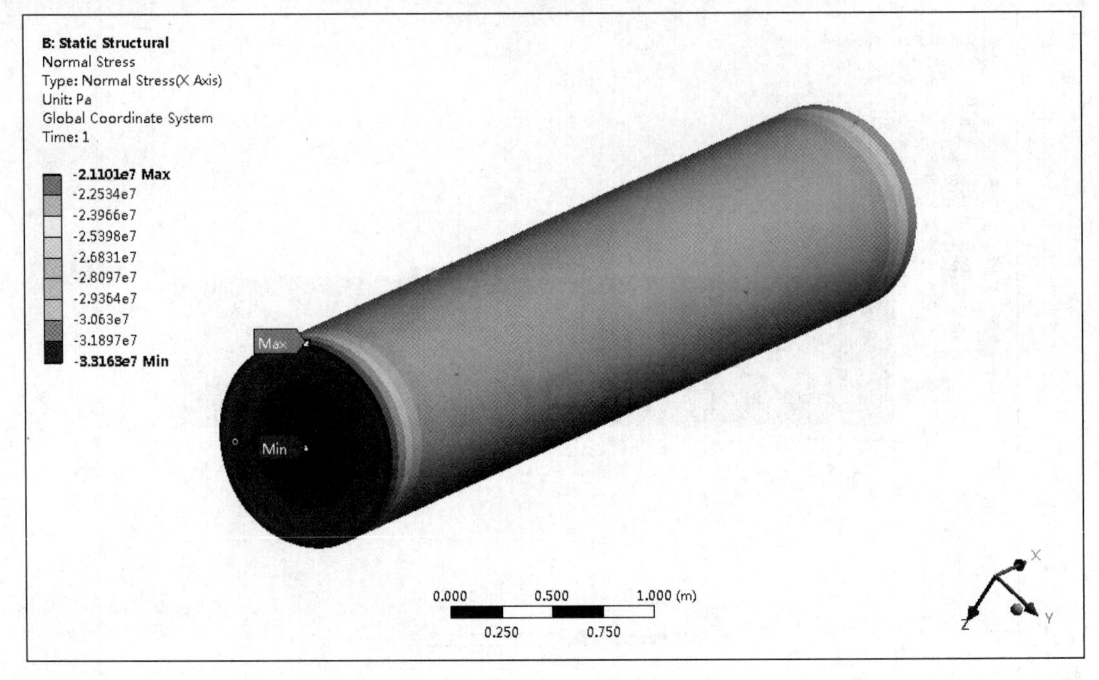
B: Static Structural
Normal Stress
Type: Normal Stress(X Axis)
Unit: Pa
Global Coordinate System
Time: 1
-2.1101e7 Max
-2.2534e7
-2.3966e7
-2.5398e7
-2.6831e7
-2.8097e7
-2.9364e7
-3.063e7
-3.1897e7
-3.3163e7 Min
Max
Min
0.000
0.500
1.000 (m)
0.250
0.750
X
Y
Z

图 10-13　热应力分布

11

子结构分析

本章导读

本章是对 ANSYS 子结构分析技术的简单介绍。结合实际例子，介绍 ANSYS 子结构分析的基本概念和操作过程。

本章包括如下主题：

- 子结构分析的基本概念
- ANSYS 子结构分析的一般过程
- 子结构分析例题：空腹梁的分析

11.1 子结构分析的基本概念

所谓子结构，就是一组单元通过保留部分自由度的静力凝聚而生成的一个新单元，这个单一的新单元又称为超单元。

应用子结构方法的主要目的是为了节省机时，在计算资源有限的情况下求解一些大规模问题，此方法经常用于如下场合：

（1）在非线性分析中，可以将模型的线性部分作为子结构，避免该部分的刚度矩阵在非线性迭代过程中多次重复计算。

（2）对于有重复几何形状的模型，可以将重复部分作为子结构生成超单元，通过复制生成结构的其他部分，节省大量机时。

（3）在计算机无法整体计算一个大规模结构问题时，可以将整个结构分为若干子结构，最终实现对整个结构的计算。

子结构分析在工程中有很多实际的应用。比如在一些装配式空间结构（网架和网壳等）的分析中，可以选择预制的棱锥体形状的杆件组合作为一个子结构（如图 11-1 所示），这种情形下，整体结构模型由若干棱锥体超单元和若干其他结构单元组成，相互用铰连接形成完整的结构。这种采用子结构的分析模型可以反映特定空间结构在预制装配和施工细节中的实际受力状态。

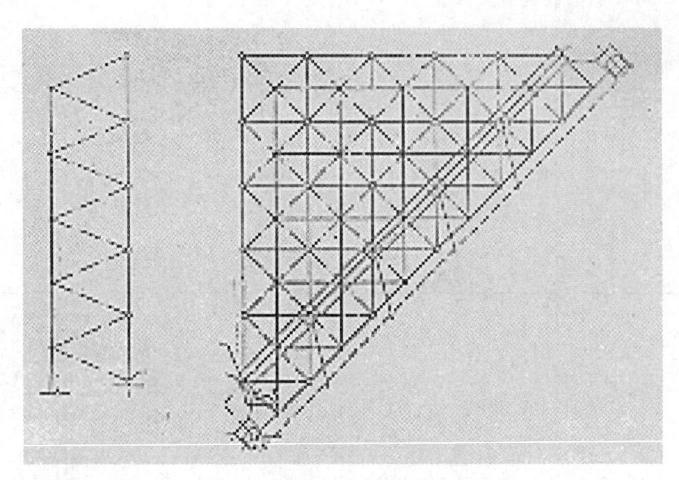

图 11-1　子结构在空间网架中的应用

在 ANSYS 中，超单元需要通过子结构生成分析来产生。一旦形成了超单元，就可以和其他单元类型一样地使用。具体的分析过程参见 11.2 节。

在 ANSYS 中，一个典型的子结构分析过程分为 3 个步骤：生成部分、使用部分和扩展部分。

生成部分主要是通过定义主自由度将普通有限元凝聚为一个超单元，主自由度用于定义超单元与非超单元或者超单元与超单元之间的边界。或者说，超单元通过主自由度所属节点与其他单元（一般单元或超单元）相连接。

在图 11-2 所示的结构中，几何形状相同的 3 个结构部分被定义为超单元，3 个超单元通过主节点相连接。

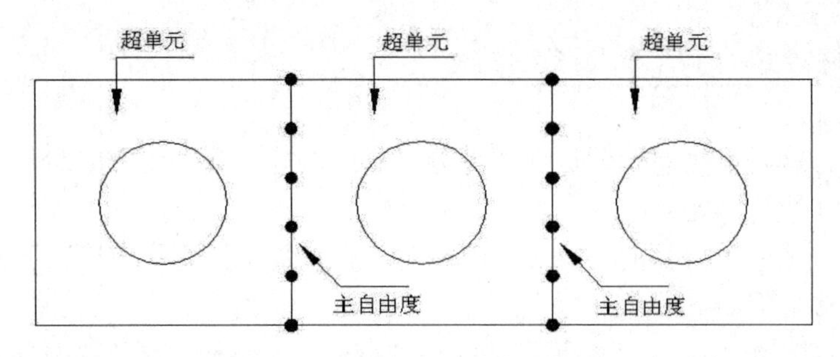

图 11-2　“超单元—超单元”主自由度

使用部分是将超单元与模型整体相连并进行结构分析。整个模型可以是一个超单元，可以是多个超单元，也可以是多个超单元与非超单元相连。使用部分的计算结果包括超单元的凝聚解（主自由度解）和非超单元的完全解。

扩展部分是由超单元的凝聚解扩展到整个超单元所有自由度上的完整解。如果有多个超单元，每个超单元都需要有单独的扩展计算过程。

图 11-3 显示了子结构分析的整个过程和所生成的相关文件。

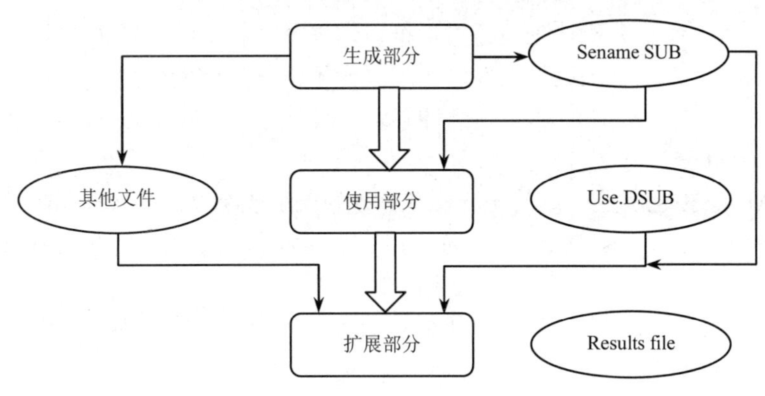

图 11-3　子结构分析流程图

11.2　子结构分析的一般过程

本节介绍 ANSYS 子结构分析 3 个阶段的具体实现过程及注意事项。

11.2.1　生成部分

生成部分的目的在于通过子结构分析形成超单元矩阵及等效载荷向量，下面介绍具体的分析步骤。

1. 建立模型

该部分在 ANSYS 前处理器 PREP7 中完成。和其他分析类型一样，子结构分析的建模过程包括：定义单元类型、设置实常数、定义材料属性、建立几何模型和划分网格生成有限元模型。在子结构分析生成部分的建模过程中需要注意以下几点：

- 单元类型：ANSYS 提供的大多数单元都可以用来生成超单元，但是单元必须是线性的。
- 材料属性：和其他分析一样，子结构分析定义所需的材料特性有密度、比热等。同样，由于超单元是线性的，非线性材料属性将被忽略。
- 建立模型：生成部分主要生成模型的超单元部分，非超单元部分将在后面的使用部分生成。由于子结构的使用部分需要确定超单元部分和非超单元部分的连接，为了保证连接的正确性，在模型生成时应该保证接触部分节点的一致。

2. 施加边界条件生成超单元矩阵

该部分在 ANSYS 求解器中完成。和其他分析一样，需要定义分析类型、设置分析选项、施加载荷、定义载荷步、求解计算。

（1）定义分析类型。

分析类型选择子结构分析 Substructuring。

操作命令：ANTYPE, SUBST

GUI 菜单操作路径：Main Menu>Solution>Analysis Type>New Analysis

（2）设置超单元分析选项。

操作命令：SEOPT

GUI 菜单路径：Main Menu>Solution>Analysis Options

图 11-4 所示为子结构分析选项设置对话框，这里只对其中的主要选项进行介绍。

- Sename：指定超单元矩阵文件名。超单元矩阵在后面的使用部分会用到，为方便起见需要指定矩阵文件名，完整的矩阵文件名为 Sename.SUB，默认情况下为 Jobname.SUB。
- SEMATR：指定所要生成的矩阵形式。分为仅生成刚度矩阵（Stiffness），生成刚度和质量矩阵（Stiffness+Mass），生成刚度、质量和阻尼矩阵（Stiffness+Mass+ Damp）。根据不同的分析需要选择相应的矩阵形式。
- SEPR：设置输出超单元矩阵。可以输出超单元矩阵和载荷向量，也可以只输出载荷向量，默认情况下不输出任何矩阵。

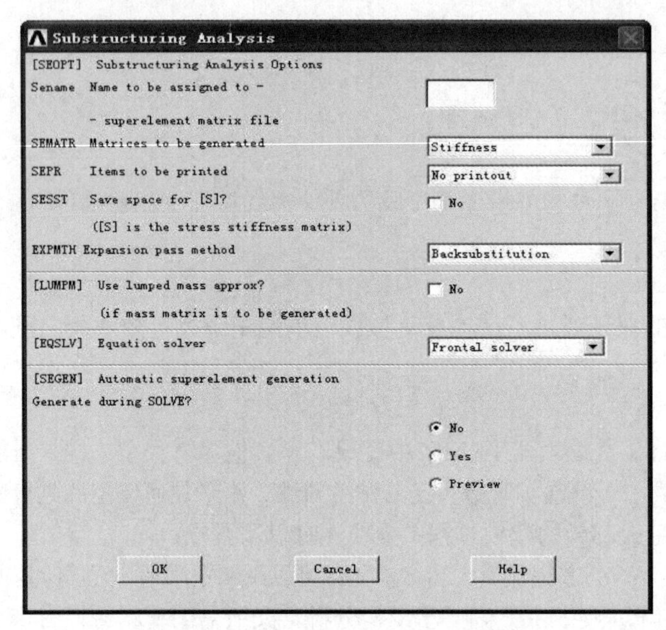

图 11-4　子结构分析选项设置对话框

（3）定义主自由度。

在子结构分析中，主自由度是超单元与非超单元的公共自由度，应该将超单元与非超单元的连接节点自由度定义为主自由度。如果模型中只有超单元，超单元之间同样需要定义主自由度。

在动力学分析中使用超单元时，其主自由度一般选择结构动力自由度，关于动力自由度的选择可以参照本书的动力学专题一章。

此外还需要注意一点，如果施加位移约束或集中载荷推迟到使用部分进行，那么施加载荷或约束的节点自由度应该在生成部分定义为主自由度。

定义主自由度的操作命令为 M 命令，其对应的 GUI 菜单路径为 Main Menu>Solution>Master DOFs>Define。

（4）施加载荷。

在生成部分可以施加所有载荷类型，程序将生成一个包含所有施加载荷的等效载荷向量，并写入超单元矩阵文件中。如果定义了多个载荷步的载荷，则在超单元文件中每个载荷步的载荷对应一个载荷向量。

当然，位移约束和集中载荷的施加可以放到使用部分，这种情况下加载节点的加载方向必须预先定义为主自由度。

（5）定义载荷步选项。

在子结构的生成部分，载荷步选项中仅阻尼设置可用。如需设置阻尼，可参考前面动力分析相关章节的设置方法。

（6）求解计算。

上述设置完成后，求解当前载荷步，得到子结构矩阵文件 Sename.SUB。其中的 Sename 为用户指定的超单元文件名。如果不指定，则采用工作文件名。

（7）退出求解器。

求解完成后，通过 Main Menu>Finish 菜单项退出求解器。

11.2.2 使用部分

使用部分可以是任何的 ANSYS 分析类型，和普通分析的区别在于所分析的结构中至少包含一个前面生成的超单元。这种包含子结构的分析，最重要的问题就是建立分析模型时如何定义超单元、这些超单元与结构中的其他单元如何连接到一起。

不论采用超单元进行何种具体的 ANSYS 分析，使用部分的主要过程都包括清除数据库、指定新的工作文件名、建立分析模型、施加载荷、求解等环节。

1. 清除数据库并指定新的工作文件名

在使用部分，将建立一个包含超单元的新的分析模型，因此需要清除当前的数据库。

操作命令：/CLEAR

GUI 菜单操作路径：Utility Menu>File>Clear&Start New

由于在使用部分和扩展部分会用到生成部分的有关文件，为了使这些文件不被覆盖，需要定义一个与使用部分不同的文件名。

操作命令：/FILNAME

GUI 菜单操作路径：Utility Menu>File>Change Jobname

2. 建立分析模型

这一环节在 ANSYS 前处理器 PREP7 中完成，关键在于向模型中引入超单元，具体的操作过程如下：

（1）定义 MATRIX50 为一种单元类型。

（2）定义其他的非超单元类型。

（3）定义非超单元的实常数和材料属性。

（4）创建结构中的非超单元部分。

这和其他分析的建模过程没有区别，但是要注意非超单元与超单元连接部位的节点编号问题。模型中的非超单元和超单元的连接部分应该保证公共自由度的一致，对于不同的情况，可以通过 3 种不同的方法加以实现：

- 使用与超单元生成部分相同的节点编号，这是最直接的方法。
- 如果使用部分的连接节点与生成部分对应节点编号有一个偏移量，可以在导入超单元时加上此偏移量，见下面的 SETRAN 命令。
- 如果节点编号无任何规律可循，则可保留两部分各自的节点，再将连接这两部分的对应节点自由度耦合起来。

（5）读入超单元矩阵，定义超单元，按照如下步骤进行操作：

1）选择超单元类型，选择 GUI 菜单路径 Main Menu>Preprocessor>Modeling>Create>Elements>Elem Attributes，然后定义当前单元类型号 TYPE 为 MATRIX50 单元所对应的单元类型号。对应的操作命令为 TYPE。

2）定义超单元。

如果模型中不存在超单元与其他单元的连接，或者有连接但连接部分节点编号一致，这时可以用 SE 命令直接读入超单元。

操作命令：SE

GUI 菜单操作路径：Main Menu> reprocessor> Modeling>Create> Elements>Super elements>From.SUB File

如果模型包含超单元与其他单元的连接，但是连接部位节点与超单元矩阵中的主自由度节点编号有一个偏移量。在这种情况下必须通过节点号偏移来形成一个新的超单元矩阵，然后再读入这个新的超单元矩阵。要生成带有节点数偏移的新的超单元矩阵，方法如下：

操作命令：SETRAN

GUI 菜单操作路径：Main Menu>Preprocessor>Modeling>Create>Elements>Superelements>By CS Transfer

如果模型中包含非超单元，并且连接部位的节点与主自由度节点无任何关系（在定义模型中的非超单元部分时没有注意到节点编号问题，如自由网格划分形成的节点号），这种情况下为了避免超单元矩阵文件中的主自由度节点覆盖使用部分定义的其他单元的节点，应首先保存当前的数据库文件，再用 SETRAN 命令结合新的节点偏移量（要大于现有模型中最大的节点号）生成新的超单元矩阵，最后用 SE 命令读入新的矩阵。

3）耦合公共节点自由度。

为了保证超单元与非超单元之间，或者超单元之间连接部位节点自由度的连续条件，需要通过 CPINTF 命令将公共节点的自由度耦合在一起。

GUI 菜单操作路径：Main Menu>Preprocessor>Modeling>Coupling/Ceqn>Coincident Nodes

3. 施加载荷求解

该部分在 ANSYS 求解器中完成，具体步骤如下：

（1）定义分析类型和分析选项。

（2）在非超单元部分施加载荷。

（3）施加超单元载荷向量。

在超单元矩阵文件中，每个载荷步对应一个载荷向量，施加超单元载荷向量的方法如下：

操作命令：SFE

GUI 菜单操作路径：Main Menu>Solution>Loads>Apply>Load Vector>For Superelement

注意：如果生成部分没有施加载荷，则超单元矩阵文件中就不包含载荷向量，这种情况下可以在使用部分向超单元的主自由度上施加集中力和自由度约束。

（4）设置相应的载荷步选项。

（5）求解。

求解结束后，使用部分的计算结果包括结构中非超单元的完整解（Jobname.RST）和超单元的凝聚解（Jobname.DSUB），通过后面的扩展操作可以由凝聚解扩展得到超单元的完整解。

11.2.3 扩展部分

扩展部分是将使用部分得到的超单元凝聚解扩展为超单元的完整解，扩展部分的具体实现过程包括如下步骤：

（1）清除数据库。

（2）将文件名切换到生成部分的文件名。

（3）读入生成部分的数据文件。

操作命令：RESUME

GUI 菜单操作路径：Utility Menu>File>Resume Jobname.db

（4）激活扩展分析。

操作命令：EXPASS

GUI 菜单操作路径：Main Menu>Solution>Analysis Type>ExpasionPass

（5）指定需要扩展的超单元。

操作命令：SEEXP

GUI 菜单操作路径：Main Menu>Solution>Load Step Opts>ExpasionPass>Single Expand>Expand Superelem

（6）指定需要扩展的使用部分结果。

操作命令：EXPLSOL

GUI 菜单操作路径：

Main Menu>Solution>Load Step Opts>ExpasionPass>Single Expand>By Load Step

Main Menu>Solution>Load Step Opts>ExpasionPass>Single Expand>By Time/Freq

（7）设置输出控制。

通过 OUTPR 命令和 OUTRES 命令对计算信息输出文件和结果文件的输出项目进行控制。

（8）扩展求解。

通过菜单项 Main Menu>Solution>Current LS 执行扩展求解。

（9）查看扩展的结果。

进入后处理器，查看扩展的超单元解。

11.3 子结构分析例题：空腹梁

两端固支的空腹工字型截面梁，形状和截面尺寸如图 11-5 所示。利用 ANSYS 子结构分析技术计算该空腹固支梁在三分点载荷作用下的变形和应力分布。

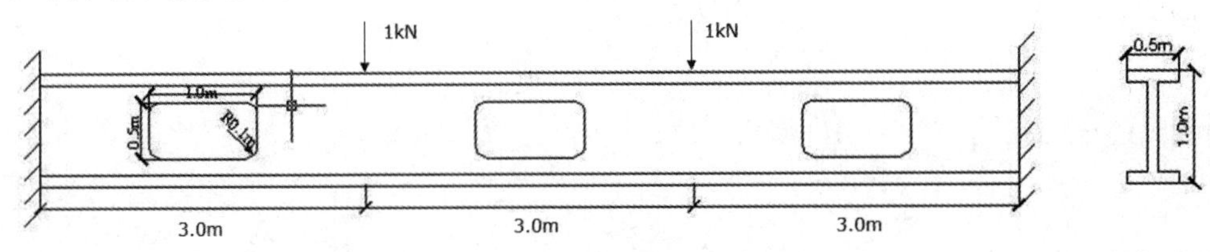

图 11-5 空腹固支梁示意图

由于空腹固支梁的几何外形具有重复性，因此将整个结构分为 3 个超单元处理。建模及分析采用 APDL 命令流操作方式。

1. 生成部分

相关命令流如下：

```
/PREP7                          !进入 ANSYS 前处理器
ET,1,SOLID187                   !定义单元类型
MP,EX,1,2e11                    !定义材料
MP,PRXY,1,.3                    !创建截面关键点
K,1,,0.5,0
K,2,,0.5,0.25
K,3,,0.4,0.25
K,4,,0.4,0.05
K,5,,-0.4,0.05
K,6,,-0.4,0.25
K,7,,-0.5,0.25
K,8,,-0.5,0,
A,1,2,3,4,5,6,7,8               !创建梁截面
VEXT,ALL,,,3,0,0                !拉伸梁截面
K,,2,0.25                       !创建腹板开孔关键节点
K,,2,-0.25
K,,1,-0.25
K,,1,0.25
L,17,18                         !创建腹板开孔线框
L,18,19
L,19,20
L,20,17
LFILLT,28,25,0.1                !腹板开孔倒角
LFILLT,25,26,0.1
LFILLT,26,27,0.1
LFILLT,27,28,0.1
AL,25,30,26,31,27,32,28,29      !创建开孔面
VEXT,11,,,0,0,0.1               !拉伸开孔面生成开孔部分
VSBV,1,2                        !减去开孔部分
VSYMM,Z,ALL                     !镜像操作
VADD,ALL                        !生成整个空腹梁
!!!!!!!!!!!!!!!!!!!!!!
NUMCMP,VOLU
!!!!!!!!!!!!!!!!!!!!!!

ESIZE,0.1,0,                    !设置网格尺寸
MSHAPE,1,3D                     !划分网格设置
MSHKEY,0
VMESH,ALL                       !划分网格
VGEN,3,ALL,,,3,,,,,0            !平移模型
save
finish
/FILNAME,GEN1                   !设置生成部分文件名
```

```
!生成超单元 1
!RESUME,FULL,DB              !恢复模型数据文件
/SOL                         !进入 ANSYS 求解器
ANTYPE,SUBSTR                !设置子结构分析类型
VSEL,S, , ,1
ALLSEL,BELOW,VOLU
SEOPT,se1                    !设置超单元矩阵文件名
NSEL,S,LOC,X,0               !选择端截面节点
NSEL,A,LOC,X,3
M,ALL,ALL                    !定义主自由度
NSEL,ALL                     !恢复所有节点选择状态
SAVE                         !保存数据文件
SOLVE                        !求解
FINISH                       !退出 ANSYS 求解器
!生成超单元 2
/FILNAME,GEN2                !设置生成部分文件名
!RESUME,FULL,DB              !恢复模型数据文件
/PREP7                       !进入 ANSYS 前处理器
VSEL,S, , ,2
ALLSEL,BELOW,VOLU
FINISH                       !退出 ANSYS 前处理器
/SOL                         !进入 ANSYS 求解器
ANTYPE,SUBSTR                !设置子结构分析类型
SEOPT,se2                    !设置超单元矩阵文件名
NSEL,S,LOC,X,3               !选择端截面节点
NSEL,A,LOC,X,6
M,ALL,ALL                    !定义主自由度
NSEL,ALL                     !恢复所有节点选择状态
SAVE                         !保存数据文件
SOLVE                        !求解
FINISH                       !退出 ANSYS 求解器
!生成超单元 3
/FILNAME,GEN3                !设置生成部分文件名
/SOL                         !进入 ANSYS 求解器
ANTYPE,SUBSTR                !设置子结构分析类型
VSEL,S, , ,3
ALLSEL,BELOW,VOLU
SEOPT,se3                    !设置超单元矩阵文件名
NSEL,S,LOC,X,6               !选择端截面节点
NSEL,A,LOC,X,9
M,ALL,ALL                    !定义主自由度
NSEL,ALL                     !恢复所有节点选择状态
SAVE                         !保存数据文件
SOLVE                        !求解
FINISH                       !退出 ANSYS 求解器
```

上述操作过程中，以左边的超单元为例，划分网格后的模型和主自由度指定如图 11-6 所示。

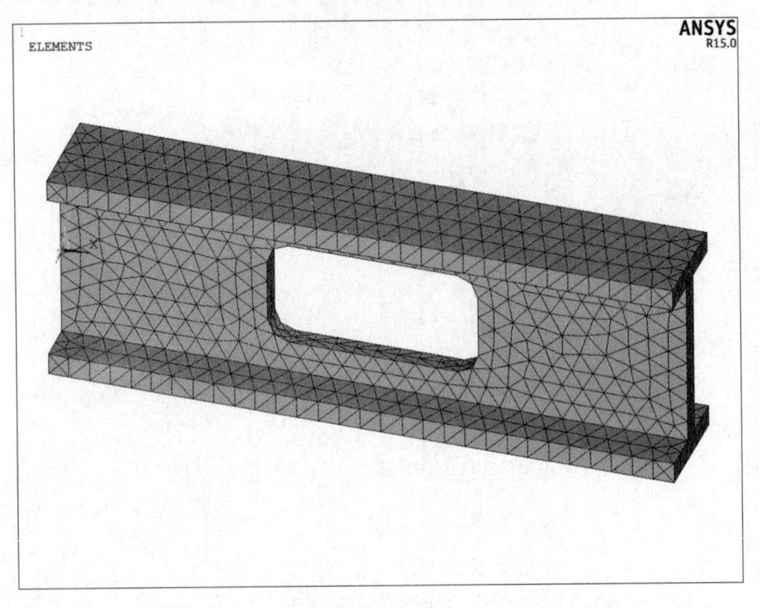

（a）有限元模型

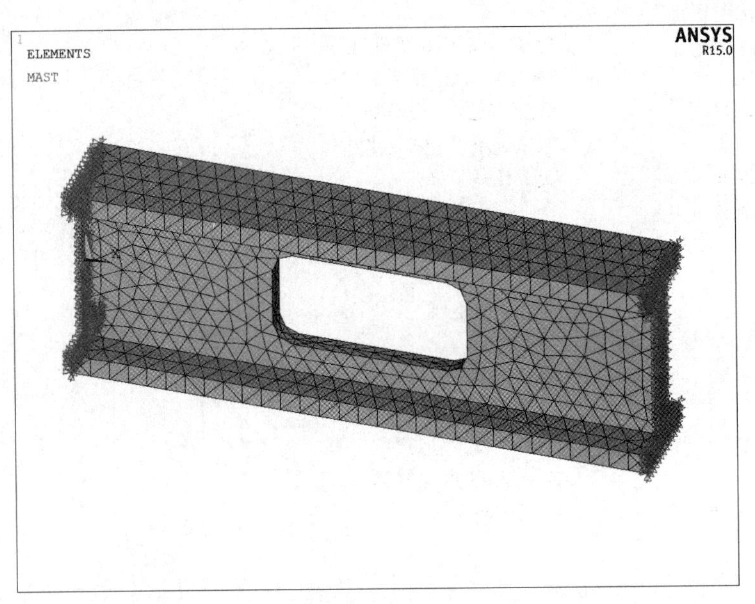

（b）主自由度

图 11-6　左边超单元的内部网格和主自由度定义

执行上述命令后，在工作目录下形成 SE1.SUB、SE2.SUB 和 SE3.SUB 三个超单元文件，这些文件可在下面的使用部分中读入。

2. 使用部分

这部分使用上面生成的超单元进行整体分析，相关命令流如下：

```
/CLEAR                    !清除数据库
/FILNAME,USE              !定义使用部分文件名
/PREP7                    !进入 ANSYS 求解器
```

```
ET,1,MATRIX50               !定义单元类型
TYPE,1                      !指定超单元类型
SE,se1                      !读入超单元矩阵 se1
SE,se2
SE,se3
NSEL,S,LOC,X,3              !选择超单元连接节点
NSEL,A,LOC,X,6
CPINTF,ALL,0.0001           !节点耦合
SAVE                        !保存数据文件
FINISH                      !退出 ANSYS 前处理器
/SOL                        !进入 ANSYS 求解器
NSEL,S,LOC,X,0              !选择端面节点
NSEL,A,LOC,X,9
D,ALL,ALL                   !施加位移约束
NSEL,S,LOC,X,3              !选择施加载荷节点
NSEL,R,LOC,Y,0.5
NSEL,R,LOC,Z,0
F,ALL,FY,-500               !施加集中载荷
NSEL,ALL                    !恢复所有节点的选择状态
NSEL,S,LOC,X,6              !选择施加载荷节点
NSEL,R,LOC,Y,0.5
NSEL,R,LOC,Z,0
F,ALL,FY,-500               !施加集中载荷
NSEL,ALL                    !恢复所有节点的选择状态
SOLVE                       !求解
FINISH                      !退出 ANSYS 求解器
```

执行上述命令流的过程中，相邻超单元在其交界面位置处通过自由度耦合方式相连接，如图 11-7 所示。

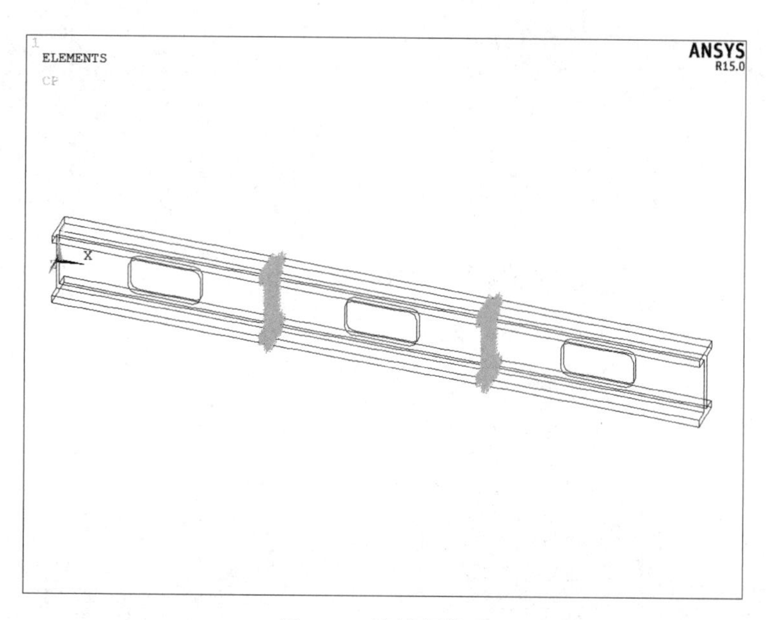

图 11-7　连接超单元

施加了约束及载荷后的使用部分整体计算模型如图 11-8 所示。这里需要注意，由于交界

面两侧均有超单元的节点，因此按位置选择的节点是重复的，在每个节点上只需要施加一半的外载荷，即 0.5kN 即可。

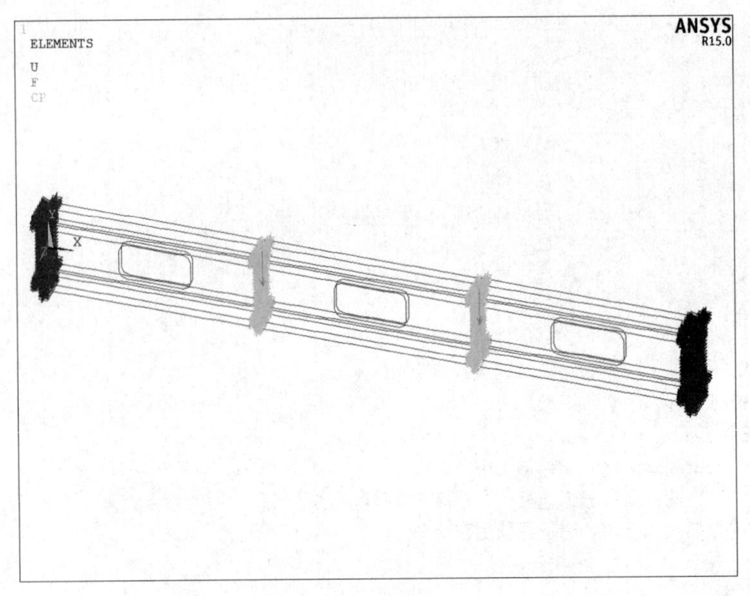

图 11-8　施加载荷

3．扩展部分

上述使用部分得到了仅包含主自由度的缩减解答，下面对各个超单元分别进行扩展分析，进而得到每一个超单元内部的自由度解。

扩展部分的命令流如下：

```
!扩展超单元 1
/CLEAR                    !清除数据库
/FILNAME,GEN1             !恢复生成部分文件名
RESUME                    !恢复生成部分数据文件
/SOLU                     !进入 ANSYS 求解器
EXPASS,ON                 !打开扩展开关
SEEXP,se1,USE             !指定扩展超单元
EXPSOL,1                  !指定扩展解
SOLVE                     !扩展求解
FINISH                    !退出 ANSYS 求解器
/post1
PLNSOL, U,SUM
!扩展超单元 2
finish
/FILNAME,GEN2             !恢复生成部分文件名
RESUME                    !恢复生成部分数据文件
/SOLU                     !进入 ANSYS 求解器
EXPASS,ON                 !打开扩展开关
SEEXP,se2,USE             !指定扩展超单元
EXPSOL,1                  !指定扩展解
SOLVE                     !扩展求解
FINISH                    !退出 ANSYS 求解器
/post1
PLNSOL, U,SUM
```

```
finish
!扩展超单元 3
/FILNAME,GEN3                  !恢复生成部分文件名
RESUME                         !恢复生成部分数据文件
/SOLU                          !进入 ANSYS 求解器
EXPASS,ON                      !打开扩展开关
SEEXP,se3,USE                  !指定扩展超单元
EXPSOL,1                       !指定扩展解
SOLVE                          !扩展求解
FINISH                         !退出 ANSYS 求解器
/post1
PLNSOL, U,SUM
```

执行上述命令流，分别得到 3 个超单元的内部位移解答。在每一次扩展求解后，在后处理器中绘图显示这些解，如图 11-9 所示。

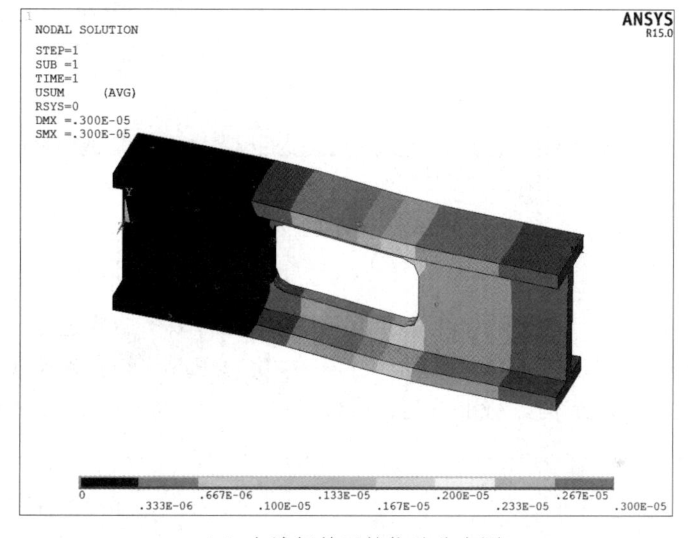

（a）左边超单元的位移分布图

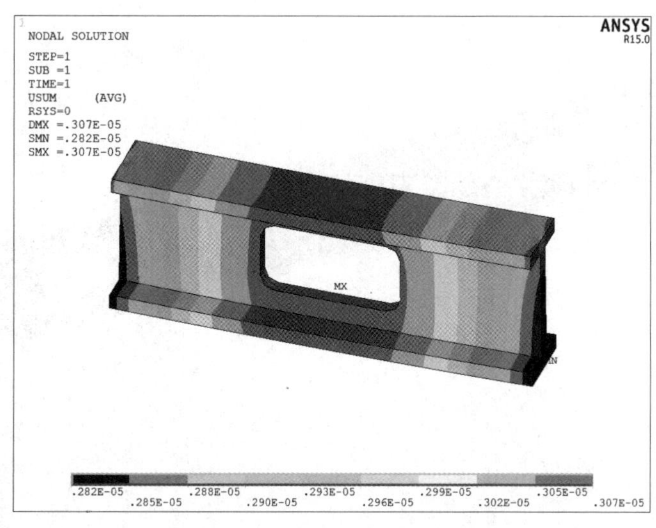

（b）中间超单元的位移分布图

图 11-9　子结构扩展位移解

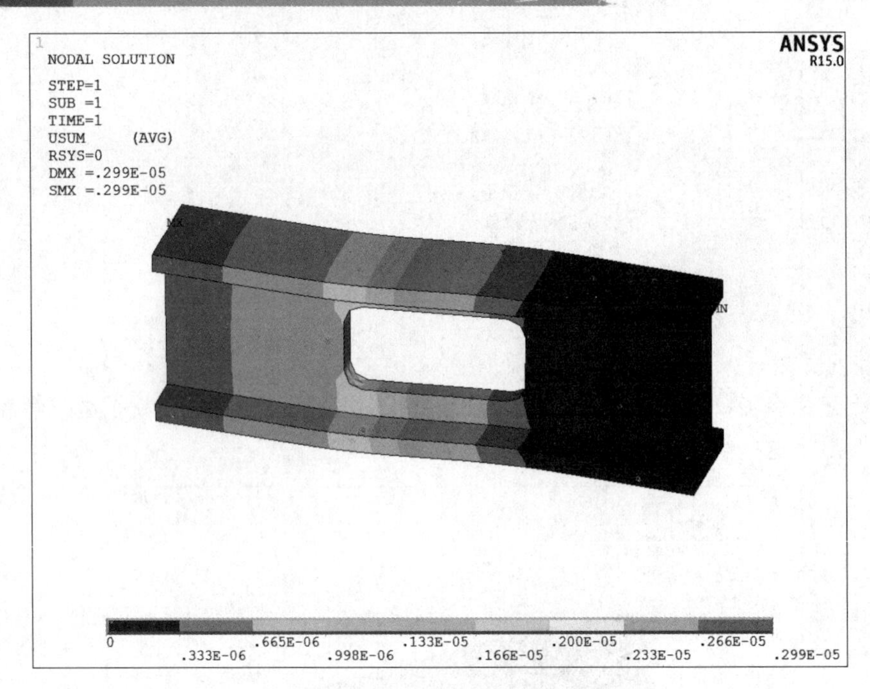

（c）右边超单元的位移分布图

图 11-9 子结构扩展位移解（续图）

在本节的最后，作为一种验证，采用 SOLID187 单元对整个结构进行分析，分析模型如图 11-10 所示，位移分布如图 11-11 所示。最大位移为 0.307E-5，与子结构分析所得的位移解完全一致，进一步证实了子结构方法求解的正确性。

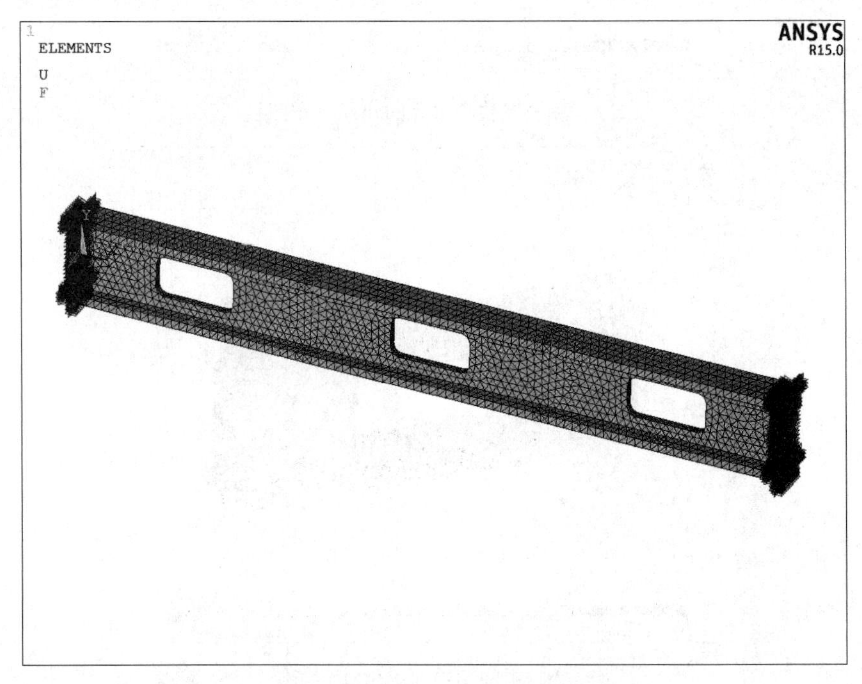

图 11-10 SOLID187 单元组成的整体结构计算模型

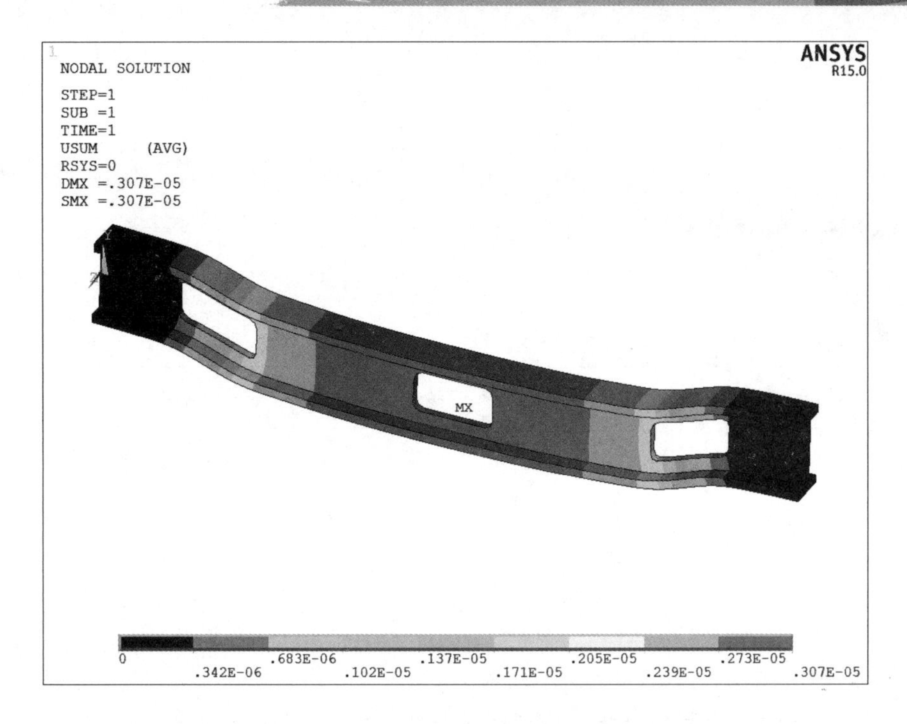

图 11-11　SOLID187 单元组成整体模型的位移计算结果

12

子模型方法的应用

本章导读

本章是对 ANSYS 子模型分析技术的简单介绍。结合分析例题介绍 ANSYS 子结构分析的基本概念和在 Workbench 中进行子模型分析的实现过程。

本章包括如下主题：

- 子模型分析方法的基本概念和实现过程
- 子模型分析例题：开孔的拱壳局部应力分析

12.1 子模型分析方法的概念和实现过程

在有限元分析中，对于大型问题，如果网格太细可能会造成计算量过大，而粗糙的网格可能无法在梯度较大的区域得到满意的结果，比如应力分析中的应力集中区域和热分析中的温度梯度较大的区域。这些情况下，可通过采用子模型方法得到精确解，其基本思路为：先对整个求解域划分较粗糙的网格进行求解，将关注的部分区域从整体域中分割出来形成子模型，分割的边界上通过整体分析的自由度解插值作为边界条件，在感兴趣的区域（子模型）上划分更精细的网格再次进行分析，来得到正确的解答。

子模型方法又称为切割边界位移法，所谓的切割边界就是将子模型从整体模型中分割开来的边界。整体模型在切割边界上的自由度通过整体计算得到的自由度解插值得到，并将其作为子模型的边界条件，对结构分析就是切割位移边界，对热分析则是切割温度边界。

结构分析的子模型技术体现了弹性力学的圣维南原理，即如果实际分布载荷被合理等效的载荷代替以后，应力分布的区别仅体现在载荷施加位置的附近区域，而对远处的应力分布没有影响。因此如果子模型的切割边界位置远离应力集中位置，子模型内部就可以得到较为精确的应力结果。一般地，结构分析领域中的子模型分析过程包括以下步骤：

（1）生成并分析较粗糙的模型。

（2）生成子模型。

（3）提供切割边界插值。

（4）分析子模型。

（5）验证切割边界和应力集中区域的距离应足够远。

以上步骤中，第 3 步为关键步骤。在子模型分析阶段，如果原模型的这个区域有载荷作用，则此载荷也要施加于子模型上。

目前，在 Workbench 中已支持子模型结构分析，其流程如图 12-1 所示。需要注意的是，其中 A3（全模型的几何）和 B3（子模型的几何）必须是基于统一的坐标系。目前支持的单元类型有 SOLID-SOLID、SHELL-SOLID、SHELL-SHELL 等，还支持瞬态结构分析。

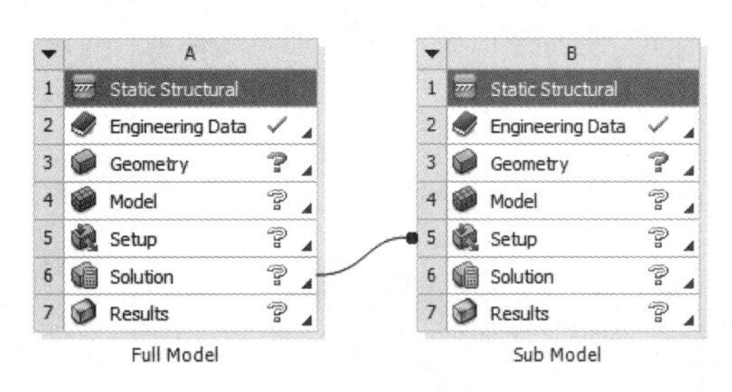

图 12-1　结构子模型分析流程

对于热传导分析，在 Workbench 中子模型分析流程如图 12-2 所示。目前稳态和瞬态热传导分析均支持子模型分析。

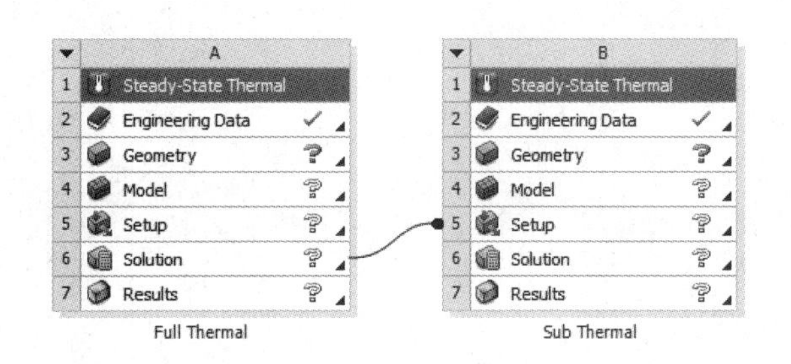

图 12-2　热传导的子模型分析流程

12.2　子模型分析案例：开孔的拱壳局部应力分析

12.2.1　问题描述

本节将在 Workbench 中利用子模型技术对一个顶部有开孔的拱壳结构进行分析，如图 12-3 所示。相关几何参数：拱板的宽度为 2000mm，拱中面半径为 2000mm，对应圆心角为 120°，拱板厚度为 25mm，拱顶中心处有一个直径为 300mm 的孔（按水平投影计），拱面受到竖直向下的压力为 0.01Mpa，两个拱脚边铰接（约束三向平动位移）。本次分析将利用 ANSYS SCDM 建立整体模型和子模型。

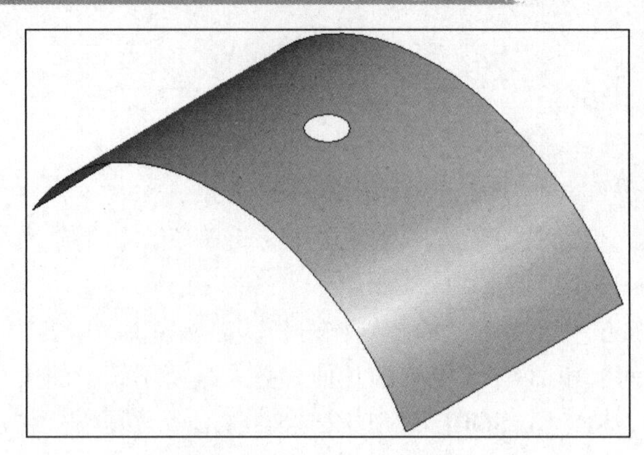

图 12-3　拱壳的基本结构

12.2.2　建立几何模型

1. 建立全模型

在 ANSYS SCDM 中，按照如下步骤建立全模型：

（1）启动 SCDM 应用程序。

（2）在草图标签中单击绘制圆工具，在图形窗口中绘制一个直径为 4000mm 的圆，如图 12-4 所示。

（3）单击绘制直线图标，绘制两条相对角度为 120° 的半径线段，如图 12-5 所示。

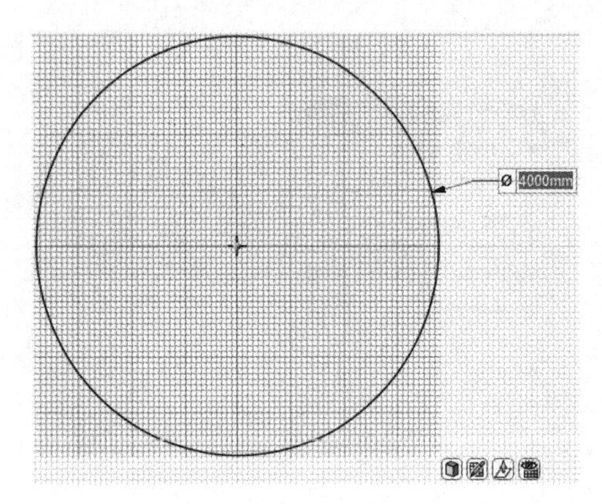

图 12-4　绘制圆

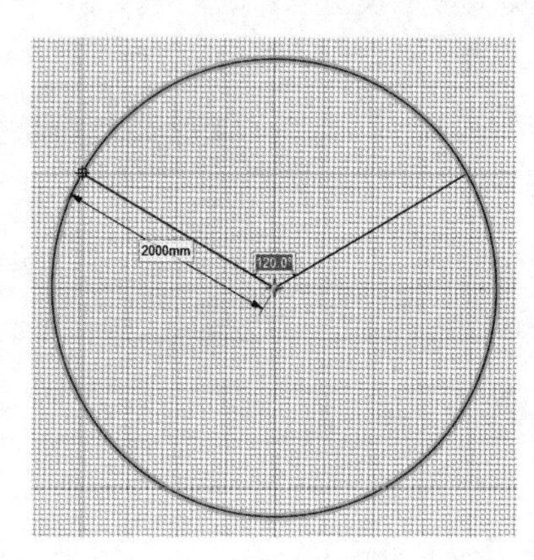

图 12-5　绘制 120° 的半径线段

（4）利用剪掉工具删除大圆弧。

（5）单击编辑标签下的拉动工具，草图将变成一个扇形表面，选择扇形圆弧，利用 Tab 键切换至与扇形垂直的方向，将其拉伸 2000mm（利用空格键弹出距离输入窗口，该法后续不再提及），如图 12-6 所示。

（6）选中扇形面，按 Delete 键将其删除。

（7）选中拱的两个底边，然后选择草图标签中的参考线工具，绘制一条起止点为两条拱底边中点的参考线。

（8）选择绘制圆工具，以参考线的中点为圆心绘制一个直径为 300mm 的小圆，如图 12-7 所示。

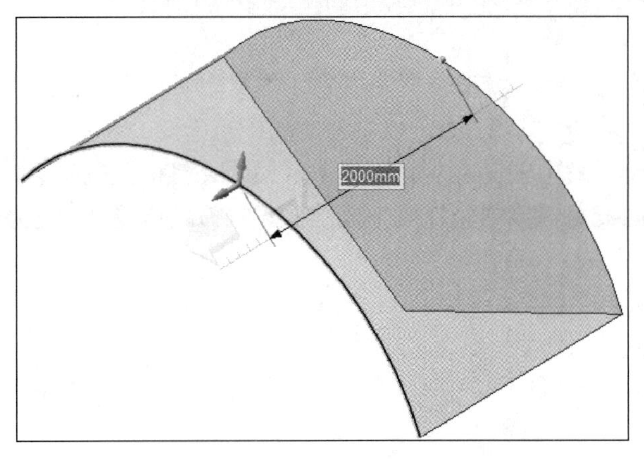

图 12-6　拉伸生成拱面

（9）单击投影工具 投影，创建小圆边线在拱面上的投影，如图 12-8 所示。

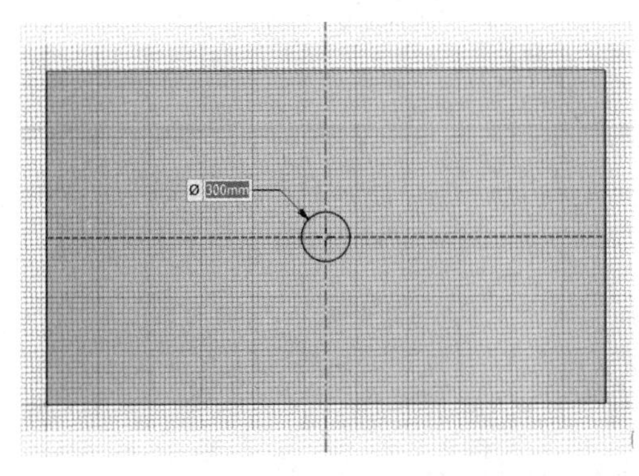

图 12-7　绘制圆

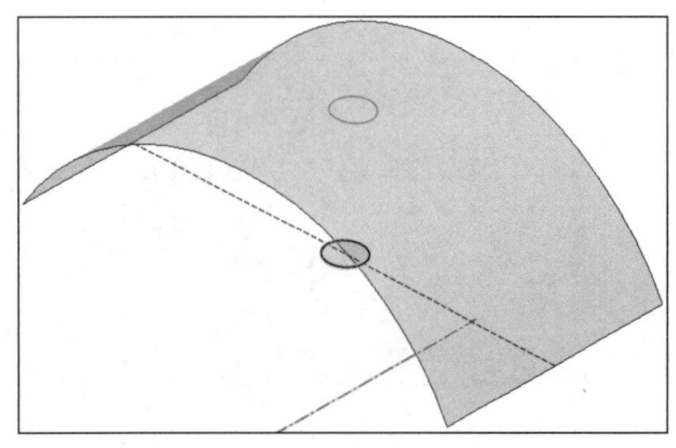

图 12-8　创建小圆在拱面上的投影

（10）选中小圆面及上一步创建投影生成的面，按 Delete 键将其删除，即可得到最终的拱的全模型，如图 12-9 所示。

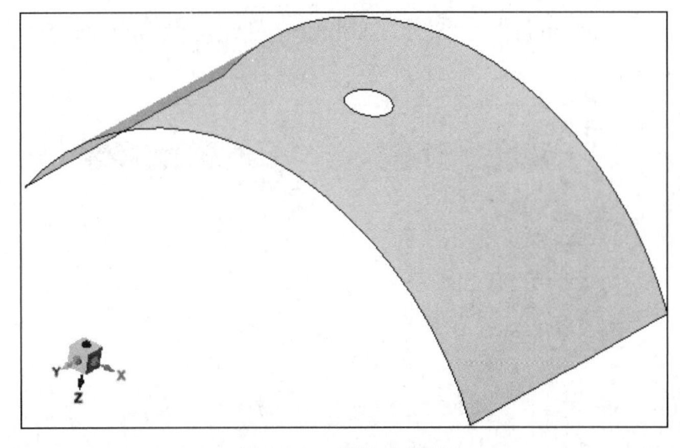

图 12-9　拱的全模型

（11）在结构树中选中代表拱面的表面，在左下方的属性面板中输入其厚度值为 25mm。

（12）单击“文件”→“保存”命令，输入 full_model 作为文件名，保存模型。

2. 建立子模型

在 SCDM 中基于已有的全模型建立子模型，按照如下步骤操作：

（1）参照建立全模型中的第 8 步，以参考线的中点为圆心绘制一个直径为 1200mm 的圆。

（2）参照建立全模型中的第 9 步，创建大圆边线在拱面上的投影，如图 12-10 所示。

（3）选中大圆面及上一步创建投影生成的面，按 Delete 键将其删除，得到最终的拱的子模型，如图 12-11 所示。

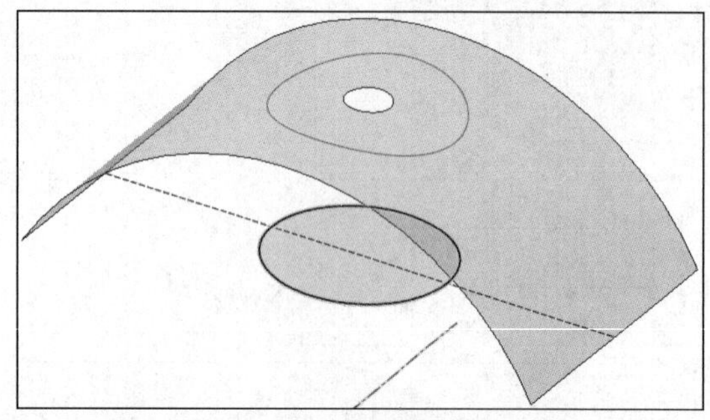

图 12-10　创建大圆在拱面上的投影

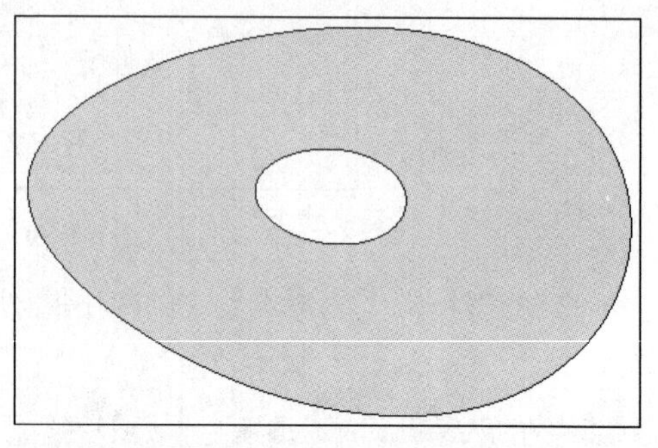

图 12-11　拱的子模型

（4）在结构树中选中代表拱面的表面，在左下方的属性面板中输入其厚度值为 25mm。

（5）选择“文件”→“另存为”命令，输入 sub_model 作为文件名，保存模型。

至此已经完成了几何建模操作。

12.2.3　创建分析流程及项目文件

启动 Workbench，在项目图解中按照如下步骤建立子模型分析流程：

（1）在 Workbench 窗口左侧的工具箱中，两次双击 Static Structure，在项目图解窗口中生成两个新的静态结构分析系统，然后将第一个的名称改为 Full Model，将第二个的名称改为 Sub Model。

（2）鼠标拖动 Full Model 分析系统的 Solution 单元格至 Sub Model 分析系统的 Setup 单元格，如图 12-12 所示。

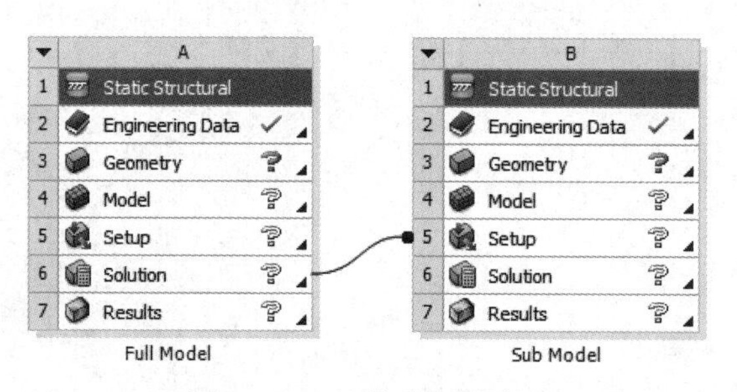

图 12-12　子模型分析系统

（3）单击菜单项 File>Save，选择适当的保存路径，输入 Submodel Analysis 作为项目名称，保存分析项目文件。

12.2.4　全模型分析

分析全模型，按照如下步骤操作：

（1）选择 Full Model 系统的 Geometry 单元格，右击并选择 Import Geometry，导入前面创建的 full_model.scdoc 文件。

（2）双击 Model 单元格，进入 Mechanical Application 界面。

（3）在项目树的 Geometry 分支下选择拱壳面体，检查并保证其厚度已被正确导入。

（4）在结构树中选中 Static Structural（A5），在图形显示窗口中左键选中拱的两个底边，右击并选择 Insert>Simply Supported。

（5）左键选中拱面，右击并选择 Insert>Pressure，在明细栏中将 Define By 改为 Components，输入 Z Component 的值为 0.2Mpa，施加完边界条件后图形显示窗口如图 12-13 所示。

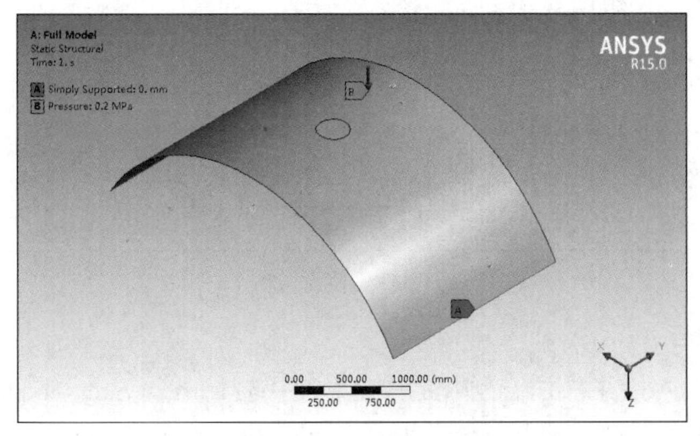

图 12-13　载荷及边界条件施加

（6）在项目树中选中 Mesh 分支，在上下文工具栏中选择 Mesh Control>Sizing，在 Sizing 明细栏的 Geometry 中选择拱面，输入 Element Size 为 200mm。右击 Mesh，选择 Generate Mesh 生成网格，如图 12-14 所示。

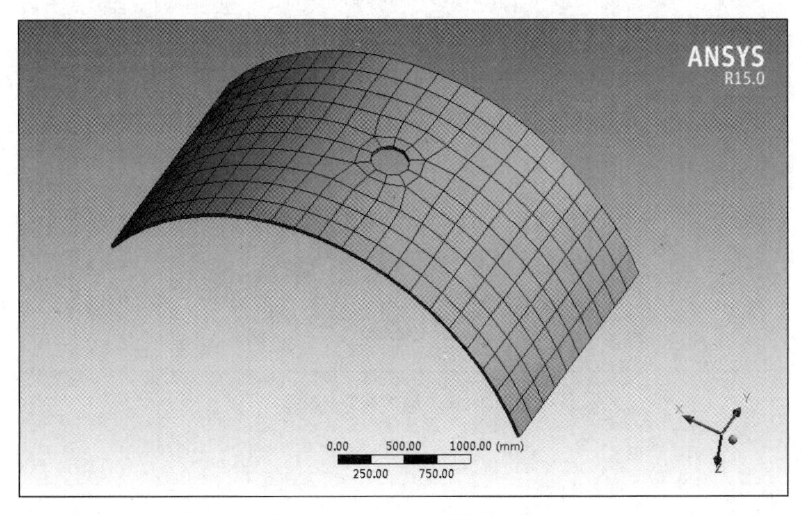

图 12-14　拱的全模型网格

（7）在结构树中，右击 Solution（A6）并选择 Solve，执行求解。

（8）查看位移结果。

1）选中 Solution（A6）并右击，在弹出的快捷菜单中选择 Insert>Deformation>Total。

2）选中 Solution（A6）并右击，然后选择 Evaluate All Results，图形窗口中绘制出位移云图，如图 12-15 所示。

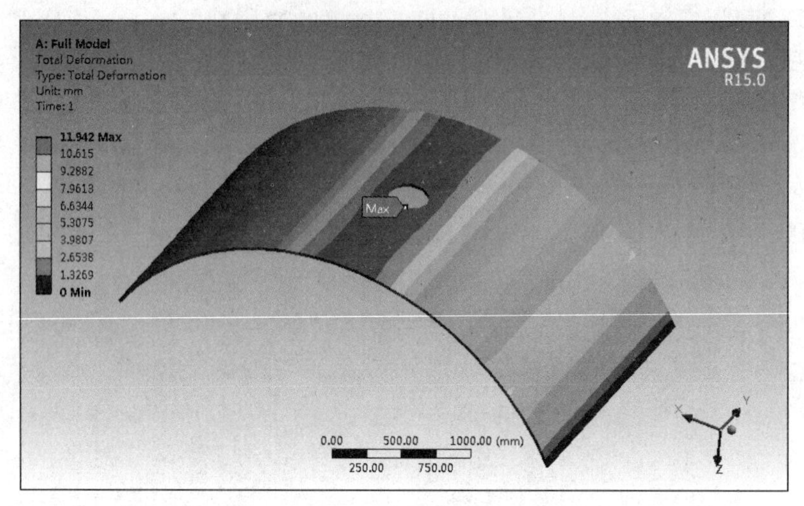

图 12-15　位移云图

（9）查看等效应力分布。

1）选中 Solution（A6）并右击，在弹出的快捷菜单中选择 Insert>Stress>Equivalent（Von-Mises）。

2）选中 Solution（A6）并右击，然后选择 Evaluate All Results，图形窗口中绘制出等效应力云图，如图 12-16 所示。

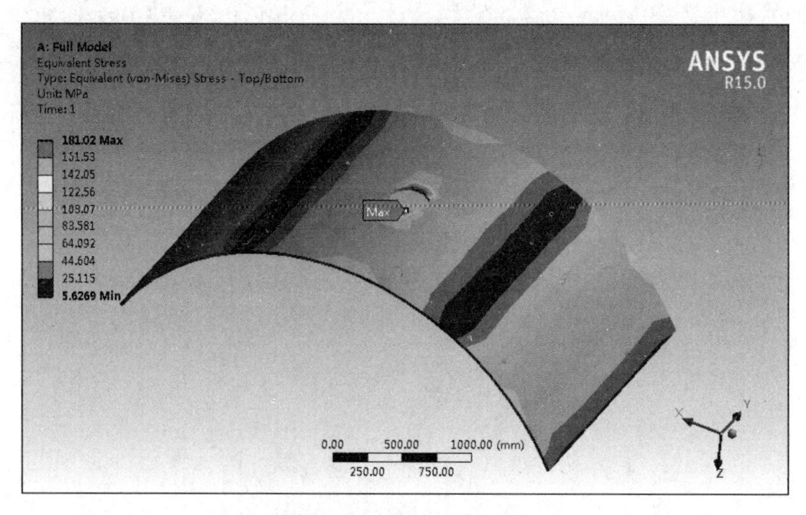

图 12-16　等效应力云图

12.2.5　子模型分析

完成子模型分析，按照如下步骤进行操作：

（1）选择 Sub Model 系统的 Geometry 单元格，通过右键菜单中的 Import Geometry 导入几何模型 Submodel.scdoc。

（2）双击 Model 单元格，进入 Mechanical Application 界面。

（3）在项目树中选中子模型的面体，检查并保证其厚度值已被正确导入。

（4）在结构树中选中 Mesh，然后在上下文工具栏中选择 Mesh Control>Sizing，在 Sizing 分支明细栏的 Geometry 中选择开孔的拱面，输入 Element Size 为 50mm，在 Mesh 分支的右键菜单中选择 Generate Mesh 生成网格，如图 12-17 所示。

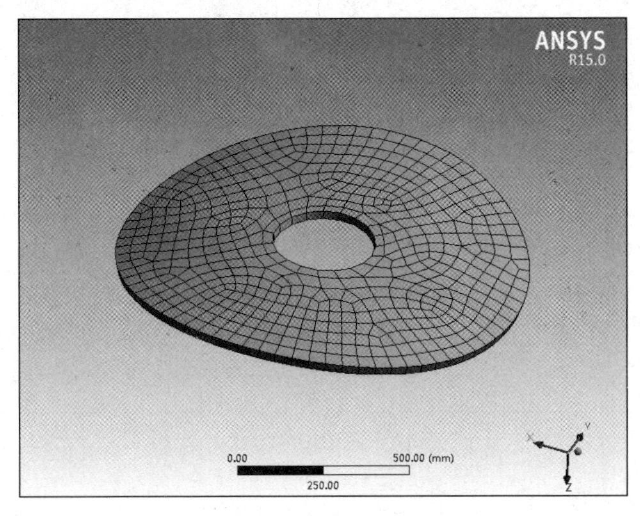

图 12-17　子模型的网格

（5）在结构树中选中 Static Structural（B5），在图形显示窗口中选中拱面，右击并选择 Insert>Pressure，在明细栏中将 Define By 改为 Components，输入 Z Component 的值为 0.2MPa。

（6）在结构树中选中 Static Structural（B5）>Submodeling（A6）>Imported Cut Boundary Constraint，在明细栏中的 Geometry 选择拱的外曲边，然后右击并选择 Import Load，导入插值边界条件，如图 12-18 所示。

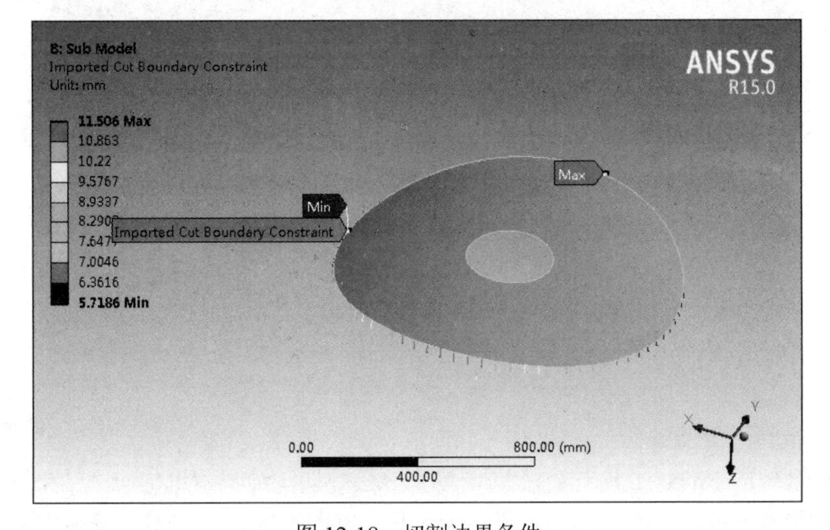

图 12-18　切割边界条件

（7）在项目树中右击 Solution（B6）并选择 Solve，执行求解。

（8）查看位移分布。

1）选中 Solution（B6）并右击，在弹出的快捷菜单中选择 Insert>Deformation>Total。

2）选中 Solution（B6）并右击，然后选择 Evaluate All Results，图形窗口中绘制出位移云图，如图 12-19 所示。

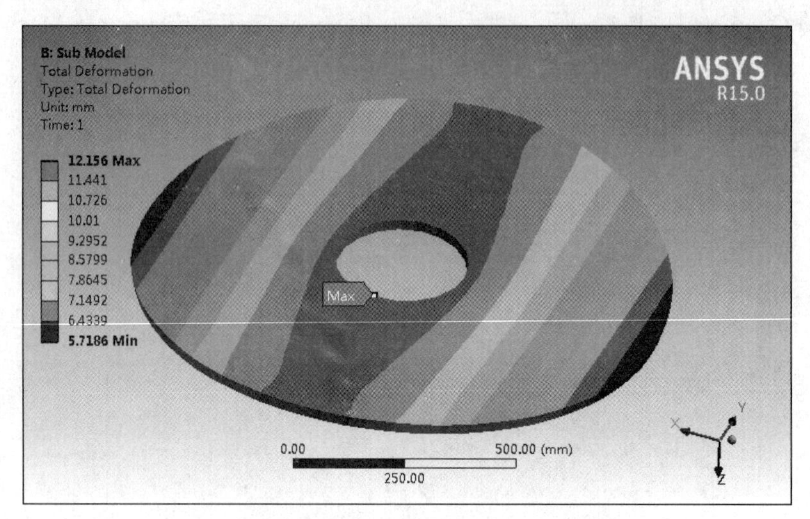

图 12-19　子结构的位移云图

（9）查看等效应力分布。

1）选中 Solution（B6）并右击，在弹出的快捷菜单中选择 Insert>Stress>Equivalent（Von-Mises）。

2）选中 Solution（B6）并右击，然后选择 Evaluate All Results，图形窗口中绘制出等效应力云图，如图 12-20 所示。

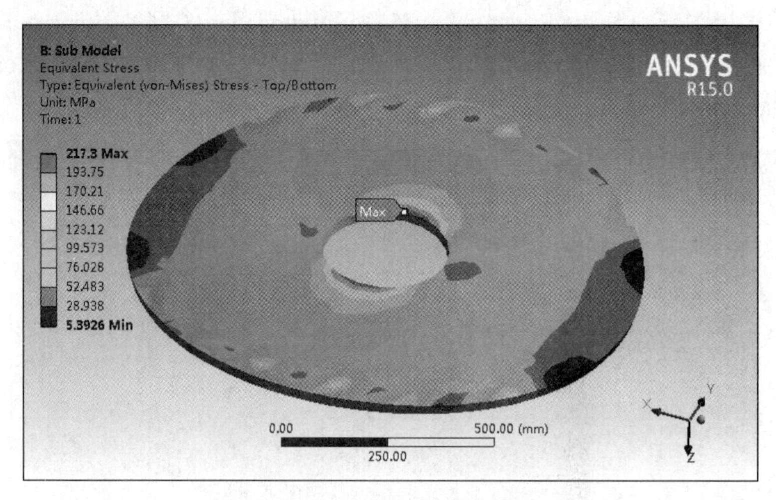

图 12-20　等效应力云图

（10）子模型结果验证。

利用后处理中的 Probe 工具对全模型/子模型分析中切割边界附近的应力结果进行比较，所拾取点的坐标基本一致，均位于切割边界处，这些位置的等效应力如图 12-21 和图 12-22 所示。

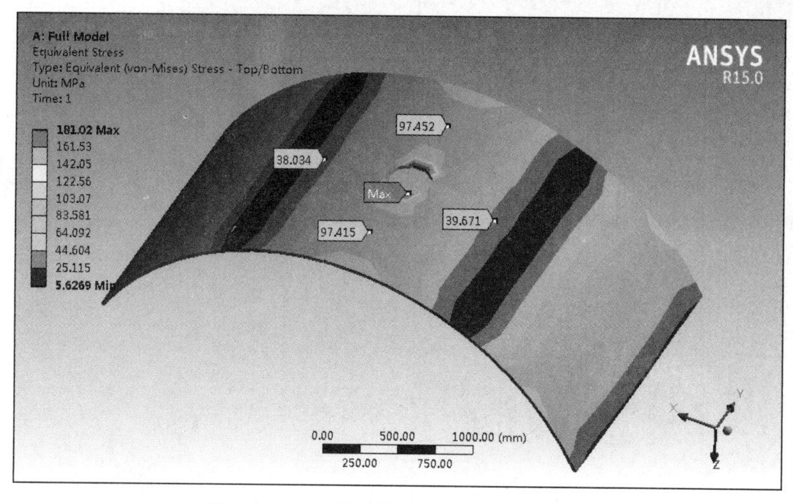

图 12-21 全模型切割边界处的应力值

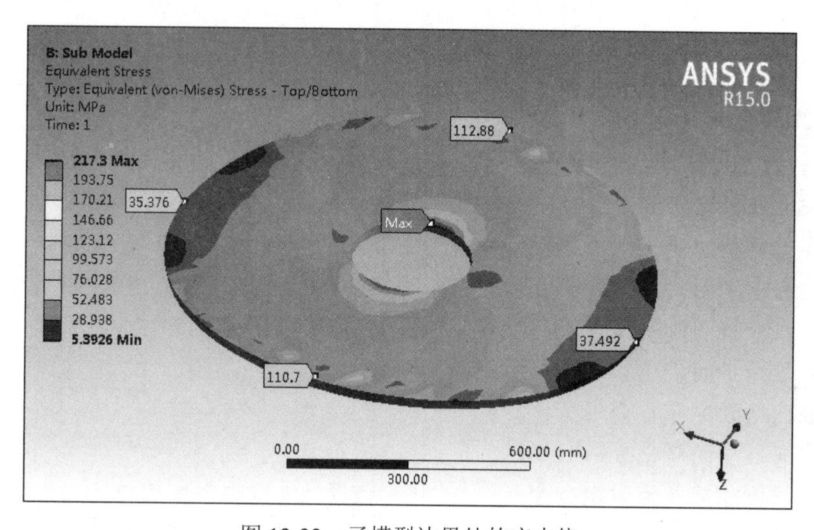

图 12-22 子模型边界处的应力值

可以看出，切割边界位置附近的应力相差不大，表明切割边界距离所关心的应力集中区域较远，切割边界选取合适，子模型分析结果可信。

13

结构非线性分析

本章导读

本章是ANSYS非线性分析的一个专题，系统归纳ANSYS的非线性分析选项，并对非线性分析的实施要点进行讲解。作为一种常见的非线性问题，介绍ANSYS接触分析的建模分析方法。针对各种类型的非线性问题，给出三个典型的分析实例。

本章包括如下主题：

- 非线性分析的选项设置
- 非线性分析的实施要点及注意事项
- 接触问题的建模与分析
- 油罐底效应的简化分析
- 网壳焊接球节点的弹塑性分析
- 插销装配及拔拉接触分析

13.1 ANSYS非线性分析的求解设置与实施要点

13.1.1 ANSYS非线性分析的求解设置

本节首先介绍ANSYS非线性分析的求解组织过程，然后介绍非线性分析的相关选项，最后介绍在Mechanical APDL和Mechanical Application中的设置界面。

1. ANSYS非线性问题的求解组织过程

在ANSYS求解器中，非线性求解过程的组织过程分为3个级别：载荷步、子步（增量步）、平衡迭代。最顶层的级别是一定“时间”范围内的若干个载荷步。对于静态分析，在载荷步内通常假定载荷是线性变化的。在每一个载荷步内，为了获得更高的求解精度，采用增量逐步加载的方式，即把载荷步分为一系列的增量步或时间步。在每一个增量步内，程序将进行一系列的平衡迭代以获得收敛的解。图 13-1 说明了一段用于非线性分析的典型的载荷－“时间”历程。

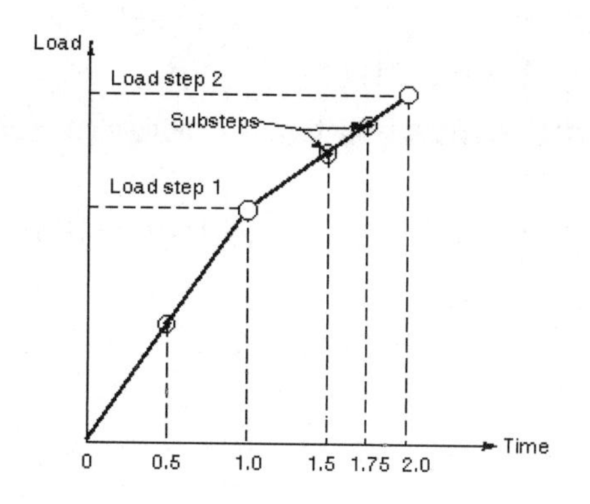

图 13-1　载荷步、子步和“时间”

图 13-1 中，整个载荷－“时间”历程分为两个载荷步，第一载荷步结束的“时间”为 1.0，此载荷步又分为两个子步，每一子步“时间”为 0.5。对于静力分析中的“时间”可以理解为加载的比例。在后续的载荷步 2 中，载荷由前一载荷步结束时的值渐变到最后的值。这一载荷步又分为 3 个子步，所经历的“时间”分别为 0.5、0.25 和 0.25，这样载荷步 2 结束点的“时间”为 2.0。对于非线性分析，每一个载荷子步都可以进行多次平衡迭代以取得收敛容差范围内的平衡解。在这里需要注意的是，静力分析的“时间”其实并没有实际的意义，但可用于表示加载的先后次序。

小的子步（增量步）通常可以使迭代过程更好地收敛，但计算花费的时间也会有所增加。计算中采用多少个增量步，需要综合考虑收敛性、计算精度和计算成本等因素。ANSYS 中可以有如下两种子步设置方案：

- 指定子步数或时间步长：可以通过指定实际的子步数或指定的时间步长来进行求解。
- 程序自动调整时间步长：采用使用自动时间分步，给定子步数或步长的上下限范围，程序将根据需要来调整时间步长，以便获得计算精度和计算成本之间的良好平衡。对于自动时间步，ANSYS 程序还提供了一种对收敛失败自动矫正步长的方法，即时间分步的二分法。如果在某一子步的平衡迭代收敛失败，二分法将把时间步长分成两半，然后从最后收敛的子步重启动分析，对于已经二分的时间步，如果再次收敛失败，程序将再次分割时间步长然后重启动，持续这一过程直到获得收敛解或者到达人为指定的最小时间步长。

2. ANSYS 非线性分析选项

众所周知，非线性问题求解最大的挑战在于能否在合理的时间内得到收敛的解答。ANSYS 程序将非线性过程划分为一系列增量步，每一增量步又实施多次平衡迭代，同时提供一系列非线性工具来提高收敛性。ANSYS Mechanical 提供了全面、自动和智能的非线性工具设置来帮助用户获得精确和有效的收敛解。对于一般的非线性问题，通过适当增加增量步和采用经过优化的自动求解控制选项，通常可以得到收敛解答。但对于复杂问题，如果收敛过程非常慢或发散的情形，可以通过 SOLCONTROL,OFF 命令关闭自动求解选项控制，手动设置相关的非线性工具选项以改善收敛性。下面来介绍与此对应的非线性设置选项。这些选项分为如下三大类，在此处以 ANSYS 命令的形式加以归纳和介绍：

（1）载荷步控制选项。

- NLGEOM 命令：用于打开大变形（几何非线性）开关。
- AUTOTS 命令：用于打开自动时间步。
- DELTIM 命令：用于设置增量步的步长（自动时间步关闭），或用于设置初始步长和步长范围（打开自动时间步）。
- NSUBST 命令：用于设置增量步数（自动时间步关闭），或用于设置初始增量步数和增量步数的范围（打开自动时间步）。
- KBC 命令：用于定义载荷步内载荷变化是渐变的还是突加的，突加是指在一个子步达到最终值。
- OUTRES 命令：用于定义输出到结果文件中的项目和间隔频率。

以上命令中，AUTOTS 与 DELTIM（或 NSUBST）需要结合使用。除上述所列的命令外，TIME 命令用于设置载荷步结束时间，对瞬态的非线性问题还需要设置阻尼。

（2）非线性迭代基本控制选项。

- EQSLV 命令：用于选择求解器类型，对一般问题推荐使用稀疏矩阵求解器。
- NROPT 命令：用于设置 N-R 迭代选项，可选择 Full、Modified、initial-stiffness、Full with unsymmetric matrix 等选项，对于有摩擦接触的问题可用此命令打开自适应下降。
- CNVTOL 命令：用于设置迭代收敛容差法则。注意结构分析中力（矩）的收敛法则是平衡的度量，必须指定；位移法则是相对的，不可仅以位移法则作为收敛的判据。Mechanical 程序提供了 3 种不同的收敛规范规则用于收敛核查：
  - 无穷范数：在计算模型中每一个自由度方向重复单自由度计算结果的核查来进行收敛检查。
  - L1 范数：通过核查所有自由度方向的不平衡力（力矩）的绝对值进行收敛检查。
  - L2 范数：通过核查所有自由度方向上的不平衡力（或力矩）的平方总和的平方根进行收敛检查。

  这里给出一个双收敛准则设置的命令，其意义是：如果用不平衡力（在每一个 DOF 处单独检查）小于或等于 5000×0.0005（也就是 2.5），且如果位移的改变（以平方和的平方根检查）小于或等于 10×0.001（也就是 0.01），子步将被认为达到收敛。

  ```
  CNVTOL,F,5000,0.005,0
  CNVTOL,U,10,0.001,2
  ```

- CUTCONTROL 命令：用于设置子步的二分法则。可以设置在一个增量步中塑性应变或位移增量的上限值，超出这些上限会导致当前增量求解失败，程序对增量步重新计算。
- NEQIT 命令：用于设置一个增量步的最大平衡迭代次数。
- LNSRCH 命令：用于打开线性搜索功能，如果模型中有刚度的突然增大，打开此选项会折减位移增量以改善收敛。
- PRED,ON 命令：用于打开预测器，此选项允许基于最后一个子步结果外推以得到下一子步第一次平衡迭代的解，适合于分析塑性等光滑非线性响应，大变形的几何非线性问题不适用。

（3）高级非线性选项。

- 弧长法选项。ARCLEN 命令用于激活弧长法并设置弧长法参数，ARCTRM 命令用于指定弧长法求解终止条件。
- 非线性稳定性选项。STABILIZE 命令用于打开非线性稳定选项以改善收敛性，NCNV 命令用于指定终止计算的条件。

3. Mechanical APDL 和 Mechanical Application 中的非线性选项设置界面

在 Mechanical APDL 中，上述大部分非线性选项设置可以集中在 Solution Controls 设置界面中进行，该界面通过菜单项 Main Menu>Solution>Analysis Type>Sol'n Controls 调用，如图 13-2 所示。

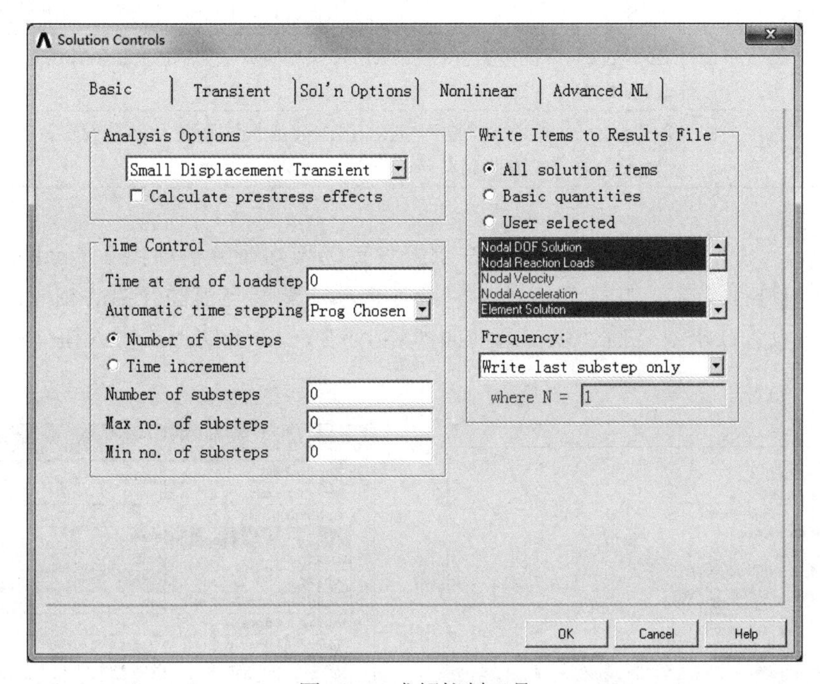

图 13-2　求解控制工具

此界面中的各标签分别对不同的求解选项进行设置。

- Basic 标签：载荷步选项设置，包括分析类型是大变形（Large Displacement）还是小变形（Small Displacement）、是静力分析（Static）还是瞬态动力分析（Tansient）、是否考虑应力刚度（Calculate prestress effects）、载荷步结束时间、自动时间步、子步或时间步设置、输出设置等。
- Transient 标签：包含瞬态效应开关、载荷变化选项、阻尼设置选项、时间积分算法和参数选项，仅在瞬态分析中可用。
- Sol'n Options 标签：方程求解器选择和重启动选项设置。
- Nonlinear 标签：非线性分析选项设置，包括线性搜索、预测器开关、最大平衡迭代次数、徐变选项、设置收敛法则、二分控制等。
- Advanced NL 标签：高级非线性选项设置，用于分析终止法则、设置弧长法及非线性稳定性选项。

表 13-1 列出了求解控制界面各标签与上面介绍的 ANSYS 求解设置命令之间的对应关系。

表 13-1　Mechanical APDL 求解设置标签对应的命令

求解设置界面的标签	相关命令
Basic 标签	ANTYPE（分析类型）、NLGEOM（几何非线性开关）、SSTIF（应力刚度开关）、TIME（载荷步结束时间）、AUTOTS（自动时间步）、NSUBST（开始子步数、最大以及最小子步数）或 DELTIM（开始时间步长、最小以及最大时间步长）、OUTRES（输出到结果文件的项目和频率）
Transient 标签	TIMINT（瞬态效应开关）、KBC（载荷渐变突变选项）、ALPHAD及BETAD（瑞利阻尼系数）、TRNOPT（瞬态分析方法选项）、TINTP（时域积分算法参数）
Sol'n Options 标签	EQSLV（方程求解器选择）、RESCONTROL（重启动文件输出设置）
Nonlinear 标签	LNSRCH（线性搜索开关）、PRED（预测器开关）、NEQIT, RATE, CUTCONTROL, CNVTOL
Advanced NL 标签	NCNV（求解终止法则）、ARCLEN（弧长法开关及参数设置）、ARCTRM（弧长法计算终止条件设置）

在 Mechanical Application 中，非线性求解设置选项均在分析环境下 Analysis Settings 分支的 Details 中进行设置，如图 13-3 所示。其各选项的意义与前面介绍的相同，这里不再重复介绍。这些设置在求解之前会以本节前面所述 ANSYS 命令的形式写入模型信息文件（dat 文件）中。

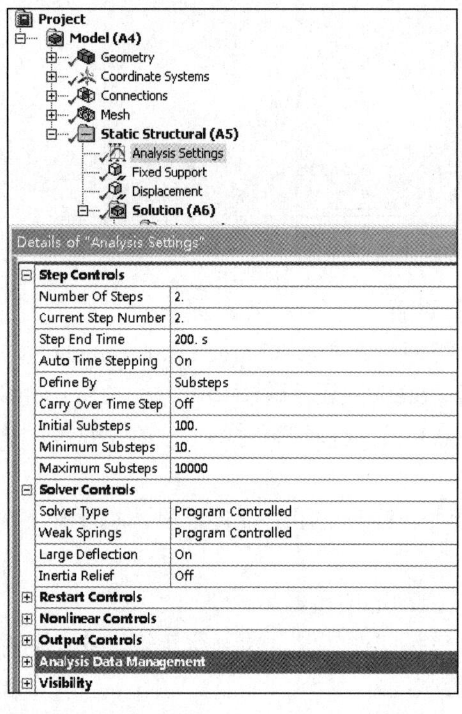

图 13-3　Analysis Settings

13.1.2　非线性分析的实施要点及注意事项

结构非线性问题（包括瞬态非线性问题）的处理流程与线性分析基本相同，也是由前处理、求解和后处理 3 个环节所组成。但是在实现过程中，必须注意非线性分析与线性分析的不同之处，正确设置相关的参数和选项。

1. 建立分析模型

非线性分析的建模与线性分析大体上相同。对于材料非线性问题，需要为非线性的材料模型指定符合材料实际情况的参数。如果模型中包含大应变效应，应力－应变数据必须依据真实应力和真实（或对数）应变表示，而不是工程应力和工程应变。

2. 选择分析类型

可选的分析类型主要是静力分析和瞬态分析，对这两种分析，需要指定是大变形还是小变形分析。

3. 加载

非线性问题的载荷类型和加载方式都与线性问题完全相同。需要注意的一点是，在大变形问题中，惯性力（加速度）和集中点载荷的作用方向会保持它们最初的方向，而面力的作用方向将跟随单元表面的法向而变化，如图 13-4 所示。

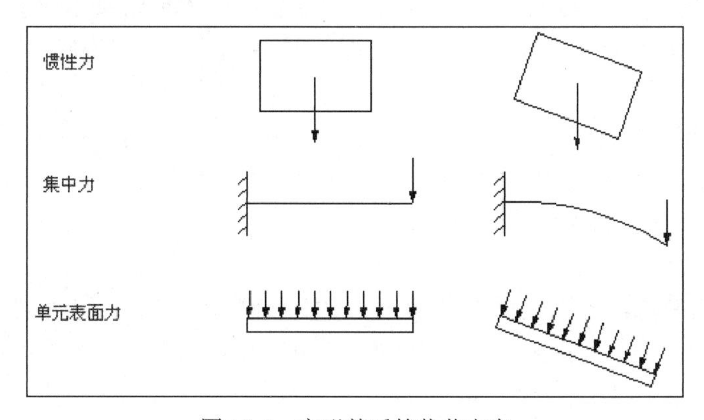

图 13-4　变形前后的载荷方向

4. 求解

在求解之前需要对前面介绍的相关求解选项进行设置，然后通过发出 SOLVE 命令求解当前载荷步，或通过 LSSOVLE 求解多个载荷步。求解过程中可以观察残差迭代曲线以判断收敛性，图 13-5 所示为 Mechanical Application 中显示的残差曲线。

除了残差曲线外，为了对求解过程进行监控，还可以通过/OUTPUT 命令将屏幕输出信息写入到文件中，以通过 MONITOR 命令选择将非线性分析过程中 3 个关注的变量值写入监控文件*.mntr 中。可以查看监控文件、输出文件或错误信息文件（*.err）的信息对非线性求解过程进行诊断，以便采取相应的措施。

对于非线性分析，可能在后续需要重启动。计算之前可以在 Mechanical APDL 中 Solution Controls 设置界面的 Sol'n Options 标签下设置 Restart Controls，或者在 Mechanical Application 中 Analysis Settings 下设置 Restart Controls，即重启动文件输出选项，对应命令为 RESCONTROL。

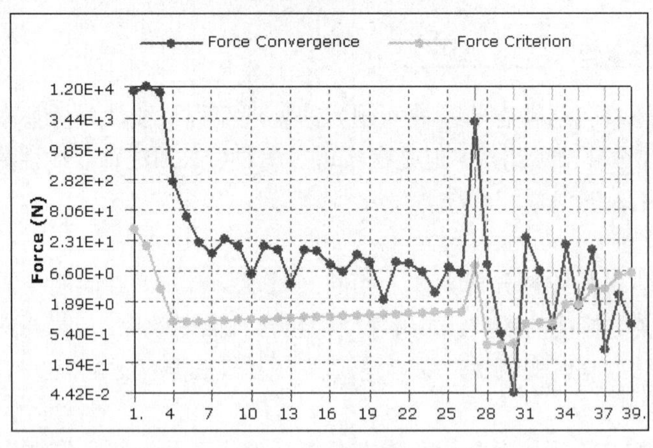

图 13-5　残差曲线

求解过程中，如果单击 STOP 按钮（Mechanical APDL）或 STOP Solution 按钮（Mechanical Application），或者在工作目录下形成一个 jobname.abt 文件，此文件第一行包含 nonlinear 字样，则求解过程将被中断。对于被用户终止的分析可由最后收敛的子步或指定子步重启动，重启动选项通过 ANTYPE 命令设置，其中 Status 域设置为 REST 表示重启动分析，LDSTEP 和 SUBSTEP 选择由哪一个 Load Step 及 Substep 开始重启动，Action 域选择重启动的方式，默认方式为 Continue，即由重启动点继续计算。设置了这些选项后，再次发出求解命令（SOLVE）即可开始重启动分析。

5. 结果后处理及分析

非线性问题的后处理方法与线性问题基本一致，但可以观察的分析结果项目更多，如塑性应力应变、徐变应变、接触结果、历程数据等，这些结果的显示和列表有助于帮助判断非线性分析是否正确。

在显示单步结果时，一次仅可以读取一个子步的计算结果。如果在要求结果的时间点没有输出结果，程序会通过相邻输出步的结果进行插值，这样后处理所查看到的结果数据就是有误差的，这在查看结果时要引起注意。

还需要注意的是，在大变形分析中不修正节点坐标系方向，因此计算出的位移是在最初的节点坐标方向上输出。

13.2 ANSYS 接触问题的建模与分析

13.2.1 接触分析概述

接触问题是常见的一类工程问题，弹性地基与地基梁及基础之间的作用、机械系统中齿轮面的啮合、硬度计与测量试件之间的作用等都是典型的接触问题。接触问题具有如下基本特征：

（1）接触区域的范围、接触物体的相互位置、接触的具体状态都是未知的，比如物体表面之间的接触分离状态可能是突然变化的，在事先无法得知；由于在加载过程中材料的变形，点接触可能会发展为面接触，这都体现出接触问题的复杂性。

在接触计算过程中，需要通过材料参数、载荷、边界条件等因素进行综合分析后才能判断或确定当前的接触状态。

（2）接触条件具有非线性特征，接触条件包括：①接触物体之间不可相互侵入；②接触界面间法向作用只能为压力；③切向接触的摩擦条件是路径相关的能量耗散行为。

接触界面特性的不可预知性和接触条件的非线性特点使得接触分析过程中必须经常进行接触界面的搜索和判断，这增加了问题的求解难度。接触过程的高度非线性需要研究比求解其他非线性问题更为有效的分析方案和方法。

ANSYS 中的接触问题分为两种基本类型：刚体和柔性体之间的接触问题、柔性体和柔性体之间的接触问题。在刚－柔接触中，接触面的一个或多个被当作刚体，该表面与它接触的变形体相比有大得多的刚度。一般情况下，一种软材料和一种硬材料接触时，问题可以被假定为刚体－柔性体的接触，许多金属成形问题归为此类接触。柔性体和柔性体之间的接触问题是更加带有普遍性的接触问题类型。在这种问题中，接触的物体都是可变形体。

ANSYS Mechanical 程序通过定义接触对来实现接触过程的分析。所谓接触对，是指可能发生接触的两个物体的表面，即目标面和接触面。

对于面－面接触问题，在 Mechanical 中分别用目标单元 Targe169 和 Targe170 来模拟 2-D 和 3-D 目标面，用接触单元 Conta171、Conta172、Conta173 和 Conta174 来模拟接触面。可以使用 Targe169 和 Conta171 或 Conta172 来形成 2-D 接触对，使用 Targe170 和 Conta173 或 Conta174 来定义 3-D 接触对。程序通过一个共享的实常数号来识别接触对，即目标单元和接触单元采用相同的实常数号。这些实参数包括了目标面和接触面（即发生接触的两个表面）的各种接触计算参数。

除了面－面接触外，Mechanical 还提供了基于 CONTA175 单元和 TARGE169（或 170）的节点－表面接触、基于 CONTA176 单元和 TARGE170 单元的线－线接触、基于 CONTA177 和 TARGE170 之间的线－面接触、基于 CONTA178 的节点－节点接触等接触类型。

对于上述各种接触类型，Mechanical 提供了一系列接触探测算法，这些算法包括罚函数法、Lagrange 乘子法、增强的 Lagrange 乘子法、法向 Lagrange 切向罚函数算法、MPC（多点约束）算法。其中，罚函数法是传统的算法，增强 Lagrange 法是默认方法。

13.2.2 Mechanical 接触分析方法

接触分析过程的关键环节是接触对和接触算法与参数的指定。创建接触对之前应先对可能发生接触的部位进行判断和识别。

Mechanical APDL 提供了一个接触管理器，其中包含接触向导及接触结果观察功能。通过接触向导可以方便地指定目标面、接触面和各种接触参数，自动形成接触对。通过 Main Menu>Modeling>Create>Contact pair 菜单项或通过命令输入框右边的第 3 个快捷按钮（如图 13-6 所示）打开接触管理器 Contact Manager，如图 13-7 所示。

图 13-6 Contact Manager 按钮

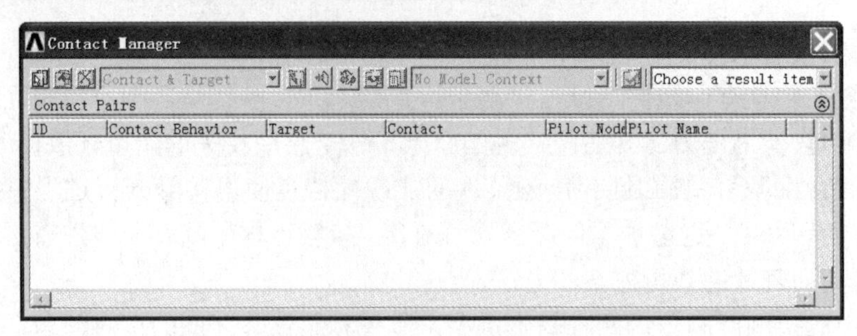

图 13-7　Contact Manager 对话框

在 Contact Manager 中，单击左起第一个按钮即可启动接触向导（Contact Wizard），按其提示依次指定目标面和接触面，如图 13-8 所示。

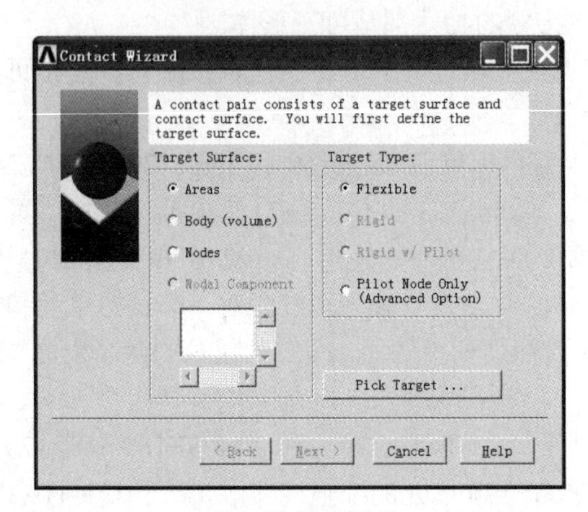

（a）选择目标面

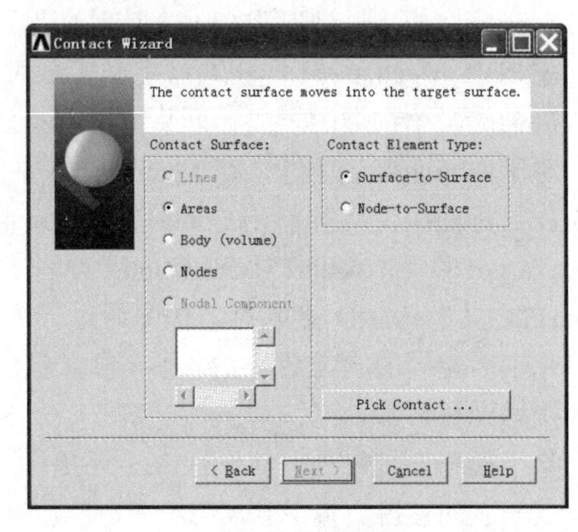

（b）选择接触面

图 13-8　接触向导的接触对指定

随后按提示输入接触属性及参数，指定是否创建对称接触、是否包含初始穿透及接触面的摩擦系数等。如果需要还可以对一系列可选高级接触属性进行设置，如图 13-9 所示。

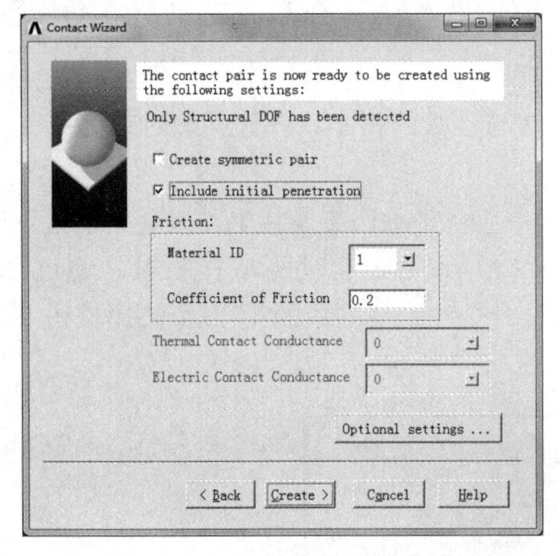

（a）接触参数设置

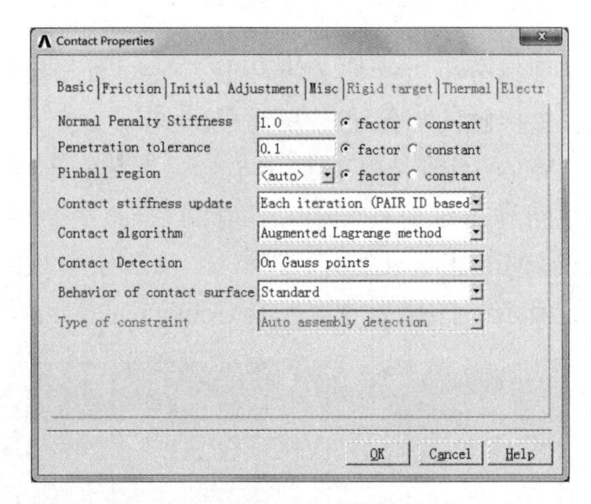

（b）高级接触属性设置

图 13-9　接触向导的参数设置

完成设置后，单击 Create 按钮完成接触对的定义，弹出如图 13-10 所示的信息提示框，告知接触已经被定义，还有接触单元和目标单元共用的实参数组号。此时，在图形显示区域形成接触单元和目标单元并加以显示。

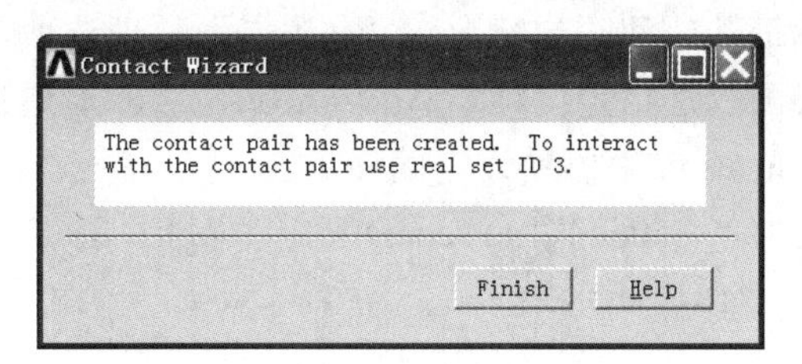

图 13-10　接触定义完成信息提示框

计算完成后，基于接触管理器 Contact Manager 可以进行接触状态及接触结果的查看，可以通过动画显示接触变形。

在 Workbench 的 Mechanical Application 中，可以自动探测并形成接触对，也可以手工定义接触对。在图形显示区域，可通过隐藏不相干的部件而仅显示发生接触的两个部件，用红色（接触面）、蓝色（目标面）高亮度显示接触对。接触对在项目树中位于 Connection 分支下，在每一个接触对的 Details 中可为其分别指定接触参数。可以通过 Pinball 选项以区分远场 open 和近场 open 接触状态。如图 13-11 所示就是一个接触对的 Pinball 范围。如果目标面上的某节点处于这个球内，就会认为它接近接触面，程序会重点监测它与接触探测点的关系，而在球体以外的目标面节点则不会被重点监测。

图 13-11　接触面及其 Pinball 范围

可以采用所谓的对称接触对，此时接触的两个面互为接触面和目标面。也可以采用不对称接触，接触面和目标面位于不同的部件上。非对称接触时，通常选择曲率小的面、网格较粗的面、刚度较大的面、低阶单元面或相对较大的面作为对称面。非对称接触的计算结果在接触面上直观显示。对称接触精度高，但计算量也大，接触压力等结果的意义不容易解释。此外还需要注意，在 Mechanical Application 中，面一边接触问题会自动采用非对称接触，通常边被指定为 Contact 而面被指定为 Target。自动探测接触对时，需要设置探测优先权选项 Priority，设置为 Face Onerrides 则探测不到面－边接触和边－边接触，设置为 Edge Overrides 则会探测不到面－面接触。

对于接触界面有初始干涉或间隙的情况，可利用界面处理选项（Interface Treatment）将接触面进行偏移。偏移方式可以是指定偏移量 Add Offset，实际上更为常用的方式是 Ajusted to touch，让 Mechanical Application 来自动设定偏移量。

在接触行为方面，提供了 bonded、no separation、rough、frictionless、frictional 五种类型，其在切向和法向的行为如表 13-2 所示。

表 13-2 法向和切向的接触行为

接触类型	法向行为	切向行为
bonded	绑定	绑定
no separation	不分离	可以小范围滑动
rough	可张开或闭合	不可以滑动
frictionless	可以分离或接触	允许滑动且无摩擦
frictional	可以分离或接触	允许有摩擦地滑动

计算完成后，基于 Contact Tool 可以观察相关的接触结果，如接触状态、接触面的压力、接触滑动距离、接触穿透量等。可以在 Worksheet 视图中选择全部或部分接触对进行后处理操作。

13.3 非线性分析例题

13.3.1 油罐底效应的简化分析

在长期恒载作用下或在搬运过程中，油罐的底部经常出现突然从一侧鼓向另一侧的现象，这一现象被称为油罐效应。类似的现象在电灯开关等产品的制造中得到应用。

油罐底效应问题是一个很经典的大变形问题（几何非线性问题），本节将采用两杆桁架模型对这一现象进行简化的分析，分析所采用的模型如图 13-12 所示。

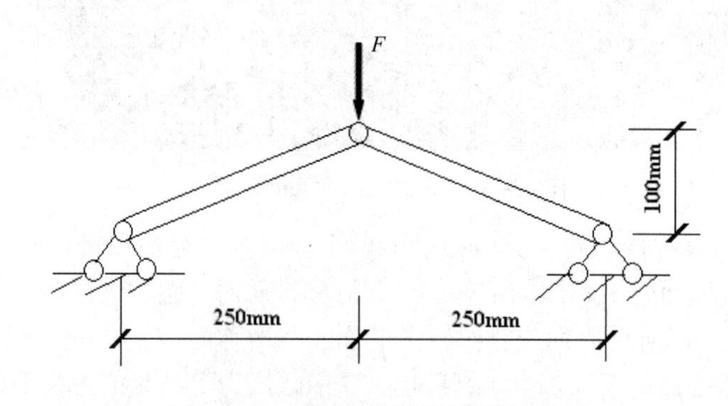

图 13-12 油罐效应的简化分析模型

已知条件为：两杆件的材料弹性模量为 2.07e11Pa，泊松比为 0.3，杆件横截面积为 $1cm^2$，其他的相关几何参数已经标在图中。

本例题通过 APDL 命令流来建模和分析，求解阶段采用了位移控制方法和弧长法两种方法分别进行了计算。建模部分的命令流如下：

```
/PREP7                          !进入前处理器
ET,1,LINK180                    !定义单元类型 n
sectype,1,link
secdata,0.0001                  !定义单元横截面
MP,EX,1,2.07e11                 !指定弹性模量
MP,PRXY,1,0.3                   !指定泊松比
N,1,0.0,0.0,0.0                 !定义模型的节点
N,2,0.25,0.10,0.0
N,3,0.5,0.0,0.0
E,1,2                           !建立节点 1 和 2 之间的杆件
E,2,3                           !建立节点 2 和 3 之间的杆件
D,1,ALL                         !约束节点 1 的全部位移
D,2,uz                          !约束节点 2 的出平面位移
D,3,ALL                         !约束节点 3 的全部位移
/ESHAPE,1                       !显示单元的实际形状
EPLOT                           !绘制单元
FINISH                          !退出前处理器
```

采用位移控制法计算，对中间的节点施加向下的强迫位移-0.2（如图 13-13 所示），通过下列命令流计算，得到反力位移关系曲线，如图 13-14 所示：

```
/SOLU                           !进入求解器
D,2,UY ,-0.2                    !在节点 2 上施加位移负载
ANTYPE,0                        !指定分析类型为静力分析
NLGEOM,1                        !打开大变形选项
NSUBST,200                      !指定子步数为 100
OUTRES,ALL,ALL                  !指定结果文件包含所有子步的结果
TIME,1                          !定义载荷步结束的时间为 1
SOLVE                           !求解
FINISH                          !退出求解器

/POST26                         !进入时间历程后处理器
NSOL,2,2,U,Y,DISPLACEMENT       !定义位移变量
RFORCE,3,1,F,Y,F                !定义反力变量
/AXLAB,X,DISPLACEMENT           !定义曲线横坐标标题
/AXLAB,Y, F                     !定义曲线纵坐标标题
XVAR,2                          !指定变量 2 作为横轴（X）变量
PLVAR,3                         !绘制变量 3 关于变量 2 变化的曲线
FINISH                          !退出时间历程后处理器
```

沿着横坐标轴反方向看，开始阶段随着位移绝对值的增加支反力也在逐渐增加，平衡状态是稳定的。但是，当位移的绝对值达到某一值以后（按照解析解应当是模型中间节点 Y 坐标的一半），不需要施加任何力位移就可以继续增加，表现为随着位移的增加支反力反而减小，直至结构变形到达初始位置的对称位置。之后，如果位移继续增加，力也将随之增加，平衡状态又成为稳定的。

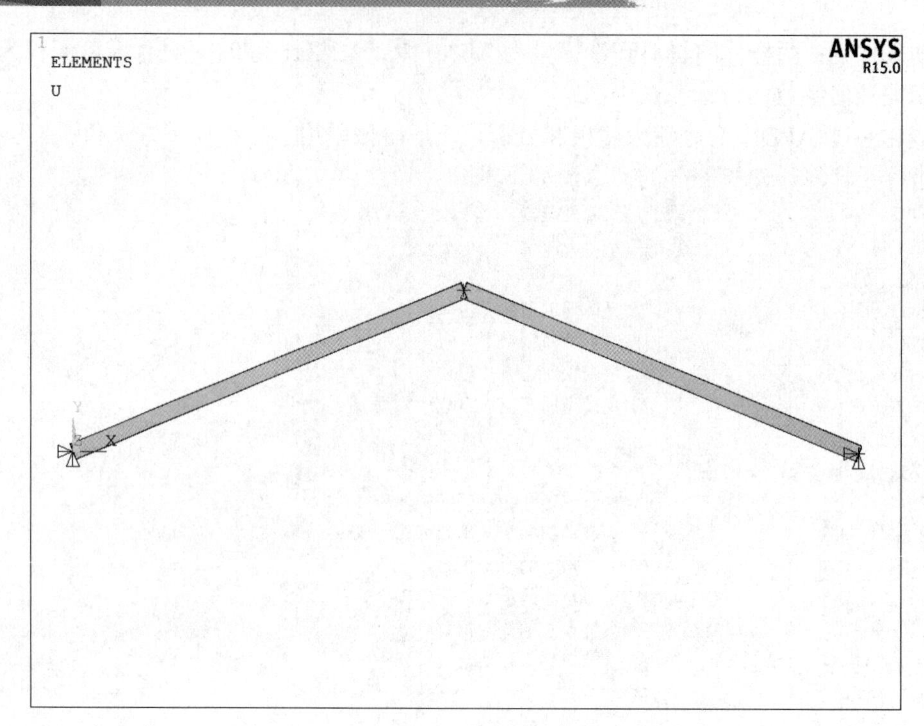

图 13-13　施加约束的模型

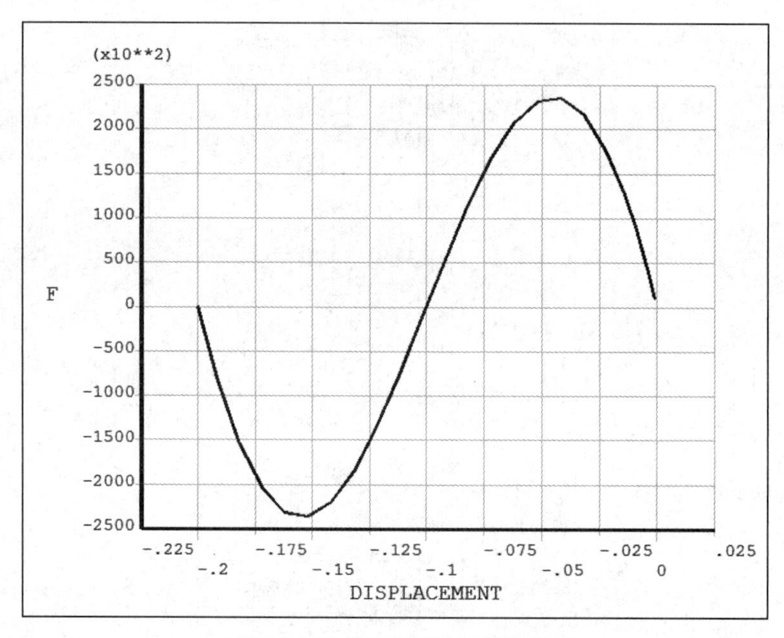

图 13-14　位移控制法计算曲线

注意：以上问题是一个纯粹的几何非线性问题，在整个的结构变形过程中，尽管结构的位形发生了很大的变化，但是杆件的应力和应变之间一直保持着线性关系（正比例关系）。

作为一种对比，下面采用力加载的方式并通过弧长法进行计算。中间节点位移加载代之以力加载，施加 Y 向载荷约为 500000N，计算和后处理命令流如下：

```
/SOLU                         !进入求解器
F,2,Fy,-500000
ANTYPE,0                      !指定分析类型为静力分析
NLGEOM,1                      !打开大变形选项
NSUBST,200,
ARCLEN,ON
OUTRES,ALL,ALL                !指定结果文件包含所有子步的结果
TIME,1                        !定义载荷步结束的时间为 1
SOLVE                         !求解
FINISH                        !退出求解器
/POST26                       !进入时间历程后处理器
NSOL,2,2,U,Y,DISPLACEMENT     !定义位移变量
RFORCE,3,1,F,Y,F              !定义反力变量
/AXLAB,X,DISPLACEMENT         !定义曲线横坐标标题
/AXLAB,Y, F                   !定义曲线纵坐标标题
XVAR,2                        !指定变量 2 作为横轴（X）变量
PLVAR,3                       !绘制变量 3 关于变量 2 变化的曲线
FINISH                        !退出时间历程后处理器
```

计算完成后，得到如图 13-15 所示的反力位移关系曲线，与之前位移控制法的结果完全一致。

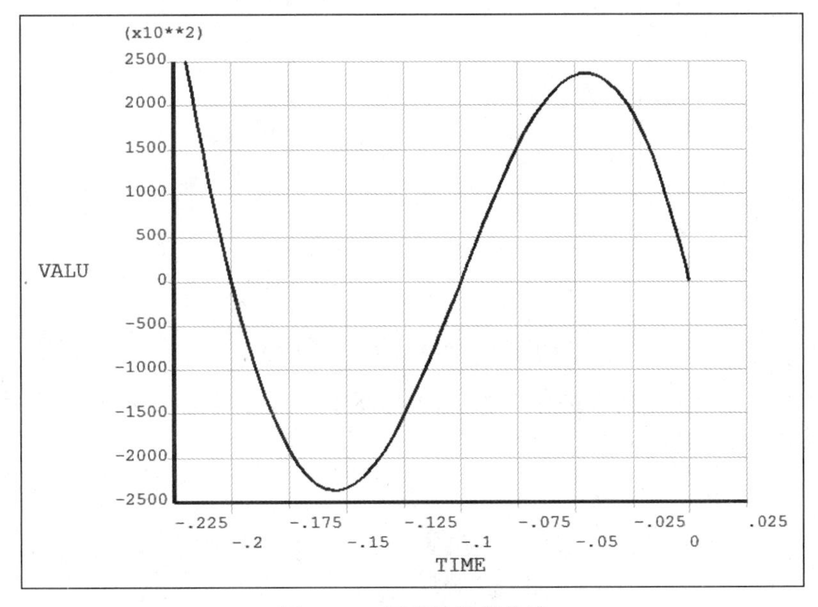

图 13-15　弧长法计算曲线

13.3.2　网壳焊接球节点的弹塑性受力分析

本节给出一个结构塑性分析的例题。

1．问题描述

如图 13-16 所示，网壳结构的一个焊接空心球节点连接 6 个钢管，各钢管中心线过球心，位于同一平面内且夹角为 60°。空心球的内半径为 470mm，外半径为 500mm；钢管内半径为 120mm，外半径为 150mm；钢管管口距离球心 1200mm；各钢管横截面承受轴向压应力为 100MPa。

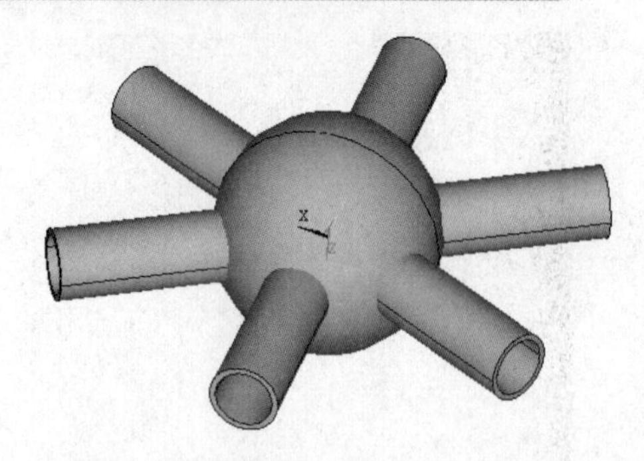

图 13-16　钢结构球节点模型示意图

材料为 Q345 钢，弹性模量为 200GPa，屈服点为 345MPa，屈服后的硬化模量为初始弹性模量的 1/100，采用双线性随动强化模型，材料弹塑性应力—应变关系曲线如图 13-17 所示。

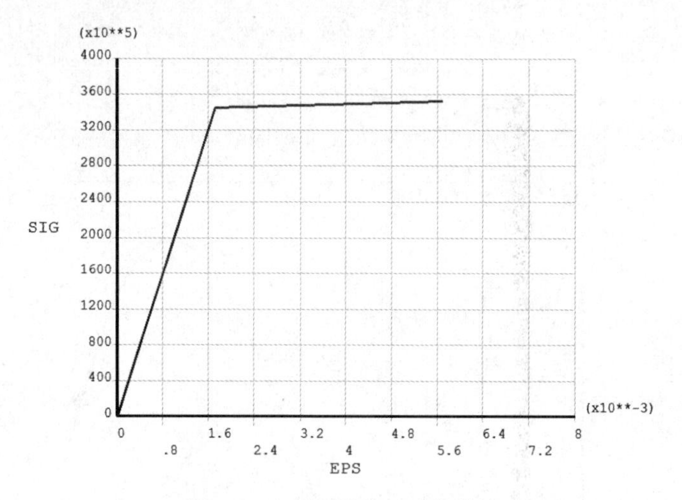

图 13-17　材料应力—应变曲线

考虑对称性，选取钢结构焊接空心球节点的 1/8 部分进行建模，图 13-18 所示为要创建完成的钢结构球节点 1/8 几何模型。

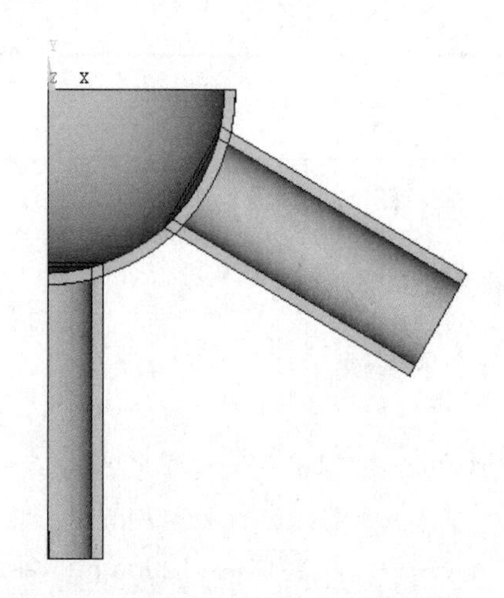

图 13-18　钢结构球节点 1/8 几何模型

2. 建模与分析

建模与分析过程采用 kg-N-m 单位，按照如下步骤进行操作：

（1）建立分析模型。

首先建立几何模型，然后采用 SOLID186 和 SOLID187 组成混合网格有限元模型，建模过程命令流如下：

```
/FILNAME,Joint
/TITLE,Steel Joint
/prep7
!定义单元类型
ET,1,solid186
!定义材料
MP,EX,1,0.2000000E+12
MP,PRXY,1,0.3000000E+00
MP,DENS,1,0.7800000E+04
MP,DENS,1,0.7800000E+04
TB,BKIN,1                              !定义弹塑性材料参数
TBDATA,,345e6,2e9
!创建钢管 1
wprot,0,90                             !旋转工作平面
CYLIND,0.150,0.120,0,1.200,270,360,
!创建钢管 2
wprot,0,0,60
CYLIND,0.150,0.120,0,1.200,180,360,
WPSTYL,DEFA                            !将工作平面恢复到默认状态
!创建球节点
SPHERE,0.500,0.470,270,360,
VSBW,3                                 !体切分
vdele,5,,,1                            !删除体
!进行 OVERLAP 布尔操作
VOVLAP,all
vdele,14,,,1
vdele,10,,,1
vdele,5,,,1
vdele,7,,,1
vdele,13,,,1
!映射网格划分
LESIZE,92,,,3                          !指定线段等分数
LESIZE,71,,,20
LESIZE,18,,,2
LESIZE,19,,,30
LESIZE,87,,,3
LESIZE,64,,,20
LESIZE,6,,,2
LESIZE,7,,,15
MSHAPE,0,3D                            !选择 3D 六面体网格
MSHKEY,1                               !选择映射网格
vmesh,8                                !进行网格划分
vmesh,9
vmesh,12
```

```
vmesh,11
!自由网格划分
MSHAPE,1,3D                    !选择 3D 四面体网格
MSHKEY,0                       !选择自由网格
ESIZE,0.01,0,                  !选定单元尺寸
VMESH,3
VMESH,6
VMESH,15
TCHG,186,187,0                 !转换退化单元为真实四面体单元
finish
```

执行上述命令流的过程中，一些中间步骤的几何模型如图 13-19 所示。

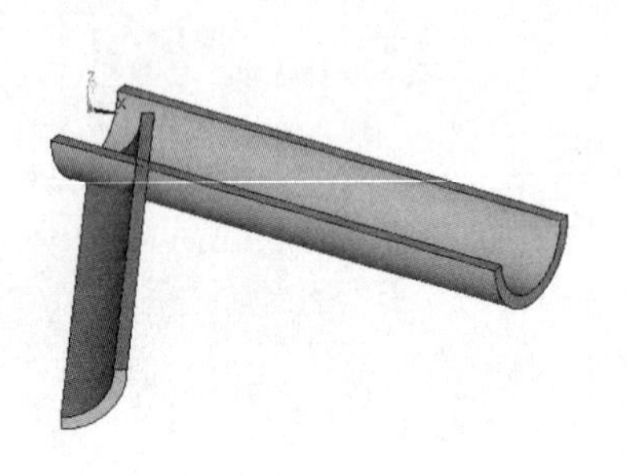

（a）钢管 1 和钢管 2 圆柱体

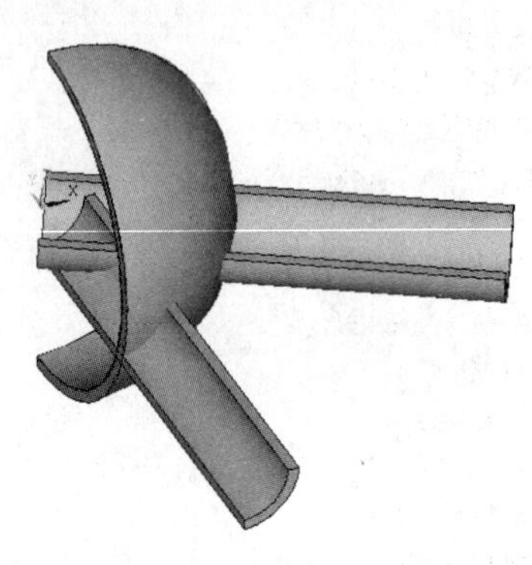

（b）1/4 球壳及钢管圆柱体

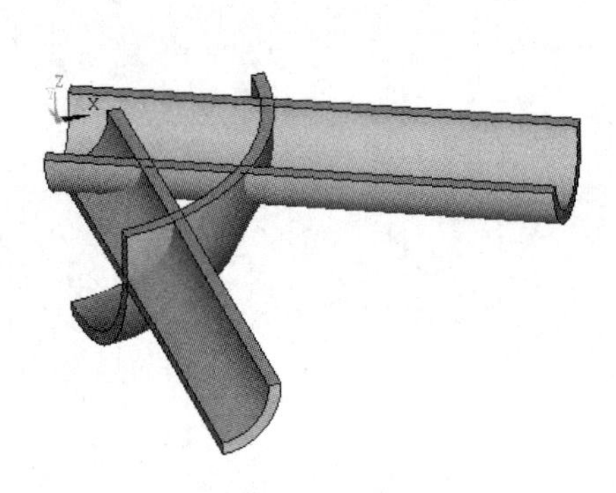

（c）1/8 球体及钢管圆柱体

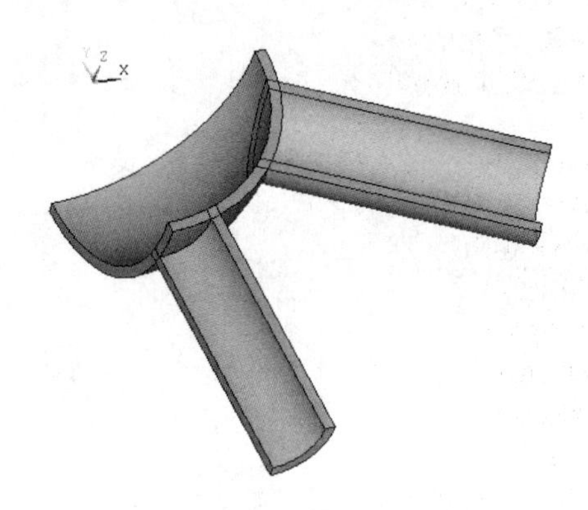

（d）钢结构节点 1/8 几何模型

图 13-19　几何建模过程

划分网格过程的一些关键中间步骤结果如图 13-20 所示。

（2）施加约束及载荷。

施加对称面的对称约束和钢管截面的法向压力，操作命令流如下：

```
/SOL
DA,20,SYMM                     !施加对称面约束
DA,69,SYMM
DA,70,SYMM
DA,59,SYMM
DA,16,SYMM
```

```
DA,58,SYMM
DA,71,SYMM
DA,55,SYMM
DA,30,SYMM
DA,29,SYMM
DA,54,SYMM
DA,69,SYMM
DA,41,SYMM
DA,39,SYMM
DA,46,SYMM
DA,44,SYMM
SFA,2,1,PRES,1e8                    !施加载荷
SFA,8,1,PRES,1e8
```

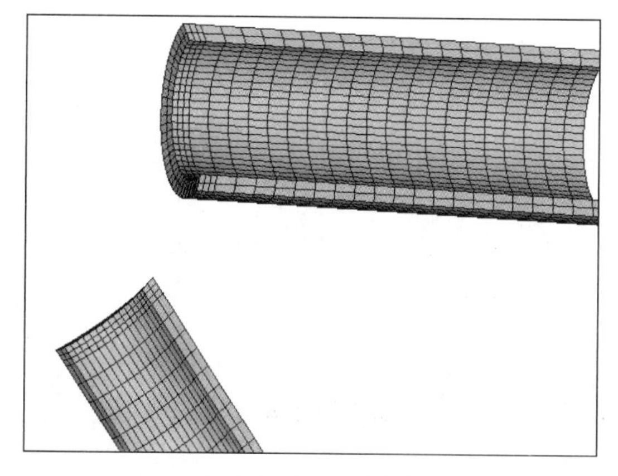

（a）SOLID186 映射网格

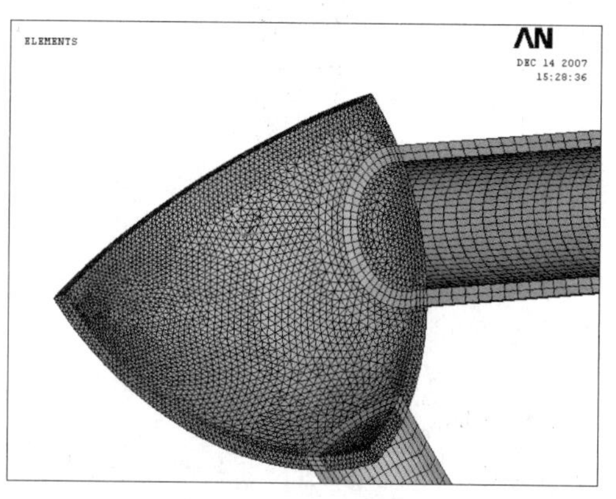

（b）SOLID186 自由网格

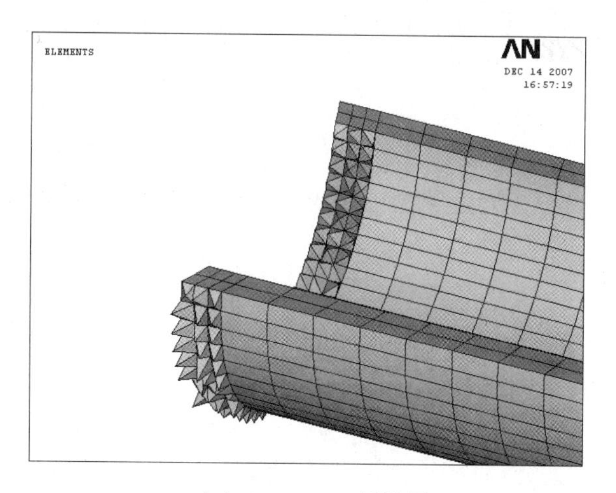

（c）SOLID186 过渡层

图 13-20　网格划分关键步骤图形显示结果

施加载荷及边界条件后的模型如图 13-21 所示。

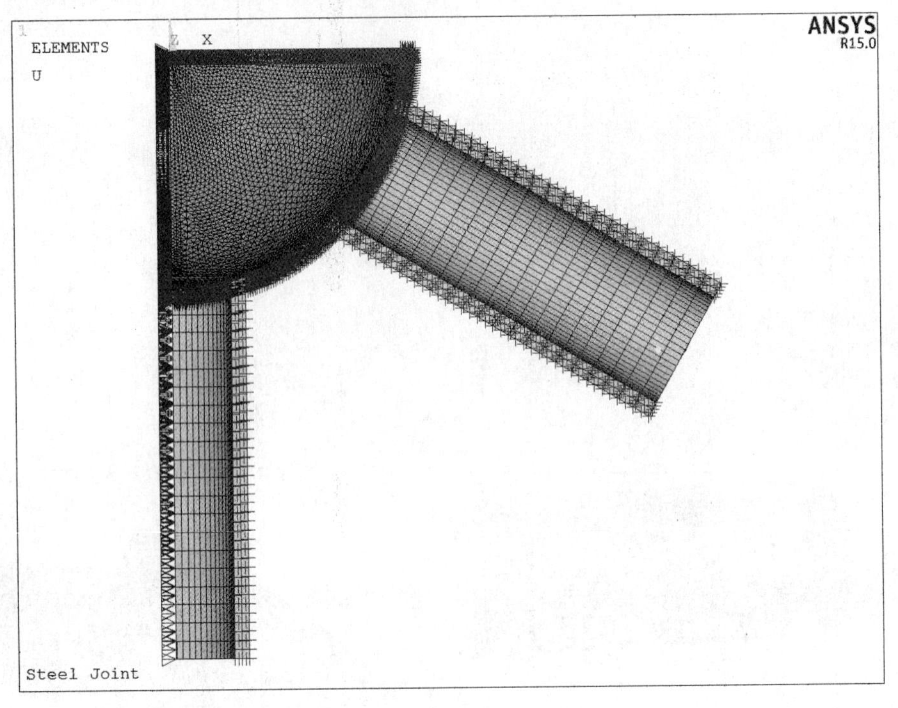

图 13-21　施加载荷及约束的模型

（3）分析选项设置及求解。

此问题属于塑性分析，打开自动时间步以及预测器，具体设置及求解命令流如下：

```
time,1                        !定义载荷步结束的时间
AUTOTS,ON
DELTIM,0.1,0.05,0.25          !定义载荷子步长
outres,all,all                !指定每个子步输出结果
PRED,ON
Solve
Finish
```

3. 结果后处理

求解结束后，基于 Mechanical APDL 的通用后处理器进行结果查看。按照如下步骤进行操作：

（1）进入通用后处理器并读入结果，操作命令如下：

```
/POST1
SET,LAST
```

（2）观察变形情况。

```
PLDISP,1
```

发出上述命令后，观察结构变形前后的形状比较，如图 13-22 所示。

（3）观察等效应力。

```
PLNSOL,S,EQV
```

发出上述命令，得到等效应力分布情况，如图 13-23 所示。

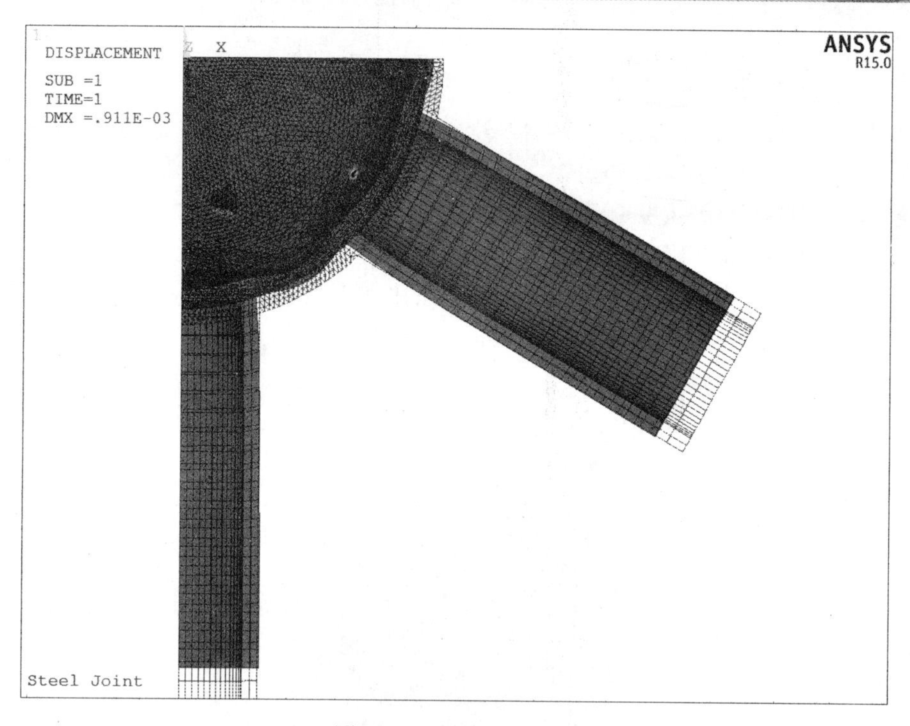

图 13-22　结构变形形状

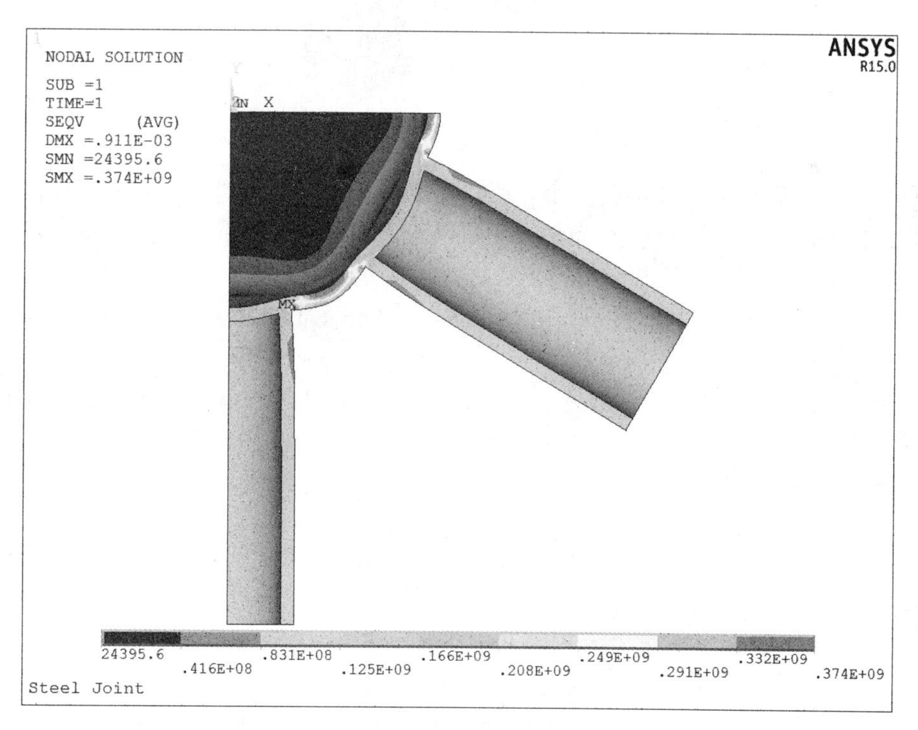

图 13-23　等效应力分布

由等效应力云图可以看到，沿壁厚方向较大范围节点等效应力已经达到或超出屈服点（345 N/mm^2），塑性区域沿壁厚由球内侧向外侧扩展。

13.3.3 插销装配及拨拉接触分析

本节给出一个接触分析例题，采用 ANSYS Workbench 分析环境进行建模和计算分析。

如图 13-24 所示插销装配在插座中，相关几何参数如下：

插销：半径 r1=0.5in，长度 L1=2.5in。

插座：宽度 W=4in，高度 H=4in，厚度=1 in，插孔半径 r2=0.49 in。

插销和插座材料：杨氏模量 E=3.6e7psi，泊松比=0.3。

要求分析插销拨拉 1.2in 过程中插销和插座体内的接触受力状态。

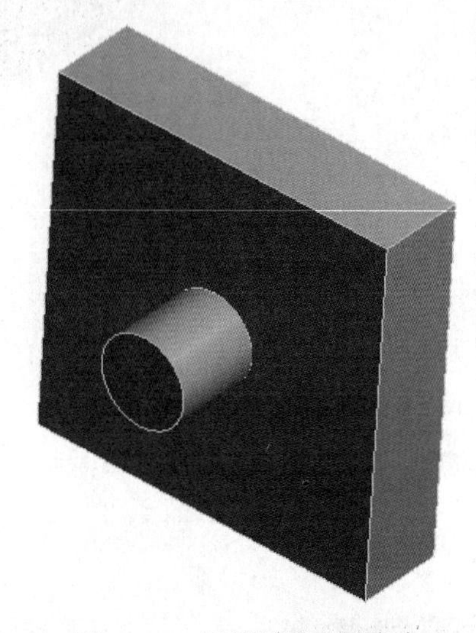

图 13-24 插销装配在插座中

由于插孔的半径比插销的半径要小，所以在插销装配到插座时，插销和插座内都会产生装配应力。要分析拨拉过程的应力，首先要得到装配应力的分布，所以本题分两个载荷步求解。第 1 个载荷步计算预应力，第 2 个载荷步计算拨拉过程的应力分布。

在 ANSYS DM 中建立几何模型，在 Mechanical Application 中进行设置和分析。

1. 创建分析流程

启动 Workbench，在 Workbench 窗口左侧的工具箱中双击 Static Structure，在项目图解窗口中生成一个新的静态结构分析系统 Static Structural，如图 13-25 所示。选择单位制为 inch。单击菜单项 File>Save，设定合适的路径，输入 Contact 作为名称，保存分析项目。

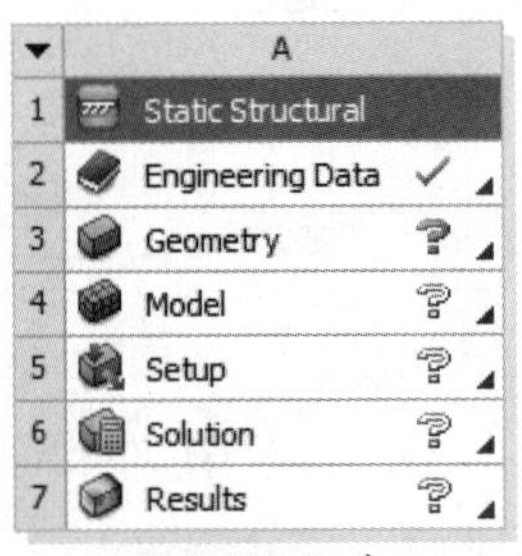

图 13-25 静态分析系统

2. 指定材料及参数

（1）在项目图解中双击 A2 Engineering Data 单元格，进入 Engineering Data 界面。

（2）在 Outline of Schematic A2:Engineering Data 表格最下方输入 New_Material 作为新材料名称。

（3）在 Engineering Data 左侧的工具箱中展开 Linear Elastic，双击 Isotropic Elasticity 将其添加至 New_Material 的材料属性列表中。

（4）输入 Young's Modulus 的值为 36e6psi，Poisson's Ratio 为 0.3。

（5）关闭 Engineering Data 窗口，返回 Workbench 界面。

3. 创建几何模型

（1）双击 A3 Geometry 单元格，启动 ANSYS DM。

（2）建立插座模型。

1）选择 XYPlane，切换至 sketch 模式。

2）选择 Draw→Circle，以坐标轴原点为圆心绘制一个圆。

3）选择 Draw→Rectangle，绘制一个比圆大一些的矩形。

4）选择 Constraints→Symmetry，按照镜像轴、镜像对象的选择顺序建立矩形 4 条边关于坐标轴的对称关系。

5）选择 Dimensions→General，分别标注圆的直径和矩形的边长，并在明细栏中将圆直径定义为 0.98in，矩形边长均为 4in，如图 13-26 所示。

6）在工具栏中选择 Extrude 拉伸工具，在明细栏中输入拉伸深度 FD1，Depth（>1）为 1in，生成的插座模型如图 13-27 所示。

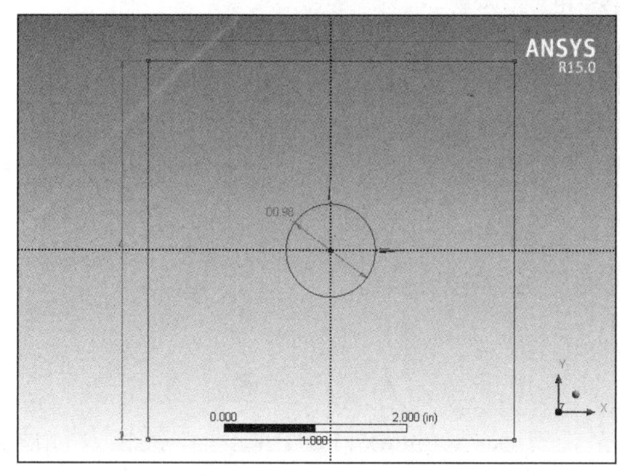

图 13-26　插座草图

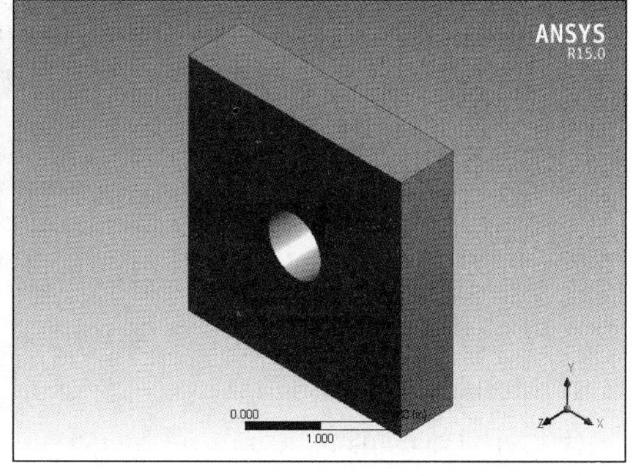

图 13-27　插座模型

（3）建立插销模型。

1）选中 XYPlane，然后单击图标基于 XYPlane 建立一个新的平面，在新平面的明细栏中将 Transform 1（RMB）改成 Offset Z，输入 FD1，Value 1 为-0.5in，单击 Generate 按钮，平移新建立的平面，其位置如图 13-28 和图 13-29 所示。

2）在结构树中选中上一步创建的 Plane3，切换到草图绘制。

3）选择 Draw→Circle，以坐标轴原点为圆心绘制一个圆。

4）选择 Dimensions→General，标注圆的直径，并在明细栏中将圆直径定义为 1.00in。

Details of Plane3	
Plane	Plane3
Sketches	1
Type	From Plane
Base Plane	XYPlane
Transform 1 (RMB)	Offset Z
FD1, Value 1	-0.5 in
Transform 2 (RMB)	None

图 13-28　参考平面明细设置

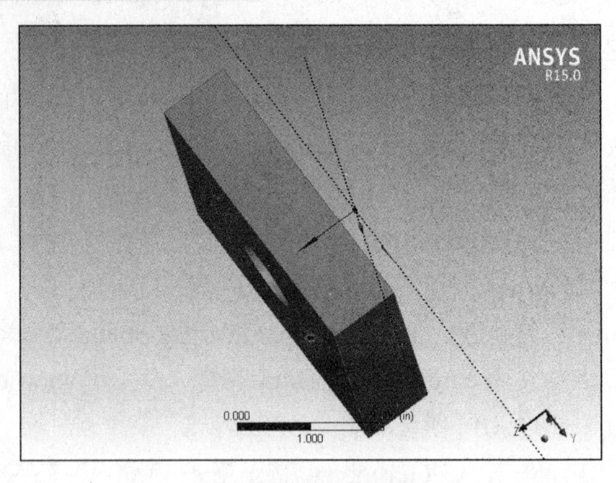

图 13-29　参考平面

5）在工具栏中选择 Extrude 拉伸工具，在明细栏中将 Operation 改为 Add Frozen，输入拉伸深度 FD1，Depth（>1）为 2.5in，生成的插销模型如图 13-30 所示。

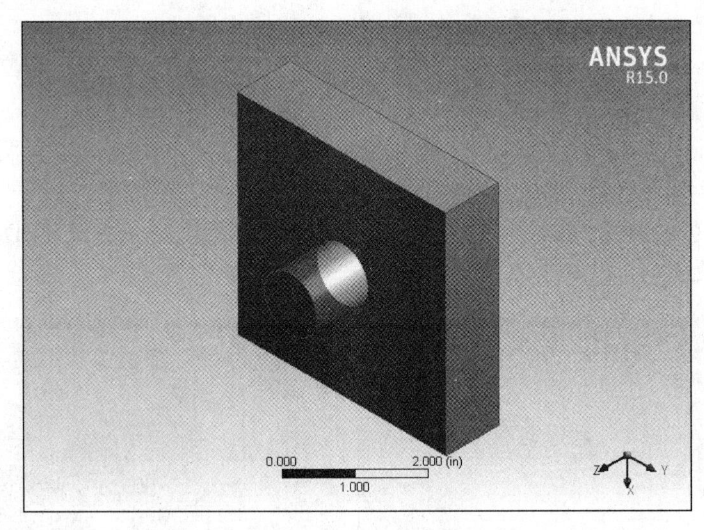

图 13-30　插销及插座模型

（4）建模完成，关闭 DM，返回 Workbench 界面。

4. Mechanical 的材料设置

在 Project Schematic 中双击 A4 Model 单元格，进入 Mechanical 应用程序，插销及插座模型被导入。在 Mechanical 中选择项目树的 Geometry 分支，对于其中的两个部件在其明细栏中设置 Material Assignment 为 New_Material。

5. 手动创建接触对

（1）选择项目树的 Connections 分支，删除程序自动创建的接触对（如果存在接触对）。

（2）右击 Connections 并选择 Insert>Manual Contact Region。

（3）在新增的 Contact 分支明细栏中选择插销圆柱面作为 Contact，插孔面作为 Target，将接触类型改为 Frictional，输入摩擦系数 Friction Coefficient 为 0.2，将接触行为 Behavior 改为 Asymmetric，将接触算法 Formulation 改为 Augmented Lagrange，将法向刚度 Normal Stiffness 改为 Manual，输入 Normal Stiffness Factor 为 0.1。接触设置及创建的接触对如图 13-31 所示，

其中红色表示接触面，蓝色表示目标面。

Details of "Frictional - Solid To Solid"	
Contact	1 Face
Target	1 Face
Contact Bodies	Solid
Target Bodies	Solid
Definition	
Type	Frictional
Friction Coefficient	0.2
Scope Mode	Automatic
Behavior	Asymmetric
Trim Contact	Program Controlled
Trim Tolerance	1. mm
Suppressed	No
Advanced	
Formulation	Augmented Lagrange
Detection Method	Program Controlled
Penetration Tolerance	Program Controlled
Elastic Slip Tolerance	Program Controlled
Normal Stiffness	Manual
Normal Stiffness Factor	0.1

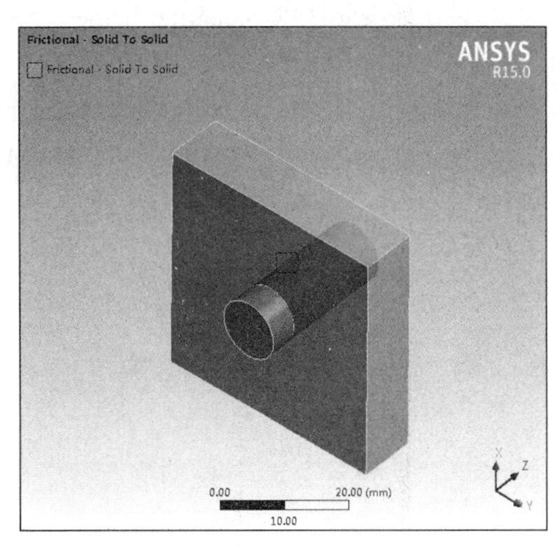

图 13-31　接触设置及接触对

6. 网格划分

（1）在项目树中选择 Mesh 分支，在右键菜单中选择加入 Mesh Control>Sizing，选择插座沿厚度方向的边，对其施加尺寸控制，在明细栏中将 Type 改为 Number of Divisions，并输入划分份数为 5。

（2）再次加入 Mesh Control>Sizing，选择插销端面和插座孔圆边，保证明细栏中的 Type 为 Element Size，输入网格尺寸为 1.5mm。

（3）右击 Mesh 并选择 Generate Mesh，对模型进行网格划分，划分完成后的有限元模型如图 13-32 所示。

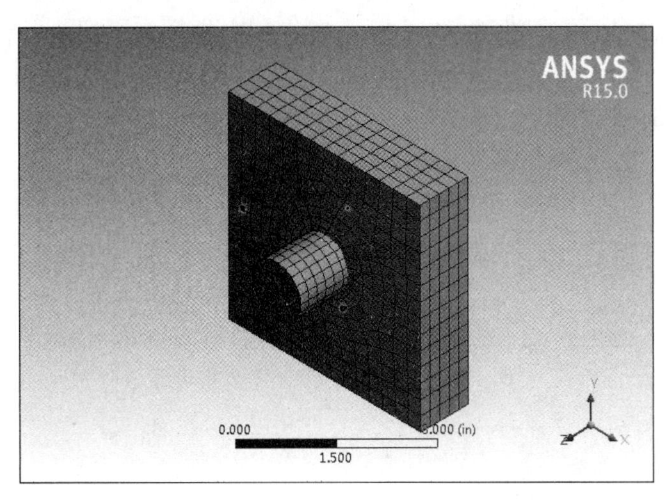

图 13-32　插销及插座有限元模型

7. 求解设置

在项目树中选择 Project→Model（A4）→Static Structural（A5）→Analysis Settings，在明细栏中进行如下设置：

（1）输入 Number Of Steps 为 2。

（2）设定载荷步 1 的 Step End Time 为 100s，Auto Time Stepping 选择 Off，Number of Substeps 输入 1。

（3）设定载荷步 2 的 Step End Time 为 200s，Auto Time Stepping 选择 On，Initial Substeps 为 100，Minimum Substeps 为 10，Maximum Substeps 为 10000；在 Solver Controls 中将 Large Deflection 设为 On，打开大变形。

设置完成后的载荷步选项如图 13-33 所示。

Details of "Analysis Settings"

Step Controls	
Number Of Steps	2.
Current Step Number	1.
Step End Time	100. s
Auto Time Stepping	Off
Define By	Substeps
Number Of Substeps	1.
Solver Controls	
Solver Type	Program Controlled
Weak Springs	Program Controlled
Large Deflection	On
Inertia Relief	Off

Details of "Analysis Settings"

Step Controls	
Number Of Steps	2.
Current Step Number	2.
Step End Time	200. s
Auto Time Stepping	On
Define By	Substeps
Carry Over Time Step	Off
Initial Substeps	100.
Minimum Substeps	10.
Maximum Substeps	10000
Solver Controls	
Solver Type	Program Controlled
Weak Springs	Program Controlled
Large Deflection	On
Inertia Relief	Off

图 13-33　载荷步设置

8. 施加边界条件

（1）在项目树中选择 Project→Model（A4）→Static Structural（A5）。

（2）利用 Ctrl+鼠标左键选中插座+X 方向、-X 方向的两个侧面，在上下文工具栏中选择插入 Supports→Fixed Support。

（3）选中插销+Z 方向端面，在上下文工具栏中选择 Supports→Displacement，在第二个载荷步对插销端面施加+Z 方向位移 1.2in，明细栏中的详细设置为：将 Define By 改为 Components；将 Z Component 改为 Tabular Data，并在窗口最下方的 Tabular Data 表格中按图 13-34 所示的内容进行输入。

Definition	
Type	Displacement
Define By	Components
Coordinate System	Global Coordinate System
X Component	Free
Y Component	Free
Z Component	Tabular Data
Suppressed	No

Tabular Data

	Steps	Time [s]	Z [in]
1	1	0.	0.
2	1	100.	0.
3	2	200.	1.2
*			

图 13-34　位移明细设置及表格定义

9. 求解

单击 Solve 按钮，执行求解。

10. 查看计算结果

求解结束后，按照如下步骤查看计算结果：

（1）绘制载荷步 1 结束时的等效应力。

1）选中 Project→Model（A4）→Static Structural（A5）→Solution（A6），在上下文工具

栏中选择 Stress→Equivalent（Von-Mises）。

2）在 Equivalent Stress 的 Details 中将 Definition 下的 By 改为 Result Set，输入 Set Number 为 1。

3）鼠标右键选择 Evaluate All Results，图形窗口中绘制出的等效应力云图如图 13-35 所示。

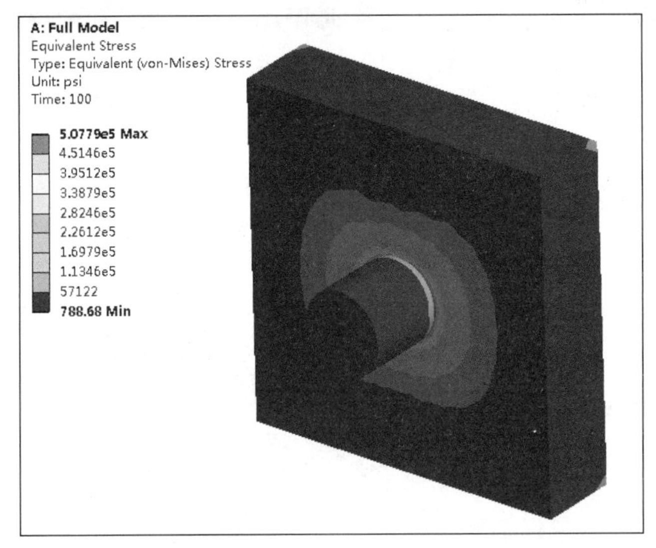

图 13-35　载荷步 1 结束时的等效应力分布

（2）绘制 120s 时的接触压力分布。

1）在上下文工具栏中单击 Tools→Contact Tool，在项目树中右击 Contact Tool 并选择 Insert→Pressure。

2）在 Pressure 分支的 Details 中选择 Definition By Time，输入 Display Time 为 120。

3）右键选择 Evaluate All Results，图形窗口中绘制出的接触压力分布如图 13-36 所示。

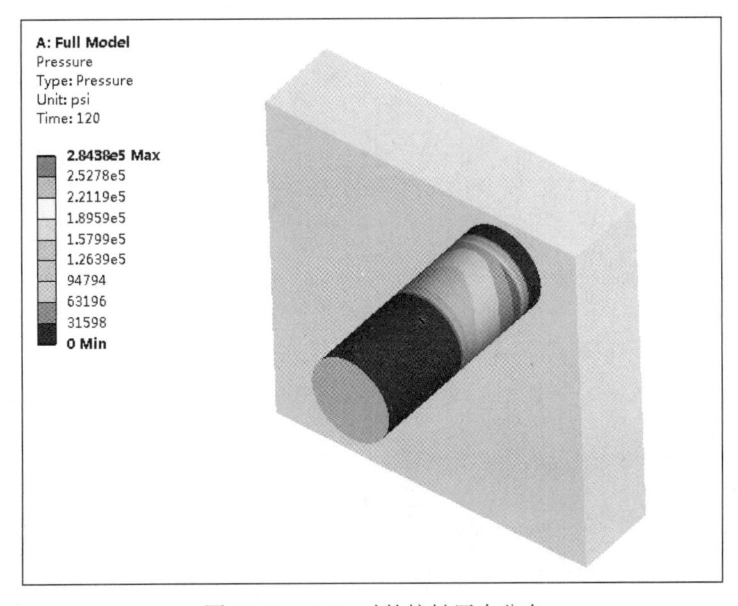

图 13-36　120s 时的接触压力分布

（3）绘制 120s 时的接触状态。

选中 Contact Tool→Status，在明细栏中将 Display Time 改为 120s，然后鼠标右键选择 Evaluate All Results，图形窗口中绘制出的接触状态如图 13-37 所示。

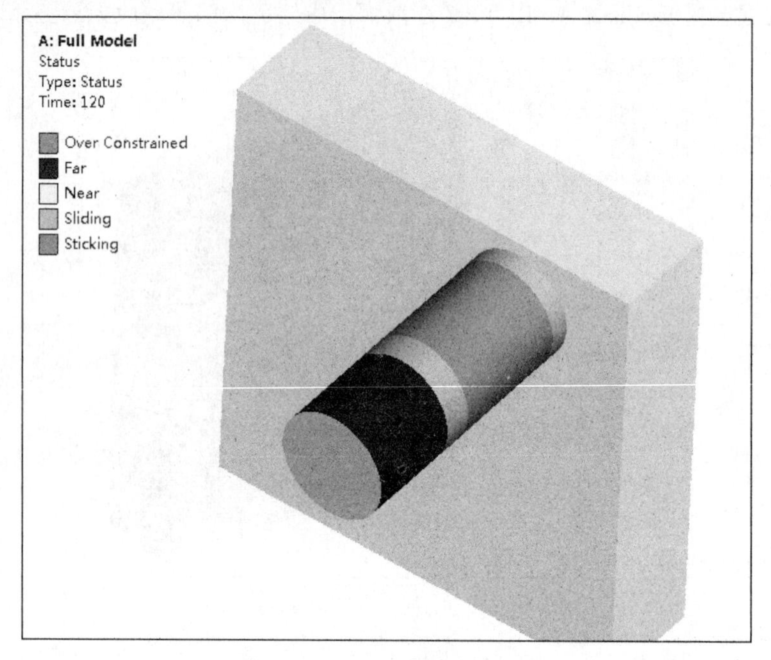

图 13-37　120s 时的接触状态

在图 13-37 中可以清楚地看到，接触面为滑动状态，分离的部分为 Far 状态，刚分离或即将进入接触的为 Near 状态，这一计算结果验证了分析的正确性。

14 梁壳结构的屈曲分析

本章导读

梁壳结构的稳定问题是结构分析和设计过程中必须考虑的重要问题。本章从基本概念出发，结合分析案例系统地介绍 ANSYS 结构稳定性分析的基本实现方法和操作步骤，包括特征值屈曲分析和非线性屈曲分析的具体实现方法。

本章包括如下主题：

- ANSYS 结构屈曲分析的基本概念
- 特征值屈曲与非线性屈曲分析的方法
- 工字型截面压杆的特征值屈曲分析
- 工字型截面压杆的非线性屈曲分析：弧长法
- 工字型截面压杆的非线性屈曲分析：非线性稳定性方法

14.1 结构屈曲问题的基本概念

受压结构的屈曲问题是结构分析中最重要的研究课题之一。近年来，随着各类大跨空间结构的广泛应用，结构的稳定性问题变得尤为突出。1963 年罗马尼亚布加勒斯特的一个跨度为 93.5m 的网壳屋盖在一场大雪后被压垮，其原因就是网壳结构的整体失稳。目前，稳定性分析（屈曲分析）已经成为各类结构设计中必须考虑的关键性问题。本节简单介绍 ANSYS 屈曲分析的基本概念。

结构的失稳破坏一般可分为两种：平衡状态分枝型失稳和极值点失稳。

1．平衡状态分枝型失稳

当载荷达到一定数值时，如果结构的平衡状态发生质的变化，则称结构发生了平衡状态分枝型失稳。这种失稳的临界载荷可以通过分枝平衡状态的分析进行计算，分枝平衡状态实际上是一种随遇平衡状态。

这类失稳问题的研究主要针对没有缺陷的理想结构或构件，其目的是得到在特定的工况下结构发生失稳的临界载荷值以及与此值相应的屈曲模式。这类问题实质上是一种特征值问题，可通过 ANSYS 的特征值屈曲分析功能来实现。

2. 极值点失稳

如果当载荷达到一定的数值后，随着变形的发展，结构内外力之间的平衡不再可能达到，这时即使外力不增加，结构的变形也将不断地增加直至结构破坏。这种失稳形式通常是发生在具有初始缺陷的结构中，如具有初始弯曲的轴心压杆就属于这种问题情况。在这种失稳情况下，结构的平衡形式并没有质的变化，结构失稳的载荷可通过载荷－变形曲线的载荷极值点得到，因此这类失稳被称为极值点失稳。这类失稳问题的实质是有缺陷结构的非线性静力分析，载荷－位移曲线的极值点就是有缺陷结构的极限承载力，此值必然低于无缺陷理想结构的屈曲临界载荷。

在一般的教科书中，通常将以上两种失稳类型分别称为第一类失稳问题和第二类失稳问题。对于第二类失稳问题来说，结构的位移一般已经超出小变形范围，因此一般为几何非线性和材料非线性同时存在的复合非线性问题。

ANSYS 的特征值屈曲分析用于计算理想结构的稳定临界屈曲载荷因子。先进行静力分析，得到外部载荷$\{F\}$作用下的应力和应力刚度$[S]$。在静力有限元平衡方程中计入几何刚度的影响，即：

$$([K]+[S])\{u\}=\{F\}$$

将载荷$\{F\}$放大λ倍，几何刚度$[S]$随之放大，对于临界屈曲情况，位移上施加一个任意的扰动ψ也是可能的平衡状态，即有：

$$([K]+\lambda[S])\{u\}=\lambda\{F\}$$

$$([K]+\lambda[S])\{u+\psi\}=\lambda\{F\}$$

两式相减得到：

$$([K]+\lambda[S])\{\psi\}=0$$

上式是一个齐次线性方程组，其有非零解的条件为：

$$\det([K]+\lambda_i[S])=0$$

求解此特征值问题，得到的特征值λ_i为临界屈曲载荷因子，特征向量$\{\psi_i\}$为失稳变形模式，$\lambda_i\{F\}$为第 i 阶屈曲临界载荷。如果计算几何刚度时施加的载荷为单位载荷，则计算的特征值λ_i本身就是屈曲临界载荷。

需要注意的是，工程上有实际意义的只是最低阶的临界屈曲载荷。尽管特征值屈曲得到的临界载荷是偏于不安全的估计，但其失稳模式能给设计人员提供启发。

由于实际结构是有缺陷的，因此常采用特征值屈曲的失稳模式按比例缩小作为结构的初始几何缺陷叠加到结构节点坐标上，再逐步施加增量载荷，进行非线性屈曲分析得到结构的极限承载力。非线性屈曲分析实质上为非线性的静力分析。

14.2 特征值屈曲及非线性屈曲分析的方法

ANSYS 程序提供了两种屈曲分析的方法：特征值屈曲分析和非线性屈曲分析。下面介绍这两种分析的一般过程及注意事项。

在 Mechanical APDL 中，特征值屈曲分析分为两步：静力分析与特征值计算。建模完成后，先进行静力分析，通过 PSTRES 命令打开预应力选项。为了便于解释计算结果，通常在静力分析中施加单位载荷，这样后续特征值分析得到的载荷因子直接就是临界载荷。静力分析完成之后，退出求解器。再重新进入求解器，改变分析类型为特征值屈曲分析，需要通过 BUCOPT 命令设置特征值算法和提取模态数，通过 MXPAND 命令设置扩展的模态数，发出 SOLVE 命令求解特征值问题。求解结束后，可在 POST1 中查看特征值及屈曲模式。

非线性屈曲分析实质上是一个非线性静力分析，必须考虑几何非线性（NLGEOM,ON），可以在分析中包含塑性等材料行为。非线性屈曲分析的载荷增量通常是等幅增量，为了精确地预测结构极限载荷，宜采用较精细的载荷增量。分析时建议打开自动时间步选项（AUTOTS,ON）。通过 DELTIM 或 NSUBST 指定时间步增量。当载荷接近或达到屈曲极限载荷后，载荷可能保持不变也可能降低，而变形持续增长。对于某些问题，在一定量的变形增长之后，结构可能开始承受更多的载荷，并有可能发生二次屈曲。在达到屈曲极限载荷后的非线性过程分析也被称为后屈曲分析，由于后屈曲过程的不稳定性，需要采用一些特定的数值方法。目前 Mechanical 提供了弧长法和非线性稳定性方法求解这类问题。弧长法适用于总体屈曲，可以分析载荷－变形曲线的下降段。非线性稳定性方法在变形节点上增加人工阻尼，适合于分析总体载荷可继续增加而局部发生过大变形的屈曲问题，非线性稳定性方法不适合于模拟整体失稳后的下降段。

14.3　稳定性分析案例：工字型截面构件的失稳分析

如图 14-1 所示为等截面的工字型横截面构件，一端为固定，在其自由端受到轴向载荷作用。计算基本参数：杨氏弹性模量 E=2.0e5MPa，泊松比 ν =0.2，梁长度为 2.5m，横截面尺寸如表 14-1 所示。

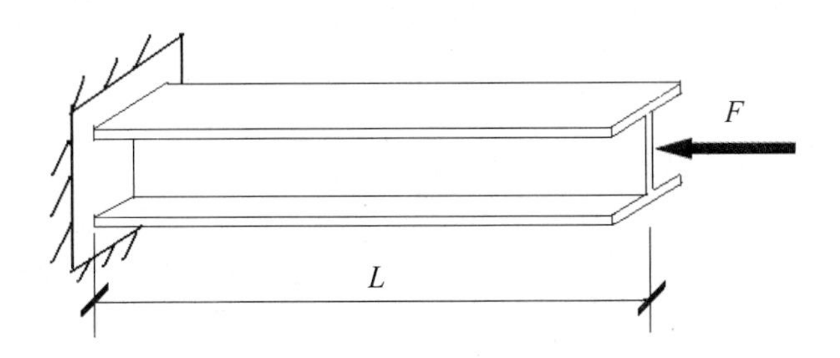

图 14-1　工字梁的弯扭屈曲分析

表 14-1　梁的横截面尺寸（单位：mm）

项目	宽度 B	高度 H	腹板厚 t1	翼缘厚 t2
长度	150	250	15	15

14.3.1　特征值屈曲分析

通过 APDL 命令进行建模和分析。

1. 建立分析模型

采用 BEAM188 单元，建模部分的命令流如下：

```
/FILNAME,I-BEAM                    !指定工作名称
/TITLE,BUCKLING                    !指定图形显示标题
/PREP7                             !进入前处理器
ET,1,BEAM188                       !定义梁单元类型
!定义梁的横截面及相关参数
SECTYPE,1,BEAM,I,,0
SECOFFSET,CENT
SECDATA,0.15,0.15,0.25,0.015,0.015,0.015,0,0,0,0
!以下 3 行用于定义材料模型的参数
MP,DENS,1,7.85e3
MP,EX,1,2.06e11
MP,NUXY,1,0.2
!以下 3 行用于定义 3 个关键点
K,1,0.000,0.000,0.000
K,2,2.500,0.000,0.000
K,3,1.250,1.000,0.000
!绘制直线
LSTR,1,2                           !画直线
LATT,1,,1,,3,,1                    !指定要划分单元的类型
LESIZE,1,,,10                      !定义线段等分数
LMESH,1                            !划分线单元
/VIEW,1,1,1,1                      !改变视图角度
/REP,FAST
/ESHAPE,1.0                        !显示梁单元实际截面形状
EPLOT
```

执行上述命令流，得到所指定构件的截面形状及参数，如图 14-2 所示。

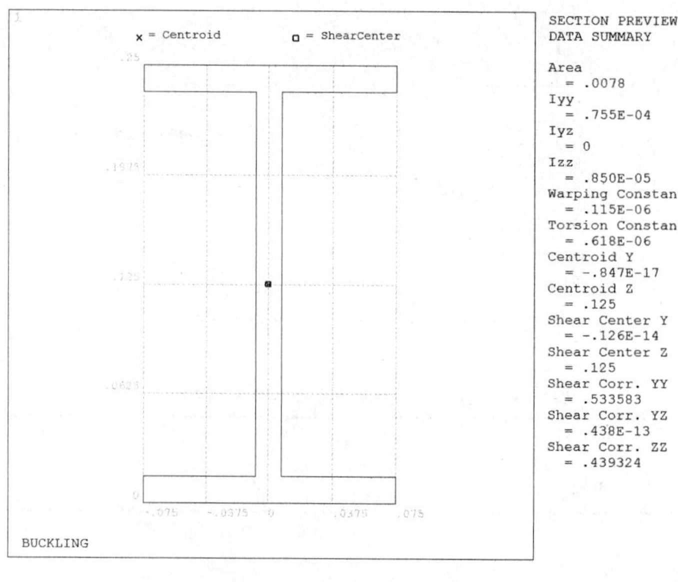

图 14-2　梁截面形状及参数

打开截面形状显示的结构分析模型，如图 14-3 所示。

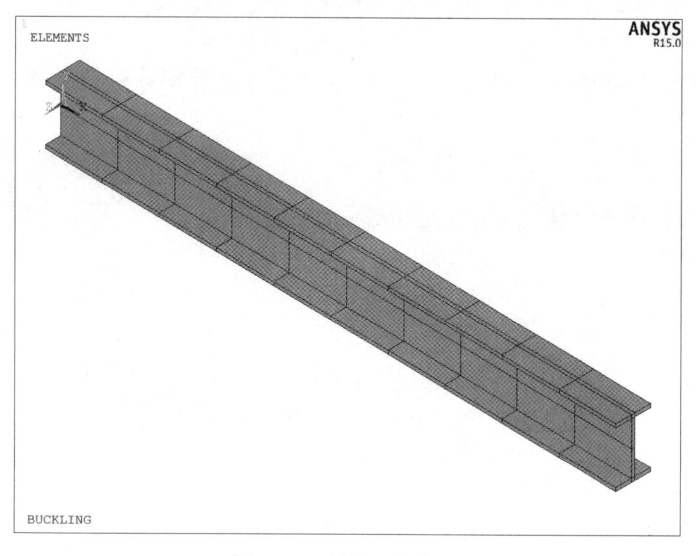

图 14-3 结构分析模型

2. 计算应力刚度

构件左端固定，右端施加单位轴向压力，打开预应力选项，进行结构静力求解，求解结束后退出求解器。相关命令流如下：

```
/SOLU                          !进入求解器
ANTYPE,0                       !指定分析类型为静力分析
!施加约束和载荷
DK,1, , , ,0,ALL, , , , , ,    !定义位移约束
F,node(2.5,0.0,0.0),FX,-1      !定义自由端的载荷
PSTRES,ON                      !打开预应力选项
SOLVE                          !执行静力分析
FINISH                         !退出求解器
```

以上命令执行过程中，施加了约束和载荷后的结构如图 14-4 所示。

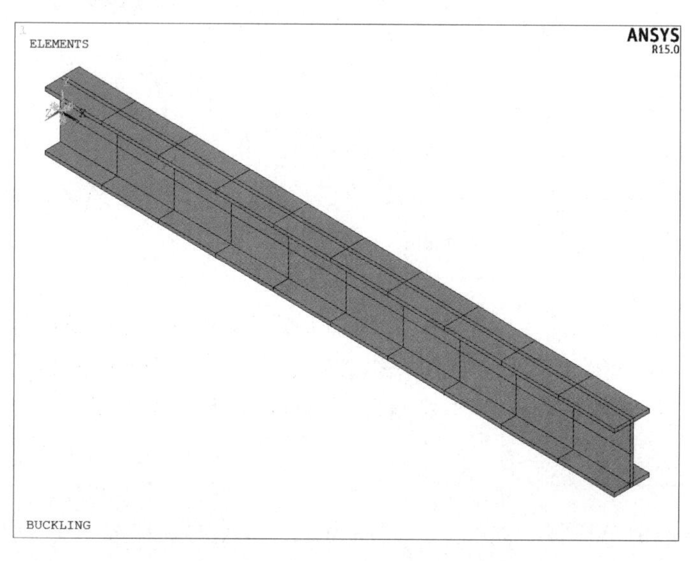

图 14-4 施加约束和载荷的模型

3．计算特征值屈曲问题

重新进入求解器进行特征值屈曲计算，计算完成后查看和分析特征值屈曲结果，操作命令流如下：

```
/SOLU                          !进入求解器
ANTYPE,1                       !指定分析类型为特征值屈曲分析
BUCOPT,LANB,1,0,0              !设置屈曲模态提取方法及模态提取数
MXPAND,1,0,0,1,0.001,          !设置屈曲模态扩展数及扩展算法选项
SOLVE                          !执行特征值屈曲分析
FINISH                         !退出求解器
    /POST1                     !进入通用后处理器
    SET, FIRST                 !读入第一子步的计算结果
    PLDISP,1                   !设置显示方式为显示变形前后的轮廓线
    FINISH                     !退出通用后处理器
```

由于在静力分析中施加的是单位力，因此这里的特征值等于结构的屈曲临界载荷。后处理器显示的一阶屈曲模态如图 14-5 所示。

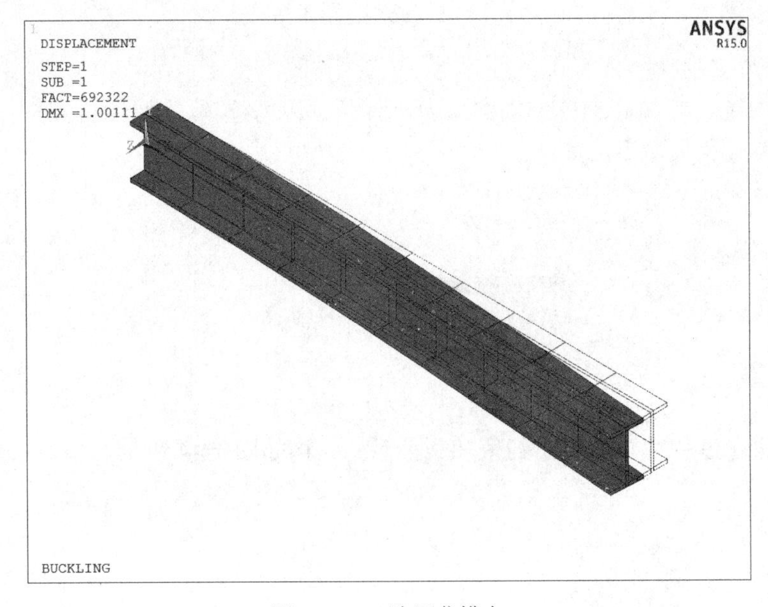

图 14-5　一阶屈曲模态

由图 14-5 可知，该屈曲模式为关于梁截面弱轴（截面坐标系中的 Z 轴）的一阶弯曲失稳，其临界载荷的理论值可以按下式进行计算：

$$P_{cr,1}=\pi^2 EI_Z/l^2$$

截面关于 Z 轴（总体直角坐标 Y 轴）的惯性矩为 0.85E-5，弹性模量为 2.06E11，有效长度 l 为梁长的 2 倍，即 5.0m。代入上式可以得到一阶临界载荷为 6.913E5N，图 14-5 所列的一阶特征值为 6.923E5，两者相差仅 0.1%左右，证明程序计算正确无误。

14.3.2　非线性屈曲分析：弧长法

将上节特征值屈曲分析得到的第一阶屈曲模态各节点的位移按一定比例缩小，作为梁模型的一种初始几何缺陷，同时施加载荷略大于一阶临界载荷，进行弹塑性大变形分析。本节采

用弧长法进行非线性屈曲分析，弧长法计算终止于最大位移 0.05，命令流如下：

```
/POST1                              !进入通用后处理器
SET, FIRST                          !读入第一子步的计算结果
*GET,LoadScale,ACTIVE, ,SET,FREQ
finish
/PREP7                              !进入前处理器
TB,BISO,1,1,2,                      !修正材料模型
TBTEMP,0
TBDATA,,2.0e8,0,,,,
UPGEOM,0.01,1,1,'I-BEAM','rst',' '  !引入几何缺陷
FINISH                              !退出前处理器
/SOL                                !进入求解器
ANTYPE,0                            !指定分析类型
fscale,LoadScale
NLGEOM,1                            !打开大变形选项
OUTRES,ALL,ALL,                     !输出所有子步的结果
ARCLEN,1,0,0,                       !打开弧长法
ARCTRM,U,0.05,2,UZ                  !弧长法选项设置
NSUBST,200, , ,1                    !子步数
SOLVE                               !求解
Fini
/POST1
Set,last
PLDISP,1
Fini
/POST26                             !进入时间历程后处理器
NSOL,2,2,U,Z ,DEFLECTION            !指定位移变量
RFORCE,3,1,F,X,REACTIONF            !指定反力变量
/AXLAB,X,DEFLECTION                 !指定绘图横坐标标签
/AXLAB,Y,REACTIONF                  !指定绘图纵坐标标签
XVAR,2                              !指定横坐标表示的变量
PLVAR,3                             !绘载荷一位移曲线
```

计算完成后，显示结构在最后一个子步（最大位移大约 0.05m，挠度大约相当于梁长度的 1/50）时的变形，如图 14-6 所示。

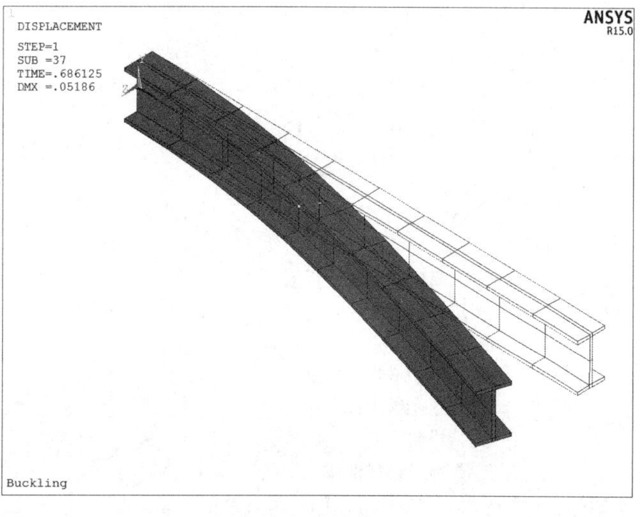

图 14-6　结构变形图

在时间历程后处理器中绘制载荷－位移曲线，如图 14-7 所示。

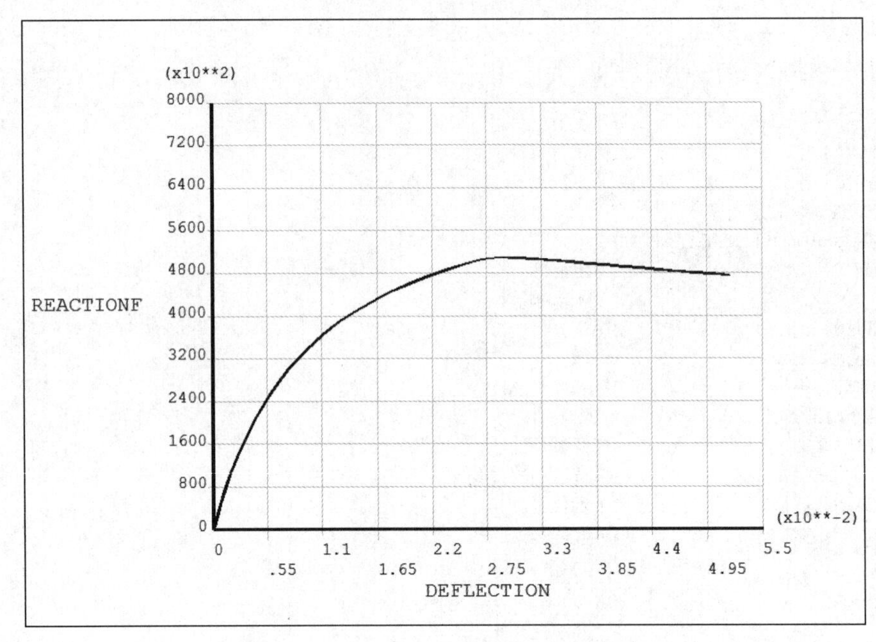

图 14-7　弧长法计算的载荷－位移曲线

从上述载荷－位移曲线图中可以看出，工字梁结构的非线性屈曲极限载荷约为 500kN（低于临界屈曲载荷 690kN），也就是图中的极值点对应的纵坐标的数值。弧长法在侧移达到 0.05m 时，载荷－位移曲线早已进入下降段，直观地表现出极值型失稳的特点。

14.3.3　非线性屈曲分析：非线性稳定性

本节采用非线性稳定性技术计算非线性屈曲，仅在非线性计算阶段设置与弧长法不同，相关命令流如下：

```
/SOL                              !进入求解器
ANTYPE,0                          !指定分析类型
fscale,LoadScale
NLGEOM,1                          !打开大变形选项
OUTRES,ALL,ALL,                   !输出所有子步的结果
STABILIZE, constant,energy, 1.0e-4
NSUBST,200, , ,1                  !子步数
SOLVE                             !求解
fini
/POST26                           !进入时间历程后处理器
NSOL,2,2,U,Z ,DEFLECTION          !指定位移变量
RFORCE,3,1,F,X,REACTIONF          !指定反力变量
/AXLAB,X,DEFLECTION               !指定绘图横坐标标签
/AXLAB,Y,REACTIONF                !指定绘图纵坐标标签
XVAR,2                            !指定横坐标表示的变量
PLVAR,3                           !绘载荷－位移曲线
```

计算完成后，得到结构的载荷－变形曲线如图 14-8 所示。

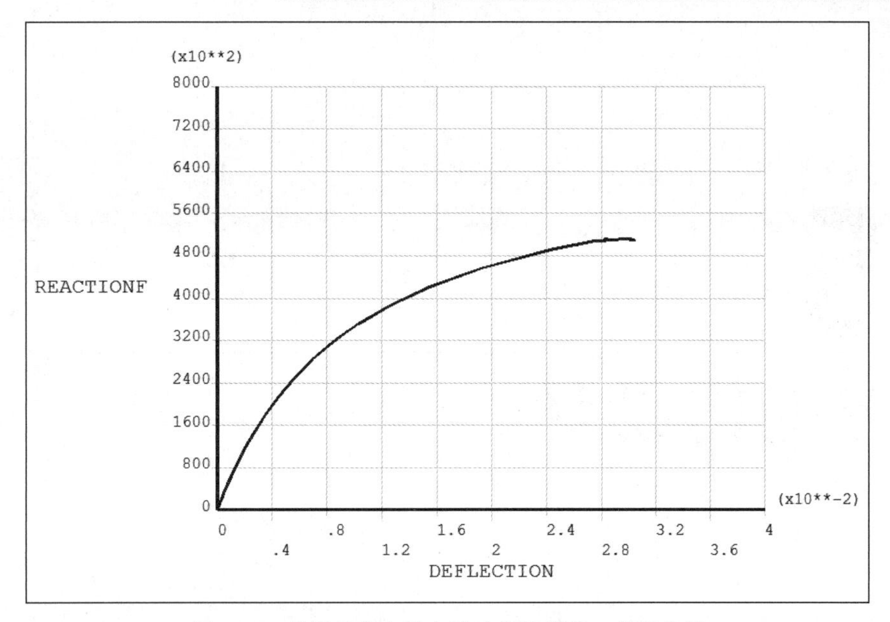

图 14-8　非线性稳定性方法计算的载荷－变形曲线

将非线性稳定性方法计算的曲线与上节弧长法计算的曲线画在一幅图中比较，如图 14-9 所示。由图 14-9 可见两种非线性屈曲分析方法预测的结构极限承载力是一致的，弧长法更适合于带有下降段的后屈曲分析，在极值点之前两种方法的曲线基本上是重叠在一起的。

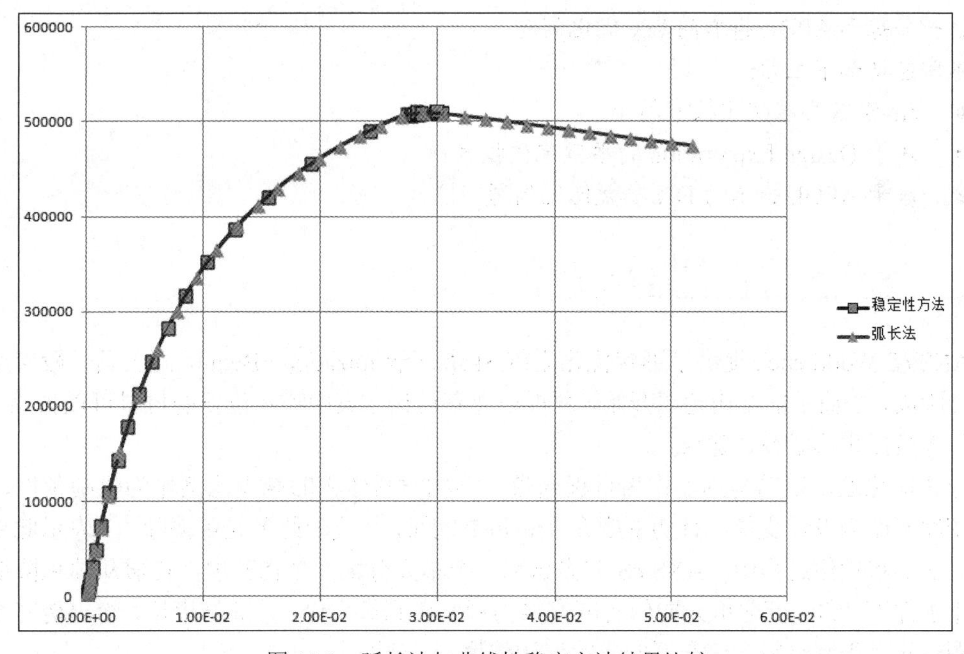

图 14-9　弧长法与非线性稳定方法结果比较

15

结构优化设计

本章导读

优化设计是结构分析的一个重要应用方面。本章首先介绍概念设计阶段的形状优化技术，然后介绍基于 ANSYS DX 的响应面优化和直接优化两大类型目标优化的方法和一般过程，最后提供一个基于 APDL 脚本的 DX 优化例题。

本章包括如下主题：

- ANSYS 形状优化技术简介
- 基于 Design Exploration 的参数优化技术
- 基于 APDL 脚本的 DX 参数优化例题

15.1 ANSYS 形状优化技术简介

ANSYS Workbench 提供了形状优化系统 Shape Optimization（Beta），此工具一般应用于概念设计阶段，由简单的结构轮廓开始，分析在现有设计方案中哪些位置的材料可以去除，进而为设计人员提供形状设计建议。

形状优化通常以结构刚度作为目标函数，结构材料体积的减少比例作为限制条件，单元的伪密度值作为设计变量，且伪密度介于 0 和 1 之间，0 代表此单元可去除，1 表示此单元需保留。在形状优化过程中，ANSYS 首先给每一个单元分配一个伪密度，在服从体积降低比例的约束条件下，通过变化单元的伪密度使结构刚度达到最大化。计算结束后，给出伪密度的等值线图，从而得到材料合理布置的形状设计建议。

下面介绍在 ANSYS Workbench 中进行形状优化分析的基本过程和注意事项。

1．建立形状优化流程

在 Workbench 的 Project Schematic 中添加形状优化系统 Shape Optimization（Beta），如图 15-1 所示。

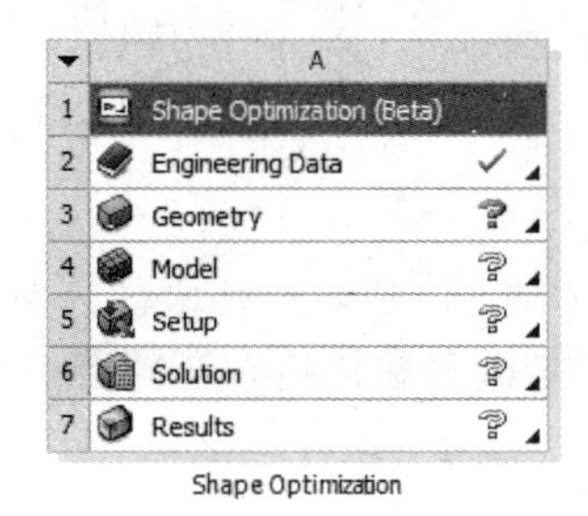

图 15-1 形状优化系统

2. 创建结构轮廓几何模型

建立结构初始轮廓的几何模型，注意此模型中要保留结构与外部连接的位置以及加载面、安装孔等几何特征。

3. 划分网格

双击 Model 单元格，进入 Mechanical Application。对拟进行形状优化的轮廓几何模型进行网格划分。

4. 施加载荷及约束条件

按照结构工作受力情况施加约束及载荷。约束的施加一定要符合结构的实际受力状态，因为约束和载荷对形状优化的结果会有直接影响。

5. 求解形状优化并查看结果

在 Mechanical Application 的 Solution 分支下插入 Shape Finder，在其 Details 中对体积的减少比例 Target Reduction 进行设置。

计算结束后查看形状优化的结果，结构中的单元被标为红色、褐色或灰色，依次代表可删除（Remove）、边缘（Marginal）、保留（Keep）。需要保留的灰色单元形成的外轮廓组成了保留材料边界。

6. 修改设计方案并进行验证

基于 CAD 软件对拟保留材料单元的几何轮廓进行平滑处理，形成与拟保留边界形状相近的设计方案模型。

将此设计方案模型导入 Mechanical Application，按实际工况进行静力分析，载荷及约束条件按结构实际工作条件施加。基于此静力分析得到的结果（变形、应力等）对设计方案进行强度评估。

15.2 基于 Design Exploration 的参数优化技术

在设计阶段，更常见的优化问题是结构参数优化。ANSYS Design Exploration（简称 ANSYS DX）是集成于 Workbench 环境中的参数优化模块，本节介绍此模块的参数优化功能及使用要点。

15.2.1 结构参数优化的数学表述

ANSYS 结构参数优化设计问题的基本数学表述如下：

对于一组选定的设计变量：$\alpha_1,\alpha_2,...,\alpha_N$，确定其具体的取值，使得以这些设计变量为自变量的多元目标函数 $f_{obj}=f_{obj}(\alpha_1,\alpha_2,\cdots,\alpha_N)$ 在满足一定的约束条件下取得最大值（最小值）或最接近指定的目标值。

例如，在要求结构的反应（应力、位移）不超出允许范围等设计要求的前提下，结构用材料最少或造价最低，就是一个典型的参数优化设计问题。

在 ANSYS 中，参数优化问题中的约束条件包括两类：设计变量取值范围的限制条件和其他约束条件。

首先，设计变量的取值要具有实际的意义，即需要满足一定的合理性范围的限制（比如杆件的截面积必须大于 0），这些设计变量取值范围的限制条件可表达为如下不等式组：

$$\alpha_{iL}<\alpha_i<\alpha_{iU}\quad(i=1,\ 2,\ \cdots,\ N)$$

其中，N 为设计变量的总数，α_{iL} 和 α_{iU} 分别为第 i 个设计变量 α_i 合理取值范围的下限和上限。

其次，设计变量的取值还需要满足以其为自变量的相关状态变量的约束条件，比如杆件截面的应力不超过材料的许用应力等条件，这些约束条件可以表达为如下不等式组：

$$g_{jL}<g_j(\alpha_1,\alpha_2,\cdots,\alpha_N)<g_{jU}\quad(j=1,\ 2,\ \cdots,\ M)$$

其中，$g_j(\alpha_1,\alpha_2,\cdots,\alpha_N)$ 称为状态变量，是以设计变量为自变量的函数，g_{jL} 和 g_{jU} 分别为第 j 个状态变量取值范围的下限和上限，M 为约束状态变量的总数。

由上面的问题表述可知，参数优化问题中涉及到 3 种变量：优化目标变量、设计变量和状态变量，这些变量又可归为输入变量和输出变量两大类。参数可以来自于 ANSYS Workbench 分析流程的各个程序组件，如 Engineering Data 的材料参数、DM 或 SCDM 中的几何参数、Mechanical Application 中的结构计算结果参数、APDL 脚本所提取的参数等。在前面已经介绍过，只要分析流程中包含了参数，在 Workbench 的项目图解中就会出现一个 Parameter Set 条。随后用户即可通过 Parameter Set 进行参数和设计点管理，也可以从 DX 工具箱中选择优化组件添加到 Project Schematic 中进行参数优化。

15.2.2 目标驱动优化的一般过程

目前，在 ANSYS DX 中提供了两大类目标驱动优化（GDO）方法：基于响应面的优化（Response Surface Optimization）和直接优化（Direct Optimization），其分析流程如图 15-2 所示。

图 15-2 中的系统 B 为响应面优化，此系统包括 Design of Experiments（简称 DoE）、Response Surface 和 Optimization 三个组件。DoE 组件中提供了多种采样方式（如 CCD、LHS、OSF 等），形成一系列设计样本点。Response Surface 基于这些设计样本点拟合形成响应面，响应面类型包括 Standard Response Surface、Kriging、Non-Parametric Regression、Neural Network、Sparse Grid 等，响应面（Kriging 除外）的拟合效果可通过 Goodness of fit 来评价。通过形成响应面，使得结构响应与设计变量之间的隐函数关系近似地显性化。Response Surface Optimization 就是基于响应面进行设计优化搜索，找到最优的备选设计。这种优化的特点是速度快，缺点是优化结果受到响应面质量的影响。由于响应面是实际响应的近似表达，因此基于响应面的方法优化结果必须通过一次真正的结构分析（设计点的更新）来加以验证。

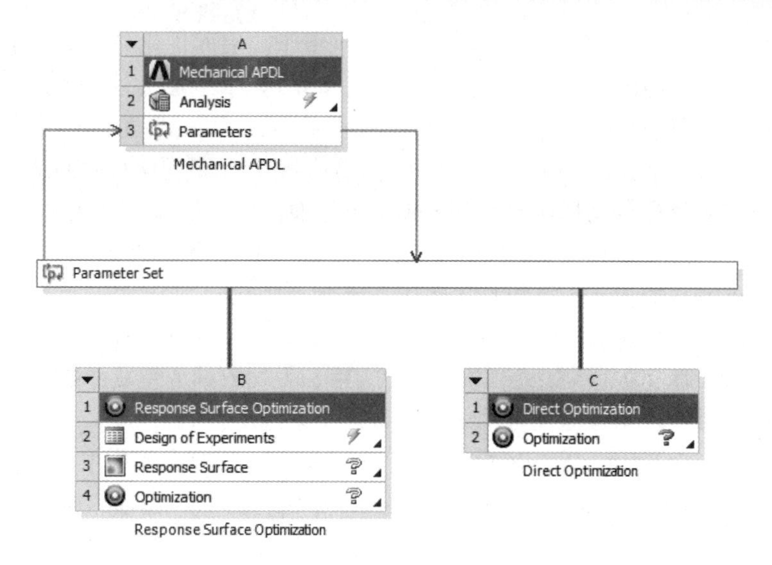

图 15-2　DX 的 GDO 流程

图 15-2 中的系统 C 为直接优化（Direct Optimization）系统，可以发现直接优化仅包含一个 Optimization 组件。由于此方法不基于响应面，因此优化得到的备选设计方案是经过结构分析验证的，可以直接使用。

无论选择了哪种 GDO 系统，在 Project Schematic 界面中双击该 GDO 系统的 Optimization 组件单元格即可进入到优化的 Outline 界面，此 Outline 包含一个 Optimization 处理节点，此节点下面又包含 Objectives and Constraints、Domain、Results 三个子处理节点。用鼠标选择 Optimization 节点，出现 Properties of Outline:Method，在 Method Name 下拉列表中选择优化搜索算法并进行与算法相关的参数设置，如图 15-3 所示。

Properties of Outline : Method

	A	B
1	Property	Value
2	Design Points	
3	Preserve Design Points After DX Run	☐
4	Failed Design Points Management	
5	Number of Retries	0
6	Optimization	
7	Method Name	Screening
8	Number of Samples	Screening MOGA NLPQL MISQP Adaptive Multiple-Objective Adaptive Single-Objective
9	Maximum Number of Candidates	
10	Optimization Status	
11	Converged	
12	Number of Evaluations	0
13	Number of Failures	0
14	Size of Generated Sample Set	0
15	Number of Candidates	0

图 15-3　目标驱动优化算法选择

目前，在响应面优化中可选择的优化算法包括 Screening 方法、MOGA 方法、NLPQL 方法和 MISQP 方法；在 Direct Optimization 中可选择的优化算法包括 Screening、MOGA、NLPQL、MISQP、ASO 和 AMO。下面对这些算法进行简单介绍。

Screening 方法是一种非迭代直接采样方法，可用于响应面优化和直接优化。此方法适合于初步的优化，得到近似的优化解。在此基础上可再使用 MOGA 方法或 NLPQL 方法作进一步的优化。可以用于离散变量优化。

MOGA 方法全称为 Multi-Objective Genetic Algorithm，即多优化目标的迭代遗传算法，用于处理连续变量的多目标全局优化问题，可用于响应面优化系统和直接优化系统。

NLPQL 方法全称为 Nonlinear Programming by Quadratic Lagrangian，是基于梯度的单目标优化方法，可用于响应面优化系统和直接优化系统。

MISQP 方法全称为 Mixed Integer Sequential Quadratic Programming，是基于梯度的单目标优化方法，其算法基础为改进的序列二次规划法，用于处理连续变量及离散变量的非线性规划问题，该方法能同时用于响应面优化系统和直接优化系统。

ASO 方法全称为 Adaptive Single-Objective Optimization，是基于梯度的单目标优化方法，该方法采用了LHS试验设计、Kriging响应面和NLPQL优化算法，目前此方法仅能应用于Direct Optimization 系统。

AMO 方法全称为 Adaptive Multiple-Objective Optimization，是一种迭代的多目标优化方法，该方法采用了 Kriging 响应面和 MOGA 优化算法，适合于处理连续变量的优化问题，目前仅可用于 Direct Optimization 系统中。

这些算法的参数请参考 Design Exploration User's Guide，此处不再展开。

在设定了优化方法及控制参数后，接下来的环节是定义优化问题。在优化的 Outline 中选择 Optimization 的子处理节点 Objectives and Constraints。右边出现表格（Table），在此表格中指定关于各参数（输入参数和输出参数）的优化目标和约束条件。具体操作时，可以根据需要增加 Table 的行数，每一行在变量列表中选择一个变量，并为其指定优化目标或约束条件。如图 15-4 所示为一个优化问题的具体定义，其中设置了 P6、P7、P8、P9、P10 等参数的约束条件为不大于 1，优化目标是使得参数 P11 尽量小（Minimize）。

Table of Schematic B4: Optimization

	A	B	C	D	E	F	G
1	Name	Parameter	Objective		Constraint		
2			Type	Target	Type	Lower Bound	Upper Bound
3	P6 <= 1	P6 - S1	No Objective		Values <= Upper Bound		1
4	P7 <= 1	P7 - S2	No Objective		Values <= Upper Bound		1
5	P8 <= 1	P8 - S3	No Objective		Values <= Upper Bound		1
6	P9 <= 1	P9 - S4	No Objective		Values <= Upper Bound		1
7	P10 <= 1	P10 - S5	No Objective		Values <= Upper Bound		1
8	Minimize P11	P11 - VOLUME	Minimize		No Constraint		
*		Select a Parameter					

图 15-4　优化目标及约束条件

优化问题定义完成后，下一个环节是指定优化域。在优化 Outline 的 Domain 节点下指定各设计变量取值范围的上限（Lower Bound）和下限（Upper Bound）。这些上下限范围应在 DoE 中设置的上下限以内，以达到缩小优化搜索域、提高分析效率的效果。

至此，已经完成参数优化问题的设置。单击工具栏中的 Update 按钮，或者返回 Project Schematic 界面，选择 Optimization 组件，右击并选择 Update，启动优化求解。在优化 Outline

界面的 Objectives and Constraints 和 Domain 工作节点的 Monitoring 列及 History Chart 提供了优化过程参数监控功能，可以观察任意一个被指定为目标或约束条件的参数的优化迭代变化曲线。

优化分析完成后，可通过优化 Outline 的 Results 节点下的工具对优化结果进行查看和分析，这些工具包括查看备选设计点结果、查看敏感性图、查看多目标权衡图、查看样本图。通常情况下 DX 会给出几个备选方案（Candidate Points）。这些备选方案会基于其目标函数值与优化目标之间的差距来评分，三个红色的 X 表示最差，而三个红色的☆表示最佳。对响应面优化而言，必须验证结果的正确性。差距较大时可将备选设计点作为 Verification Point，重新计算时考虑验证点，修正响应面，并重新进行优化分析。

15.3 Design Exploration 优化分析案例

本节给出一个基于 APDL 脚本在 ANSYS DX 中进行参数优化的例题。

图 15-5 所示的三杆超静定钢桁架，弹性模量为 200GPa，左右两个斜杆截面相同，桁架下端承受的载荷为水平力 20kN，竖向力 30kN，已经标在图中。如果各杆件的容许拉应力为 $[\sigma]_+$=200MPa，容许压应力为 $[\sigma]_-$=-120MPa，加载节点的合位移不超过 5mm。各杆件截面面积的取值范围不小于 0.5cm^2，且不超过 5 cm^2，试选择各杆件的合理截面面积，使得总的用钢量最低。

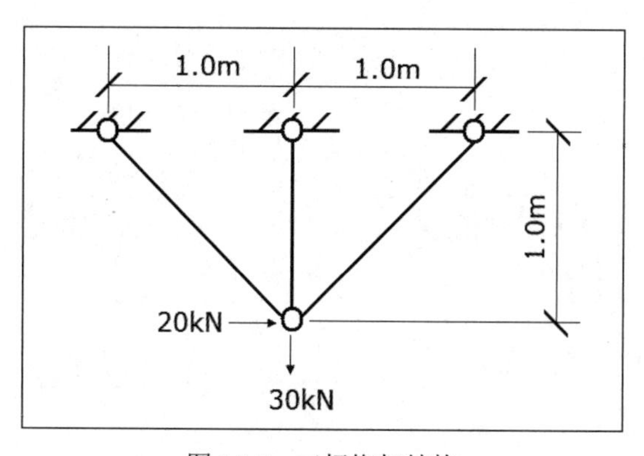

图 15-5　三杆桁架结构

本例采用 APDL 参数化建模计算，并在 Workbench 中导入 APDL 命令文件，识别参数后再进行优化分析。

对问题进行分析。此问题实际上为满足抗拉、抗压强度和位移限制条件下使桁架结构最轻的截面参数优化设计问题，此优化问题可以表述如下：

（1）设计变量。

A1、A2（斜杆及竖杆件的截面积），满足 0.5 cm^2≤Ai≤5 cm^2。

（2）约束条件。

受拉杆件应力：0≤σ≤200MPa

受压杆件应力：-120MPa≤σ<0

自由节点的位移：u≤5mm

（3）目标函数。

结构的总体积 $V \rightarrow min$。

由于模型中有拉杆也有压杆，为了简化约束条件，对各杆件应力进行规格化处理。对于拉杆，其应力除以 200MPa 后的值保存为应力比变量；对于压杆，其应力除以-120MPa 后的值保存为应力比变量，这样强度约束条件转化为各杆件的应力强度比不超过 1。

通过如下的 APDL 命令流文件（文件名为 Truss_opt.inp）进行参数化的结构建模分析并提取相关的参数：

```
/Prep7
ET,1,LINK180
*set,A1,1.0e-4
*set,A2,1.0e-4
sectype,1,link
secdata,A1
sectype,2,link
secdata,A2
MP,EX,1,7e10
n,1,
n,2,-1.0,1.0,0.0
n,3,0.0,1.0,0.0
n,4,1.0,1.0,0.0
secnum,1
e,1,2
e,1,4
secnum,2
e,1,3
/ESHAPE,1.0
eplot
fini
/sol
d,2,UX,,,4,1,UY,
d,ALL,UZ
F,1,FX,2.0e4
F,1,FY,-3.0e4
solve
fini
/post1
SET,1
ETABLE, ,LS, 1
*DIM,sts,ARRAY,3
*VGET,sts,ELEM, ,ETAB,LS1
sa1=sts(1)
*if,sa1,ge,0.0,then
sa1=sa1/(200e6)
*else
sa1=sa1/(-120e6)
*endif
sa2=sts(2)
*if,sa2,ge,0.0,then
```

```
sa2=sa2/(200e6)
*else
sa2=sa2/(-120e6)
*endif
sa3=sts(3)
*if,sa3,ge,0.0,then
sa3=sa3/(200e6)
*else
sa3=sa3/(-120e6)
*endif
srmax=max(sa1,sa2,sa3)
*GET,USUM1,node,1,U,SUM
ETABLE,evolume,VOLU,
SSUM
*GET,volume,SSUM, ,ITEM,EVOLUME
```

在 Workbench 中导入以上文件并进行优化分析，具体操作过程如下：

（1）参数分析初始化。

在 Project Schematic 中添加一个 Mechanical APDL 组件，右击其 Analysis 单元格并选择 Add Input File，如图 15-6 所示。选择上述文件，右击并选择 Update 完成分析初始化。

（2）解析 APDL 文件。

双击 Analysis 单元格进入其 Outline 视图，选择 Process truss_opt.inp 识别 APDL 命令定义的参数。在下方的参数列表中选择 A1、A2 为 Input（勾选 C 列），选择 SRMAX、USUM1、VOLUME 为 Output（勾选 D 列），如图 15-7 所示。

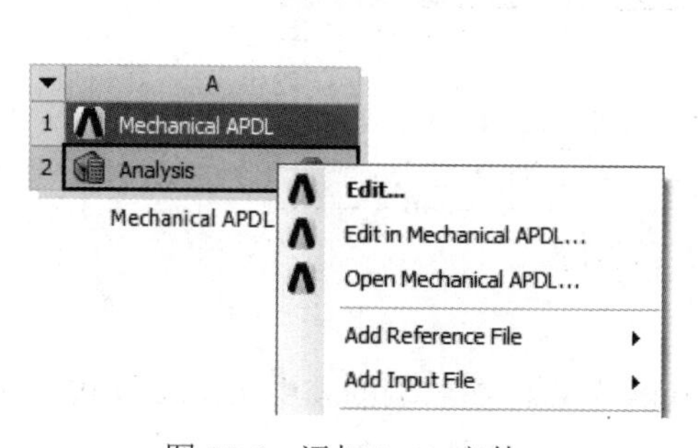

图 15-6　添加 Input 文件

Outline of Schematic A2 : Mechanical APDL

	A	B
1		Step
2	Launch ANSYS	1
3	Process "truss_opt.inp"	2

Properties: No data

	A	B	C	D
1	APDL Parameter	Initial Value	Input	Output
2	A1	0.0001	☑	☐
3	A2	0.0001	☑	☐
4	STS	0	☐	☐
5	SA1	0	☐	☐
6	SA2	0	☐	☐
7	SA3	0	☐	☐
8	SRMAX		☐	☑
9	USUM1		☐	☑
10	VOLUME		☐	☑

图 15-7　解析并指定参数

（3）确认参数。

返回 Workbench 窗口，这时在 Mechanical APDL 系统下方出现了 Parameter Set 条，双击 Parameter Set 条进入参数管理界面，在此界面下可以看到已经定义的 Input 和 Output 参数列表，如图 15-8 所示。确认此参数设置后返回 Workbench。

（4）添加优化系统。

在 Workbench 左侧的工具箱中选择 Design Exploration 下的 Direct Optimization 系统，添加

至右方项目图解窗口的 Parameter Set 下方，如图 15-9 所示。

Outline of All Parameters

	A	B	C
1	ID	Parameter Name	Value
2	⊟ Input Parameters		
3	⊟ Mechanical APDL (A1)		
4	P1	A1	0.0001
5	P2	A2	0.0001
*	New input parameter	New name	New expression
7	⊟ Output Parameters		
8	⊟ Mechanical APDL (A1)		
9	P3	SRMAX	
10	P4	USUM1	
11	P5	VOLUME	
*	New output parameter		New expression
13	Charts		

图 15-8　Parameter Set 中的参数

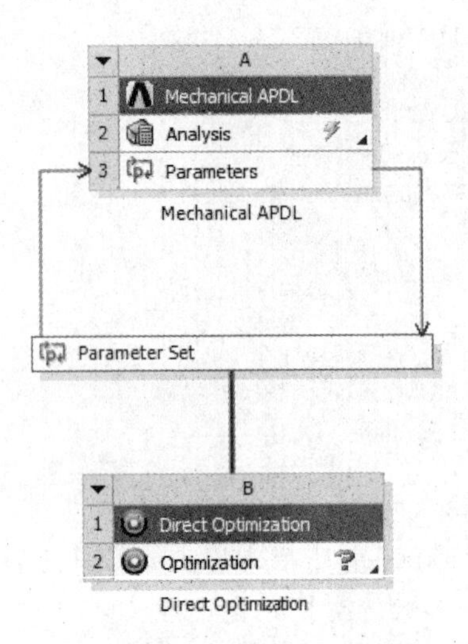

图 15-9　直接优化系统

（5）选择优化算法。

在项目图解中，双击 Optimization 单元格进入 Outline 界面，选择 Optimization 处理节点，在其属性中设置优化方法为 ASO，其余参数保持默认设置，如图 15-10 所示。

Properties of Outline A2: Method

	A	B
1	Property	Value
2	⊟ Design Points	
3	Preserve Design Points After DX Run	☐
4	⊟ Failed Design Points Management	
5	Number of Retries	0
6	⊟ Optimization	
7	Method Name	Adaptive Single-Objective
8	Number of Initial Samples	6
9	Maximum Number of Evaluations	60
10	Convergence Tolerance	1E-06
11	Maximum Number of Candidates	3

图 15-10　优化方法设置

（6）设置约束条件和优化目标。

在 Outline 界面中选择 Objectives and Constraints 节点，在右侧的表中指定参数 P3、P4 的约束条件，指定参数 P5 的优化目标为 Minimize，如图 15-11 所示。

（7）设置优化域。

在 Outline 界面中选择 Domain 节点设置优化域，在其下方属性或右边表格中对设计优化参数 P1、P2 的取值范围进行设置，如图 15-12 所示。

（8）优化求解。

设置完成后单击工具栏中的 Update 按钮进行优化求解。

Table of Schematic B2: Optimization

	A	B	C	D	E	F	G
1	Name	Parameter	Objective		Constraint		
2			Type	Target	Type	Lower Bound	Upper Bound
3	P3 <= 1	P3 - SRMAX	No Objective		Values <= Upper Bound		1
4	P4 <= 0.005	P4 - USUM1	No Objective		Values <= Upper Bound		0.005
5	Minimize P5	P5 - VOLUME	Minimize		No Constraint		
*		Select a Parameter					

图 15-11　设置约束条件和优化目标

Table of Schematic B2: Optimization

	A	B	C	D
1	Input Parameters			
2	Name	Lower Bound	Upper Bound	
3	P1 - A1	5E-05	0.0005	
4	P2 - A2	5E-05	0.0005	
5	Parameter Relationships			
6	Name	Left Expression	Operator	Right Expression

图 15-12　设置优化域

（9）查看迭代过程。

计算过程中，在 Optimization 界面中可监控各个设计变量、约束变量和目标函数变量在优化过程中的迭代曲线。其中，约束变量的约束条件在 C 列以黑色虚线标出，满足约束条件的设计点为绿色，不满足的为红色；对于设计变量和目标函数变量则用黑色曲线缩略图显示迭代历程，如图 15-13 所示。

Outline of Schematic B2: Optimization

	A	B	C
1		Enabled	Monitoring
2	Optimization		
3	Objectives and Constraints		
4	P3 <= 1		
5	P4 <= 0.005		
6	Minimize P5		
7	Domain		
8	Mechanical APDL (A1)		
9	P1 - A1	☑	
10	P2 - A2	☑	

图 15-13　迭代历程监控

优化分析完成后，可以选择每一个变量分别观察其迭代时间历程曲线。图 15-14 和图 15-15 所示为设计变量 P1 和 P2 在迭代过程中的变化历程曲线。

图 15-16 所示为约束变量 P3（杆件的最大等效应力强度比）随迭代过程变化的曲线，可以看到随着优化迭代的进行此变量的值趋近于 1.0，表示随着逐步优化截面，最后结果趋向于杆件截面强度充分利用。

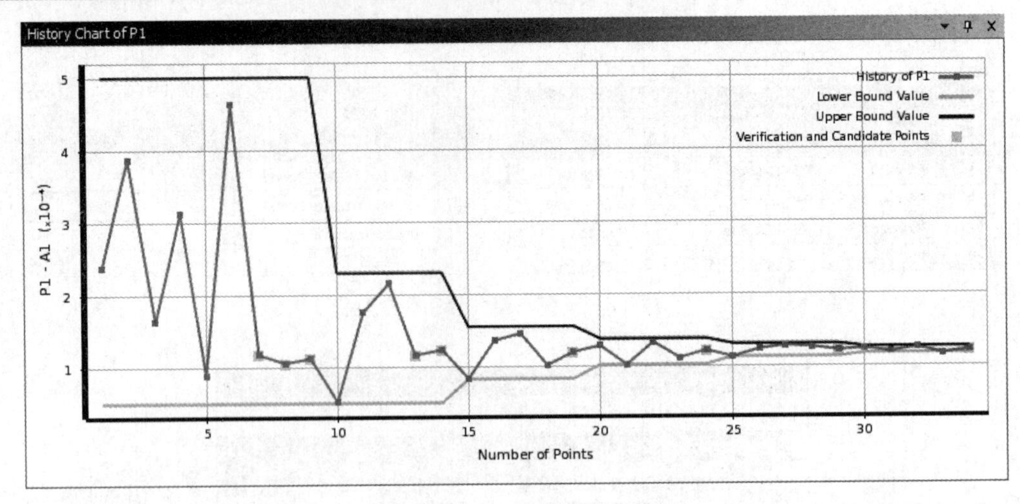

图 15-14　P1 迭代历程曲线

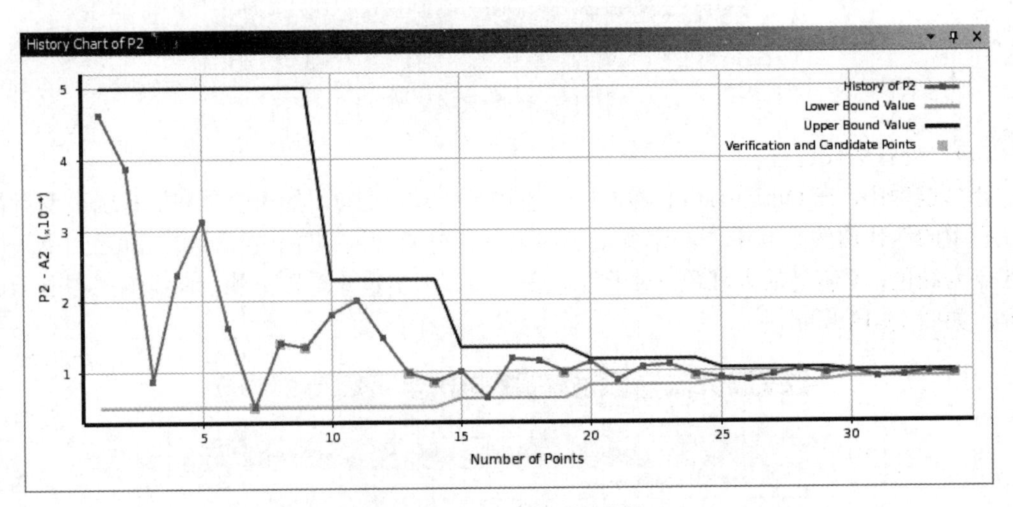

图 15-15　P2 迭代历程曲线

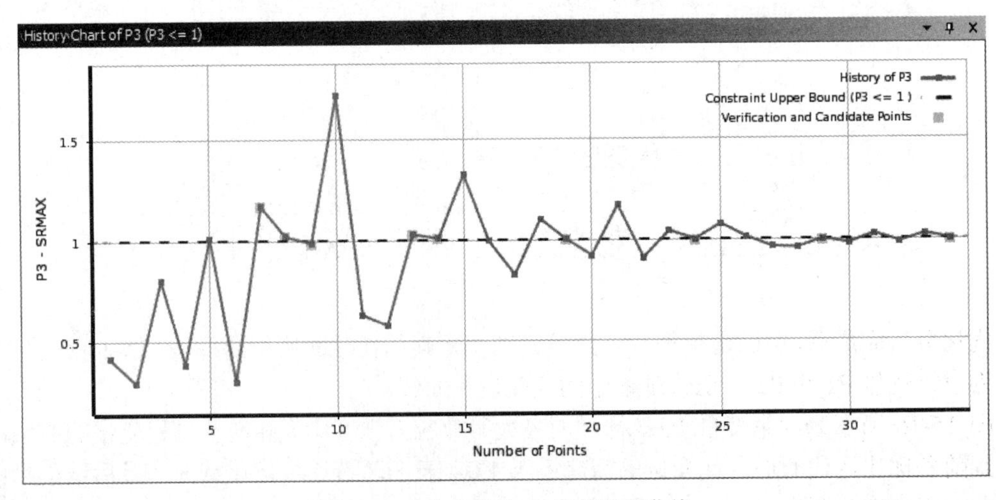

图 15-16　约束变量 P3 迭代历程曲线

图 15-17 所示为约束变量 P4（最大位移）随迭代过程的变化历程曲线。

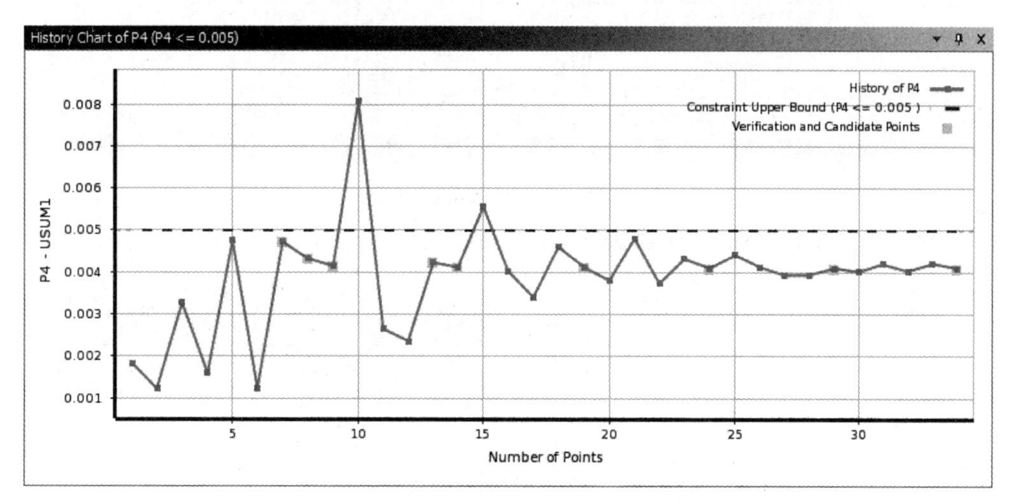

图 15-17　约束变量 P4 的迭代历程曲线

图 15-18 所示为优化的目标函数结构总体积的迭代过程曲线，随着迭代的进行逐步降低并趋向于稳定的最优解。

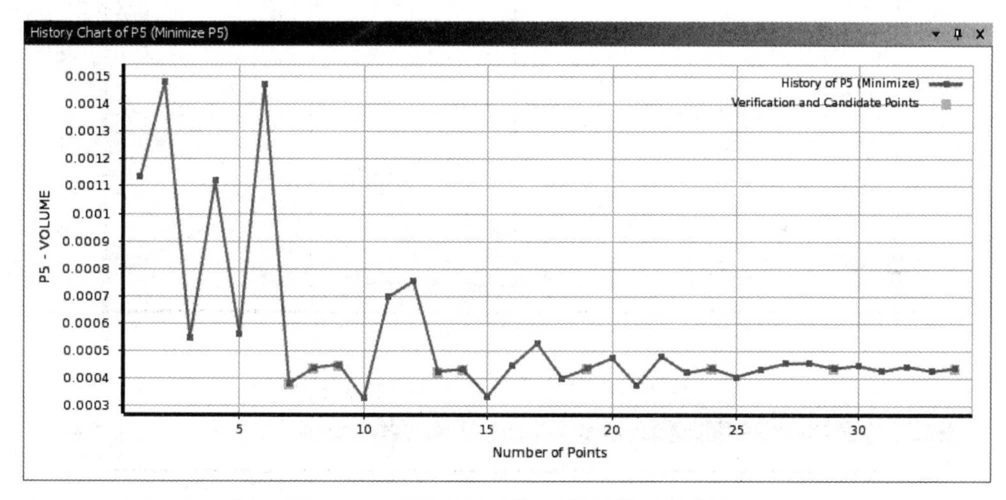

图 15-18　优化目标函数 P5 的迭代历程曲线

（10）查看结果。

经过优化求解，程序从 30 多个优化样本点中选出了 3 个备选设计方案 Candidate Point，如图 15-19 所示。其中 Candidate Point 1 的结构总体积最小，且满足强度和刚度要求，为最佳备选设计方案。

如图 15-20 所示，Candidate Point 2 和 Candidate Point 3 分别比 Candidate Point 1 的用钢量多出大约 25.16%和 59.57%；等效应力强度比则仅有约 0.8 和 0.63，远小于 1，说明其材料强度未能充分发挥。

优化过程形成的全部样本点和 3 个 Candidate Point 的绘制 Y 向参数平行图如图 15-21 和图 15-22 所示。

Candidate Points	Candidate Point 1	Candidate Point 2	Candidate Point 3
P1 - A1	0.00012072	0.0001625	0.00017573
P2 - A2	9.5698E-05	8.75E-05	0.00020046
P3 - SRMAX	1	0.80569	0.63334
P4 - USUM1	0.0040996	0.0032659	0.0026511
P5 - VOLUME	0.00043713	0.00054712	0.00069751

图 15-19　3 个 Candidate Point

Table of Schematic B2: Optimization , Candidate Points

	A	B	C	D	E	F	G	H	I	J
1	Reference	Name	P1 - A1	P2 - A2	P3 - SRMAX		P4 - USUM1		P5 - VOLUME	
2					Parameter Value	Variation from Reference	Parameter Value	Variation from Reference	Parameter Value	Variation from Reference
3	●	Candidate Point 1	0.00012072	9.5698E-05	1	0.00%	0.00409	0.00%	0.00043713	0.00%
4	○	Candidate Point 2	0.0001625	8.75E-05	0.8056	-19.43%	0.00326	-20.34%	0.00054712	25.16%
5	○	Candidate Point 3	0.00017573	0.00020046	0.6333	-36.67%	0.00265	-35.33%	0.00069751	59.57%
*		New Custom Candidate Point	0.000275	0.000275						

图 15-20　3 个 Candidate Point 的比较

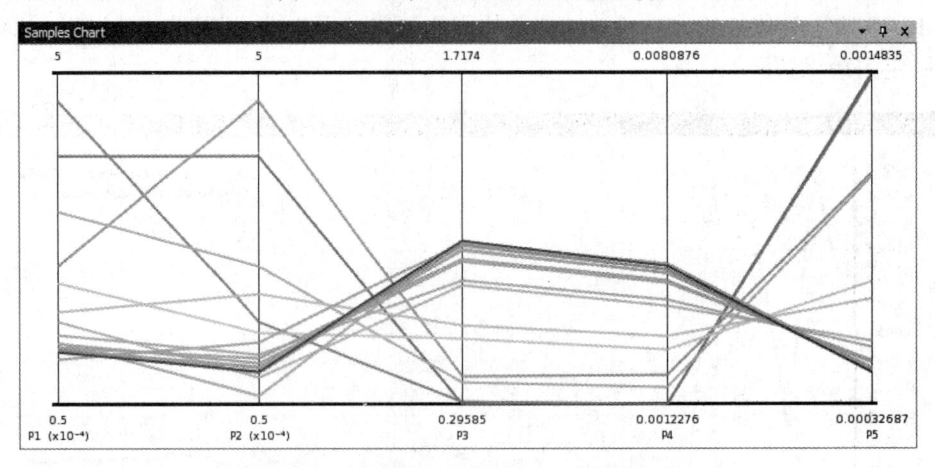

图 15-21　全部优化样本点 Y 向参数平行图

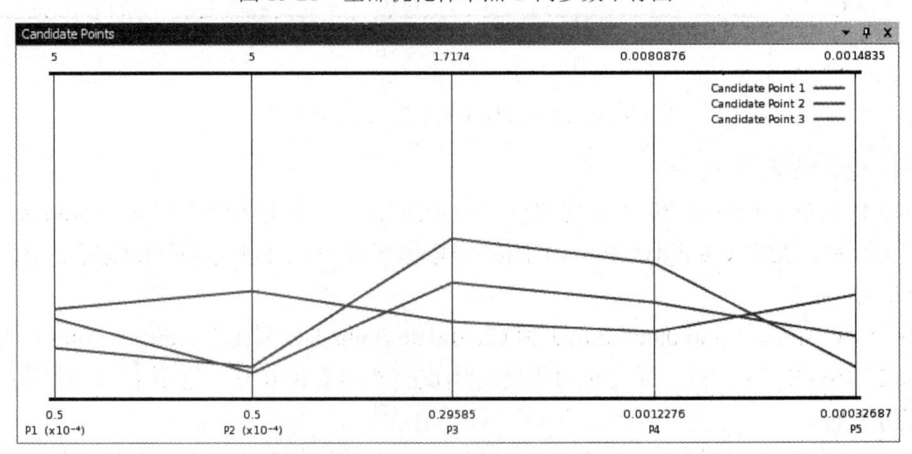

图 15-22　ASO 的优化备选方案参数平行图

附录　ANSYS 常用单元形函数

一维单元

一维单元通常采用一个自然坐标ξ，其意义如附图 1 所示。

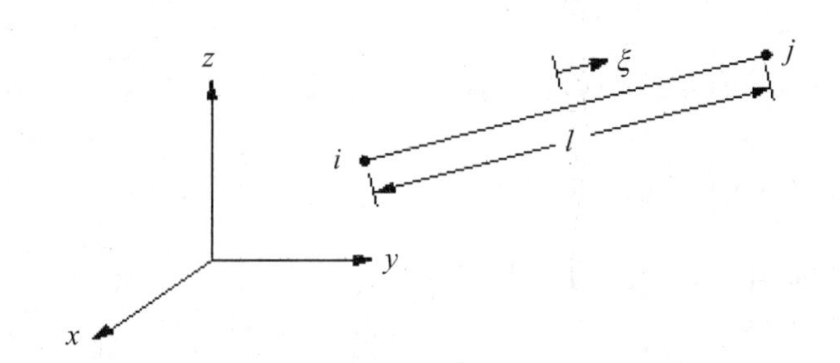

附图 1　一维单元的自然坐标

（1）对于杆单元 LINK180，其位移分量为：

$$u=\sum_{i=1}^{2}u_iN_i=\frac{1}{2}\left(u_i\left(1-\xi\right)+u_j\left(1+\xi\right)\right)$$

$$v=\sum_{i=1}^{2}v_iN_i=\frac{1}{2}\left(v_i\left(1-\xi\right)+v_j\left(1+\xi\right)\right)$$

$$w=\sum_{i=1}^{2}w_iN_i=\frac{1}{2}\left(w_i\left(1-\xi\right)+w_j\left(1+\xi\right)\right)$$

（2）对于梁单元 BEAM3，承受弯矩，存在沿着坐标 X 轴和 Y 轴方向的平动自由度和绕着 Z 轴的旋转自由度，其位移分量为：

$$u=\frac{1}{2}\left(u_i\left(1-\xi\right)+u_j\left(1+\xi\right)\right)$$

$$v=\frac{1}{2}\left(v_i\left(1-\frac{\xi}{2}\left(3-\xi^2\right)\right)+v_j\left(1+\frac{\xi}{2}\left(3-\xi^2\right)\right)\right)$$

$$+\frac{l}{8}\left(\theta_{zi}\left(1-\xi^2\right)\left(1-\xi\right)+\theta_{zj}\left(1-\xi^2\right)\left(1+\xi\right)\right)$$

（3）梁单元 BEAM4，沿着局部坐标 X 轴、Y 轴和 Z 轴方向的平动自由度和绕着 X 轴、Y 轴和 Z 轴的转动自由度，其位移分量为：

$$u=\frac{1}{2}\left(u_i\left(1-\xi\right)+u_j\left(1+\xi\right)\right)$$

$$v=\frac{1}{2}\left(v_i\left(1-\frac{\xi}{2}\left(3-\xi^2\right)\right)+v_j\left(1+\frac{\xi}{2}\left(3-\xi^2\right)\right)\right)$$

$$+\frac{l}{8}\left(\theta_{zi}\left(1-\xi^2\right)\left(1-\xi\right)+\theta_{zj}\left(1-\xi^2\right)\left(1+\xi\right)\right)$$

$$w=\frac{1}{2}\left(w_i\left(1-\frac{\xi}{2}\left(3-\xi^2\right)\right)+w_j\left(1+\frac{\xi}{2}\left(3-\xi^2\right)\right)\right)$$

$$-\frac{l}{8}\left(\theta_{yi}\left(1-\xi^2\right)\left(1-\xi\right)-\theta_{yj}\left(1-\xi^2\right)\left(1+\xi\right)\right)$$

$$\theta_x=\frac{1}{2}\left(\theta_{xi}\left(1-\xi\right)+\theta_{xj}\left(1+\xi\right)\right)$$

（4）线性梁单元 BEAM188，挠度转角独立插值，其位移及转角为：

$$u=\frac{1}{2}\left(u_i\left(1-\xi\right)+u_j\left(1+\xi\right)\right)$$

$$v=\frac{1}{2}\left(v_i\left(1-\xi\right)+v_j\left(1+\xi\right)\right)$$

$$w=\frac{1}{2}\left(w_i\left(1-\xi\right)+w_j\left(1+\xi\right)\right)$$

$$\theta_x=\frac{1}{2}\left(\theta_{xi}\left(1-\xi\right)+\theta_{xj}\left(1+\xi\right)\right)$$

$$\theta_y=\frac{1}{2}\left(\theta_{yi}\left(1-\xi\right)+\theta_{yj}\left(1+\xi\right)\right)$$

$$\theta_z=\frac{1}{2}\left(\theta_{zi}\left(1-\xi\right)+\theta_{zj}\left(1+\xi\right)\right)$$

（5）梁单元 BEAM189 及 BEAM188 二次选项，其位移分量为：

$$u=\frac{1}{2}\left(u_i\left(-\xi+\xi^2\right)+u_j\left(\xi+\xi^2\right)\right)+u_k(1-\xi^2)$$

$$v=\frac{1}{2}\left(v_i\left(-\xi+\xi^2\right)+v_j\left(\xi+\xi^2\right)\right)+v_k(1-\xi^2)$$

$$w=\frac{1}{2}\left(w_i\left(-\xi+\xi^2\right)+w_j\left(\xi+\xi^2\right)\right)+w_k(1-\xi^2)$$

$$\theta_x=\frac{1}{2}\left(\theta_{xi}\left(-\xi+\xi^2\right)+\theta_{xj}\left(\xi+\xi^2\right)\right)+\theta_{xk}(1-\xi^2)$$

$$\theta_y=\frac{1}{2}\left(\theta_{yi}\left(-\xi+\xi^2\right)+\theta_{yj}\left(\xi+\xi^2\right)\right)+\theta_{yk}(1-\xi^2)$$

$$\theta_z=\frac{1}{2}\left(\theta_{zi}\left(-\xi+\xi^2\right)+\theta_{zj}\left(\xi+\xi^2\right)\right)+\theta_{zk}(1-\xi^2)$$

（6）BEAM188 单元三次选项，其位移分量为：

$$u=\frac{1}{16}\left(u_i\left(-9\xi^3+9\xi^2+\xi-1\right)+u_j\left(9\xi^3+9\xi^2-\xi-1\right)\right)$$

$$+u_k(27\xi^3-9\xi^2-27\xi+9)+u_l(-27\xi^3-9\xi^2-27\xi+9)$$

$$v=\frac{1}{16}\Big(v_i\left(-9\xi^3+9\xi^2+\xi-1\right)+v_j\left(9\xi^3+9\xi^2-\xi-1\right)\Big)$$
$$+v_k(27\xi^3-9\xi^2-27\xi+9)+v_l(-27\xi^3-9\xi^2-27\xi+9)$$
$$w=\frac{1}{16}\Big(w_i\left(-9\xi^3+9\xi^2+\xi-1\right)+w_j\left(9\xi^3+9\xi^2-\xi-1\right)\Big)$$
$$+w_k(27\xi^3-9\xi^2-27\xi+9)+w_l(-27\xi^3-9\xi^2-27\xi+9)$$
$$\theta_x=\frac{1}{16}\Big(\theta_{xi}\left(-9\xi^3+9\xi^2+\xi-1\right)+\theta_{xj}\left(9\xi^3+9\xi^2-\xi-1\right)\Big)$$
$$+\theta_{xk}(27\xi^3-9\xi^2-27\xi+9)+\theta_{xl}(-27\xi^3-9\xi^2-27\xi+9)$$
$$\theta_y=\frac{1}{16}\Big(\theta_{yi}\left(-9\xi^3+9\xi^2+\xi-1\right)+\theta_{yj}\left(9\xi^3+9\xi^2-\xi-1\right)\Big)$$
$$+\theta_{yk}(27\xi^3-9\xi^2-27\xi+9)+\theta_{yl}(-27\xi^3-9\xi^2-27\xi+9)$$
$$\theta_z=\frac{1}{16}\Big(\theta_{zi}\left(-9\xi^3+9\xi^2+\xi-1\right)+\theta_{zj}\left(9\xi^3+9\xi^2-\xi-1\right)\Big)$$
$$+\theta_{zk}(27\xi^3-9\xi^2-27\xi+9)+\theta_{zl}(-27\xi^3-9\xi^2-27\xi+9)$$

二维单元

对于四边形的二维单元，形函数一般采用以中心为原点的自然坐标(ξ,η)，取值范围是-1～+1；对于三角形的二维单元，形函数一般采用面积坐标 L，取值范围是 0～1。

（1）线性四边形单元 PLANE182，形函数及位移表达式：

$$N_i=\frac{1}{4}(1-\xi)(1-\eta)\qquad N_j=\frac{1}{4}(1+\xi)(1-\eta)$$
$$N_k=\frac{1}{4}(1+\xi)(1+\eta)\qquad N_l=\frac{1}{4}(1-\xi)(1+\eta)$$

$$u=\sum_{i=1}^{4}u_iN_i=\frac{1}{4}(u_i(1-\xi)(1-\eta)+u_j(1+\xi)(1-\eta)+u_l(1+\xi)(1+\eta)+u_k(1-\xi)(1+\eta))$$
$$v=\sum_{i=1}^{4}v_iN_i=\frac{1}{4}(v_i(1-\xi)(1-\eta)+v_j(1+\xi)(1-\eta)+v_l(1+\xi)(1+\eta)+v_k(1-\xi)(1+\eta))$$

（2）二次 8 节点的四边形 PLANE183 单元，形函数及位移表达式：

$$u=\frac{1}{4}(u_i(1-\xi)(1-\eta)(-\xi-\eta-1)+u_j(1+\xi)(1-\eta)(\xi-\eta-1)$$
$$+u_k(1+\xi)(1+\eta)(\xi+\eta-1)+u_l(1-\xi)(1+\eta)(-\xi+\eta-1))$$
$$+\frac{1}{2}(u_m(1-\xi^2)(1-\eta)+u_n(1+\xi)(1-\eta^2)+u_o(1-\xi^2)(1+\eta)+u_p(1-\xi)(1-\eta^2))$$

$$v=\frac{1}{4}(v_i(1-\xi)(1-\eta)(-\xi-\eta-1)+v_j(1+\xi)(1-\eta)(\xi-\eta-1)$$
$$+v_k(1+\xi)(1+\eta)(\xi+\eta-1)+v_l(1-\xi)(1+\eta)(-\xi+\eta-1))$$
$$+\frac{1}{2}(v_m(1-\xi^2)(1-\eta)+v_n(1+\xi)(1-\eta^2)+v_o(1-\xi^2)(1+\eta)+v_p(1-\xi)(1-\eta^2))$$

（3）线性三角形单元（仅输入 3 个节点的 PLANE182 单元），形函数采用面积坐标：

$$N_i = L_i \qquad N_j = L_j \qquad N_k = L_k$$

其位移分量为：

$$u = \sum_{i=1}^{3} u_i N_i = u_i L_i + u_j L_j + u_k L_k$$

$$v = \sum_{i=1}^{3} v_i N_i = v_i L_i + v_j L_j + v_k L_k$$

（4）二次三角形单元 PLANE183，形函数用面积坐标表示为：

$$N_i = (2L_i - 1)L_i \qquad N_j = (2L_j - 1)L_j \qquad N_k = (2L_k - 1)L_k$$

$$N_l = 4L_i L_j \qquad N_m = 4L_j L_k \qquad N_n = 4L_k L_i$$

其位移分量为：

$$u = \sum_{i=1}^{6} u_i N_i \qquad v = \sum_{i=1}^{6} v_i N_i \qquad w = \sum_{i=1}^{6} w_i N_i$$

三维单元

对于六面体形状的三维单元，形函数一般采用以中心为原点的自然坐标(ξ ,η ,ζ)，取值范围是-1～+1；对于四面体形状的三维单元，形函数一般采用体积坐标 L，取值范围是 0～1。

（1）8 节点砖块单元 SOLID185 的形函数为：

$$N_i = \frac{1}{8}(1-\xi)(1-\eta)(1-\zeta) \qquad N_j = \frac{1}{8}(1+\xi)(1-\eta)(1-\zeta)$$

$$N_k = \frac{1}{8}(1+\xi)(1+\eta)(1-\zeta) \qquad N_l = \frac{1}{8}(1-\xi)(1+\eta)(1-\zeta)$$

$$N_m = \frac{1}{8}(1-\xi)(1-\eta)(1+\zeta) \qquad N_n = \frac{1}{8}(1+\xi)(1-\eta)(1+\zeta)$$

$$N_o = \frac{1}{8}(1+\xi)(1+\eta)(1+\zeta) \qquad N_p = \frac{1}{8}(1-\xi)(1+\eta)(1+\zeta)$$

其位移分量为：

$$u = \sum_{i=1}^{8} N_i u_i \qquad v = \sum_{i=1}^{8} N_i v_i \qquad w = \sum_{i=1}^{8} N_i w_i$$

（2）SOLID185 退化的金字塔五面体元。

如附图 2 所示，SOLID185 的节点 n、o、p 和 m 重合，此时的形函数为：

$$N_i^* = N_i = \frac{1}{8}(1-\xi)(1-\eta)(1-\zeta) \qquad N_j^* = N_j = \frac{1}{8}(1+\xi)(1-\eta)(1-\zeta)$$

$$N_k^* = N_k = \frac{1}{8}(1+\xi)(1+\eta)(1-\zeta) \qquad N_l^* = N_l = \frac{1}{8}(1-\xi)(1+\eta)(1-\zeta)$$

$$N_m^* = N_m + N_n + N_o + N_p = \frac{1}{2}(1+\zeta)$$

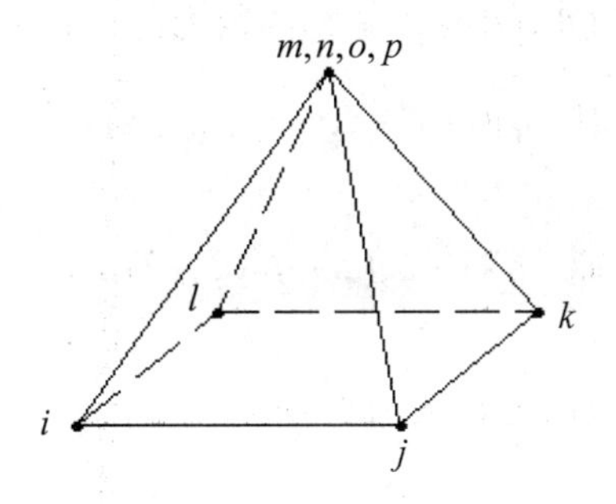

附图 2 金字塔单元

（3）SOLID285 四面体单元或其他六面体退化单元，形函数采用体积坐标 L。对于退化单元，节点 k 和 l 重合，节点 n、o、p 和 m 重合，如附图 3 所示。

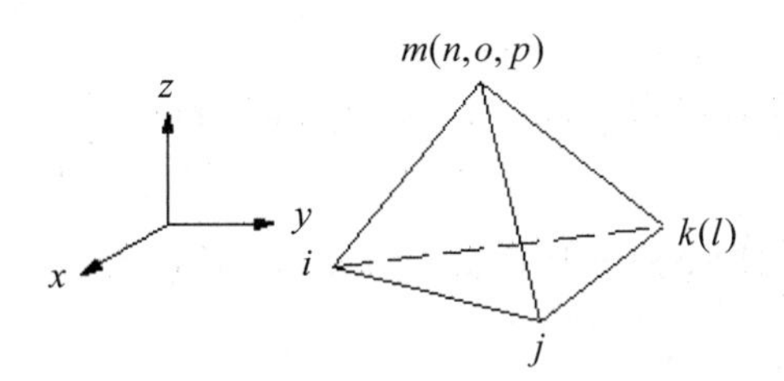

附图 3 四面体单元

各节点位移分量表示为：

$$u = u_i L_i + u_j L_j + u_k L_k + u_m L_m$$
$$v = v_i L_i + v_j L_j + v_k L_k + v_m L_m$$
$$w = w_i L_i + w_j L_j + w_k L_k + w_m L_m$$

（4）10 节点四面体单元 SOLID187，如附图 4 所示，其位移分量通过体积坐标形式的形函数表示：

$$\begin{aligned} u = {} & u_i(2L_i - 1)L_i + u_j(2L_j - 1)L_j + u_k(2L_k - 1)L_k + u_l(2L_l - 1)L_l \\ & + 4u_m L_i L_j + u_n L_j L_k + u_o L_i L_k + u_p L_i L_l + u_q L_j L_l + u_r L_k L_l \\ v = {} & v_i(2L_i - 1)L_i + v_j(2L_j - 1)L_j + v_k(2L_k - 1)L_k + v_l(2L_l - 1)L_l \\ & + 4v_m L_i L_j + v_n L_j L_k + v_o L_i L_k + v_p L_i L_l + v_q L_j L_l + v_r L_k L_l \\ w = {} & w_i(2L_i - 1)L_i + w_j(2L_j - 1)L_j + w_k(2L_k - 1)L_k + w_l(2L_l - 1)L_l \\ & + 4w_m L_i L_j + w_n L_j L_k + w_o L_i L_k + w_p L_i L_l + w_q L_j L_l + w_r L_k L_l \end{aligned}$$

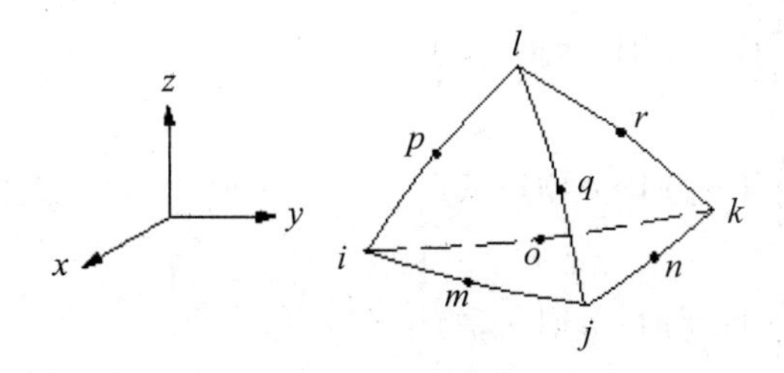

附图 4 带有中间节点的四面体单元

（5）20 节点六面体单元 SOLID186，其形函数为：

$$N_i = \frac{1}{8}(1-\xi)(1-\eta)(1-\zeta)(-\xi-\eta-\zeta-2)$$

$$N_j = \frac{1}{8}(1+\xi)(1-\eta)(1-\zeta)(\xi-\eta-\zeta-2)$$

$$N_k = \frac{1}{8}(1+\xi)(1+\eta)(1-\zeta)(\xi+\eta-\zeta-2)$$

$$N_l = \frac{1}{8}(1-\xi)(1+\eta)(1-\zeta)(-\xi+\eta-\zeta-2)$$

$$N_m = \frac{1}{8}(1-\xi)(1-\eta)(1+\zeta)(-\xi-\eta+\zeta-2)$$

$$N_n = \frac{1}{8}(1+\xi)(1-\eta)(1+\zeta)(\xi-\eta+\zeta-2)$$

$$N_o = \frac{1}{8}(1+\xi)(1+\eta)(1+\zeta)(\xi+\eta+\zeta-2)$$

$$N_p = \frac{1}{8}(1-\xi)(1+\eta)(1+\zeta)(-\xi+\eta+\zeta-2)$$

$$N_q = \frac{1}{4}(1-\xi^2)(1-\eta)(1-\zeta)$$

$$N_r = \frac{1}{4}(1+\xi)(1-\eta^2)(1-\zeta)$$

$$N_s = \frac{1}{4}(1-\xi^2)(1+\eta)(1-\zeta)$$

$$N_t = \frac{1}{4}(1-\xi)(1-\eta^2)(1-\zeta)$$

$$N_u = \frac{1}{4}(1-\xi^2)(1-\eta)(1+\zeta)$$

$$N_v = \frac{1}{4}(1+\xi)(1-\eta^2)(1+\zeta)$$

$$N_w = \frac{1}{4}(1-\xi^2)(1+\eta)(1+\zeta)$$

$$N_x = \frac{1}{4}(1-\xi)(1-\eta^2)(1+\zeta)$$

$$N_y = \frac{1}{4}(1-\xi)(1-\eta)(1-\zeta^2)$$

$$N_z = \frac{1}{4}(1+\xi)(1-\eta)(1-\zeta^2)$$

$$N_a = \frac{1}{4}(1+\xi)(1+\eta)(1-\zeta^2)$$

$$N_b = \frac{1}{4}(1-\xi)(1+\eta)(1-\zeta^2)$$

其位移分量为：

$$u = \sum_i N_i u_i \qquad v = \sum_i N_i v_i \qquad w = \sum_i N_i w_i$$

参考文献

[1] 王勖成．有限单元法（第二版）．北京：清华大学出版社，2003．

[2] Anil K. Chopra 著．结构动力学（第二版）影印版．北京：清华大学出版社，2005．

[3] 浙江大学 谢贻权，何福保．弹性和塑性力学中的有限单元法．北京：机械工业出版社，1981．

[4] ANSYS Mechanical User's Guide, Release 15.0,ANSYS, Inc., 2013.

[5] Mechanical APDL Theory Reference, Release 15.0,ANSYS, Inc., 2013.

[6] Mechanical APDL Advanced Analysis Guide, Release 15.0,ANSYS, Inc., 2013.

[7] ANSYS Parametric Design Language Guide, Release 15.0,ANSYS, Inc., 2013.

[8] Mechanical APDL Basic Analysis Guide, Release 15.0,ANSYS, Inc., 2013.

[9] Mechanical APDL Contact Technology Guide, Release 15.0,ANSYS, Inc., 2013.

[10] Design Exploration User's Guide, Release 15.0,ANSYS, Inc., 2013.

[11] System Coupling User's Guide, Release 15.0,ANSYS, Inc., 2013.

[12] Fluent in Workbench User's Guide, Release 15.0,ANSYS, Inc., 2013.

[13] Meshing User's Guide, Release 15.0,ANSYS, Inc., 2013.

[14] Mechanical APDL Introductory Tutorials, Release 15.0,ANSYS, Inc., 2013.

[15] Mechanical APDL Structural Analysis Guide, Release 15.0,ANSYS, Inc., 2013.

[16] Mechanical APDL Thermal Analysis Guide, Release 15.0,ANSYS, Inc., 2013.

[17] Mechanical APDL Modeling and Meshing Guide, Release 15.0,ANSYS, Inc., 2013.